普通高等教育"十一五"国家级规划教材

陈淑鑫 主编

迟生茂 邵为爽 李国勇 副主编

秦浩波 刘 岩 姜廷慈 张峰薇 参编

信息技术基础

21世纪计算机科学与技术实践型教程

丛书主编 陈明

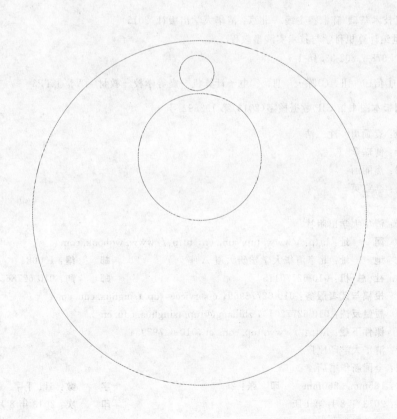

清华大学出版社

北 京

内 容 简 介

本书依据教育部关于大学计算机教学基本要求中提出的指导思想和指导意见,适应高等学校计算机教育"十二五"规划改革需求,在参考同类优秀教材的基础上结合当前信息技术发展的实际情况编著而成。

本书运用计算思维理念在计算机基础教学中挖掘学习潜能,推进"大学计算机基础"课程教学改革,将思维训练融入教学的各环节中,以期进一步提升大学生的综合素质和能力。本书分9章,系统地介绍了计算机基本工作原理,软、硬件构成,操作系统软件,常用办公软件计算机网络及网页应用,多媒体技术及应用,信息检索及信息安全,数据库技术与程序设计基础等内容。由浅入深地将 Windows XP 到 Windows 7,以及 Office 2003 到 Office 2010 完美过渡。全书基于实践操作,对照升级后版本翔实阐述,知识体系完整,具有较强的实用性和普及性,适合自主学习能力的培养,可作为各类院校计算机公共基础课程的教材,也可作为计算机爱好者或企事业单位办公自动化岗位高级培训的辅导书。

图书在版编目(CIP)数据

信息技术基础/陈淑鑫主编. --北京:清华大学出版社,2013

21世纪计算机科学与技术实践型教程

ISBN 978-7-302-33548-1

Ⅰ.①信…   Ⅱ.①陈…   Ⅲ.①电子计算机－高等学校－教材   Ⅳ.①TP3

中国版本图书馆 CIP 数据核字(2013)第 192892 号

责任编辑:袁勤勇   沈   洁
封面设计:傅瑞学
责任校对:焦丽丽
责任印制:李红英

出版发行:清华大学出版社
　　　　网　　　址:http://www.tup.com.cn,http://www.wqbook.com
　　　　地　　　址:北京清华大学学研大厦 A 座　　　　　　邮　　编:100084
　　　　社 总 机:010-62770175　　　　　　　　　　　　　邮　　购:010-62786544
　　　　投稿与读者服务:010-62776969,c-service@tup.tsinghua.edu.cn
　　　　质量反馈:010-62772015,zhiliang@tup.tsinghua.edu.cn
　　　　课件下载:http://www.tup.com.cn,010-62795954
印 装 者:清华大学印刷厂
经　　销:全国新华书店
开　　本:185mm×260mm　　印　　张:26　　　　　　字　　数:611 千字
版　　次:2013 年 8 月第 1 版　　　　　　　　　　　印　　次:2013 年 8 月第 1 次印刷
印　　数:1~3500
定　　价:39.50 元

产品编号:052402-01

《21 世纪计算机科学与技术实践型教程》

序

21 世纪影响世界的三大关键技术：以计算机和网络为代表的信息技术；以基因工程为代表的生命科学和生物技术；以纳米技术为代表的新型材料技术。信息技术居三大关键技术之首。国民经济的发展采取信息化带动现代化的方针，要求在所有领域中迅速推广信息技术，导致需要大量的计算机科学与技术领域的优秀人才。

计算机科学与技术的广泛应用是计算机学科发展的原动力，计算机科学是一门应用科学。因此，计算机学科的优秀人才不仅应具有坚实的科学理论基础，而且更重要的是能将理论与实践相结合，并具有解决实际问题的能力。培养计算机科学与技术的优秀人才是社会的需要、国民经济发展的需要。

制订科学的教学计划对于培养计算机科学与技术人才十分重要，而教材的选择是实施教学计划的一个重要组成部分，《21 世纪计算机科学与技术实践型教程》主要考虑了下述两方面。

一方面，高等学校的计算机科学与技术专业的学生，在学习了基本的必修课和部分选修课程之后，立刻进行计算机应用系统的软件和硬件开发与应用尚存在一些困难，而《21 世纪计算机科学与技术实践型教程》就是为了填补这部分空白。将理论与实际联系起来，使学生不仅学会了计算机科学理论，而且也学会了应用这些理论解决实际问题。

另一方面，计算机科学与技术专业的课程内容需要经过实践练习，才能深刻理解和掌握。因此，本套教材增强了实践性、应用性和可理解性，并在体例上做了改进——使用案例说明。

实践型教学占有重要的位置，不仅体现了理论和实践紧密结合的学科特征，而且对于提高学生的综合素质，培养学生的创新精神与实践能力有特殊的作用。因此，研究和撰写实践型教材是必需的，也是十分重要的任务。优秀的教材是保证高水平教学的重要因素，选择水平高、内容新、实践性强的教材可以促进课堂教学质量的快速提升。在教学中，应用实践型教材可以增强学生的认知能力、创新能力、实践能力以及团队协作和交流表达能力。

实践型教材应由教学经验丰富、实际应用经验丰富的教师撰写。此系列教材的作者不但从事多年的计算机教学，而且参加并完成了多项计算机类的科研项目，他们把积累的经验、知识、智慧、素质融于教材中，奉献给计算机科学与技术的教学。

我们在组织本系列教材过程中，虽然经过了详细的思考和讨论，但毕竟是初步的尝试，不完善甚至缺陷不可避免，敬请读者指正。

本系列教材主编　陈明

2005 年 1 月于北京

前　　言

　　现代信息科学技术,尤其是计算机技术和网络技术的迅猛发展,各类信息量剧增,信息呈现出爆炸式的增长趋势,社会信息化已成为不可阻挡的时代潮流,信息已经成为最重要的战略资源之一。随着计算机领域知识的更新、信息技术的发展及教学改革的需求,计算机基础课程的内容也在不断更新和充实。本教材针对当前计算机基础知识的教学实际情况,精心选材,组织多年从事高校计算机基础教学的教师、负责信息数据管理以及社会特种人员培训的教师共同编写而成。

　　本书结合人才培养模式的多样化,因材施教,开展多层次教学,培养个性充分发展的复合型计算机应用人才。借鉴国内外立体化教材建设的先进经验,运用计算思维的理念,贯彻了启发思辨原则,采用科学的、符合学生认知过程的教学方法进行教学设计,既适合教师讲,又适合自主学习。

　　本书共分为 9 章,在保留了计算机基本工作原理,软、硬件构成,操作系统软件,常用办公软件等内容的基础上,扩展介绍了计算机网络及网页设计、多媒体技术及应用、信息检索及信息安全、数据库技术与程序设计基础等内容,从单纯知识和技能的培养层面,提高到意识和思维的培养层面。

　　各章主要内容如下:

　　第 1 章　计算思维引入信息技术,主要介绍信息技术基本概念与计算机的发展及应用、计算机系统构成、信息在计算机中的表示的基础操作。

　　第 2 章　计算思维引入操作系统及操作系统的种类,介绍 Windows 系统的发展历史,Windows XP 过渡到 Windows 7 的设计定位与新功能、新特色,以及对应操作系统的文件管理。

　　第 3 章　文档处理软件 Microsoft Word,易于掌握文字处理软件 Word 2003 升级到 Word 2010 的相应操作。

　　第 4 章　电子表格软件 Microsoft Excel,易于掌握电子表格软件 Excel 2003 升级到 Excel 2010 的相应操作。

　　第 5 章　演示文稿软件 Microsoft PowerPoint,易于掌握演示文稿软件 PowerPoint 2003 升级到 PowerPoint 2010 的相应操作。

　　第 6 章　网络信息技术及网页应用,介绍了计算机网络的相关概念、拓扑结构、体系结构、软硬件系统、计算机网络设置和计算机网页设计的基础。

　　第 7 章　信息检索及信息安全,介绍了信息检索及信息安全的基本概念、网络搜索引擎的应用和计算机病毒的相关知识。

第8章 多媒体技术及应用,介绍了多媒体技术基本概念、数字音频、数字图像和计算机动画制作等相关技术。

第9章 计算机程序设计及数据库基础,介绍了程序设计的基本概念、软件工程和程序设计的基本过程和基础知识。介绍了数据库的基础知识、关系数据库系统和数据库应用系统基础知识框架。

本书依托于以下两个项目:黑龙江省教育厅2013年度人文社会科学(面上)项目"高校图书馆为实现社区信息公平服务研究——以齐齐哈尔市为例"(项目编号:12532412)和黑龙江省高等学校教改工程项目"培养计算机综合应用创新型人才的'多维开放'教学模式探索与实践"(项目编号:JG2012010679)。全书以实际应用为目标,操作技能与实用技巧内容新颖、涉及面广、应用性强,既可激发知识更新的学习兴趣,又可培养实践操作能力,从而达到理论知识与实际应用融会贯通的目的。

本书第1、2章和第6章由陈淑鑫编写,第3~5章由迟生茂编写,第7~9章由邵为爽编写。全书由陈淑鑫任主编,迟生茂、邵为爽任副主编,堵秀凤教授任主审,全书章节中均融合计算思维的理念并聘请有实践经验的工程技术人员参编,姜廷慈负责信息技术与操作系统部分,张峰薇负责Office办公自动化部分,李国勇负责网络信息技术部分,秦浩波负责信息检索及信息安全部分,刘岩负责多媒体技术与数据库及程序设计部分。该书在编写过程中,参考了近年来出版的相关资料,吸取了计算机专家们的宝贵经验,在此向给予本次编写帮助的同仁们表示衷心的感谢!

由于计算机和信息技术发展迅速,加之编者时间仓促,作者水平有限尚存不妥之处,敬请读者批评指正。

作 者

2013年7月

目　　录

第1章 信息技术基础知识

21世纪是一个崭新的信息化时代,随着信息技术的飞速发展和社会竞争的日趋激烈,特别是信息化进程的日益推进,信息管理活动日渐活跃,各种各样的信息管理系统应运而生。计算机与信息技术的基础知识已成为人们必须掌握的基本技能,无论是信息的获取和存储,还是信息的加工、传输和发布,均通过计算机进行处理,通过计算机网络有效地传送信息。

1.1 信息技术与计算机

人类自进入文明社会以来,利用大脑存储信息,使用语言交流和传播信息,人类的信息活动从具体到抽象,使人同动物彻底区别分离。文字的产生和使用可以记载、传递及交流信息,纸张和印刷术成为信息记载和信息传递很好的载体,电报、电话、广播和电视的发明和普及为提升人类信息传播做出了杰出贡献,大大缩短了人们交流信息的时空界限。当代的信息数字化依托于电子计算机、现代通信技术和控制技术的发展和应用,改变了人们几千年的信息处理方式。计算机目前已成为各行各业必不可少的、最基本和最通用的工具之一。本节主要介绍信息技术的基本概念与计算机的相关概念。

1.1.1 信息技术的概念

信息技术(Information Technology)是在信息科学的基本原理和方法的指导下扩展人类信息功能的技术,是实现信息化的核心手段。信息技术是以电子计算机和现代通信为主要手段实现信息的获取、加工、传递和利用等功能的技术总和。人的信息功能包括感觉器官承担的信息获取功能,神经网络承担的信息传递功能,思维器官承担的信息认知功能和信息再生功能,效应器官承担的信息执行功能。按扩展人的信息保留功能分类,信息技术可分为以下几方面。

1. 传感技术

传感技术是信息的采集技术,对应于人的感觉器官,它的作用是扩展人获取信息的感觉器官功能。它包括信息识别、信息提取、信息检测等技术。信息识别包括文字识别、语音识别和图形识别等,通常采用"模式识别"的方法。传感技术、测量技术与通信技术相结合而产生的遥感技术,能使人感知信息的能力得到进一步的加强。

2. 通信技术

通信技术是信息的传递技术,对应于人的神经系统的功能,它的主要功能是实现信息快速、可靠、安全地转移。各种通信技术都属于这个范畴,如广播技术。由于存储、记录可以看成是从"现在"向"未来"或从"过去"向"现在"传递信息的一种活动,因而也可将它看作是信息传递技术的一种。

3. 计算机技术

计算机技术是信息的处理和存储技术,对应于人的思维器官。计算机信息处理技术主要包括对信息的编码、压缩、加密和再生等技术。计算机存储技术主要包括计算机存储器的读写速度、存储容量及稳定性的内存储技术和外存储技术。

4. 控制技术

控制技术是信息的使用技术,是信息过程的最后环节,对应于人的效应器官。它包括调控技术、显示技术等。

由上可见,传感技术、通信技术、计算机技术和控制技术是信息技术的四大基本技术,其主要支柱是通信(Communication)技术、计算机(Computer)技术和控制(Control)技术,即"3C"技术。信息技术的四种技术划分只是相对的、大致的,没有截然的界限,如传感系统里也有信息的处理和收集,而计算机系统里既有信息传递,也有信息收集的问题。

1.1.2 计算机的发展

电子计算机是一种能够自动、高速、精确地进行各种信息处理的电子设备,它的诞生是科学技术史上的里程碑。电子数字计算机是一种不需要人工干预,能够自动连续地、快速地、准确地完成信息存储、数值计算、数据处理和过程控制等多种功能的电子机器。电子逻辑器件是电子机器的物质基础,其基本功能是进行数字化信息处理,人们常称为"计算机",又因为它的工作方式与人的思维过程十分类似,亦被叫做"电脑"。

现代计算机孕育于英国,诞生于美国。1936 年,英国科学家图灵于伦敦权威的数学杂志发表了一篇著名的论文《理想计算机》,文中提出了著名的"图灵机"(Turing Machine)的设想。图灵机由3 部分组成:一条带子,一个读写头和一个控制装置,它不是一种具体的机器,而是一种理论模型,可用来制造一种十分简单但运算能力极强的计算装置。后来人们称图灵为"计算机理论之父",如图 1.1 所示。

图 1.1 "计算机理论之父"图灵

世界上第一台电子数字计算机是 1946 年 2 月 15 日在美国宾夕法尼亚大学由 John Mauchly 和 J. P Eckert 领导的为导弹设计服务小组制成的 ENIAC(Electronic Numerical Integrator and Computer)。它是电子数值积分计算机,使用了 18 800 个电子管,150 多个继电器,耗电 150kW,占地面积 170m^2,重量达 30 吨,每秒钟只能完成 5000 次加法运算,内存容量 17KB,字长 12 位,运算精确度和准确度是史无前例的。以圆周率(π)的计算为例,中国古代科学家祖冲之利用算筹,耗费 15 年心血,才把圆周率计算到小数点后 7 位数;一千多年后,英国人香克斯以毕生精力计算圆周率,才计算到小数点后 707 位。而使用 ENIAC 进行计算,仅用了 40 秒就达到了这个记录,还发现香克斯的计算结果中第 528 位计算有误,虽然它体积大、速度慢、能耗大,但它却为发展电子计算机奠定了技术基础,开辟了计算机科学技术的新纪元。

在 ENIAC 计算机研制的同时,另两位科学家冯·诺依曼与莫尔合作研制了 EDVAC 计算机,它采用存储程序方案,此种方案沿用至今,所以现在的计算机都被称为以存储程序原理为基础的冯·诺依曼型计算机。

半个多世纪以来,计算机已经发展了 4 代。在推动计算机发展的很多因素中,电子器件的发展起着决定性的作用。另外计算机系统结构和计算机软件的发展也起着重大的作用。

1. 第一代计算机

第一代计算机称为电子管计算机,从 1946 年到 1958 年。其特征是采用电子管作为计算的逻辑元件。计算机体积庞大,可靠性差,输入输出设备有限,使用穿孔卡片;主存容量为数百字节到数千字节,主要以单机方式完成科学计算;数据表示主要是定点数;用机器语言或汇编语言编写程序,体积大、能耗高、速度慢、容量小、价格昂贵,应用也仅限于科学计算和军事方面。

2. 第二代计算机

第二代计算机称为晶体管计算机,从 1958 年到 1964 年。其特征是采用晶体管代替了电子管。计算机用铁淦氧磁芯和磁盘作为主存储器;体积、重量和功耗方面都比电子管计算机小很多,运算速度进一步提高,主存容量进一步扩大;软件有了很大发展,出现了FORTRAN、COBOL、ALGOL 等高级语言,以简化程序设计;计算机不但用于科学计算,而且用于数据处理,并开始用于工业控制。代表性的计算机是 IBM 公司生产的 IBM-7094 计算机和 CDC 公司的 CDC1604 计算机。

3. 第三代计算机

第三代计算机称为中、小规模集成电路计算机,从 1964 年到 1975 年。其特征是集成电路 IC(Integrated Circuit)代替了分立元件;用半导体存储器逐渐取代了铁淦氧磁芯存储器;采用了微程序控制技术。在软件方面,操作系统日益成熟,其功能日益强化。多处理机、虚拟存储器系统以及面向用户的应用软件的发展,大大丰富了计算机软件资源。

4. 第四代计算机

第四代计算机称为大规模和超大规模集成电路计算机,从 1975 年至今。其特征是以大规模集成电路 LSI(Large-Scale Integration)或超大规模集成电路 VLSI 为计算机主要功能部件;主存储器也采用集成度很高的半导体存储器。在软件方面,发展了数据库系统、分布式操作系统等。此时出现了微型机,由于微型机体积小、功耗低、成本低,其性能价格比优于其他类型的计算机,因而得到广泛应用。

目前,世界上各先进国家正在加紧研制新一代计算机,不仅是在原有结构的基础上进行器件的更新换代,更应该突破冯·诺依曼型计算机的结构,具有知识库管理功能的、高度并行的智能计算机。

当前计算机正向以下 5 个方面发展。

（1）巨型化

天文、军事和仿真等领域需要进行大量的计算，要求计算机有更高的运算速度和更大的存储容量，这就需要研制功能更强的巨型计算机。

（2）微型化

微型计算机已经广泛应用于仪器、仪表和家用电器中，并大量进入办公室和家庭。但人们需要体积更小、更轻便、易于携带的微型计算机，以便出门在外或在旅途中均可使用。便携式微型计算机和掌上微型计算机正在适应用户的需求，迅速普及。

（3）多媒体化

多媒体计算机是利用计算机技术、通信技术和大众传播技术来综合处理多种媒体技术信息的计算机，这些信息包括数字、文本、声音、视频和图形图像等，使多种信息建立有机的联系，集成为一个系统，并具有交互性。多媒体计算机将改善人机界面，使计算机成为人类接收和处理信息的最自然方式。

（4）网络化

网络可以使分散的各种资源得到共享，使计算机的实际效用提高很多。计算机联网不再是可有可无的事，人们足不出户就可获得所需的信息和服务，与世界各地快捷通信、网上贸易是计算机应用的重要部分。

（5）智能化

目前计算机已能够部分代替人脑劳动，但是人们希望计算机具有更多的类似人的智能。科学家们正在研制不使用集成电路的计算机，如生物计算机、光子计算机和量子计算机等。

1.1.3 计算机的特点

由于计算机具有处理速度快、处理精度高、可存储、可进行逻辑判断、可靠性高、通用性强和自动化等特点，因此，计算机具有广泛的应用领域。

1. 处理速度快

处理速度是计算机的一个重要性能指标，可以用每秒钟执行加法的次数来衡量。计算机的运算速度已由早期的每秒几千次发展到现在的最高可达每秒几千亿次甚至万亿次。计算机的高速处理能力把人们从浩繁的脑力劳动中解放出来，"瞬间"即可完成人类旷日持久的运算工作，也是计算机被广泛使用的主要原因之一。

2. 运算精度高

计算机处理数据的结果精度可达到十几位甚至几十位有效数字，根据需要可达到更高的精度。

3. 存储能力强

超大的存储容量可存储海量信息，并且可存储当时没有做完的工作，放到计算机的"记忆"，在任意时间内再拿出来使用或继续完成。

4．逻辑判断好

计算机不但能完成各类算术运算，而且还具有进行比较和判断等逻辑运算的功能，使计算机能够处理逻辑推理问题是实现信息处理自动化的前提。

5．可靠性高

由于采用集成电路技术，计算机具有非常高的可靠性，可连续无故障地运行几个月甚至几年。

1.1.4　计算机的分类

随着计算机技术的发展和应用的推动，尤其是微处理器的发展，计算机的类型越来越多样化。计算机按照不同的原则可以有多种分类方法。

1．按信息在计算机中的处理方式分类

（1）数字计算机

数字式电子计算机是当今世界电子计算机行业中的主流，其内部处理的是一种称为符号信号或数字信号的电信号。它采用二进制运算，其主要特点是"离散"，在相邻的两个符号之间不可能有第三种符号存在。运算精度高，便于存储，是通用性很强的计算工具，既能胜任科学计算和数字处理，也能进行过程控制和 CAD/CAM 等工作。由于这种处理信号的差异，使得它的组成结构和性能优于模拟式电子计算机。

（2）模拟计算机

模拟式电子计算机问世较早，内部所使用的电信号模拟自然界的实际信号，因而称为模拟电信号。模拟电子计算机处理问题的精度差，所有的处理过程均需模拟电路来实现，电路结构复杂，抗外界干扰能力较差。

模拟计算机的机器变量是连续变化的电压变量，对于变量的运算是基于电路中电压、电流、元件等电特性的相似运算关系。通用电子模拟计算机的组成包括线性运算部件（比例器、加法器、积分器等）、非线性运算部件（函数产生器、乘法器等）、控制电路、电源、排线接线板、输出显示与记录装置。

模拟计算机特别适合于求解常微分方程，也被称为模拟微分分析器。物理系统的动态过程多数是以微分方程的数学形式表示的，所以模拟计算机很适用于动态系统的仿真研究。模拟计算机在工作时是把各种运算部件按照系统的数学模型联结起来，并行地进行运算，各运算部件的输出电压分别代表系统中相应的变量，因此模拟计算机具有处理速度高，能直观表示出系统内部关系的特点。

（3）数字模拟混合计算机

混合计算机是取数字、模拟计算机之长，既能高速运算，又便于存储信息。但这类计算机造价昂贵，目前所使用的大部分属于数字计算机。

2．按功能分类

（1）专用计算机

专用计算机用于解决某个特定方面的问题，配有为解决某问题而用到的软件和硬件。

专用计算机功能单一、可靠性高、结构简单、适应性差。但在特定用途下最有效、最经济、最快速是其他类型计算机无法替代的。如军事系统、银行系统、生产过程的自动化控制、数控机床等属于专用计算机。

（2）通用计算机

通用计算机功能齐全，适应性强，用于解决各类问题，它既可以进行科学计算，也可以用于数据处理，通用性较强。目前所使用的大部分属于通用计算机。

3. 按规模分类

按照计算机规模，并参考其运算速度、输入输出能力、存储能力等因素，通常将计算机分为巨型机、大型机、小型机、微型机等几类。

（1）巨型机

巨型机运算速度快，存储量大，结构复杂，价格昂贵，主要用于尖端科学研究领域，如IBM390 系列、银河机等。1994 年，银河 Ⅱ 超级计算机在国家气象局正式投入运行，用于天气中期预报，如图 1.2 所示为 10 亿次银河 Ⅱ 巨型计算机。目前还有速度达到千万亿次的曙光机。

（2）大型机

大型机规模次于巨型机，有比较完善的指令系统和丰富的外部设备，主要用于计算机网络和大型计算中心，如图 1.3 所示为 IBM 大型计算机。

图 1.2　银河 Ⅱ 十亿次并行巨型计算机

图 1.3　IBM 大型计算机

大型机一直都是服务器的创新之源。随着它的技术不断下移，Power 平台、x86 平台都得到了前所未有的强化。大型机不仅没有走向弱势，而且形成了更为丰富的外延产品圈，可以全方位地满足不同类型的客户需要。

（3）小型机

小型机比大型机成本低，容易维护。小型机是指采用 8-32 颗处理器，性能和价格介于 PC 服务器和大型主机之间的一种高性能 64 位计算机。国外小型机对应英文名是 minicomputer 和 midrange computer。midrange computer 是相对于大型主机和微型机而言，该词汇被国内一些教材误译为中型机；minicomputer 一词是由 DEC 公司于 1965 年创造。在中国，小型机习惯上用来指 UNIX 服务器。1971 年，贝尔实验室发布多任务多用户操作系统 UNIX，随后被一些商业公司采用，成为后来服务器的主流操作系统。在国外，小型机是一个已经过时的名词，20 世纪 60 年代由 DEC（数字设备公司）公司首先开发,并于 90 年代消失。小型机用途广泛,现可用于科学计算和数据处理,也可用于生产过程自动控制和数据采集及分析处理等。如图 1.4 所示为小型机。

（4）微型机

微型机由微处理器、半导体存储器和输入输出接口等芯片组成,它比小型机体积更小、价格更低、灵活性更好、可靠性更高、使用更加方便。

4. 按工作模式分类

（1）服务器

服务器是一种可供网络用户共享的高性能计算机,一般具有大容量的存储设备和丰富的外部设备。由于要运行网络操作系统,要求较高的运行速度,很多服务器都配置了双核或四核 CPU,如图 1.5 所示为 Sun V480 服务器。

图 1.4　小型机　　　　　　　　　图 1.5　Sun V480 服务器

（2）工作站

工作站是高档微机,其独到之处在于易于联网,配有大容量主存,大屏幕显示器,特别适合于 CAD/CAM 和办公自动化。

1.1.5　计算机的应用

自 1946 年第一台电子数字计算机诞生以来,人们一直在探索计算机的应用模式,尝试利用计算机去解决各领域中的问题,计算机的应用主要有以下几个方面。

1. 科学计算

科学计算即数值计算,科学和工程计算的特点是计算量大,而且逻辑关系相对复杂。例如,卫星轨道计算、导弹发射参数的计算、宇宙飞船运行轨迹和气动干扰的计算等。

2. 信息处理

信息处理即数据处理或事务处理,是指对各种信息进行收集、存储、加工、分析和统计,向使用者提供信息存储、检索等一系列功能的总和。例如银行储蓄系统的存款、取款和计息;办公自动化中利用计算机进行信息处理;图书、书刊、文献和档案资料的管理和查询等。

3. 过程控制

过程控制即自动控制,利用计算机对动态的过程进行控制、指挥和协调,由计算机对采集到的数据按一定方法经过计算,然后输出到指定执行机构去控制生产的过程。例如在化工厂可用来控制化工生产的某些环节或全过程等。

4. 计算机辅助系统

计算机辅助系统是设计人员使用计算机进行设计的一项专门技术,用来完成复杂的设计任务。它不仅应用于产品和工程辅助设计,而且还包括计算机辅助设计 CAD (Computer Aided Design)、计算机辅助制造 CAM(Computer Aided Manufacture)、计算机辅助教学 CAI(Computer Aided Institute)、计算机辅助测试 CAT(Computer Aided Test)、计算机基础教育 CBE(Computer Based Education)、计算机集成制造系统 CIMS (Computer Intergrated Manufacturing System)以及其他许多方面的内容,这些都统称为计算机辅助系统。

5. 人工智能

人工智能(Artificial Intelligence,AI)是计算机模拟人类大脑的高级思维活动,具有学习、推理和决策的功能。专家系统是人工智能研究的一个应用领域,可以对输入的原始数据进行分析、推理,做出判断和决策,如智能模拟机器人、医疗诊断、语音识别、金融决策、人机对弈等。

6. 电子商务

电子商务(Electronic Commerce,EC)广义上指使用各种电子工具从事商务或活动,狭义上指基于浏览器/服务器应用方式,利用 Internet 从事商务或活动。电子商务涵盖的范围很广,一般可分为企业对企业(Business-to-Business),或企业对消费者(Business-to-Consumer)两种,如消费者的网上购物、商户之间的网上交易和在线电子支付等。

7. 多媒体应用

多媒体计算机的主要特点是集成性和交互性,即集文字、声音、图像等信息于一体,并使人机双方通过计算机进行交互。多媒体技术的发展大大拓宽了计算机的应用领域,视频、音频信息的数字化,使得计算机走向家庭,走向个人。

计算机在社会各领域中的广泛应用,有力地推动了社会的发展和科学技术水平的提高,同时也促进了计算机技术的不断更新,使其向微型化、巨型化、网络化、智能化的方向不断发展。

1.2　计算机系统

随着计算机功能的不断增强,应用范围不断扩展,计算机系统也越来越复杂,一个完整的计算机系统由硬件系统和软件系统两大部分组成,如图 1.6 所示。计算机硬件是指组成计算机的物理设备的总称,是计算机完成计算的物质基础。计算机软件是在计算机硬件设备上运行的各种程序、相关数据的总称。

1.2.1　计算机硬件系统

计算机硬件系统是指构成计算机的所有实体部件的集合,通常这些部件由电路(电子

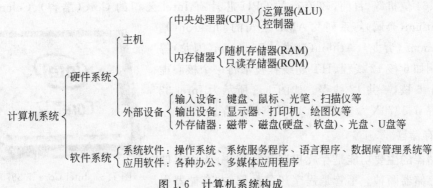

图 1.6　计算机系统构成

元件)、机械等物理部件组成,它们都是看得见摸得着的,故称为硬件,这些是计算机系统的物质基础。

绝大多数计算机都是根据冯·诺依曼计算机体系结构的思想来设计的,具有共同的基本配置,即由运算器、控制器、存储器、输入设备和输出设备五大部件组成,其中核心部件是运算器,这种硬件结构也可称为冯·诺依曼结构,如图 1.7 所示。

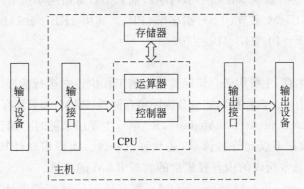

图 1.7　计算机硬件系统的基本组成

1. 中央处理器(CPU)

CPU 是中央处理器(Central Processing Unit)的英文缩写,是一个体积不大而集成度非常高,功能强大的芯片,也称微处理器(Micro Processor Unit,MPU)是微型机的核心。CPU 由运算器和控制器两部分组成,用以完成指令的解释与执行。

运算器由算术逻辑单元 ALU、累加器 AC、数据缓冲寄存器 DR 和标志寄存器 F 组成,是微机的数据加工处理部件。控制器由指令计数器 IP、指令寄存器 IR、指令译码器 ID 及相应的操作控制部件组成,它产生各种控制信号,使计算机各部件得以协调工作,是微机的指令执行部件。CPU 中还有时序产生器,其作用是对计算机各部件高速的运行实施严格的时序控制。

CPU 的主要性能指标有时钟频率(或称主频)和字长。主频说明 CPU 的工作速度,通常以兆赫兹(MHz)或千兆赫兹(GHz)为单位,是衡量计算机运算速度的重要指标,其中 1GHz=1024MHz。字长说明 CPU 可以同时处理二进制数据的位数,如 16 位机、

32 位机、64 位机等。目前,较流行的 CPU 芯片有 Intel 公司的 Core(酷睿)、Celeron(赛扬)、Pentium(奔腾)等系列及 AMD 公司的 Opteron(皓龙)、Phenom(羿龙)、Athlon(速龙)、Sempron(闪龙)等系列。例如 6 核 12 线程,HT 超线程技术将一个核心虚拟成 2 个 6 核,一共 12 线程。如图 1.8 所示为 Intel 32 纳米酷睿 i7 3970X 六核 CPU/15M 三级缓存。

图 1.8　Intel Core i7 3970X

2. 存储器

存储器的主要功能是存放程序和数据,分为内存储器与外存储器两种。不管是程序还是数据,在存储器中都是用二进制的形式表示,统称为信息。数字计算机的最小信息单位称为位(bit),即一个二进制代码。能存储一位二进制代码的器件称为存储元。通常,CPU 向存储器送入或从存储器取出信息时,不能存取单个的"位",而是用 B(字节)和 W(字)等较大的信息单位来工作。一个字节由 8 位二进制位组成,而一个字则至少由一个以上的字节组成,通常把组成一个字的二进制位数叫做字长。

存储器存储容量的基本单位是字节(Byte,简称 B),常用的单位有千字节(KB)、兆字节(MB)、吉字节(GB)、太字节(TB)、拍字节(PB)。其中 1KB=1024B、1MB=1024KB、1GB=1024MB、1TB=1024GB、1PB=1024TB。

(1) 内存储器

内存储器简称内存,主要用于存储计算机当前工作中正在运行的程序、数据等,相当于计算机内部的存储中心。内存按功能可分为随机存储器(RAM)和只读存储器(ROM)。

随机存储器(Random Access Memory,RAM),主要用来随时存储计算机中正在进行处理的数据,这些数据不仅允许被读取,还允许被修改。重新启动计算机后,RAM 中的信息将全部丢失。通常所说的内存容量指的就是 RAM 的容量。

只读存储器(Read Only Memory,ROM),其存储的信息一般由计算机厂家确定,通常是计算机启动时的引导程序、系统的基本输入输出等重要信息,这些信息只能读取,不能修改,重新启动计算机后 ROM 中的信息不会丢失。

(2) 外存储器

外存储器简称外存,用于存储暂时不用的程序和数据。常用的外存储器有软盘、硬盘、光盘、磁带存储器等。它们的存储容量也是以字节为基本单位。外存与内存之间交换信息,而不能被计算机系统的其他部件直接访问。外存相对于内存的最大特点就是容量大,可移动,便于不同计算机之间进行信息交流。

图 1.9　3.5 英寸软盘

① 软盘存储器。一个完整的软盘存储系统由软盘、软盘驱动器组成,软盘记录的信息是通过软盘驱动器进行读写的。软盘只有经过格式化后才可以使用,格式化是为存储数据做准备,把软盘划分为若干个磁道,磁道又被划分为若干个扇区。如图 1.9 所示是 3.5 英寸、

1.44M 软盘。

② 硬盘存储器。硬盘是由若干硬盘片组成的盘片组,一般被固定在机箱内,容量已达 TB。硬盘工作时,固定在同一个转轴上的数张盘片以每分钟 7200 转甚至更高的速度旋转,磁头在驱动马达的带动下在磁盘上做径向移动,寻找定位点完成写入或读出数据工作。硬盘使用前要经过低级格式化、分区及高级格式化后才能使用,一般硬盘出厂前低级格式化已完成。硬盘结构如图 1.10 所示。

图 1.10　硬盘结构

③ 光盘。光盘(Compact Disk,CD)是高密度盘,光存储器通过光学方式读取光盘上的信息或将信息写入光盘,它利用了激光可聚集成能量高度集中的极细光束这一特点,来实现高密度信息的存储。光盘可分为只读性光盘(CD-ROM)、一次性写入光盘(CD-R)、可抹性光盘(CD-RW)、数字多用途光盘(Digital Versatile Disk,DVD)。DVD 与 CD 的大小尺寸相同,但它们的结构完全不同,它提高了信息储存密度,扩大了存储空间,容量一般在 4.7GB 左右。CD 和 DVD 通过光盘驱动器读取或写入数据。如图 1.11 所示光盘驱动器(a)和笔记本的光驱(b)。

(a) 光盘驱动器　　　　　　　(b) 笔记本驱动器

图 1.11　光盘驱动器

④ 闪存。闪存(Flash Memory)是一种新型的移动存储器。由于闪存具有无需驱动器和额外电源、体积小、即插即用、寿命长等优点,因此越来越受用户的青睐。目前常用的闪存有 U 盘(USB Flash Disk)、CF 卡(Compact Flash)、SM 卡(Smart Media)、SD 卡(Secure Digital Memory Card)、XD 卡(Extreme Digital)、记忆棒(Memory Stick)等。

3. 输入设备

输入设备用于接受用户输入的数据和程序,并将它们转换成计算机能够接受的形式存放到内存中。常见的输入设备有键盘、鼠标、扫描仪、光笔、数字化仪等。

(1) 键盘(Keyboard)

键盘是计算机系统中最基本的输入设备,通过一根电缆线与主机相连接。一般可分为机械式、电容式、薄膜式和导电胶皮四种。键盘的键数一般为 101 键或 104 键,101 键盘被称为标准键盘,如图 1.12 所示。

（2）鼠标（Mouse）

鼠标是一种"指点"设备，多用于 Windows 操作系统环境下，可以取代键盘上的部分键功能。按照工作原理可分为机械式鼠标、光电式鼠标、无线遥控式鼠标等。按照键的数目，可分为两键鼠标、三键鼠标及滚轮鼠标等。按照鼠标接口类型可分为 PS/2 接口的鼠标、串行接口的鼠标、USB 接口的鼠标，如图 1.13 所示。

图 1.12　键盘

图 1.13　鼠标

鼠标的主要性能指标是其分辨率，指每移动 1 英寸所能检出的点数，单位是 ppi。目前鼠标的分辨率为 200～400ppi，传送速率一般为 1200b/s，最高可达 9600b/s。

（3）扫描仪（Scanner）

扫描仪是常用的图像输入设备，它可以把图片和文字材料快速地输入计算机，如图 1.14 所示为手持扫描仪。通过光源照射到被扫描材料上来获得材料的图像，被扫描材料将光线反射到扫描仪的光电器件上，根据反射的光线强弱不同，光电器件将光线转换成数字信号，并存入计算机的文件中，然后就可以用相关的软件进行显示和处理。

（4）光笔（Light Pen）

光笔作为一种新颖的输入设备近年来得到了很大的发展，它兼有鼠标、键盘和书写笔的功能。一般由两部分组成：一部分是与主机相连的基板，另一部分是在基板上写字的笔，用户通过笔与基板的交互，完成写字、绘图和操控鼠标等操作，如图 1.15 所示。光笔有三种用途：①利用光笔可以完成作图、改图、使图形旋转、移位放大等多种复杂功能，这在工程设计中非常有用；②进行"菜单"选择，构成人机交互接口；③辅助编辑程序，实现编辑功能。在计算机辅助出版等系统中光笔是重要的输入设备。

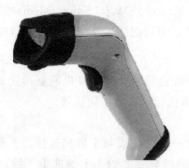

图 1.14　手持扫描仪

图 1.15　光笔

（5）数码相机（Digital Camera）

数码相机是光学、机械、电子一体化的产品，与传统相机相比，数码相机的"胶卷"是光电器件，当光电器件表面受到光线照射时，能把光线转换成数字信号，所有光电器件产生的信号加在一起，就构成了一幅完整的画面，数字信号经过压缩后存放在数码相机内部的闪存中。数码相机可以即时看到拍摄的效果，可以把拍摄的照片传输给计算机，并借助计算机软件进行显示和处理。

还有输入设备如数码摄像头、网卡及声卡等。

4. 输出设备

输出设备是将计算机处理的结果从内存中输出，常见的输出设备有显示器、打印机、绘图仪等。

（1）显示器（Monitor）

显示器是用来显示输出结果的，是标准的输出设备。显示器分为单色显示器和彩色显示器两种。台式机主要使用如图 1.16 所示阴极射线管监视器（Cathode Ray Tube，CRT）和如图 1.17 所示液晶显示器（Liquid Crystal Display，LCD）。CRT 显示器工作时，电子枪发出电子束轰击屏幕上的某一点，使该点发光，每个点由红、绿、蓝三基色组成，通过对三基色强度的控制就能合成各种不同的颜色，电子束从左到右、从上到下，逐点轰击就可以在屏幕上形成图像。LCD 显示器的工作原理是利用液晶材料的物理特性，当通电时液晶中分子排列有秩序，使光线容易通过，不通电时液晶中分子排列混乱，阻止光线通过，让液晶中分子如闸门般地阻隔或让光线穿透，就能在屏幕上显示出图像来。LCD 的显著特点是超薄、完全平面、没有电磁辐射、能耗低、符合环保概念，笔记本电脑均使用LCD 液晶显示器。

图 1.16　阴极射线管监视器 CRT

图 1.17　液晶显示器 LCD

① 显示器的性能指标。显示器的主要性能指标有颜色、像素、点间距、分辨率和显存等。颜色是指显示器所显示的图形和文字有多少种颜色可供选择，而显示器所显示的图形和文字是由许多"点"组成的，这些点称为像素。屏幕上相邻两个像素之间的距离称为点间距，也称点距。点距越小，图像越清晰，细节越清楚。单位面积上能显示的像素的数目称为分辨率。分辨率越高，所显示的画面就越精细，但同时也会越小。目前的显示器一般都能支持 800×600、1024×768、1280×1024 等规格的分辨率。显示器在显示一帧图像时首先要将其存入显卡的内存（简称显存）中，显存的大小会限制对显示分辨率及流行色

的设置。

② 显示适配卡。显示适配卡又称显卡,显示器只有配备了显卡才能正常工作。显卡一般被插在主板的扩展槽内,通过总线与 CPU 相连。当 CPU 有运算结果或图形要显示时,首先将信号送给显卡,由显卡的图形处理芯片把它们翻译成显示器能够识别的数据格式,并通过显卡后面的一根 15 芯 VGA 接口和显示电缆传给显示器。常见的显示适配卡有彩色图形适配器 CGA、视频图形阵列 VGA、TVGA(有较高的分辨率,是目前主流彩色显示器适配器)、SVGA(超级 VGA,亮度较其他类型的适配器高)。

（2）打印机（Printer）

打印机作为各种计算机的最主要输出设备之一,随着计算机技术的发展和日趋完美的用户需求而得到较大的发展。目前,常见的有针式打印机、喷墨打印机和激光打印机。

① 针式打印机（Stylus Printer）。针式打印机的基本工作原理是在打印机联机状态下,通过接口接收 PC 机发送的打印控制命令、字符打印或图形打印命令,再通过打印机的 CPU 处理后,从字库中寻找与该字符或图形相对应的图像编码首列地址(正向打印时)或末列地址(反向打印时),如此一列一列地找出编码并送往打印头驱动电路。如图 1.18 所示爱普生 lq-1800k 针式打印机。利用机械和电路驱动原理,使打印针撞击色带和打印介质,进而打印出点阵再由点阵组成字符或图形来完成打印任务。

② 喷墨打印机（Ink-jet Printer）。喷墨打印机是在针式打印机之后发展起来的,采用非打击的工作方式。目前喷墨打印机按打印头的工作方式可以分为压电喷墨技术和热喷墨技术两大类型。按照喷墨的材料性质又可以分为水质料、固态油墨和液态油墨等类型的打印机,如图 1.19 所示。

图 1.18　爱普生 lq-1800k 针式打印机

图 1.19　喷墨打印机

压电喷墨技术是将许多小的压电陶瓷放置在喷墨打印机的打印头喷嘴附近,利用它在电压作用下会发生形变的原理,适时地把电压加到它上面。压电陶瓷随之产生伸缩使喷嘴中的墨汁喷出,在输出介质表面形成图案。热喷墨技术是让墨水通过细喷嘴,在强电场的作用下将喷头管道中的一部分墨汁气化,形成一个气泡,并将喷嘴处的墨水顶出喷到输出介质表面,形成图案或字符,所以这种喷墨打印机有时又被称为气泡打印机。

③ 激光打印机（Laster Printer）。激光打印机是将激光扫描技术和电子显像技术相结合的非击打输出设备。激光打印机由激光器、声光调制器、高频驱动、扫描器、同步器及光偏转器等组成,其作用是把接口电路送来的二进制点阵信息调制在激光束上,之后扫描到感光体上。感光体与照相机构组成电子照相转印系统,把射到感光鼓上的图文映像转印到打印纸上,其原理与复印机相同。

（3）绘图仪（Graphic Plotter）。绘图仪在绘图软件的支持下可以绘制出复杂、精确的图形。常用的绘图仪有平板型和滚筒型两种类型。平板型绘图仪的绘图纸平铺在绘图板上，通过绘画笔架的运动来绘制图形，如图 1.20 所示。滚筒型绘图仪依靠绘图笔架的左右移动和滚筒带动绘图仪前后滚动绘制图形，如图 1.21 所示。绘图仪是计算机辅助设计不可缺少的工具。

图 1.20　平板型绘图仪

图 1.21　滚筒型绘图仪

还有其他的输出设备如音箱、耳机及投影仪等。

5．总线与接口

微型计算机采用总线结构将各部分连接起来并与外界实现信息传送，它的基本结构如图 1.22 所示。

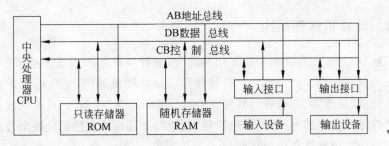
图 1.22　微型计算机的基本结构

（1）总线（BUS）

总线是指计算机中传送信息的公共通路，包括数据总线 DB，地址总线 AB，控制总线 CB。CPU 本身也由若干个部件组成，这些部件之间也通过总线连接。通常把 CPU 芯片内部的总线称为内部总线，而连接系统各部件间的总线为外部总线或系统总线。

① 数据总线（DB）用于传输数据信息，它是 CPU 同各部件交换信息的通道，数据总线是双向的。

② 地址总线（AB）用来传送地址信息，CPU 通过地址总线把需要访问的内存单元地址或外部设备的地址传送出去，地址总线通常是单方向的。地址总线的宽度与寻址的范围有关。例如寻址 1MB 的地址空间，需要有 20 条地址线。

③ 控制总线（CB）用来传输控制信号，以协调各部件的操作，它包括 CPU 对内存和接口电路的读写信息、中断响应信号等。

（2）标准总线分类

标准总线包括以下三种。

工业标准体系结构总线(Industry Standard Architecture,ISA);

扩展标准体系结构总线(Extension Industry Standard Architecture,EISA);

微通道总线(Micro Channel,MCA)。

（3）接口

接口是指计算机中的两个部件或两个系统之间按一定要求传送数据的部件。不同的外部设备与主机相连都要配备不同的接口。微机与外设之间的信息传输方式有串行和并行两种方式。串行方式是按二进制数的位传送的，传输速度较慢，但器材投入少。并行方式一次可以传输若干个二进制位的信息，传输速度比串行方式快，但器材投放较多。

① 串行端口。微机中采用串行通信协议的接口称为串口，也称为 RS-232 接口，一般微机有两个串口，COM1 和 COM2，主要连接鼠标、键盘和调制解调器等。

② 并行端口。用一组线同时传送一组数据。微机中一般配置一个并行端口，被标记为 LPT1 或 PRN，主要连接设备有打印机、外置光驱和扫描仪等。

③ PCI 接口。PCI 是系统总线接口的国际标准，网卡、声卡等接口大部分是 PCI 接口。

④ USB 接口。USB 接口符合通用串行总线硬件标准的接口，它能够与多个外设相互串接，即插即用，树状结构最多可接 127 个外设，主要用于外部设备，如扫描仪、鼠标、键盘、光驱、调制解调器等。

1.2.2 计算机软件系统

计算机软件是程序、数据和相关文档的集合，是计算机系统的重要组成部分，可以使计算机更好地发挥作用。如果把计算机硬件看成是计算机的"躯干"，那么计算机软件就是计算机系统的"灵魂"。没有任何软件支持的计算机称为"裸机"。计算机软件是计算机系统中与硬件相互依存的另一部分，包括程序、数据及其相关文档的完整集合。计算机软件一般可以分为系统软件和应用软件。

1. 系统软件

系统软件是完成管理、监控和维护计算机资源的软件，是保证计算机系统正常工作的基本软件，用户不得随意修改，如操作系统、编译程序、数据库管理系统等。

（1）操作系统

操作系统是系统的资源管理者，是用户与计算机的接口，在用户与计算机之间提供了一个良好的界面，用户可以通过操作系统最大限度地利用计算机的功能。操作系统是最底层的系统软件，但却是最重要的。常用的操作系统有 DOS 操作系统、Windows XP 操作系统、UNIX 操作系统等。有关操作系统的具体内容将在第 2 章介绍。

（2）计算机语言

计算机语言是为了编写能让计算机进行工作的指令或程序而设计的一种用户容易掌握和使用的编写程序的工具，具体可分为以下 3 种。

① 机器语言。机器语言的每一条指令都是由 0 和 1 组成的二进制代码序列。机器语言是最底层的面向机器硬件的计算机语言，是计算机唯一能够直接识别并执行

的语言。利用机器语言编写的程序执行速度快、效率高,但不直观、编写难、记忆难、易出错。

② 汇编语言。将二进制形式的机器指令代码用符号(或称助记符)来表示的计算机语言称为汇编语言。用汇编语言编写的程序计算机不能直接执行,必须由机器中配置的汇编程序将其翻译成机器语言目标程序后,计算机才能执行。将汇编语言源程序翻译成机器语言目标程序的过程称为汇编。

汇编语言和机器语言一般被称为低级语言。

③ 高级语言。机器语言和汇编语言都是面向机器的语言,而高级语言则是面向用户的语言。高级语言与具体的计算机硬件无关,其表达方式更接近于人们对求解过程或问题的描述方法,容易理解、掌握和记忆。用高级语言编写的程序其通用性和可移植性好,如 C、Foxpro、Visual Foxpro、Visual Basic、Java、C++等都是人们最为熟知和广泛使用的高级语言。

高级语言编写的程序是不能被计算机直接识别和接收的,也需要翻译。这个过程有编译与解释两种方式,如图 1.23(a)所示为编译方式,是将程序完整的进行翻译,整体执行。图 1.23(b)所示为解释方式是翻译一句执行一句。解释方式的交互性好,但速度比编译方式慢,不适用于大的程序。

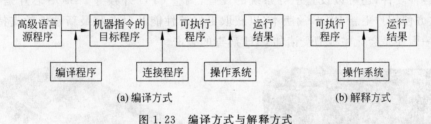

图 1.23 编译方式与解释方式

(3) 数据库管理系统

数据库是为了满足某部门中不同用户的需要,按照一定的数据模型在计算机中组织、存储、使用相互联系的数据的集合。具体内容将在第 8 章介绍。目前常用的数据库管理系统有 Visual FoxPro、Access、SQL server 等。

(4) 服务性程序

服务性程序是指协助用户进行软件开发和硬件维护的软件。如各种开发调试工具软件、编辑程序、工具软件、诊断测试软件等。

2. 应用软件

应用软件是指计算机用户利用计算机的软、硬件资源为某一专门的应用目的而开发的软件。随着计算机应用领域的不断拓展和普及,应用软件的作用越来越大,常用的应用软件有:各类信息管理软件、办公自动化系统软件、各类辅助设计软件以及辅助教学软件、各类软件包如数值计算程序库及图形软件包等。

1.2.3 个人计算机硬件组成

实际应用组装的个人计算机,即微型机的基本构成都是由显示器、键盘和主机箱构成。在主机箱内有主板、硬盘驱动器、CD-ROM 驱动器、软盘驱动器、电源、显示适配器（显示卡）等。

1. 主板

主板又称主机板（mainboard）、系统板（systemboard）或母板（motherboard），它安装在机箱内，是微机最基本的也是最重要的部件之一。主板一般为矩形电路板，上面安装组成计算机的主要电路系统，一般有 BIOS 芯片、I/O 控制芯片、键盘和面板控制开关接口、指示灯插接件、扩充插槽、主板及插卡的直流电源供电接插件等元件。主板采用开放式结构，设有 6～15 个扩展插槽，供 PC 机外围设备的控制卡（适配器）插接，如图 1.24 所示。通过更换这些插卡，对微机的相应子系统进行局部升级，使厂家和用户在配置机型方面有更大的灵活性。主板在整个微机系统中扮演着举足轻重的角色，是微机的主体，更是微机的核心部位，主板的类型和档次决定着整个微机系统的类型和档次，主板的性能影响着整个微机系统的性能。

（1）芯片

BIOS（Basic Input / Output System）芯片：即基本输入输出系统芯片是一块方块状的存储器，里面存有与该主板搭配的基本输入输出系统程序，如图 1.25 所示。能够让主板识别各种硬件，还可以设置引导系统的设备，调整 CPU 外频等。BIOS 芯片是可以写入的，这方便用户更新 BIOS 的版本，以获取更好的性能及对电脑最新硬件的支持，当然不利的一面便是会让主板遭受诸如 CIH 病毒的袭击。

图 1.24　采用 AMD990FX 芯片组的华硕主板　　　　图 1.25　BIOS ROM 芯片

（2）扩展槽

内存插槽：主板所支持的内存种类和容量都由内存插槽的类型和数量决定。内存插槽一般位于 CPU 插座下方。

AGP 插槽：颜色多为深棕色，位于北桥芯片和 PCI 插槽之间。AGP 插槽有 1×、2×、4× 和 8× 之分。AGP4× 的插槽中间没有间隔，AGP2× 则有。

PCI 插槽：PCI 插槽是主板上用于固定扩展卡并将其连接到系统总线上的插槽，多为乳白色，可以插上软 Modem、声卡、股票接收卡、网卡、检测卡、多功能卡等设备，这种扩展槽越多，其扩展性就越好。

CNR 插槽：多为淡棕色，长度只有 PCI 插槽的一半，可以接 CNR 的软 Modem 或网卡。这种插槽的前身是 AMR 插槽。CNR 和 AMR 不同之处在于：CNR 增加了对网络的支持性，并且占用的是 ISA 插槽的位置。共同点是它们都是把软 Modem 或是软声卡的一部分功能交由 CPU 来完成。这种插槽的功能可在主板的 BIOS 中开启或禁止。

（3）对外接口

硬盘接口：硬盘接口可分为 IDE 接口和 SATA 接口。在型号陈旧的主板上，多集成两个 IDE 口，通常 IDE 接口都位于 PCI 插槽下方，从空间上则垂直于内存插槽，也有横向的。而新型主板上，IDE 接口大多缩减，甚至没有，代之以 SATA 接口。

软驱接口：连接软驱所用，多位于 IDE 接口旁，比 IDE 接口略短一些，因为它是 34 针的，所以数据线也略窄一些。

COM 接口（串口）：目前大多数主板都提供了两个 COM 接口，分别为 COM1 和 COM2，作用是连接串行鼠标和外置 Modem 等设备。

PS/2 接口：PS/2 接口的功能比较单一，仅能用于连接键盘和鼠标。一般情况下，鼠标的接口为绿色、键盘的接口为紫色。

USB 接口：USB 接口是现在最为流行的接口，最大可以支持 127 个外设并且可以独立供电，其应用非常广泛。USB 接口可以从主板上获得 500mA 的电流，支持热拔插，真正做到了即插即用。USB2.0 标准最高传输速率可达 480Mbps。USB3.0 已经开始出现在最新主板中并被推广。

LPT 接口（并口）：一般用来连接打印机或扫描仪。其默认的中断号是 IRQ7，采用 25 脚的 DB-25 接头。并口的工作模式主要有三种：

① SPP 标准工作模式。SPP 数据是半双工单向传输，传输速率较慢，仅为 15Kbps，但应用较为广泛，一般设为默认的工作模式。

② EPP 增强型工作模式。EPP 采用双向半双工数据传输，其传输速率比 SPP 高很多，可达 2Mbps，目前已有不少外设使用此工作模式。

③ ECP 扩充型工作模式。ECP 采用双向全双工数据传输，传输速率比 EPP 还要高一些，但支持的设备不多。现在使用 LPT 接口的打印机与扫描仪已经很少了，多为使用 USB 接口的打印机与扫描仪。

MIDI 接口：声卡的 MIDI 接口和游戏杆接口是共用的。接口中的两个针脚用来传送 MIDI 信号，可连接各种 MIDI 设备，例如电子键盘等，现在市面上已很难找到基于该接口的产品。

SATA 接口：SATA 的全称是 Serial Advanced Technology Attachment（串行高级技术附件，一种基于行业标准的串行硬件驱动器接口），是由 Intel、IBM、Dell、APT、Maxtor 和 Seagate 公司共同提出的硬盘接口规范。

2. 显示卡

显卡即显示接口卡（Video card，Graphics card），又称为显示适配器（Video adapter），显示器配置卡简称为显卡，是个人计算机最基本组成部分之一。显卡的用途是将计算机系统所需要的显示信息进行转换驱动，并向显示器提供行扫描信号，控制显示器的正确显示，是连接显示器和个人电脑主板的重要元件，是"人机对话"的重要设备之一。显卡作为电脑主机里的一个重要组成部分，承担输出显示图形的任务，民用显卡图形芯片供应商主要包括 AMD(超威半导体)和 Nvidia(英伟达)两家,如图 1.26 所示。

显卡的工作原理是数据(data)一旦离开 CPU,必须通过 4 个步骤最后到达显示屏。

① 从总线(Bus)进入 GPU(Graphics Processing Unit,图形处理器),将 CPU 送来的数据送到北桥(主桥)再送到 GPU(图形处理器)里面进行处理。

② 从显卡芯片组(Video chipset)进入显存(Video RAM),将芯片处理完的数据送到显存。

③ 从显存进入 Digital Analog Converter (RAM DAC 随机读写存储数—模转换器)从显存读取出数据再送到 RAM DAC 进行数据转换的工作(数字信号转模拟信号)。但是如果是 DVI 接口类型的显卡,则不需要经过数字信号转模拟信号,而直接输出数字信号。

④ 从 DAC 进入显示器(Monitor)将转换完的模拟信号送到显示屏。

显存是显示内存的简称,其主要功能就是暂时储存显示芯片要处理的数据和处理完毕的数据。图形核心的性能愈强,需要的显存也就越多。以前的显存主要是 SDR 的容量小。现在市面上的显卡大部分采用的是 GDDR3 显存,最新的显卡则采用了性能更为出色的 GDDR4 或 GDDR5 显存。

3. 声卡

声卡(Sound Card)也叫音频卡(港台称声效卡)是多媒体技术中最基本的组成部分,是实现声波—数字信号相互转换的一种硬件,如图 1.27 所示。声卡的基本功能是把来自话筒、磁带、光盘的原始声音信号加以转换,输出到耳机、扬声器、扩音机、录音机等声响设备,或通过音乐设备数字接口(MIDI)使乐器发出美妙的声音。

图 1.26　民用 Nvidia(英伟达)显卡图形芯片

图 1.27　声卡芯片

声卡线型输入接口标记为"Line In"。Line In 端口将品质较好的声音、音乐信号输入,通过计算机的控制将该信号录制成一个文件。通常该端口用于外接辅助音源,如影碟机、收音机、录像机及 VCD 回放卡的音频输出。线型输出端口标记为"Line Out",它用于外接音箱功放或带功放的音箱。第二个线型输出端口,一般用于连接四声道以上的后端音箱。

话筒输入端口标记为"Mic In"。它用于连接麦克风(话筒),扬声器输出端口标记为"Speaker"或"SPK",用于插外接音箱的音频线插头。MIDI 即游戏摇杆接口标记为

"MIDI"。几乎所有的声卡上均带有一个游戏摇杆接口来配合模拟飞行、模拟驾驶等游戏软件,这个接口与 MIDI 乐器接口共用一个 15 针的 D 型连接器(高档声卡的 MIDI 接口可能还有其他形式)。该接口可以配接游戏摇杆、模拟方向盘,也可以连接电子乐器上的 MIDI 接口,实现 MIDI 音乐信号的直接传输。

4. 网卡

计算机与外界局域网的连接是通过主机箱内插入一块网络接口板(或者是在笔记本电脑中插入一块 PCMCIA 卡)。网络接口板又称为通信适配器或网络适配器(Network Adapter)或网络接口卡(Network Interface Card,NIC),但是现在更多的人愿意使用更为简单的名称"网卡",如图 1.28 所示。

网卡(NIC)是计算机局域网中最重要的连接设备,计算机主要通过网卡连接网络。在网络中,网卡的工作是双重的。一方面它负责接收网络上传过来的数据包,解包后将数据通过主板上的总线传输给本地计算机;另一方面它将本地计算机上的数据打包后送入网络。网卡上面装有处理器和存储器(包括 RAM 和 ROM)。网卡和局域网之间的通信是通过电缆或双绞线以串行传输方式进行的。而网卡和计算机之间的通信则是通过计算机主板

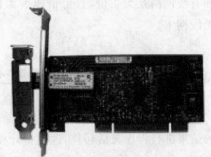

图 1.28　Intel 82545 网卡

上的 I/O 总线以并行传输方式进行。因此网卡的一个重要功能就是要进行串行并行转换。由于网络上的数据率和计算机总线上的数据率并不相同,因此在网卡中必须装有对数据进行缓存的存储芯片。

网卡最终是要与网络进行连接,所以也就必须有一个接口使网线通过它与其他计算机网络设备连接起来。不同的网络接口适用于不同的网络类型,常见的接口主要有以太网的 RJ-45 接口、细同轴电缆的 BNC 接口和粗同轴电缆 AUI 接口、FDDI 接口、ATM 接口等。而且有的网卡为了适用于更广泛的应用环境,提供了两种或多种类型的接口,如有的网卡会同时提供 RJ-45、BNC 接口或 AUI 接口。

① RJ-45 接口:这是最为常见的一种网卡,也是应用最广的接口类型网卡,这主要得益于双绞线以太网应用的普及。因为这种 RJ-45 接口类型的网卡就是应用于以双绞线为传输介质的以太网中,它的接口类似于常见的电话接口 RJ-11,但 RJ-45 是 8 芯线,而电话线的接口是 4 芯的,通常只接 2 芯线(ISDN 的电话线接 4 芯线)。在网卡上还自带两个状态指示灯,通过这两个指示灯颜色可初步判断网卡的工作状态。

② BNC 接口:这种接口网卡对应用于用细同轴电缆为传输介质的以太网或令牌网中,这种接口类型的网卡较少见,主要因为用细同轴电缆作为传输介质的网络就比较少。

③ AUI 接口:这种接口类型的网卡对应用于以粗同轴电缆为传输介质的以太网或令牌网中,这种接口类型的网卡更是很少见。

④ FDDI 接口:这种接口的网卡是适应于 FDDI(光纤分布数据接口)网络中,这种网络具有 100Mbps 的带宽,但它所使用的传输介质是光纤,所以这种 FDDI 接口网卡的接口也是光纤接口的。随着快速以太网的出现,它的速度优越性已不复存在,但它需采用昂

贵的光纤作为传输介质的缺点并没有改变,所以也非常
少见。

⑤ ATM接口:这种接口类型的网卡是应用于ATM
(异步传输模式)光纤(或双绞线)网络中。它能提供物理的
传输速度达155Mbps。

无线网络是利用无线电波作为信息传输的媒介构成的
无线局域网(WLAN),与有线网络的用途十分类似,最大的
不同在于传输媒介的不同,利用无线电技术取代网线,可以
和有线网络互为备份,只可惜速度太慢。如图1.29所示为
无线网卡。

图1.29　无线上网网卡

1.3　计算机基本工作原理

计算机不但能够按照指令的存储顺序依次读取并执行指令,而且还能根据指令执行
的结果进行程序灵活转移,这使得计算机具有了类似于人脑的思维判断能力,再加上它的
高速运算特征,计算机才真正成为人类脑力劳动的有力助手。

1.3.1　冯·诺依曼设计思想

世界上第一台电子数字计算机ENIAC诞生后,美籍匈牙利数学家冯·诺依曼提出
了新的设计思想,主要有两方面:首先计算机应该以二进制为运算基础,其二是计算机需
采用"存储程序和程序控制"方式工作。进一步指出整个计算机的结构由五个部分(运算
器、控制器、存储器、输入设备和输出设备)组成,"存储程序和程序控制"是计算机利用存
储器来存放所要执行的程序,中央处理器依次从存储器中取出程序的每一条指令,并加以
分析和执行,直至完成全部指令任务为止。这一设想对后来计算机的发展起到了决定性
的作用。

20世纪40年代末期诞生的EDVAC(Electronic Discrete Variable Automatic
Computer)是第一台具有冯·诺依曼设计思想的电子数字计算机。

1.3.2　计算机指令系统

指令是一种采用二进制表示的,要计算机执行某种操作的命令,每一条指令都规定了
计算机所要执行的一种基本操作。程序是完成既定任务的一组指令序列,计算机按照程
序规定的流程依次执行每一条指令,最终完成程序所要实现的目标。

指令通常由两部分组成,即操作码和地址码。操作码指明计算机应该执行的某种操
作的性质与功能,地址码则指出被操作的数据(操作数)存放在何处,即指明操作数所在的
地址。

指令按其功能可以分为两种类型,即操作类指令和控制转移类指令。操作类指令是

命令计算机的各个部件完成基本的算术逻辑运算、数据存取和数据传送等操作。控制转移指令是用来控制程序本身的执行顺序,实现程序的分支、转移等。

1.3.3 个人计算机主要性能指标

1. 主频

主频是计算机 CPU 的工作频率,CPU 主频越高,计算机的运行速度就越快。主频以 MHz(兆赫)和 GHz(吉赫)为单位。

2. 字长

字长是指 CPU 内部各寄存器之间一次能够传递的数据位,即在单位时间内(同一时间)能一次处理的二进制数的位数。CPU 内部有一系列用于暂时存放数据或指令的存储单元,称为寄存器,如果 CPU 的字长为 16 位,则每执行一条指令可以处理 16 位二进制数据,如果要处理更多位的数据,则需要几条指令才能完成。字长反映出 CPU 内部运算处理的速度和效率。

3. 内存容量和存取周期

内存容量是指内存中能存储信息的总字节数,内存容量越大,存取周期越小,计算机的运算速度就越快。

4. 高速缓冲存储器

高速缓冲存储器(Cache)简称高速缓存,对提高计算机的速度有重要的作用。高速缓存的存取速度比内存快,但容量不大,主要用来存放当前内存中使用最多的程序和数据,并以接近 CPU 的速度向 CPU 提供程序指令和数据。高速缓存分为一级缓存(L1 Cache,内部缓存)和二级缓存(L2 Cache,外部缓存),一级缓存在 CPU 内部,二级缓存位于内存和 CPU 之间。

5. 总线速度

总线速度决定了 CPU 和高速缓存、内存和输入、输出设备之间的信息传输容量。

计算机的运算速度是一项综合性的指标,包括上述五种性能指标在内的多种因素的综合衡量,其单位是 MIPS(百万条指令/秒)。

1.4 信息的表示和处理

信息从存在的形式上包括文字、数字、图片、图表、图像、音频、视频等内容。计算机需处理的信息分为数值信息和非数值信息,各种信息都必须经过数字化编码后才能被传送、存储和处理。所谓数字化编码是计算机内部普遍采用二进制代码"0"和"1"表示信息,即通过输入设备输入到计算机中的任何信息,都必须转换成 0、1 代码表示形式,才能被计算机硬件所识别。本节主要介绍数制的基本概念和数值信息及非数值信息的表示与处理。

1.4.1　数制

生活中数制是人们利用符号来计数的科学方法，又称为计数制。数制有很多种，例如最常使用的十进制，钟表的六十进制（每分钟 60 秒、每小时 60 分钟），年的十二进制（1 年 12 个月）等。无论哪种数制都包含基数和位权两个基本要素。

1. 数制的基本要素

（1）基数

在一个计数制中，表示每个数位上可用字符的个数称为该计数制的基数。例如十进制数，每一位可使用的数字为 0，1，2，…，9 共 10 个，则十进制的基数为 10，即逢十进一。二进制中用 0 和 1 来计数，则二进制的基数为 2，即逢二进一。一般来说如果数制只采用 R 个基本符号，则称为基 R 数制，R 称为数制的基数。

（2）位权

数制中每一个固定位置对应的单位值称为"权"，一个数码处在不同位置所代表的值不同，例如十进制中数字 5 在十位数位置上表示 50，在百位数上表示 500，而在小数点后第 1 位表示 0.5。可见每个数码所代表的真正数值等于该数码乘以一个与数码所在位置相关的常数，这个常数就叫做位权。位权的大小是以基数为底，数码所在位置的序号为指数的整数次幂，其中位置序号的排列规则为小数点左边，从右至左分别为 0，1，2，…，小数点右边从左至右分别为 -1，-2，-3，…。

以十进制为例，十进制的个位数位置的位权是 10^0，十位数位置的位权为 10^1，小数点后第 1 位的位权为 10^{-1}。十进制数 12 345.678 的值等于 $1\times10^4+2\times10^3+3\times10^2+4\times10^1+5\times10^0+6\times10^{-1}+7\times10^{-2}+8\times10^{-3}$。十进制的基数 R 为 10，十进制数"权"的一般形式为 $10^n(n=…,4,3,2,1,0,-1,-2,-3,…)$。

2. 计算机中常用数制

人们在日常生活中经常使用的时间、钱币是有一定的进制的，计算机中有十进制系统，也存在二进制、八进制和十六进制。在计算机内部均用二进制数来表示各种信息，但计算机与外部的交互仍采用人们熟悉和便于阅读的形式，其间的转换则由计算机系统的软硬件来实现。

（1）二进制（Binary System）

在现代电子计算机中，无论是什么类型的信息（数字、文本、图形图像以及声音视频等），在计算机内部都采用二进制形式表示，即采用 0 和 1 表示的二进制进行计数，基数为 2，二进制数 1010 可以表示为 $(1010)_2$。计算机中使用二进制进行计数的主要原因如下。

① 二进制在物理上最容易实现。使用 0 和 1 进行计数相应地对应两个基本状态。对于物理元器件而言，一般也都具有两个稳定状态，即开关的接通与断开、二极管的导通与截止、电平的高与低等，这些可以用 0 和 1 两个数码来表示。假如采用十进制数要制造具有 10 种稳定状态的电子器件是非常困难的。

② 二进制数的运算简单，法则少，如采用十进制数有 55 种求和与求积的运算规则，

而二进制数仅有 3 种,使计算机运算器的硬件结构大大简化。

③ 二进制的 0 和 1 可以对应逻辑中"真"和"假",可以很自然地进行逻辑运算。

(2) 八进制(Octal System)和十六进制(Hexadecimal System)

计算机使用二进制进行各种算术运算和逻辑运算虽然有计算速度快、简单等优点,但也存在着一些不足。在一般情况下,使用二进制表示需要占用更多的位数,例如十进制数 9,对应的二进制数为 1001,占四位。因此,为了方便读写,人们采用八进制和十六进制。八进制基数为 8,使用数字 0,1,2,…,7 共 8 个数字来表示运算时"逢八进一"。十六进制基数为 16,使用数字 0,1,2,…,9,A,B,C,D,E,F 共 16 个数字和字母来表示运算时"逢十六进一"。为了区别这几种数制表示方法,常在数字后面加一个缩写的大写字母,或者将要表示的数用小括号括起来后用进制下标来标识,如表 1.1 所示。

表 1.1　进制标识

类别	基数	使用基本符号	字母标识	书 写 格 式	英文单词
二进制	2	0,1	B	$(1001)_2$ 或 1001B	Binary
八进制	8	0,1,…,6,7	Q 或 O	$(1001)_8$ 或 1001Q 或 1001O	Octal
十进制	10	0,1,…,8,9	D	$(1001)_{10}$ 或 1001D	Decimal
十六进制	16	0,…9,A,…,F	H	$(1001)_{16}$ 或 1001H	Hexadecimal

3. 各种进制间的转换

(1) R 进制转换成十进制

任意 R 进制数可以按其位权方式进行展开。若 L 有 N 位整数、M 位小数,其各位数为:$(K_{n-1}K_{n-2}\cdots K_2K_1K_0K_{-1}\cdots K_{-m})$,$L$ 可以表示为:

$$L = \sum_{i=-m}^{n} K_i R^i$$
$$= K_{n-1}R^{n-1} + K_{n-2}R^{n-2} + \cdots + K_1R^1 + K_0R^0 + K_{-1}R^{-1} + \cdots + K_{-m}R^{-m}$$

当一个 R 进制数按权展开后,也就得到了该数值所对应的十进制数。所以 R 进制数转换为十进制数时,采用按权展开各项相加的法则。

【例 1.1】 将二进制数 11011.01B 转换成对应的十进制数。

$$(11011.01)_2 = 1 \times 2^4 + 1 \times 2^3 + 0 \times 2^2 + 1 \times 2^1 + 1 \times 2^0 + 0 \times 2^{-1} + 1 \times 2^{-2}$$
$$= (27.25)_{10}$$

【例 1.2】 将八进制数 33.2Q 转换成对应的十进制数。

$$(33.2)_8 = 3 \times 8^1 + 3 \times 8^0 + 2 \times 8^{-1} = (27.25)_{10}$$

【例 1.3】 将十六进制数 1B.4H 转换成对应的十进制数。

$$(1B.4)_{16} = 1 \times 16^1 + 11 \times 16^0 + 4 \times 16^{-1} = (27.25)_{10}$$

(2) 十进制转换成 R 进制

整数部分的转换法则是除以 R 取余法;小数部分的转换法则是乘以 R 取整法。

对于整数 L,我们可以表示为:

$$L = K_{n-1}R^{n-1} + K_{n-2}R^{n-2} + \cdots + K_1R^1 + K_0R^0$$

其中 K_i 表示余数,由除以 R 得到各位余数。

对于小数 L,我们可以表示为:

$$L = K_{n-1}R^{n-1} + K_{n-2}R^{n-2} + \cdots + K_{-m}R^{-m}$$

其中 K_{-i} 表示由乘以 R 得到的各位整数。

【例 1.4】 将十进制数 35.625 转换为二进制数。

整数部分转换:35 除以 2 取各位上的余数。

除以 R		取余数	对应二进制位数	
35	2 ⟌ 35	$\div 2 = 17$	1	K_0 最低位
17	2 ⟌ 17	$\div 2 = 8$	1	K_1
8 $\div$	2 ⟌ 8	2 = 4	0	K_2
4 $\div$	2 ⟌ 4	2 = 2	0	K_3
2 $\div$	2 ⟌ 2	2 = 1	0	K_4
1 $\div$	2 ⟌ 1	2 = 0	1	K_5 最高位
	0			

所以:35D = 100011B

注意:在转换整数部分时,当除以 R 的商为 0 时,应停止取余操作。先得到的余数作为低位,后得到的余数作为高位。

0.625
$\times$ 2
————
1.250 小数部分转换:0.625 乘以 2 取各位上的整数。

	乘以 R	取整数	对应二进制位数
1.250 $\times$ 2	$0.625 \times 2 = 1.250$	1	K_{-1} 小数点后最高位
0.500 $\times$ 2	$0.25 \times 2 = 0.5$	0	K_{-2}
	$0.5 \times 2 = 1.0$	1	K_{-3} 小数点后最低位

1.000   所以:0.625D = 0.101B

注意:在转换小数部分时,当乘以 R 后小数部分为 0 时,或满足某些精度要求时,应停止取整操作。先得到的整数作为高位,后得到的整数作为低位。另外,取走的整数部分不再参与下次乘法运算。

最后将整数部分和小数部分的转换结果相加即转换的数值,35.625D = 100011.101B。

(3) 二进制与八进制的转换

由于 $2^3 = 8$,所以三位二进制数正好可以用一位八进制数表示,所以只要把每三位二进制数码转换成相应的八进制数码即可。基本法则是整数部分以小数点为界从右往左,每三位一组进行转换;小数部分从小数点开始,自左向右,每三位一组进行转换。整数部分不足三位一组则左边补 0,小数部分不足三位一组则右边补 0。

若是八进制数转换成二进制数,则只要把八进制数的每一位数码用相应的三位二进制数码表示出来,排列在一起就是这个八进制数的二进制表示。

【例1.5】 二进制数10101101.101转换成八进制数。

$$10101101.101B = \underline{010} \quad \underline{101} \quad \underline{101} . \underline{101}B = 255.5Q$$

【例1.6】 将八进制数255.6转换成二进制数。

$$\underline{2} \quad \underline{5} \quad \underline{5} . \underline{6} Q = \underline{010} \quad \underline{101} \quad \underline{101} . \underline{110}B = 10101101.11B$$

（4）二进制与十六进制的转换

与八进制和二进制之间的转换相类似,由于$2^4 = 16$,所以四位二进制数正好可以用一位十六进制数表示,所以只要把每四位二进制数码转换成相应的十六进制数码即可。基本法则是,整数部分以小数点为界从右往左,每四位一组进行转换;小数部分从小数点开始,自左向右,每四位一组进行转换,整数部分不足四位一组则左边补0,小数部分不足四位一组则右边补0。

若是十六进制数转换成二进制数,则只要把十六进制数的每一位数码用相应的四位二进制数码表示出来,排列在一起就是这个十六进制数的二进制表示。

【例1.7】 将二进制数10101101.101转换成十六进制数。

$$10101101.101B = \underline{1010} \quad \underline{1101} . \underline{1010}B = AD.AH$$

【例1.8】 将十六进制数A8.9转换成二进制数。

$$\underline{A} \underline{8} . \underline{9} H = \underline{1010} \quad \underline{1000} . \underline{1001}B = 10101000.1001B$$

常用记数制对照表如表1.2所示。

表1.2 常用记数制对照表

十进制数	二进制数	八进制数	十六进制数	十进制数	二进制数	八进制数	十六进制数
0	0	0	0	8	1000	10	8
1	1	1	1	9	1001	11	9
2	10	2	2	10	1010	12	A
3	11	3	3	11	1011	13	B
4	100	4	4	12	1100	14	C
5	101	5	5	13	1101	15	D
6	110	6	6	14	1110	16	E
7	111	7	7	15	1111	17	F

1.4.2 二进制数运算

计算机内二进制数可以做两种基本运算：算术运算和逻辑运算。

1. 算术运算

算术运算包括加、减、乘、除,运算规则类似于十进制运算。

（1）加法规则：$0+0=0$、$0+1=1$、$1+0=1$、$1+1=10$（向高位进位）

【例1.9】 计算二进制数$(1101)_2+(1011)_2=(11000)_2$

$$1101$$
$$+\underline{\quad 1011}$$
$$11000 \quad (向高位进位)$$

（2）减法规则：$0-0=0$、$0-1=1$（向高位借位）、$1-0=1$、$1-1=0$

【例 1.10】 计算二进制数 $(1101)_2-(1011)_2=(0010)_2$

$$1101$$
$$-\underline{\quad 1011}$$
$$0010 \quad (向高位借位)$$

若被减数小于减数，则将被减数与减数交换位置，按上述方法计算后，在两数的差前加负号。

【例 1.11】 计算二进制数 $(1011)_2-(1101)_2=-((1101)_2-(1011)_2)=(-0010)_2$

（3）乘法规则：$0\times0=0$、$0\times1=0$、$1\times0=0$、$1\times1=1$

【例 1.12】 计算二进制数 $(1101)_2\times(1011)_2=(10001111)_2$

$$1101$$
$$\times\underline{\quad 1011}$$
$$1101$$
$$1101$$
$$0000$$
$$\underline{1101\quad\quad}$$
$$10001111$$

（4）除法规则：$0\div1=1$，$1\div1=1$

【例 1.13】 计算二进制数 $(110111)_2\div(101)_2=(1011)_2$

$$
\begin{array}{r}
1011 \\
101{\overline{\smash{\big)}\,110111}} \\
\underline{101} \\
00111 \\
\underline{101} \\
101 \\
\underline{101} \\
0
\end{array}
$$

2. 逻辑运算

逻辑运算包括与、或、非，是在对应的两个二进制数位之间进行的，不存在算术运算中的进位或借位情况。

（1）逻辑与规则：$0\cap0=0$、$0\cap1=0$、$1\cap0=0$、$1\cap1=1$

【例 1.14】 计算二进制数 $(1101)_2\cap(1011)_2=(1001)_2$

$$1101$$
$$\cap\underline{\quad 1011}$$
$$1001$$

（2）逻辑或规则：$0\cup0=0$、$0\cup1=1$、$1\cup0=1$、$1\cup1=1$

【例 1.15】 计算二进制数 $(1101)_2\cup(1011)_2=(1111)_2$

$$\begin{array}{r}1101\\ \underline{\cup\quad 1011}\\ 1111\end{array}$$

（3）逻辑非规则：$\bar{0}=1,\bar{1}=0$。

1.4.3　信息存储单位

信息存储的单位有以下 3 种。

1. 位（Bit）

位是计算机内部存储信息的最小单位，记作 b。一个二进制位只能表示 0 或 1，要想表示更大的数，就得把更多的位组合起来作为一个整体，每增加一位所能表示的信息量就增加 1。

2. 字节（Byte）

字节是计算机内部存储信息的基本单位，记作 B。一个字节由 8 个二进制位组成，即 1B＝8b。

在计算机中，常用的信息存储单位还有千字节（KB, kilobyte）、兆字节（MB, megabyte）、吉字节（GB, gigabyte）和太字节（TB, terabyte），其中 $1KB=2^{10}B=1024B$，$1MB=2^{10}KB=1024KB$，$1GB=2^{10}MB=1024MB$，$1TB=2^{10}GB=1024GB$。

3. 字（Word）

一个字通常由一个字节或若干个字节组成，是计算机进行信息处理时一次存取、加工和传送的数据长度。字长是衡量计算机性能的一个重要指标，字长越长，计算机一次所能处理信息的实际位数就越多，运算精度就越高，最终表现为计算机的处理速度越快。常用的字长有 8 位、16 位、32 位和 64 位等。

1.4.4　数值信息的表示与处理

数值在计算机中采用"二进制"方式存储。数值有正负、大小之分，为了解决数据的正、负问题，引入数据的原码、反码、补码表示。为了解决数据的表示范围问题，引入数据的定点和浮点表示。

1. 真值数与机器数

（1）真值数。

在机器外用"＋"、"－"号表示有符号数的正、负，例如－6。

（2）机器数。

机器数可分为无符号数和带符号数两种，无符号数是指计算机字长的所有二进制位均表示数值。带符号数是指机器数分为符号和数值两部分，且均用二进制代码表示，在机器内用"0"表示"正号"，"1"表示"负号"的数。如：真值数＋6 和－6 用 8 位带符号机器数分别表示为 00000110 和 10000110。

（3）机器数的特点

① 机器字长是有限的,因此由字长决定数的表示范围。机器字长是指以多少个二进制位表示一个数。

② 符号数值化,参与运算。

③ 小数点按约定方式标出,而不是由专门器件表示。

2. 数的定点和浮点表示

（1）定点数

所有数值数据的小数点隐含在某一个固定位置上,称为定点表示法,简称定点数,通常分为定点小数和定点整数。

① 定点小数:小数点固定在符号位之后,机器中的所有数均为纯小数。任何一个小数都可以写成:$N=N_sN_{-1}N_{-2}\cdots N_{-m}$,$N_s$ 表示符号位,如图 1.30 所示。注意,这种表示数的方法中,小数点紧接在符号位之后,不用明确表示出来,即不占用二进制的位。对 $m+1$ 个二进制位表示的小数,其值的范围:$|N|\leqslant 1-2^{-m}$。

图 1.30 定点小数

【例 1.16】 ± 0.625D 的机器数表示。

数的真值　± 0.625D$=\pm 0.101$B

机器数 $+0.625$	0	1	0	1	0	0	0	0
-0.625	1	1	0	1	0	0	0	0

② 定点整数:小数点固定在最低位之后,机器中的所有数均为整数。整数分为带符号和不带符号两类。带符号整数,符号位仍然在最高位。可以写成:$N=N_sN_NN_{N-1}\cdots N_2N_1N_0$,$N_s$ 表示符号位,如图 1.31 所示。对 $N+1$ 个二进制位表示的整数,其值的范围为:$|N|\leqslant 2^N-1$。

图 1.31 定点整数

对于不带符号的整数,所有的 $N+1$ 个二进制位均看成数值,此时数值表示范围为: $0\leqslant N\leqslant 2^{N+1}-1$。

由于实际参与运算的数往往既有整数部分又有小数部分,所以必须选取合适的比例因子,把原始的数缩小成纯小数或扩大成纯整数后再进行处理,所得到的运算结果还需要根据比例因子还原成实际的数值,这是很麻烦的。所以定点表示法仅适用于计算较简单且数的范围变化不太大的场合。

(2)浮点数

小数点的位置不固定的数。与科学计数法相似,任意一个 J 进制数 N,总可以写成 $N=J^{E}\times M$,式中 M 称为数 N 的尾数,是一个纯小数;E 为数 N 的阶码,是一个整数,其符号位称为阶符,J 称为比例因子 J^{E} 的底数。这种表示方法相当于数的小数点位置随比例因子的不同而在一定范围内可以自由浮动,所以称为浮点表示法。

底数是事先约定好的(常取 2),在计算机中不出现。在计算机中表示一个浮点数时,一是要给出尾数,用定点小数形式表示。尾数部分给出有效数字的位数,因而决定了浮点数的表示精度。二是要给出阶码,用整数形式表示,阶码指明小数点在数据中的位置,因而决定了浮点数的表示范围,浮点数也要有符号位,称为数符。如果用 16 位二进制来表示一个浮点数,则 16 位二进制位的分配方式如图 1.32 所示。

15	14~12	11	10	⋯	0
阶符	阶码	数符		尾数	

图 1.32　浮点数

【例 1.17】 $N=-35.625=-100011.101B=-0.100011101\times2^{110}$ 的浮点表示。

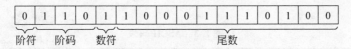

阶符　　阶码　　数符　　　　　　尾数

阶码是一个带符号的整数,它用来指示尾数中的小数点应当向左或向右移动的位数。尾数表示数值的有效数字,其本身的小数点约定在数符和尾数之间。

3. 原码、反码和补码

常见的机器数有原码、反码、补码等三种不同形式。

(1)原码:把真值数的符号位用"0"表示正号、"1"表示负号。

【例 1.18】 +6 的原码为:00000110

　　　　　　 −6 的原码为:10000110

(2)反码:正数的反码与原码相同,负数的反码即除符号位之外其他位按位取反而成。

【例 1.19】 +6 的反码为:00000110

　　　　　　 −6 的反码为:11111001

(3)补码:正数的补码与原码相同,负数的补码为将它的反码加 1。

【例 1.20】 +6 的补码为:00000110

　　　　　　 −6 的补码为:11111010

1.4.5　非数值信息的表示与处理

所谓非数值信息,通常是指字符、图像、音频、视频等信息。在计算机中用得最多的非数字信息是文本字符,字符又可以分为汉字字符和非汉字字符。非数值信息通常不用来表示数值的大小,在计算机内部都采用了某种编码标准,通过编码标准可以把其转换成 0、1 代码串进行处理,计算机将这些信息处理完毕再转换成可视的信息显示出来。

1. 西文字符编码

字符是计算机中使用最多的信息形式之一,是人与计算机进行通信、交互的重要媒介。字符的集合叫做"字符集"。西文字符集由字母、数字、标点符号和一些特殊符号组成。在计算机中,要为每个字符指定一个确定的编码,作为识别与使用这些字符的依据。各种字母和符号也必须使用规定的二进制码表示,计算机才能处理。在西文领域,目前普遍采用的是 ASCII 码(American Standard Code for Information Interchange,美国标准信息交换码),ASCII 码虽然是美国国家标准,但它已被国际标准化组织(ISO)定为国际标准,并在全世界范围内通用,作为国际通用的信息交换标准代码,对应的国际标准是 ISO646。ASCII 码有 7 位 ASCII 码和 8 位 ASCII 码两种。

标准的 ASCII 码是 7 位码,用一个字节表示最高位是 0,可以表示 $128(2^7)$ 个字符。前 32 个码和最后一个码通常是计算机系统专用的,代表一个不可见的控制字符。数字字符 0～9 的 ASCII 码是连续的,为 30H～39H(H 表示十六进制数);大写英文字母 A～Z 和小写英文字母 a～z 的 ASCII 码也是连续的,分别为 41H～54H 和 61H～74H。因此知道一个字母或数字的 ASCII 码,就很容易推算出其他字母和数字的 ASCII 码,如表 1.3 所示。

表 1.3   ASCII 码表

高 3 位 低 4 位		0	1	2	3	4	5	6	7
		000	001	010	011	100	101	110	111
0	0000	NUL	DLE	SP	0	@	P	`	p
1	0001	SOH	DC1	!	1	A	Q	a	q
2	0010	STX	DC2	"	2	B	R	b	r
3	0011	ETX	DC3	#	3	C	S	c	s
4	0100	EOT	DC4	$	4	D	T	d	t
5	0101	ENQ	NAK	%	5	E	U	e	u
6	0110	ACK	SYN	&	6	F	V	f	v
7	0111	BEL	ETB	'	7	G	W	g	w
8	1000	BS	CAN	(	8	H	X	h	x
9	1001	HT	EM	)	9	I	Y	i	y
A	1010	LF	SUB	*	:	J	Z	j	z
B	1011	VT	ESC	+	;	K	[	k	{
C	1100	FF	FS	,	<	L	\	l	¦
D	1101	CR	GS	—	=	M	]	m	}
E	1110	SO	RS	.	>	N	↑	n	~
F	1111	ST	US	/	?	O	↓	o	DEL

8 位 ASCII 码称为扩展的 ASCII 码字符集,由于 7 位 ASCII 码只有 128 个字符,在很多应用中无法满足要求,为此国际标准化组织又制定了 ISO2002 标准,它规定了在保

持 ISO646 兼容的前提下,将 ASCII 码字符扩充为 8 位编码的统一方法,8 位 ASCII 码可以表示 256 个字符。

2. 中文字符编码

由于汉字是象形文字,具有字形结构复杂、重音字和多音字多等特殊性,因此汉字的输入、存储、处理及输出过程中所使用的汉字编码是不同的,其中包括用于汉字输入的输入码,用于机内存储和处理的机内码和用于输出显示和打印的字模点阵码(或称字形码)。

(1)汉字的输入码

汉字输入码是为了利用现有的计算机键盘,将形态各异的汉字输入计算机而编制的代码。目前在我国推出的汉字输入编码方案很多,其表示形式大多使用字母、数字或符号。编码方案大致可以分为:以汉字发音进行编码的音码,例如全拼码、简拼码、双拼码等;按汉字书写的形式进行编码的形码,例如五笔字型码。

(2)汉字的机内码

汉字的机内码是供计算机系统内部进行存储、加工处理、传输等统一使用的代码,又称为汉字内部码或汉字内码。不同的系统使用的汉字机内码有所不同。目前使用最广泛的是一种 2B(两个字节)的机内码,俗称变形的国标码。其最大优点是表示简单,且与交换码之间有明显的对应关系,同时也解决了中西文机内码存在二义性的问题。

(3)汉字的字形码

汉字字形码是汉字字库中存储的汉字字形的数字化信息,用于汉字的显示和打印。目前汉字字形的产生方式大多是数字式,即以点阵方式形成汉字。因此,汉字字形码主要是指汉字字形点阵的代码。汉字字形点阵有 16×16 点阵、24×24 点阵、32×32 点阵、64×64 点阵等。例如"春"字的 24×24 点阵表示形式如图 1.33 所示。一个汉字方块中行数、列数分得越多,描绘的汉字也就越精确,但占用的存储空间也就越大。

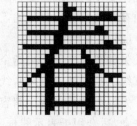

图 1.33 "春"字的点阵表示

3. Unicode 编码

随着因特网的迅速发展,进行信息交换的需求越来越大,不同的编码越来越成为信息交换的障碍,于是 Unicode 编码应运而生。Unicode 编码是由国际标准化组织于 20 世纪 90 年代初制定的一种字符编码标准,它用多个字节表示一个字符,世界是几乎所有的书面语言都能够用单一的 Unicode 编码表示。前 128 个 Unicode 字符是标准 ASCII 字符,接下来的是 128 个扩展的 ASCII 字符,其余的字符供不同的语言使用。目前 Unicode 编码中的汉字有 27 786 个。在 Unicode 编码中,ASCII 字符也用多个字节表示,这样 ASCII 字符与其他字符的处理就统一起来了,大大简化了处理的过程。

4. 图形和图像的表示

图形是由计算机绘图工具绘制的图形,图像是由数码相机或扫描仪等输入设备捕捉的实际场景记录下来的画面,通常可以将图形和图像统称为图像,在计算机中图像常采用位图图像或矢量图像两种表示方法。

（1）位图图像

计算机屏幕图像是由一个个像素点组成的，将这些像素点的信息有序地储存到计算机中，用来保存整幅图的信息，这种图像文件类型叫点阵图像，如图 1.34 所示。

图 1.34　世界地图的位图图像表示

黑白图像只有黑白两种颜色，计算机只要用 1 位（1bit）数据即可记录 1 个像素的颜色，用 0 表示黑色，1 表示白色。如果增加表示像素的二进制数的位数，则能够增加计算机可以表示的灰色度。例如计算机用 1 个字节（8 位）数据记录 1 个像素的颜色，则从 00000000（纯黑）到 11111111（纯白）可以表示 256 色灰度图像。

对于彩色图像，则每个像素的颜色用红（R）、绿（G）、蓝（B）三原色的强度表示，如果每一个颜色的强度用 1 个字节来表示，则每种颜色包括 256 个强度级别，强度从 00000000 到 11111111。因此，描述每个像素需要 3 个字节，该像素的颜色是 3 种颜色的复合结果。例如，11111111（R）、00000000（G）、00000000（B）为红色，11111111（R）、11111111（G）、00000000（B）为黄色，11111111（R）、11111111（G）、11111111（B）为白色。

常见的点阵图像文件类型有 .bmp、.pcx、.gif、.jpg、.tif、.psd 和 .cpt 等，同样的图形以不同类型的文件保存时，文件大小也会有所差别。

位图图像能够制作出颜色和色调变化丰富的图像，可以逼真地表现出自然界的景观，而且很容易在不同软件之间交换文件，因而广泛应用在照片和绘图图像中。其缺点是无法制作真正的三维图像，并且图像在缩放、旋转和放大时会产生失真现象，同时文件较大，对内存和硬盘空间容量的需求也较高。

（2）矢量图像

矢量图像是用一组指令集合来描述图像的内容，这些指令用来描述构成该图像的所有直线、圆、圆弧、矩形、曲线等图元的位置、维数和形状。

矢量图像所占的存储容量较小，可以很容易地进行放大、缩小和旋转等操作，并且不会失真，适合用于表示线框型的图画、工程制图、美术字和三维建模等方面。但是矢量图像不易制作色调丰富或色彩变化太多的图像。

常见的矢量图图像文件类型有 .ai、.eps、.svg、.dwg、.dxf、.wmf 和 .emf 等。

5. 音频的表示

音频用于表示声音和音乐，是连续的模拟信号，不适合在计算机中存储，需要对其离散化。首先对其采样，以相等的间隔来测量信号的值；然后再量化采样值，例如一采样值为 34.2，而值集为 0 到 63 的整数值，则将该采样值量化为值 34。最后将量化值转换为二进制并存入计算机。具体内容将在第 8 章介绍。

常见的音频格式有 .wav、.midi、.mp3、.au、.wma 等。

6. 视频和动画的表示

视频是由一系列的静态图像组成的动态图像，其中每幅静态图像称为帧。当组成动态图像的每帧图像是由人工或计算机加工而成则称做动画。当组成动态图像的每帧图像是通过实时摄取自然景象或活动对象而成则称为视频。

视频文件是将静态图像运用点阵图的形式有序储存,但这样数据量太大。因此现在的视频文件大多采用了视频压缩技术,根据所采用的压缩编码技术不同,视频分为多种格式,比如.mpeg、.mov、.wmv、.rmvb、.avi、.asf 和.flv 等格式。而动画由于应用领域不同,也存在着不同的存储格式,常见的有.gif、.swf、.mov、.fli.、.flc、.mov 等格式。

习　题　1

一、选择题

1. 第一台电子计算机是 1946 年在美国研制的,它的英文缩写名是(　　)。
　　A. ENIAC　　　　　B. EDVAC　　　　　C. EDSAC　　　　　D. MARK-Ⅱ

2. 存储容量的基本单位是(　　)。
　　A. 位　　　　　　　B. 字节　　　　　　C. 字　　　　　　　D. 字符串

3. 在微型计算机中,应用最普遍的字符编码是(　　)。
　　A. ASCII 码　　　　B. BCD 码　　　　　C. 汉字编码　　　　D. 补码

4. 微型机硬件的最小配置包括主机、键盘和(　　)。
　　A. 打印机　　　　　B. 硬盘　　　　　　C. 显示器　　　　　D. 外存储器

5. 用汇编语言或高级语言编写的程序称为(　　)。
　　A. 用户程序　　　　B. 源程序　　　　　C. 系统程序　　　　D. 汇编程序

6. 设汉字点阵为 32×32,那么 100 个汉字的字形码信息所占用的字节数是(　　)。
　　A. 12 800　　　　　B. 3200　　　　　　C. 32×13 200　　　D. 32×32

7. 第四代计算机的逻辑器件采用的是(　　)。
　　A. 晶体管　　　　　　　　　　　　　B. 大规模、超大规模集成电路
　　C. 中、小规模集成电路　　　　　　　D. 微处理器集成电路

8. 100 个 24×24 点阵的汉字字模信息所占用的字节数是(　　)。[一级 MS Office 考试题]
　　A. 2400　　　　　　B. 7200　　　　　　C. 57 600　　　　　D. 73 728

9. 已知英文大写字母 D 的 ASCII 码值是 44H,那么英文大写字母 F 的 ASCII 码值为十进制数(　　)。
　　A. 46　　　　　　　B. 68　　　　　　　C. 70　　　　　　　D. 15

10. 一汉字的机内码是 B0A1H,那么它的国标码是(　　)。
　　A. 3121H　　　　　B. 3021H　　　　　C. 2131H　　　　　D. 2130H

11. 计算机内部采用二进制位表示数据信息,二进制的主要优点是(　　)。
　　A. 容易实现　　　　　　　　　　　　B. 方便记忆
　　C. 书写简单　　　　　　　　　　　　D. 符合使用的习惯

12. 一台彩色显示器的显示效果(　　)。

A. 取决于分辨率　　　　　　　　　　　B. 取决于显示器

C. 取决于显示卡　　　　　　　　　　　D. 既取决于显示器,又取决于显示卡

13. 通常所说的 24 针打印机属于(　　　)。

A. 点阵式打印机　　　　　　　　　　　B. 激光式打印机

C. 喷墨式打印机　　　　　　　　　　　D. 热敏式打印机

14. 微型计算机硬件系统中最核心的部件是(　　　)。

A. 主板　　　　　B. CPU　　　　　C. 内存储器　　　　　D. I/O 设备

15. 配置高速缓冲存储器(Cache)是为了解决(　　　)。

A. 内存与辅助存储器之间速度不匹配问题

B. CPU 与辅助存储器之间速度不匹配问题

C. CPU 与内存储器之间速度不匹配问题

D. 主机与外设之间速度不匹配问题

16. 目前微型计算机中 CPU 进行算术运算和逻辑运算时,可以处理的二进制信息长度是(　　　)。

A. 32 位　　　　　　　　　　　　　　　B. 6 位

C. 8 位　　　　　　　　　　　　　　　D. 以上 3 种都可以

17. 运算器的组成部分不包括(　　　)。

A. 控制线路　　　　B. 译码器　　　　C. 加法器　　　　D. 寄存器

18. 计算机的存储单元中存储的内容(　　　)。

A. 只能是数据　　　　　　　　　　　　B. 只能是程序

C. 可以是数据和指令　　　　　　　　　D. 只能是指令

19. 微型计算机的内存储器是(　　　)。

A. 按二进制位编址　　　　　　　　　　B. 按字节编址

C. 按字长编址　　　　　　　　　　　　D. 按十进制位编址

20. 国际上对计算机分类的依据是(　　　)。

A. 计算机的型号　　　　　　　　　　　B. 计算机的速度

C. 计算机的性能　　　　　　　　　　　D. 计算机生产厂家

21. 计算机的应用领域可大致分为几个方面,下列正确的是(　　　)。

A. 计算机辅助教学、专家系统、人工智能

B. 工程计算、数据结构、文字处理

C. 实时控制、科学计算、数据处理

D. 数值处理、人工智能、操作系统

22. 计算机内存放的汉字是(　　　)。

A. 汉字的内码　　　　　　　　　　　　B. 汉字的外码

C. 汉字的字模　　　　　　　　　　　　D. 汉字的变换码

23. 计算机的主机由(　　　)组成。

A. CPU、外存储器、外部设备　　　　　B. CPU 和内存储器

C. CPU 和存储器系统　　　　　　　　　D. 主机箱、键盘、显示器

24. 如果键盘上的(　　)指示灯亮,表示此时输入英文的大写字母。

    A. Num Lock
        B. Caps Lock

    C. Scroll Lock
       D. 以上都不对

25. 下列等式中正确的是(　　)。

    A. $1KB=1024 \times 1024B$
       B. $1MB=1024B$

    C. $1KB=1024MB$
       D. $1MB=1024 \times 1024B$

二、判断题

1. 计算机的发展经历了四代,"代"根据计算机的运算速度来划分。　　(　　)

2. 计算机的性能不断提高,体积和重量不断加大。　　(　　)

3. 计算机中存储器存储容量的最小单位是字。　　(　　)

4. 世界上第一台计算机的电子元器件主要是晶体管。　　(　　)

5. 高级语言是人们习惯使用的自然语言和数学语言。　　(　　)

6. 文字、图形、图像、声音等信息,在计算机中都被转换成二进制数进行处理。

                            (　　)

第2章 操 作 系 统

操作系统是最底层的系统软件,是硬件与所有其他软件之间的接口,是整个计算机系统的控制和管理中心。操作系统是控制其他程序运行,管理系统资源并为用户提供操作界面的系统软件的集合。本章将介绍操作系统的基本概念、分类、功能以及 Windows XP 和 Windows 7 操作系统。

2.1 操作系统基础

操作系统(Operating System,OS)是计算机运行时必不可少的系统软件,它可以管理系统中的资源,还可以为用户提供各种服务界面。操作系统是所有应用软件运行的平台,只有在操作系统的支持下,整个计算机系统才能正常运行。

2.1.1 操作系统的概念

操作系统是计算机系统中重要的系统软件,是整个计算机系统的控制管理中心,是用户与计算机之间的一个接口,是人机交互的界面,是管理系统中各种软件和硬件资源,使其得以充分利用并方便用户使用计算机系统的程序的集合。一方面操作系统管理着所有计算机系统资源,另一方面操作系统为用户提供了一个抽象概念上的计算机。在操作系统的帮助下,用户使用计算机时,避免了对计算机系统硬件的直接操作。对计算机系统而言,操作系统是对所有系统资源进行管理的程序的集合;对用户而言,操作系统提供了对系统资源进行有效利用的简单抽象的方法。安装了操作系统的计算机称为虚拟机(Virtual Machine),是对裸机的扩展。

目前微机上常见的操作系统有 UNIX、Xenix、Linux、Windows 等。所有的操作系统一般都具有并发性、共享性、虚拟性和不确定性四个基本特征。操作系统的形态多样,不同类型计算机中安装的操作系统也不相同,如手机上的嵌入式操作系统和超级电脑上的大型操作系统等。操作系统的研究者对操作系统的定义也不一致,例如有些集成了图形化使用者界面,而有些仅使用文本接口,而将图形界面视为一种非必要的应用程序。

2.1.2 操作系统的功能

操作系统是一个由许多具有管理和控制功能的程序组成的大型管理程序,它比其他的软件具有"更高"的地位。操作系统管理整个计算机系统的所有资源,包括硬件资源和软件资源。通过内部命令和外部命令,操作系统可以为用户提供5种主要功能:任务管理、存储管理、设备管理、文件管理和作业管理。

1. 任务管理

操作系统可以使 CPU 按照预先规定的顺序和管理原则,轮流地为若干外部设备和用户服务或在同一时间间隔内并行地处理几项任务,以实现资源共享,从而使计算机系统的工作效率得到最大的发挥。操作系统提供的任务管理有进程管理、分时处理和并行处理3种不同的方式。

(1) 进程管理

进程是操作系统调度的基本单位,它可反映程序的一次执行过程(包括启动、运行并在一定条件下中止或结束)。进程管理主要是对 CPU 资源进行管理,CPU 是计算机系统中最重要的硬件资源,任何程序只有占有了 CPU 才能运行,其处理信息的速度远比存储器的速度和外部设备的工作速度快,只有协调好它们之间的关系才能充分发挥 CPU 的作用。为了提高 CPU 的利用率,一般采用多进程技术。如果一个进程因等待某一条件而不能运行下去时,就将 CPU 占用权转给另一个可运行进程。当出现了一个比当前运行进程优先权更高的可运行进程时,后者应能抢占 CPU 资源。操作系统按照一定的调度策略,通过进程管理来协调多个程序之间的关系,解决 CPU 资源的分配和回收等问题,使 CPU 资源得到最充分的利用。

(2) 分时处理

在较大型的计算机系统中,如有上百个远程或本地的用户同时执行存取操作,操作系统可采用分时方式进行处理。分时的基本思想是将 CPU 时间划分成许多小片,称为"时间片",轮流去为多个用户程序服务。如果在时间片结束时该用户程序尚未完成,它就被中断,等待下一轮再处理,同时让另一个用户程序使用 CPU 下一个时间片。由于 CPU 速度很快,用户程序的每次要求都能得到快速的响应。因此每个用户都感觉好像自己在"独占"计算机一样,这是操作系统使用户轮流"分时"共享了 CPU。

(3) 并行处理

配置较高的一些计算机系统都有不止一个 CPU,并行处理操作系统可以充分利用计算机系统中提供的所有 CPU,让多个处理器同时工作,一次执行多个指令,以提高计算机系统的效率。实现并行处理需要操作系统做合理的调度,把多项任务分配给不同的 CPU 同时执行,且保持系统正常有效地工作。如下面的作业包含3个计算。

X:a+b;Y:c+d;Z:X+Y。操作系统就可以安排 CPU1 执行计算 X,CPU2 同时执行计算 Y,然后由 CPU2 执行计算 Z,这样的并行调度将比按序执行3次计算快大约33%。

2. 存储管理

当计算机在处理一个具体问题的时候,要用到操作系统、编译系统、多用户程序和数据等许多内容,这就需要由操作系统进行统一分配内存并加以管理,使它们既保持联系,又避免相互干扰。如何合理地分配与使用有限的内存空间,是操作系统对内存管理的一个重要工作,操作系统按一定的原则回收空闲的存储空间,必要时还可以使有用的内容临时覆盖掉暂时无用的内容(把暂时不用的内容调入外存),待需要时再把被覆盖掉的内容从外部存储器调入内存,从而相对地增加了可用的内存容量。

特别是当多个程序共享有限内存资源时,就更要合理地为它们分配内存空间,做到用户存放在内存中的程序和数据既能彼此隔离、互不干扰,又能在一定条件下共享。尤其是当内存不够用时,还要解决内存扩充问题,把内存和外存结合起来管理,为用户提供一个容量比实际内存大得多的"虚拟存储器"。操作系统的这一存储管理功能与硬件存储器的组织结构密切相关。

3. 设备管理

操作系统是控制外部设备和 CPU 之间的通道,把提出请求的外部设备按一定的优先顺序排好队,等待 CPU 响应。为提高 CPU 与输入输出设备之间并行操作程序,以及为了协调高速 CPU 与低速输入输出设备的工作节奏,操作系统通常在内存中设定一些缓冲区,使 CPU 与外部设备通过缓冲区成批传送数据。数据传输方式是:先从外部设备一次写入一组数据到内存的缓冲区,CPU 依次从缓冲区读取数据,待缓冲区中的数据用完后再从外部设备读入一组数据到缓冲区。这样成组进行 CPU 与输入输出设备之间的数据交互,减少了 CPU 与外部设备之间的交互次数,从而提高了运算速度。

4. 文件管理

文件是存储在外部介质上的、逻辑上具有完整意义的信息集合。每一个文件必须有名字,称为文件名。例如,一个源程序、一批数据、一个文档、一个表格或一幅图片都可以各自组成一个文件。操作系统根据用户要求实现按文件名存取,负责对文件的组织,以及对文件存取权限、打印等的控制。

5. 作业管理

操作系统对进入系统的所有作业进行组织和管理,提高运行效率。它为用户提供一个使用计算机的界面,使用户能够方便地运行自己的程序。作业包括程序、数据以及解题的控制步骤。一个计算机问题是一个作业,一个文档的打印也是一个作业。作业管理提供"作业控制语言",用户通过它来书写控制作业执行的说明书。同时,还为操作员和终端用户提供与系统对话的"命令语言",用其请求系统服务。操作系统按操作说明书的要求或收到的命令控制用户作业的执行。

此外操作系统一般还具有中断处理、错误处理等功能。操作系统的各个功能之间并不是完全独立的,它们之间存在着相互依赖的关系。

2.1.3　操作系统的分类

操作系统的分类方法很多,常见的分类方法有:按系统提供的功能分为单用户操作系统、批处理操作系统、实时操作系统、分时操作系统、网络操作系统、分布式和嵌入式操作系统;按其功能和特性分为批处理操作系统、分时操作系统和实时操作系统;按系统同时管理用户数的多少分为单用户操作系统和多用户操作系统。

1. 单用户操作系统

单用户操作系统面对单一用户,所有资源均提供给单一用户使用,用户对系统有绝对的控制权。单用户操作系统是从早期的系统监控程序发展起来的,进而成为系统管理程序,再进一步发展为独立的操作系统。单用户操作系统是针对一台机器、一个用户的操作系统,它的特点是独占计算机。

2. 批处理操作系统

批处理操作系统一般分为两种,即单道批处理系统和多道批处理系统。它们都是成批处理或者顺序共享式系统,它允许多个用户以高速、非人工干预的方式进行成组作业工作和程序执行。批处理系统将作业成组(成批)提交给系统,由计算机按顺序自动完成后再给出结果,从而减少了用户作业建立和打断的时间。批处理系统的优点是系统吞吐量大、资源利用率高。

3. 实时操作系统

实时操作系统(Real Time Operating System)分为实时控制和实时信息处理。实时是立即的意思,该系统对特定的输入在限定的时间内作出准确的响应。实时操作系统的特点如下。

① 实时时钟管理:实时系统设置了定时时钟,实时系统完成时钟中断处理和实时任务的定时或延时管理。

② 中断管理:外部事件通常以中断的方式通知系统,因此系统中配置有较强的中断处理机构。

③ 系统可靠性:实时系统追求高度可靠性,在硬件上采用双机系统,操作系统具有容错管理功能。

④ 多重任务性:外部事件的请求通常具有并发性,因此实时系统具有多重任务处理能力。

4. 分时操作系统

批处理操作系统的缺点是用户不能和它的作业进行交互。为了满足用户的人机对话的需求,引出了分时操作系统(Time Sharing Operating System)。分时操作系统的基本思想是基于人的操作和思考速度比计算机慢得多的事实,如果将处理时间分成若干个时间段,并规定每个作业在运行了一个时间段后暂停,将 CPU 让给其他作业。经过一段时间后,所有的作业都被运行了一段时间,当 CPU 被重新分给第一个作业时,用户感觉不到其内部发生的变化,感觉不到其他作业的存在。分时操作系统使多个用户共享一台计算机成为可能。分时操作系统的特点如下。

① 独立性:用户之间可互相独立操作,互不干扰。

② 同时性:若干远程、近程终端上的用户在各自的终端上同时使用同一台计算机。

③ 及时性:计算机可以在很短的时间内做出响应。

④ 交互性：用户可以根据系统对自己的请求和响应情况，通过终端直接向系统提出新的请求，以便程序的检查和调试。

5. 网络操作系统

网络操作系统，也称为网络管理系统，它与传统的单机操作系统有所不同，是建立在单机操作系统之上的一个开放式的软件系统，它面对的是各种不同的计算机系统的互连操作，面对不同的单机操作系统之间的资源共享、用户操作协调和与单机操作系统的交互，从而解决多个网络用户，甚至是全球远程的网络用户之间争用共享资源的分配与管理。

网络操作系统用于对多台计算机的软件和硬件资源进行管理和控制，提供网络通信和网络资源共享功能。它要保证网络中信息传输的准确性、安全性和保密性，提高系统资源的利用率和可靠性。

网络操作系统允许用户通过系统提供的操作命令与多台计算机软件和硬件资源打交道。常用的网络操作系统有：Windows NT Server、Netware 等，这类操作系统通常用在计算机网络系统的服务器上。

6. 分布式操作系统

分布式操作系统与网络操作系统类似，但要求一个统一的操作系统，实现系统操作的统一性，分布式操作系统管理系统中所有资源，它负责全系统的资源分配和调度、任务划分、信息传输控制协调工作，并为用户提供一个统一的界面，具有统一界面资源、对用户透明等特点。

7. 嵌入式操作系统

嵌入式操作系统（Embedded Operating System）是运行在嵌入式系统环境中，对整个嵌入式系统以及它所操作、控制的各种部件装置等资源进行统一协调、调度、指挥和控制的系统软件，具有实时高效性、硬件的相关依赖性、软件固态化以及应用的专用性等特点。比较典型的嵌入式操作系统有 Palm OS、WinCE、Linux 等。

2.1.4　典型操作系统介绍

在计算机的发展过程中，出现过许多不同的操作系统，其中最为常用的有 DOS、Mac OS、Windows、Linux、UNIX/Xenix、OS/2 等，下面介绍几种常用的微机操作系统的发展过程和功能特点。

1. DOS

DOS 是磁盘操作系统（Disk Operating System）的缩写，它是一个单用户、单任务的操作系统，是曾经最为流行的个人计算机的操作系统。DOS 的主要功能是进行文件管理和设备管理，比较典型的 DOS 操作系统是微软公司的 MS-DOS。

自从 DOS 在 1981 年问世以来，版本就不断更新，从最初的 DOS 1.0 升级到了最新的 DOS 8.0（Windows ME 系统），纯 DOS 的最高版本为 DOS 6.22，这以后的 DOS 都是由 Windows 系统所提供，并不单独存在。DOS 的优点是快捷，熟练的用户可以通过创建

BAT 或 CMD 批处理文件完成一些繁琐的任务。因此,即使在 Windows XP 操作系统下 CMD 也是高手的最爱。

2. UNIX/Xenix

UNIX 是一个强大的多用户、多任务操作系统,支持多种处理器架构,按照操作系统的分类,属于分时操作系统。最早由 Ken Thompson、Dennis Ritchie 和 Douglas McIlroy 于 1969 年在 AT&T 的贝尔实验室开发。由于 UNIX 具有技术成熟、结构简练、可靠性高、可移植性好、可操作性强、网络和数据库功能强、伸缩性突出和开放性好等特色,可满足各行各业的实际需要,特别能满足企业重要业务的需要,已经成为主要的工作站平台和重要的企业操作平台。它主要安装在巨型计算机、大型机上作为网络操作系统使用,也可用于个人计算机和嵌入式系统。

Xenix 是 Microsoft 公司与 SCO 公司联合开发的基于 Intel 80x86 系列芯片系统的微机 UNIX 版本。由于开始没有得到 AT&T 的授权,所以另外起名叫 Xenix,采用的标准是 AT&T 的 UNIX SVR3(System V Release 3)。

3. Linux

Linux 是一类 UNIX 计算机操作系统的统称,Linux 操作系统也是自由软件和开放源代码发展中最著名的例子。过去,Linux 主要被用作服务器的操作系统,但因它的廉价、灵活性及 UNIX 背景使它很合适作更广泛的应用。传统上有以 Linux 为基础的"LAMP(Linux、Apache、MySQL、Perl/PHP/Python 的组合)"经典技术组合,提供了包括操作系统、数据库、网站服务器、动态网页的一整套网站架设支持。而面向更大规模级别的领域中,如数据库中的 Oracle、DB2、PostgreSQL,以及用于 Apache 的 Tomcat JSP 等都已经在 Linux 上有了很好的应用样本。

Linux 与其他操作系统相比是个后来者,但 Linux 具有两个其他操作系统无法比拟的优势。其一,Linux 具有开放的源代码,能够大大降低成本。其二,既满足了手机制造商根据实际情况有针对性地开发自己的 Linux 手机操作系统的要求,又吸引了众多软件开发商对内容应用软件的开发,丰富了第三方应用。

4. OS/2

OS/2 是"Operating System/2"的缩写,是因为该系统作为 IBM 第二代个人电脑 PS/2 系统产品线的理想操作系统引入的。在 DOS 于 PC 上的巨大成功后,以及 GUI 图形化界面的潮流影响下,IBM 和 Microsoft 共同研制和推出了 OS/2 这一当时先进的个人电脑上的新一代操作系统。最初它主要是由 Microsoft 开发的,由于在很多方面的差别,微软最终放弃了 OS/2 而转向开发 Windows"视窗"系统。

5. Mac OS

Mac OS 是一套运行于苹果 Macintosh 系列电脑上的操作系统,是首个在商用领域成功的图形用户界面。现行的最新的系统版本是 Mac OS X 10.6.x 版。MAC OS X 操作系统是基于 UNIX 的核心系统,增强了系统的稳定性、性能以及响应能力。它能通过对称多处理技术充分发挥双处理器的优势,提供无与伦比的 2D、3D 和多媒体图形性能以及广泛的字体支持和集成的 PDA 功能。

6. Windows

Windows 是微软公司推出的视窗电脑操作系统,随着电脑硬件和软件系统的不断升级,微软的 Windows 操作系统也在不断升级,从 16 位、32 位到 64 位操作系统。从最初的 Windows 1.0 到大家熟知的 Windows 95、Windows NT、Windows 97、Windows 98、Windows 2000、Windows Me、Windows XP、Windows Server、Windows Vista、Windows 8。

① Windows 3.1 版尚不是一个真正的操作系统,而是一个在 DOS 环境下运行的子系统,但有图形用户界面。

② Windows 95 是第一个真正的全 32 位的个人计算机图形界面的操作系统。

③ Windows 98 针对 Windows 95 进行改进,支持新一代的硬件技术,加强了多媒体功能,Windows 98 还容纳了 Internet 应用软件,方便上网操作。

④ Windows NT 是第一个完备的 32 位网络操作系统,它主要面向服务器和工作站,是一个多用户的操作系统。

⑤ Windows 2000 采用 Windows NT 的核心技术开发而成,增添了一些新的硬件支持功能(如 U 盘),它分为 Professional 和 Server 两种版本,分别用于个人机和服务器。

⑥ Windows XP 是微软公司在 2003 年推出的产品,该产品的界面华丽,功能进一步增强,得到用户的广泛欢迎和认可。

⑦ Windows Vista 是微软公司 2005 年 7 月 22 日推出的,与 Windows XP 相比在界面、安全性和软件驱动集成性上有很大的改进。

图 2.1　Windows 7 启动画面

⑧ Windows 7 是微软公司于 2009 年 10 月 22 日正式发布并进入批量生产。Windows 7 是一款视窗操作系统,其启动画面如图 2.1 所示。Windows 7 的设计主要围绕 5 个重点:针对笔记本电脑的特性设计;基于应用服务的设计;用户的个性化;视听娱乐的优化;用户易用性的新引擎。

⑨ Windows 8 是 Windows 7 的后续版本,Windows 8 中有诸多创新功能都和分布式文件系统复制(DFSR)服务有关,多个复制引擎将会通过多个服务器执行工作进而简化文件夹同步过程。DFSR 是微软最重要的文件复制引擎,也是分支机构策略和文件服务器的主要组成部分,它可以覆盖数千台服务器并复制数百 TB 的数据。采纳超高速接口 USB 3.0 设备。Windows 8 自带虚拟光驱,不仅支持刻录,还可以直接挂载,相当于自带虚拟光驱。对任意一个 ISO 文件,右击选择 Mount 即可将 ISO 文件加载到虚拟光驱里,通过虚拟光驱就可以读取里面的文件。微软将在 Windows 8 中采用 OEM Activation 3.0(硬件系统授权合法性验证,简称 OA) 技术。原始设备制造商可以通过主板批量激活 Windows 系统副本。

2.2　Windows XP 操作系统

Windows XP 的特性包括界面美观友好、使用方便容易、运行稳定可靠、通信安全快捷、资源丰富共享、兼容性能超群等。本节主要介绍 Windows XP 的常用操作。

2.2.1　基本操作

Windows XP 是目前最普及的计算机操作系统。在 Windows XP 中,用户主要通过运行程序来完成日常工作。

1. Windows XP 的启动和退出

(1) 启动 Windows XP

当计算机成功地安装了 Windows XP 之后,就可以使用了,启动计算机之后,Windows XP 将自动运行。启动计算机之前首先查看一切硬件、电源线、数据线连接是否正常,然后先打开显示器电源,再按下计算机电源开关,则计算机开始启动,屏幕显示如图 2.2 所示的登录界面。

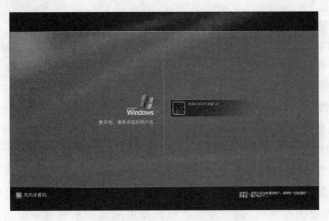

图 2.2　Windows XP 登录界面

在第一次启动 Windows XP 时,登录界面只有一个用户 Administrator,以后用户可根据需要添加其他的用户名。在登录界面中选择自己的用户名并输入相应的密码后即可进入 Windows XP 系统。

(2) 退出 Windows XP

当退出 Windows XP 时,计算机将自动关闭主机电源。因此,正确的关闭计算机的步骤是:首先保存数据、退出运行的应用程序,然后单击"开始"按钮,选择"关闭计算机"命令,弹出如图 2.3 所示"关闭计算机"对话框,在其中选择"关闭"按钮,退出 Windows XP。最后关闭显示器电源。

另外"待机"按钮是暂时不使用计算机,但不想关闭计算机,以便再次使用时,能快速进入系统的工作状态。这种状态与计算机电源管理选项的设置有关,通过设置可以降低

图2.3 "关闭计算机"对话框

整个系统的耗电量。"重新启动"按钮的作用是先关闭计算机,再自动开机。

2. 鼠标的基本操作

(1)单击左键

将光标移到某个目标上,按一次左键并迅速放开。单击左键一般用来选择一个目标,如文件、菜单命令等。

(2)双击左键

将光标移到某个目标上,快速按左键两次,并放开。双击左键一般用来打开一个目标,如文件,当打开的文件是可执行文件(程序)的时候,就启动这个程序。双击的间隔要短,否则就成了两次单击,效果就完全不一样了。

(3)单击右键

将光标移到某个位置,按一次右键并迅速放开。在 Windows XP 中,单击右键是很有用的操作,通常用来打开快捷菜单。

(4)鼠标拖曳

将光标移到某个目标上,按下左键不放,同时移动鼠标,鼠标指针和相应的目标会跟着移动,移动到需要的位置后,放开左键。鼠标拖曳通常用来移动一个目标,当然,也可完成其他操作。

3. Windows XP 的工作窗口

(1)Windows XP 的系统桌面

"桌面"就是在安装好 Windows XP 后,用户启动计算机登录到系统后看到的整个屏幕界面,它是用户和计算机进行交流的窗口,上面可以存放用户经常用到的应用程序和文件夹图标。用户可以根据自己的需要在桌面上添加各种快捷图标,在使用时双击图标就能够快速启动相应的程序或文件。

桌面一般由桌面图标、桌面背景、任务栏等组成。它就是一个工作区,计算机做的每一件事情都显示在一个被称为窗口的框中,这种窗口可以打开很多,它的大小和位置可以进行调整,还可以按任意顺序排列。

① 桌面图标。"图标"是指在桌面上排列的小图像,它包含图形、说明文字两部分,如

果用户把鼠标放在图标上停留片刻,桌面上会出现对图标所表示内容的说明或者是文件存放的路径,双击图标就可以打开相应的内容。

桌面上的图标实质上就是打开各种程序和文件的快捷方式,用户可以在桌面上创建自己经常使用的程序或文件的图标,这样在使用时就可以直接在桌面上通过双击快速启动该项目。这些图标被称为快捷图标,在图标的左下角有一个小箭头标识。在桌面上创建快捷图标时,可以右击桌面空白处,在弹出的快捷菜单中,指向"新建"然后选择"快捷方式",如图2.4所示。在弹出的创建快捷方式对话框中的"请键入项目的位置"文本框输入想要添加图标的文件或程序的路径和名称,也可以通过单击"浏览"按钮来查找具体的项目名,如图2.5所示,然后输入快捷图标名称之后单击"完成"按钮。

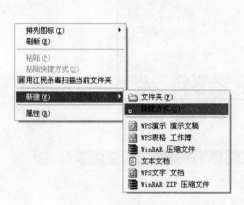

图2.4　"新建"命令

图2.5　"浏览文件夹"窗口

当用户在桌面上创建了多个图标时,如果需要对桌面上的图标进行位置调整,可在桌面上的空白处右击,在弹出的快捷菜单中选择"排列图标"命令,在子菜单项中包含了多种排列方式,如图2.6所示,用户可以根据需要进行相应的选择。

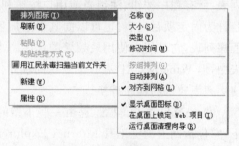

图2.6　"排列图标"命令

② 桌面背景。桌面背景是指桌面的背景图案,用户可以创建自己喜欢的桌面背景。具体操作为:右击桌面空白处,在弹出的快捷菜单中选择"属性"命令,则出现如图2.7所示"显示 属性"对话框,在其中选择"桌面"选项卡,在"背景"列表中选择背景图案,在"位置"→"颜色"列表选择需要的方式,设置完成后单击"确定"按钮。

(2)任务栏

在默认情况下任务栏出现在桌面底部,可以根据需要通过拖曳将它移动到屏幕的其他侧面及改变任务栏的宽度,也可以将其隐藏起来。任务栏可分为"开始"菜单按钮、快速启动工具栏、正在运行程序的窗口按钮栏和通知区域等几部分,如图2.8所示。

① "开始"按钮。单击"开始"按钮,桌面上显示开始菜单。在开始菜单上有许多项目

图 2.7 "显示 属性"对话框

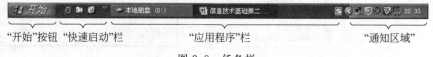

"开始"按钮 "快速启动"栏   "应用程序"栏   "通知区域"

图 2.8 任务栏

列表,这些项目列表被分成左右两部分,它由当前用户名、固定项目列表、最常使用的程序列表、所有程序按钮、注销当前用户按钮和关闭计算机按钮组成。在分隔线右面显示的内容称为固定项目列表,也可以向其中添加程序。分隔线左面显示的内容称为最常使用的程序列表,它是用户使用最频繁的程序。当用户使用某一程序时该程序自动保留到本列表中,但 Windows XP 有一个默认的程序保留数量,在达到这个数量之后,将自动把最近使用频率较低的程序替换。

② 快速启动工具栏。它由一些小型的按钮组成,单击可以快速启动程序。一般情况下,它包括网上浏览工具 Internet Explorer 图标、收发电子邮件的程序 Outlook Express 图标和显示桌面图标等。

为了启动方便,如果用户希望将某些程序放入"快速启动"工具栏中,可以在"资源管理器"或"我的电脑"中将要添加的程序图标直接拖入任务栏的"开始"按钮右边的"快速启动"工具栏中。

③ 窗口按钮栏。当用户启动某项应用程序而打开一个窗口后,在任务栏上会出现相应的有立体感的按钮,表明当前程序正在被使用,在正常情况下,按钮是向下凹陷的,而把程序窗口最小化后,按钮则是向上凸起的,这样可以使用户观察更方便。另外,用户可以通过单击这些按钮,在不同的运行程序间切换。

④ 语言栏。在此用户可以选择各种语言输入法,单击 ■■■ 按钮,在弹出的菜单中

进行选择,可以切换为中文输入法。语言栏可以最小化以按钮的形式在任务栏显示,单击右上角的还原小按钮,也可以独立于任务栏之外。

⑤ 隐藏和显示按钮。按钮 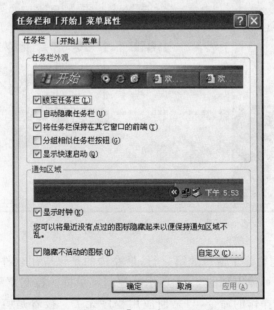 的作用是隐藏不活动的图标和显示隐藏的图标。如果用户在任务栏属性中选择"隐藏不活动的图标"复选框,系统会自动将用户最近没有使用过的图标隐藏起来,以使任务栏的通知区域不至于很杂乱,它在隐藏图标时会出现一个小文本框提醒用户。

⑥ 音量控制器。即任务栏上小喇叭形状的按钮,单击它后会出现一个音量控制对话框,用户可以通过拖动上面的小滑块来调整扬声器的音量,当选择"静音"复选框后,扬声器的声音消失。

⑦ 日期指示器。在任务栏的最右侧,显示了当前的时间,把鼠标在上面停留片刻,会出现当前的日期,双击后打开"日期和时间属性"对话框,在"时间和日期"选项卡中,用户可以完成时间和日期的校对。

⑧ 任务栏的属性。用户在任务栏上的非按钮区域右击,在弹出的快捷菜单中选择"属性"命令,即可打开"任务栏和「开始」菜单属性"对话框,如图2.9所示。在"任务栏外观"选项组中,有若干种复选框,用户可根据需要进行选择。"锁定任务栏"复选框的功能是在不希望改变任务栏在桌面上的当前位置和大小时,则选择此复选框。

图 2.9 "任务栏和「开始」菜单属性"对话框

"分组相似任务栏按钮"复选框的功能是在同一程序打开多个文件时,造成任务栏按钮太多以至于按钮之间的宽度缩小到一定程度时,如选择此复选框,系统将自动将这些文件折叠成一个按钮,单击此按钮可以切换所需要的文件,右击该按钮,可以一次关闭其中所有文件。

在"通知区域"选项组中,用户可以选择是否显示时钟,也可以把最近没有单击过的图标隐藏起来以便保持通知区域的简洁明了。单击"自定义"按钮,在打开的"自定义通知"

对话框中,用户可以进行隐藏或显示图标的设置。

⑨ 改变任务栏及各区域大小。在调整任务栏的大小和位置时,应首先解除任务栏的锁定状态。在默认状态时任务栏是被锁定的,在锁定状态下任务栏的大小和位置不能改变。解除锁定的方法是右击任务栏的空白处,在弹出的菜单中选择"锁定任务栏"命令,这是一个类似于开关式的命令。

改变任务栏的位置,将鼠标放在任务栏的空白处,按住鼠标左键将任务栏拖至桌面的其他三个边缘上。大小的调整方法是:将鼠标放在任务栏的边线上,鼠标即变成双向箭头型,拖动鼠标则可以改变任务栏的大小。

(3) 窗口组成

Windows XP 中每一个应用程序的基本操作界面都是窗口,其部件组成如图 2.10 所示。

图 2.10　窗口组成图

① 标题栏。标题栏位于窗口的第一行,最左边的是该应用软件的控制图标,单击它可弹出如图 2.11 所示的控制菜单框。控制菜单中包含的是对窗口操作的命令,与是何应用程序无关。接着是应用程序的名称,而右边为窗口的控制按钮,从左往右依次是最小化按钮、最大化按钮和关闭按钮。

图 2.11　控制菜单框

② 菜单栏。菜单栏位于标题栏的下面,菜单栏由用户常用的命令组成,因为应用程序窗口的不同,菜单栏的内容也会有所不同。

③ 工具栏。工具栏位于菜单栏下方,由按钮组成,每一个按钮代表一个常用命令,表示某个具体的操作,用鼠标单击某个按钮即可执行该按钮所代表的操作。

④ 工作区。它在窗口中所占的比例最大,显示了应用程序界面或文件中的全部内容。在工作区内可以进行文本编辑、处理等工作。

⑤ 状态栏。许多窗口都有状态栏,它位于窗口底端,显示与当前操作、当前系统状态有关的信息。

⑥ 尺寸控制。尺寸控制的是窗口的四个边角,拖动它可以控制以二维坐标为准的窗口大小,即可以同时改变窗口水平和垂直方向的大小。

(4) 窗口的基本操作

窗口的操作包括打开窗口、关闭窗口、移动窗口、改变窗口的大小,以及滚动显示窗口中的内容。用鼠标来完成窗口的操作是最方便的,当然也可以通过键盘来完成。

① 打开窗口。当需要打开一个窗口时,可以通过鼠标操作来完成,选中要打开的窗口图标,然后双击打开。或在选中的图标上右击,在其快捷菜单中选择"打开"命令。也可用键盘上的方向键选中要打开的窗口图标,然后按 Enter 键即可打开。

② 激活(切换)窗口。桌面上可同时打开多个窗口,总有一个窗口位于其他窗口之前。在 Windows 环境下,当前正在使用的窗口为活动窗口(或称为前台窗口),位于最上层,窗口的标题栏默认为深蓝色,其他窗口为非活动窗口(或称为后台窗口)。激活所需窗口时可用鼠标单击所要激活的窗口内的任意位置,或单击任务栏中相应的任务按钮,也可以反复按 Alt＋Tab 键或 Alt＋Esc 键(应用程序窗口),或反复按 Ctrl＋F6 键(文档窗口)。

③ 移动窗口。把光标移动到窗口的标题栏,按下鼠标左键,拖曳窗口到所需的位置,再放开左键。也可以按 Alt＋空格键打开控制菜单(应用程序窗口),或按 Alt＋连字符键打开控制菜单(文档窗口)。按 M 键选择控制菜单中的"移动"命令,这时鼠标指针变成十字箭头形,它表示四个可移动的方向。按键盘上的上下左右方向键移动窗口,此时窗口轮廓虚框也随着移动,当移动到所需的位置时,按 Enter 键即可。

④ 改变窗口大小。通过最大化、最小化改变窗口大小,表 2.1 列出了用鼠标进行最大化、最小化和还原的操作。也可用鼠标的光标移到窗口边框上,当光标变为双箭头形状时,按下左键,拖曳边框使窗口变为所需的大小,再放开左键。或者将光标移到窗口的边角,当光标变为斜向的双箭头时,拖曳窗口的边角,来改变窗口的大小。

表 2.1　最大化和最小化操作

操　作	鼠　标	操　作	鼠　标
最大化窗口	单击最大化按钮或双击标题栏	还原窗口	单击还原按钮或双击标题栏
最小化窗口	单击最小化按钮		

用键盘改变窗口大小时,首先激活要改变大小的窗口,打开窗口控制菜单,按 S 键选择控制菜单中的"大小"命令。此时鼠标指针变为十字箭头形,按上下左右箭头键将鼠标指针移到要改变大小的窗口边框上。按相应的箭头键改变窗口到所需的大小,按 Enter 键确认。如果想取消对本次窗口的改变,那么只要在按 Enter 键前,按一下 Esc 键即可。

⑤ 控制窗口内容的滚动显示。用鼠标左键单击滚动按钮或单击滚动条空白的部分,也可拖曳滚动条均可控制窗口内容的滚动显示。

⑥ 排列窗口。窗口排列方法有层叠、横向平铺和纵向平铺三种。用鼠标右键单击

"任务栏"空白处,随即系统将弹出快捷菜单,即可选择窗口排列方式的命令。

　　⑦ 关闭窗口。用户完成对窗口的操作后,可以通过以下几种方式关闭窗口:单击"关闭"按钮;双击控制图标;单击控制图标,在弹出的控制菜单中选择"关闭"命令;使用 Alt+F4 键;选择"文件"菜单中的"关闭"命令,如果用户打开的窗口是应用程序,可以在"文件"菜单中选择"退出"命令;在任务栏上选择要关闭窗口的按钮,然后在右击弹出的快捷菜单中选择"关闭"命令;使用 Ctrl+Alt+Del 键,在弹出的"Windows 任务管理器"对话框中的"应用程序"选项卡中选择相应的任务后,单击"结束任务"按钮。

　　用户在关闭应用程序窗口(如记事本)之前要保存所创建的文档或者所做的修改,如果忘记保存,当执行了"关闭"命令后,会弹出一个对话框,询问是否要保存所做的修改,选择"是"后保存关闭,选择"否"后不保存关闭,选择"取消"则不能关闭窗口,可以继续使用该窗口。

　　(5) 对话框

　　对话框在中文版 Windows XP 中占有重要的地位,是用户与计算机系统之间进行信息交流的窗口,在对话框中用户可以通过对选项的选择,对系统进行对象属性的修改或者设置。

　　对话框的组成和窗口有相似之处,都有标题栏,但对话框要比窗口更简洁、更直观、更侧重于与用户的交流。它一般包含有标题栏、文本框、列表框、命令按钮、单选按钮、复选框、微调按钮和选项卡与标签等几部分,如图 2.12 所示。

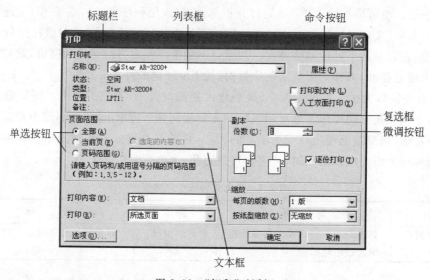

图 2.12　"打印"对话框

　　① 标题栏。位于对话框的最上方,系统默认的是深蓝色,左侧标明了该对话框的名称,右侧有关闭按钮![X],有的对话框还有帮助按钮![?]。

　　② 文本框。文本框是专门用于实现文字、数字信息交互的矩形框。单击文本框后会在该框内出现有规则闪烁的一条竖线,代表插入点,可以输入信息。

　　③ 列表框。若交互信息有多个可供选择的项目时,常将这些项目内容置于列表框

内。单击列表框右侧的▼按钮,会弹出下拉列表框,用户可以方便地查看置于列表框内的全部项目内容,并可单击选定。

④ 命令按钮。命令按钮用于实现对交互信息的选择、确认、取消等操作。

⑤ 单选按钮。单选按钮是供用户对互斥类交互信息的状态(如男、女等)进行选择操作的一种专用按钮。通常两个以上的选项按钮聚合为一组,进行选择操作时只能选择其中的一个,被选定的单选按钮圆内会呈现出一个黑点。

⑥ 复选框。复选框是供用户对多个信息状态进行复选操作的一种安排。进行选择操作时只要单击所需要的复选框即可。被选定的复选框会出现一个"√"符号。对已选定的复选框单击则表示取消对状态的选定,此时"√"符号也会消失。

⑦ 微调按钮。微调按钮是调节数字的按钮,它由向上和向下两个箭头组成,用户在使用时分别单击箭头即可增加或减少数字。

⑧ 选项卡和标签。在系统中有很多对话框都是由多个选项卡构成的,选项卡上写明了标签,以便进行区分。用户可以通过各个选项卡之间的切换来查看不同的内容,在选项卡中通常有不同的选项组。例如在"显示属性"对话框中包含了"主题"、"桌面"等五个选项卡,在"屏幕保护程序"选项卡中又包含了"屏幕保护程序"、"监视器的电源"两个选项组,如图 2.13 所示。

图 2.13　"显示属性"对话框

4. 菜单操作

菜单是一些命令的列表,每个菜单都有一个描述其整体目的和功能的名称。Windows XP 的菜单由"开始"菜单、快捷菜单和窗口菜单三种类型菜单组成。

(1)"开始"菜单

"开始"菜单中显示了一些命令和快捷方式的列表,用户可以在此启动程序、打开文档、定义系统、获得帮助、搜索计算机上的项目等,执行几乎所有的任务。在按下任务栏中"开始"按钮时,就可打开"开始"菜单,由于各计算机的设置和应用不同,"开始"菜单显示的内容也不尽相同。

"开始"菜单有 Windows XP 样式与经典样式两种。图 2.14 所示的是 Windows XP 样式。在 Windows XP 样式中从上到下各项目为:最上边为"用户名及图标";接下来分为左右两个窗格,右边窗格是"固定项目列表",如果用户不特意添加或删除,它的内容是不会改变的;左边窗格上半框是"固定项目列表",用户可以设置显示或不显示;下半框是"最常使用的程序列表",用户可以设置其保留的数目,系统将自动组织显示内容;再下边是"所有程序"按钮,用户将鼠标指针指向它时,系统将显示系统中所有程序列表;另外还有"注销"和"关闭计算机"两个按钮。

(2)定制"开始"菜单

① 开始菜单两种样式的转换。不同的用户可能习惯使用不同的开始菜单的显示样式,一般 Windows XP 在默认的状态下,显示"XP 样式"。如果用户想使用"经典样式"的

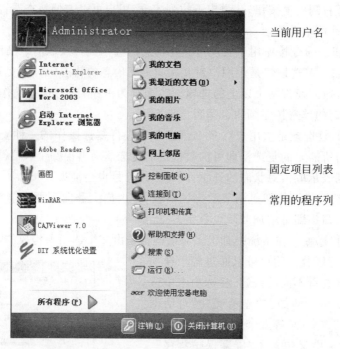

图 2.14 Windows XP 样式的"开始"菜单

开始菜单,右击"开始"按钮,在弹出的快捷菜单中选择"属性"命令。选择其中的"开始菜单"选项卡,如图 2.15 所示,选择"经典开始菜单"。如果从经典样式转换为 XP 样式,也作同样的操作,只不过要选择其中的"开始菜单"即可。

图 2.15 "「开始」菜单"样式设置

② 自定义 XP 样式的"「开始」菜单"。对于 XP 样式"「开始」菜单"中的内容,用户可以根据自己的需要自行设置,其方法是在图 2.15 中选择"自定义"按钮,打开"自定义开始菜单"对话框。在其中选择"常规"选项卡,如图 2.16 所示。在此就可以对图标的大小、常用程序保留数目的多少等进行相应的设置。如果要向"固定程序列表"中添加内容,可以在"开始"菜单中找到"资源管理器",右击要添加的程序,在弹出的快捷菜单中选择"附到开始菜单"命令即可。如果要对开始菜单内容的显示方式和需要列出最近打开的文档等内容进行设置,可以使用如图 2.16 中"高级"选项卡进行。

图 2.16　"常规"选项卡

③ 自定义经典样式的开始菜单。在图 2.15 中选择"经典开始菜单",再单击"自定义"按钮,则打开"经典开始菜单"设置对话框。使用"添加"和"删除"按钮,就可以完成显示内容多少的操作,可以利用"排序"按钮完成对程序列表的重新排列工作。

(3) 菜单操作

菜单是 Windows XP 中最常见的屏幕元素之一,用来完成已定义好的命令操作。Windows XP 中指向某一对象时,单击鼠标右键弹出的菜单称为快捷菜单;窗口菜单是下拉式的菜单,单击菜单栏的某一项,将弹出下级菜单。菜单的使用主要是选取菜单内的某个菜单项,从而完成某项操作。菜单项可以通过鼠标或键盘来选取。

① 打开菜单的方法。用鼠标单击该菜单项,当菜单项后的括号中含有带下划线的字母时,也可按 Alt+字母键。

② 在菜单中选择某命令的方法。用鼠标单击该命令选项,用键盘上的四个方向键将高亮条移至该命令选项,然后按 Enter 键,若命令选项后的括号中有带下划线的字母,则直接按该字母键。

如果在菜单外单击鼠标,则将取消下拉菜单。表 2.2 列出了关于菜单中的命令项及相关说明。

表 2.2　菜单中的命令项及相关说明

命令项	说　　明
暗淡的	表示当前命令不可选用
带省略号(⋯)	选择此命令时可打开一个对话框
前有符号(√)	"√"是选择标记,表示当前命令有效。再次选择后消失,命令无效
带符号(●)	在分组菜单中,有且只有一个选项带有此符号。在分组菜单中带有此符号的命令选项,表示被选中
带组合键	按下组合键直接执行相应的命令,而不必通过菜单操作
带符号(▶)	鼠标指向它时,弹出一个子菜单
带符号(≫)	如果需要,指向菜单底部的双箭头,将显示此菜单中的所有命令

5. 运行程序

在 Windows XP 中可以有多种方法来运行应用程序。比如用快捷方式来打开或访问常用的项目,包括应用程序和其他系统资源。

(1) Windows XP 的快捷方式

Windows XP 的快捷方式是一种对系统的各种资源的链接,一般通过图标来表示,使用户可以很快、很方便地访问有关资源。这些资源包括程序、文档、文件夹、驱动器等。在 Windows XP 中几乎所有可以访问的资源都可以通过快捷方式来访问。快捷方式可以存在于许多地方,比如桌面、"开始"菜单、"程序"菜单、文件夹等。

(2) 直接在桌面上运行程序

在 Windows XP 桌面运行应用程序是最快捷的一种运行程序的方式。只要在桌面建立相应程序的快捷方式,启动 Windows XP 后,就可以看到相应的图标,双击一个这样的图标,就可以运行相应的程序。因此,可以将最经常使用的程序在桌面建立快捷方式,使用十分方便。但桌面的快捷方式不应该建立得太多,否则,桌面会显得太杂乱,图标太多,寻找也不方便。

(3) 在"程序"菜单中运行程序

通过"开始"菜单中的"程序"菜单运行应用程序是最常用的运行程序的方式。Windows XP 安装后,"程序"菜单中就会有一些文件夹和快捷方式。单击"开始"按钮,移动光标到"所有程序"选项,就可以看到本机已安装的程序。其中带"▶"符号的是文件夹,将光标移到文件夹上时,文件夹就会进一步打开。许多 Windows XP 应用程序安装后,会自动地在"程序"菜单中插入它的快捷方式。在"程序"菜单中移动光标到某一个快捷方式(即文件夹中的快捷方式),单击鼠标左键,就可以运行这个应用程序。

(4) 通过"运行"对话框运行程序

执行"开始"菜单选择"运行"命令,打开如图 2.17 所示的"运行"对话框。在"打开"输入框

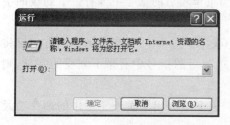

图 2.17　"运行"对话框

中输入要运行的应用程序的路径和文件名后,单击"确定"按钮即可运行该程序。如果不能确定文件名或文件的路径,可单击"浏览"按钮,在该对话框中进行查找。找到需要打开的文件名后,双击即可将文件的路径和文件名添加到"打开"输入框中。

2.2.2 系统常用附件

Windows XP 操作系统除了具有强大的系统管理功能外,还带有许多小型的应用程序,可以帮助用户在没有安装其他应用程序的情况下,完成一些日常的工作。

1. 写字板

"写字板"是一个小型的文字处理软件,能够对文章进行一般的编辑和排版处理,还可以进行简单的图文混排。"写字板"的简单使用方法如下。

① 执行"开始"菜单中"所有程序",选择"附件"中"写字板"命令,打开如图 2.18 所示的"写字板"窗口。选择输入法并输入文章内容,每按一次 Enter 键,会生成新的自然段。

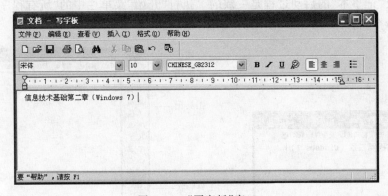

图 2.18 "写字板"窗口

② 通过菜单命令或格式工具栏中的快捷按钮,可以对文章内容的字体、字号、颜色、缩进和对齐方式等进行排版设置。

③ 通过菜单命令或常用工具栏中的快捷按钮,可以对文章内容进行"复制"、"粘贴"、"剪切"、"查找"、"打印预览"和"插入图片"等编辑操作。

④ 移动 I 形光标至需要插入内容的位置并单击,输入文字可完成插入操作。

⑤ 移动 I 形光标至需要删除内容的开始或结束位置并单击,按 Del 键或 Delete 键,可以删除光标后面的内容,按 BackSpace 键,可以删除光标前面的内容。

⑥ 对文章内容编辑完成后,执行"文件"菜单栏中的"保存"或"另存为"命令,打开"保存为"对话框,在"保存在"下拉列表框中选择要存放本文件的文件夹,在"文件名"文本框中输入文件名,在"保存类型"下拉列表框中选择 Rich Text Format(RTF)("写字板"程序默认的存储格式),最后单击"保存"按钮。

2. 记事本

"记事本"是 Windows XP 操作系统内嵌的专门用于小型纯文本编辑的应用程序。"记事本"所能处理的文件为不带任何排版格式的纯文本文件,其默认的扩展名为 TXT。

由于纯文本文件不含任何特殊格式,因此它具有广泛的兼容性,可以很容易地被其他类型的程序打开和编辑,并且占用磁盘存储空间很小。

启动记事本时可以执行"开始"菜单栏中的"所有程序"下"附件"中"记事本"命令,打开如图 2.19 所示的"记事本"窗口,记事本的使用方法与写字板的使用方法基本相同。

3. 画图

"画图"是 Windows XP 提供的一个小型绘画及图像处理程序。虽然它不能与那些大型的图像处理程序的功能相比,但它所展示的界面、绘图工具以及一些基本图形图像的处理方法,却是进一步学习相关专业软件的基础。使用画图程序同样可以创作出精美的作品,作为自己的桌面背景。

(1)启动画图程序

因为画图程序也是 Windows XP 自带的应用程序,所以启动画图程序的操作过程与"写字板"及"记事本"的启动过程是一致的。执行"开始"菜单栏中的"所有程序"下"附件"中"画图"命令,打开如图 2.20 所示的"画图"窗口。

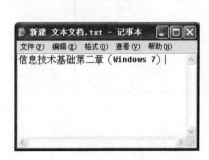

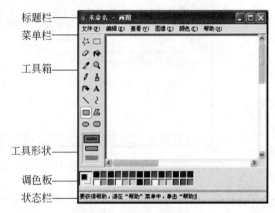

图 2.19　"记事本"窗口　　　　图 2.20　"画图"窗口

(2)画图的基本操作

用鼠标单击工具箱中的某个工具图标后,该图标呈现选中状态。通过工具箱下部形状区,可以选择画笔的不同形状,当某个工具有不同的表现方式和规格时,会在工具形状区列出,通过单击选择合适的形状即可,但不是所有的工具都有形状的变化。通过"调色板"可以选择相应画笔的颜色。单击调色板色块,可设置绘图的前景颜色,右击色块,则可设置绘图的背景色。移动鼠标指针至绘图区后,将显示十字形光标,拖曳即可绘图。单击工具箱的"用颜色填充"按钮,移至绘图区画的形状中,单击左键,即可为所选形状进行填充。重复上述步骤即可以画出所需的其他图形。

(3)绘图工具

画图程序提供了多种绘图工具,它们均排列在窗口左侧的工具箱中。在使用绘图工具时会发现,每种绘图工具的光标形状都是不同的。下面按照从左至右、从上至下的顺序,简单介绍工具箱中每种工具的功能,如表 2.3 所示。

表 2.3 绘图工具一览表

图标	工具名称	功　　能
	任意形状的剪裁	从图画整体中切割出一块形状不规则的区域
	选定	切割出一块形状规则的矩形区域,选定的区域可以复制、移动到其他的位置或程序中
	橡皮擦	擦除绘图区中的前景色,同时填充当前的背景色
	颜色填充	向一个闭合区域填充指定颜色,左键填充前景色,右键填充背景色
	取色	直接从绘图区中的图画上选择所需的颜色,单击选取前景色,右击选取背景色
	放大镜	将绘图区中指定的图画区域放大,可从工具形状区中选择放大的倍数,重复选取则复原
	铅笔	用于手工绘制任意形状的图画,是程序默认指定的工具
	刷子	与铅笔工具的功能类似,可绘制任意曲线、多种形状图形,区别在于该工具可以从工具形状区中选定不同的形状
	喷枪	产生雾状效果,可从工具形状区中选择喷雾大小
	文字	在图画中写入各种风格的文字
	直线	绘制不同粗细的直线,绘制时按下 Shift 键可画出绝对水平、垂直或者 45°角的直线
	曲线	绘制最多带有两个弯曲形状的光滑曲线,可设置线条粗细
	矩形	绘制长方形,可从工具形状区中选择填充方式,绘制的同时按下 Shift 键,可画出标准正方形
	多边形	绘制任意多个边的、闭合的多边形,可选择填充方式
	椭圆	绘制椭圆,绘制时按下 Shift 键,可画出标准的圆
	圆角矩形	绘制四个角带有一定弧度的长方形,可选择填充方式,绘制时按下 Shift 键,可画出圆角正方形

4. 计算器

在 Windows XP 中提供了两种计算器,一种是标准计算器,另一种是科学计算器。使用标准计算器可以进行简单的算术运算,使用科学计算器可以进行比较复杂的函数和统计运算。计算器的使用与一般日常用的电子计算器使用方法一样,只不过按键方式改为用鼠标或键盘来完成。

（1）标准计算器

对于大多数的用户,使用标准计算器就可以满足计算的需要了,因为标准计算器能够提供日常事务所需的各种数学运算。启动标准计算器的方法是执行"开始"菜单栏中的"所有程序"下"附件"中"计算器"命令,打开如图 2.21 所示的"标准计算器"窗口。

图 2.21 "标准计算器"窗口

（2）科学计算器

科学计算器可以进行复杂的运算，它有更多的功能键、运算符和指示符。启动科学计算器的方法是在标准计算器的窗口中，选择"查看"菜单栏中的"科学型"命令，即可打开如图 2.22 所示的"科学计算器"窗口。

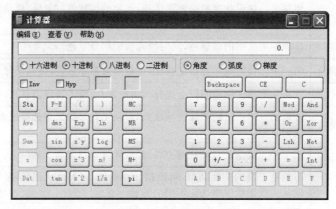

图 2.22　"科学计算器"窗口

2.2.3　系统环境的个性化设置

在 Windows XP 中，系统环境或设备在安装时一般都已经设置好，但在使用过程中，也可以根据某些特殊要求进行调整和设置，这些设置功能是在"控制面板"窗口中进行的。利用"控制面板"可以改变系统原始的设置和默认状态，以满足个性化工作环境的要求。

1. "控制面板"概述

"控制面板"中集中了调整与配置系统的全部工具，可以使用这些工具对计算机硬件和软件进行个性化的设置，常用的工具有打印机设置、鼠标、键盘、显示器、网络设置、多媒体设备设置、字体、日期与时间设置、区域设置、添加和删除应用程序等。

（1）控制面板的启动

① 单击"开始"按钮，然后单击"控制面板"则可以打开如图 2.23 所示的"控制面板"窗口。如果"开始"菜单是设置为经典显示方式，这时的启动方法是单击"开始"按钮，然后指向"设置"再选择"控制面板"。

② 在"资源管理器"或"我的电脑"窗口左侧窗口中选择"控制面板"文件夹，则在右侧窗格中即显示"控制面板"窗口。

（2）"控制面板"显示方式的转换

"控制面板"的显示方式有两种，一种是分类视图，另一种是经典视图。一般首次打开"控制面板"时是在分类视图状态，如图 2.23 所示。它的组织方式是按项目分类显示，如果要打开某一类项目，需要单击该项目的图标或类别名称，则打开该项目的任务列表，然后再选择某一项目。

如果要直接看到某一项目，可以单击"控制面板"左边窗格中"切换到经典视图"，则显示如图 2.24 所示的"控制面板经典视图"窗口。如果要打开某一项目，双击该项目的图标

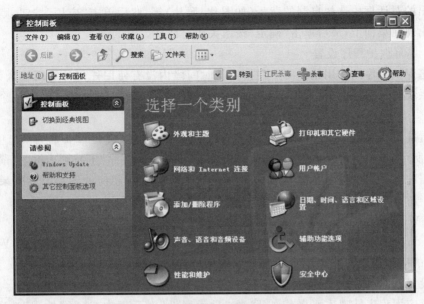

图 2.23 "控制面板分类视图"窗口图

即可,如果要返回分类视图,需要单击如图 2.24 中的"切换到分类视图"项目。

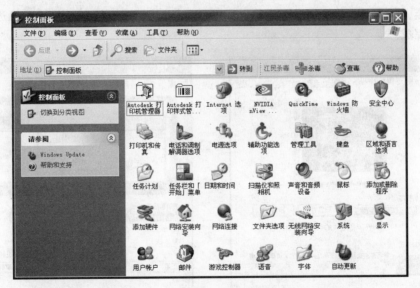

图 2.24 "控制面板经典视图"窗口

2. Windows XP 桌面的设置

(1)桌面背景设置

桌面背景在 Windows XP 操作系统安装成功之后默认为 Bliss 背景(蓝天白云草地),用户可以根据自己的喜好设置不同的背景画面。具体设置方法是右击桌面背景无图标处,在弹出的快捷菜单中选择"属性"命令,打开"显示属性"对话框,选择"桌面"选项卡。在"桌面"选项卡中利用"背景"列表框选择个人喜好的背景,甚至可以通过单击"浏览"按钮在弹出的对话框中选择自制的背景(如图片、照片)等,此后单击"应用"按钮,则效果将会立即出现在桌面上,最后单击"确定"按钮关闭对话框。

(2) 屏幕保护程序设置

屏幕保护程序的作用是当用户在指定的时间段内没有使用任何计算机输入设备时,计算机系统为了保护屏幕、延长显示器的使用年限,而自动关闭显示器或显示一个移动的图案。

设置屏幕保护程序时,在"显示属性"对话框中,选择"屏幕保护程序"选项卡,如图 2.25 所示。在"屏幕保护程序"选项卡中单击"屏幕保护程序"下拉列表框,用鼠标从中选择所需的屏幕保护程序名称,对话框上方的预览区会显示相应的图形渐变效果。选定后,设置等待时间,然后单击"应用"或"确定"按钮,设置生效。

(3) Windows XP 应用程序外观的设置

Windows 应用程序指如资源管理器、Word、Internet Explorer 等所有的 Windows XP 环境的应用程序。外观是指如窗口和按钮的样式,菜单、窗口、图表的颜色、字体等。外观的设置就是对这些项目的改变。

设置应用程序外观主要操作如下,在"显示属性"对话框中,选择"外观"选项卡,如图 2.26 所示。在"外观"选项卡中可以对外观作一般性的设置,如对窗口和按钮,色彩和字体大小的设置,可以分别在 3 个不同的下拉列表中选择,然后单击"确定"按钮,即可完成设置操作。如果要对外观做进一步的设置,可以通过使用"效果"和"高级"按钮进入设置环境来完成。

图 2.25 "屏幕保护程序"设置选项卡

图 2.26 "外观"设置选项卡

3. 用户账户建立、切换及注销

(1) 用户账户的类型

为了多人共用一台计算机的方便,Windows XP 系统可以为每个用户提供一个账户,用户可以根据自己的需要建立各自的工作环境,而互不干扰。在计算机上的固定用户可以分为计算机管理员账户和受限制账户,对于非固定用户可以使用来宾账户(Guest)。

① 计算机管理员账户。计算机管理员账户是专门为某些可以对计算机进行系统更改、安装软件和访问计算机上所有非专用文件的用户而设置的。只有拥有计算机管理员账户的用户才拥有对计算机上其他用户账户的访问权。他可以创建和删除计算机上的用户账户,更改其他用户的账户名、图片、密码和账户类型等。在 Windows XP 安装期间将自动创建名为 Administrator 的账户,这个账户拥有计算机管理员特权,是 Windows XP 初始的管理员账户。在安装期间可以设置管理员密码和添加新的用户账户,如果在安装过程中添加了账户,在启动时 Administrator 图标就不会再出现了,而只出现新添加的账户。在安装过程中添加的用户账户属于计算机管理员账户。

② 受限制账户。有时需要禁止某些用户更改大多数计算机设置和删除重要文件,而受限制账户就是为这类用户所设计的。他们一般情况下不能安装软件和硬件,但可以使用已安装在计算机上的程序。用户可以更改账户图片,创建、更改或删除密码,但不能更改账户名或账户类型。

③ 来宾账户。来宾账户是为了那些在计算机上没有用户账户的用户而设计的,来宾账户没有密码,所以可以快速登录。该账户无法安装软件和硬件,但可以使用已安装在计算机上的程序,不能更改来宾账户类型,但可以更改来宾账户的图片。

(2) 创建用户账户

要使用运行 Windows XP 的计算机,就必须在该计算机上首先创建自己的用户账户,只有拥有合法账户的用户,才可以进入本计算机系统。创建账户时必须以计算机管理员账户进入计算机系统后才能进行。在"控制面板"窗口中选择"用户账户",打开如图 2.27 所示"用户账户"窗口。在其"挑选一项任务"命令组中,选择"创建一个新账户"命令,则弹出如图 2.28 所示输入新账户名对话框,在此输入新账户名"jszx"。选择"下一步",在如

图 2.27　"用户账户"窗口

图 2.29 所示的窗口中"挑选一个账户类型"命令组中,选择适当的账户类型。单击"创建账户"按钮,完成了用户账户的创建工作,这时在用户账户窗口中,将显示出新建的用户图标。

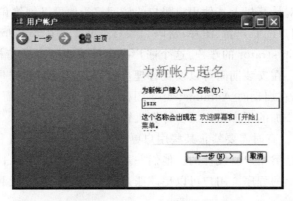

图 2.28　输入新账户名对话框

图 2.29　选择用户账户类型

如果要为新老账户添加或更改账户密码,做这些操作也必须以计算机管理员账户的身份进入计算机系统,在如图 2.27 所示的"用户账户"窗口中"或挑一个账户做更改"命令组中选择要添加密码的账户,打开如图 2.30 所示的"用户账户"窗口。

在命令组中选择"创建密码",弹出如图 2.31 所示设置密码对话框,在其中输入密码,再确认重新输入一次,然后输入密码提示信息,最后选择"创建密码"则完成密码的添加。在图 2.30 中做类似的操作还可以更改账户名称、更改账户图片、更改账户类型、还可以删除账户。

(3) 快速用户切换及注销

① 快速用户切换。Windows XP 利用终端服务技术,针对多用户共用一台计算机提

图 2.30 "用户账户"窗口

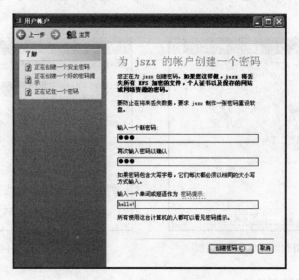

图 2.31 设置用户账户密码

供了快速用户切换功能,实现了每个用户数据的完全分离状态。快速用户切换是在一个用户要暂时离开计算机但不关闭正在运行的所有的程序,而另一个用户要进入时常用的功能。在这样的情况下,不需要注销第一个用户,而使用快速用户切换功能进入第二个用户的操作环境即可。在"开始"菜单中选择"注销"命令,这时屏幕出现如图2.32所示用户切换对话框。在其中单击"切换用户"按钮,进入 Windows XP 登录界面。在其中选择要进入的账户,则完成用户的快速切换操作。

图 2.32 用户切换对话框

　　② 注销用户账户。为了便于不同的用户快速登录并使用计算机,Windows XP 提供了注销的功能,应用注销功能,使用户不必重新启动计算机就可以实现多用户登录,这样既快捷方便,又减少了对硬件的损耗。

4. 更改系统日期和时间

（1）日期与时间的设置

在 Windows XP 中，系统自动为存档文件标志日期和时间，以提供检索或查询。有时由于某种因素可能造成日期或时间出现误差，因此需要重新设置。具体设置方法是在"控制面板"窗口中单击"日期、时间、语言和区域设置"图标，打开相应的"日期、时间、语言和区域设置"对话框。在对话框中单击"更改日期和时间"命令，打开"日期和时间属性"对话框，如图 2.33 所示。在"日期"选项中设置日期，在"时间"选项中分别双击时、分、秒进行时间设置，单击"应用"或"确定"按钮完成设置。

（2）时间同步

时间同步是利用网络连接与互联网上的时间服务器保持同步的一项功能，具体设置是在"日期和时间属性"对话框的"Internet 时间"选项卡中完成的，如图 2.34 所示。

图 2.33 "日期和时间属性"对话框

图 2.34 时间同步对话框

5. 输入法的安装与选择

（1）添加新的输入法

在"控制面板"窗口中单击"日期、时间、语言和区域设置"图标，打开相应的对话框。在对话框中单击"区域和语言选项"命令，打开"区域和语言选项"对话框，并选择其中的"语言"选项卡。在"语言"选项卡中的"文字服务和输入语言"选项组中，单击"详细信息"按钮，打开如图 2.35 所示的"文字服务和输入语言"对话框。在"文字服务和输入语言"对话框中"默认输入语言"下拉列表框中，显示了当前正在使用的输入语言及方法，在"已安装的服务"列表框中，显示了系统目前已经安装的各种输入法名称。如果要安装其他的输入法，单击"添加"按钮，则显示如图 2.36 所示的"添加输入语言"对话框。如果要从系统中删除已安装的输入法，则要在"文字服务和输入语言"对话框中"已安装的服务"列表框中，选择要删除的输入法，再单击"删除"按钮即可。在"添加输入语言"对话框中的"默认输入语言"下拉列表中选择"中文（中国）"选项，在"键盘布局/输入法"下拉列表框中选择要安装的输入法，然后单击"确定"按钮。在 Windows XP 复制了必要的文件后又返回到"文字服务和输入语言"对话框中，如果安装正确，则在"文字服务和输入语言"对话框中的

"已安装的服务"列表框中显示出刚才安装的输入法,然后单击"确定"按钮,即完成一种汉字输入法的安装工作。

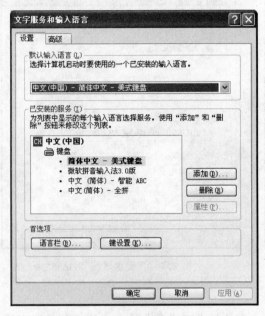

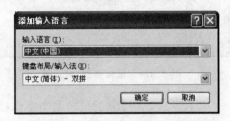

图 2.35　"文字服务和输入语言"对话框　　　　图 2.36　"添加输入语言"对话框

（2）选择输入法

单击桌面任务栏右侧的"输入法"按钮,在输入选择快捷菜单中单击所需的中文输入法,"输入法"图标将变为相应的输入法图标。使用所选的输入法,在需要的位置输入汉字。或者使用键盘操作进行选择,按住 Ctrl 键不放,再按 Shift 键,即可改变输入法。每按 Ctrl＋Shift 键一次,就可以切换一种输入法。按 Ctrl＋空格键,则可以在中、英文输入状态之间切换。

6. 键盘与鼠标设置

（1）鼠标的设置

在经典视图样式的"控制面板"窗口中,双击"鼠标"图标,打开"鼠标属性"对话框,如图 2.37 所示。选择"鼠标键"、"指针"、"指针选项"、"轮"和"硬件"其中的一张选项卡,然后对其进行相应的设置。

（2）键盘的设置

在经典视图样式的"控制面板"窗口中,双击"键盘"图标,打开"键盘属性"对话框,如图 2.38 所示。选择"速度"和"硬件"中的一张选项卡,然后对其进行相应的设置。

7. 字体的设置

在 Windows XP 中,字体是字样的名称,而字样是共享某种公用特性的字符的集合。字体有斜体、粗体和粗斜体等字形,字体的作用是在屏幕和打印时显示文本。因此要在屏幕上显示或打印出文本就必须要安装、设置和使用字体。

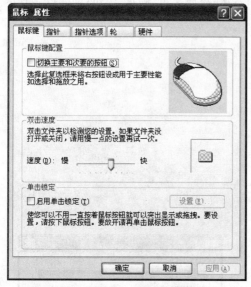

图 2.37 "鼠标属性"对话框

图 2.38 "键盘属性"对话框

（1）Windows XP 提供的基本字体技术

① 轮廓字体：True Type 和 Open Type 字体是由直线和曲线命令生成的轮廓字体。Open Type 是 True Type 的一种扩展，这两种字体都可以缩放和旋转。

② 矢量字体：从数字模型生成，主要用于绘图仪。Windows 支持 3 种矢量字体。

③ 光栅字体：光栅字体存储在位图文件中，通过在屏幕或纸张上显示一系列的点来创建。

第 1 种字体技术是经常被使用的，后两种字体主要应用于某些应用程序依赖这些字体的情况中。

（2）安装字体

在安装 Windows XP 时，系统已经默认安装了一些常用的字体，但不一定会满足用户对文字修饰的需要，因此用户在对文字处理之前要安装自己需要的字体。在经典视图样式的"控制面板"窗口中，双击"字体"图标，打开"字体"对话框，如图 2.39 所示。将要安装字体文件所在的磁盘或光盘放入相应的驱动器中，单击"字体"对话框菜单栏中的"文件"，选择"安装新字体"命令，打开如图 2.40 所示的"添加字体"对话框。在"添加字体"对话框中的"驱动器"下拉列表框中选择要安装字体文件所在的驱动器，在"文件夹"列表框中打开包含所要安装字体文件的文件夹，系统在"字体列表"框中显示所包含的所有字体，在其中选中一种或多种要安装的字体，并选中"将字体复制到 Fonts 文件夹"复选框，最后单击"确定"按钮。如果要删除某种已安装的字体，则在"字体"对话框中选中要删除的字体文件，单击"文件"中的"删除"命令即可。

图 2.39 "字体"对话框

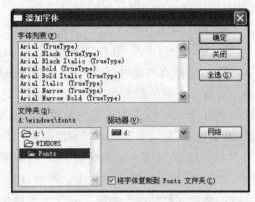

图 2.40 "添加字体"对话框

2.3 Windows 7 操作系统

Windows 7 是微软公司近几年开发的继 Windows Vista 系统之后新一代的操作系统,引入了 Life Immersion 的概念,即在系统中集成许多人性的因素,具有多层安全保护,可以有效抵御病毒、间谍软件等的威胁,简洁实用,让人们更方便地在个人计算机上做想做的事。Windows 7 操作系统包括:Windows 7 Starter(简易版),保留了 Windows 为大家所熟悉的特点和兼容性,并吸收了在可靠性和响应速度方面的最新技术;Windows 7 Home Basic(家庭版),可以更快、更方便地访问使用最频繁的程序和文档;Windows 7 Home Premium(家庭高级版),可以轻松地欣赏和共享用户喜爱的电视节目、照片、视频和音乐;Windows 7 Professional(专业版),具备各种商务功能,并拥有家庭高级版卓越的媒体和娱乐功能;Windows 7 Enterprise(企业版),提供一系列企业级增强功能 BitLocker 锁定非授权软件运行 AppLocker、DirectAccess,无缝连接基于 Windows Server 2008 R2 的企业网络;Windows 7 Ultimatic(旗舰版),具备 Windows 7 家庭高级版的所有娱乐功能和专业版的所有商务功能,同时增加了安全功能以及在多语言环境下工作的灵活性。

2.3.1 Windows 7 操作系统的特点

Windows 7 在功能方面既保留了 Windows XP/Vista 的大多数强大功能,同时也简化了如 Vista 中的绚丽图片浏览器,影片制作软件等华而不实的内容,Windows 7 简化搜索和信息使用,包括本地网络和互联网搜索功能,用户体验更直观。Windows 7 的九大特点如下。

1. 更快的速度和性能

Windows 7 在系统启动时间上进行大幅度的改进,对从休眠模式唤醒系统这样的细节改进,使 Window 7 成为一款反应更快速、高性能的操作系统。在使用 Windows 7 过程中安装速度快,20 分钟左右就能装好系统。开机、关机速度快,20 秒钟左右就能打开和关闭计算机。文件、图片、音频、视频、网页等浏览速度快。错误响应处理速度快。

2. 更个性化的桌面

在 Windows 7 中用户能对自己的桌面进行更多的操作和个性化设置。首先 Windows 中原有的侧边栏被取消,而原来依附在侧边栏中的各种小插件现在可以任用户自由放置在桌面的各个角落,不仅释放了更多的桌面空间,视觉效果也更加直观和个性化。此外 Windows 7 中内置主题包带来的不仅是局部的变化,更是整体风格的统一。壁纸、面板色调,甚至系统声音都可以根据用户喜好选择定义。如果用户喜欢的桌面壁纸有很多,不用再为选哪一张而烦恼,用户可以同时选择多个壁纸,让它们在桌面上像幻灯片一样播放,还可设置播放的速度。同时,用户可以根据需要设置个性的主题包,包括自己喜欢的壁纸、颜色、声音和屏保。极富人性化的系统界面和使用功能 Aero 特效。"Aero"是 Authentic(真实)、Energetic(动感)、Reflective(具反射性)及 Open(开阔)的首字母缩略而成的,意为 Aero 界面是具立体感、令人震撼、具透视感和阔大的用户界面。这一特效使桌面、任务栏、标题栏等都呈现为半透明状态,给人耳目一新的快感,使系统具有亮丽的外观,同时系统有丰富的主题,能对宽屏进行优化管理等。

3. 更简洁的工具栏设计

进入 Windows 7 操作系统,用户会在第一时间注意到屏幕最下方经过全新设计的工具栏,这条工具栏从 Windows 95 时代沿用,终于在 Windows 7 中工具栏上所有的应用程序都不再有文字说明,只剩下一个图标,而且同一个程序的不同窗口自动合并成群组。鼠标移到图标上时会出现已打开窗口的缩略图,单击便会打开该窗口,在任何一个程序图标上右击会出现一个显示相关选项的选单,微软称之为 Jump List。在这个选单中除了更多的操作选项之外,还增加了一些强化功能,可以让用户更轻松地实现精确导航并找到搜索目标。

4. 更强大的多媒体功能

Windows 7 具有远程媒体流控制功能,能够帮助用户解决多媒体文件共享的问题,能够支持计算机安全地从远程互联网访问家里 Windows 7 系统中的数字媒体中心,随心所欲地欣赏保存在家里计算机中的任何数字娱乐内容。有了这样的创新功能,用户可以随时随地地享受自己的多媒体文件。Windows 7 中强大的综合娱乐平台和媒体库 Windows Media Center 不仅可以让用户轻松管理计算机硬盘上的音乐、图片和视频,更称得上是可定制化的个人电视,只要将计算机与网络连接或是插上一块电视卡,就可以随意享受 Windows Media Center 上丰富多彩的互联网视频内容或者高清的地面数字电视节目,同时将 Windows Media Center 与电视连接,给电视屏幕带来全新的使用体验。

5. Windows Touch 触屏操作系统

Windows 7 操作系统支持通过触摸屏来控制计算机,在配置有触摸屏的硬件上,用户可以通过自己的指尖来实现许多的功能。多点触屏技术是 Windows 7 的一个亮点。

6. Homegroups 和 Libraries 简化局域网共享

Windows 7 通过图书馆(Libraries)和家庭组(Homegroups)两大新功能对 Windows 网络进行改进,图书馆是将放在不同的文件夹中的文件形成一种对相似文件进行分组,如用户的视频库可以包括电视文件夹、电影文件夹、DVD 文件夹及 HomeMovies 文件夹,创建一个 Homegroup 让这些图书馆更容易地在各个家庭组用户之间共享。Windows 7 智能化采用库的方式归类管理文档、音频、视频等;拥有智能化的控制面板,强大的自我修复能力,系统崩溃后,开机选择此功能,按提示进行一些操作,就能恢复系统;能根据内存大小调整常驻内存的程序和线程;超强的系统安全性和稳定性,使系统资源占用更少。

7. 全面革新用户安全机制

在 Windows Vista 中引入用户账户控制能够提供更高级别的安全保障,但频繁出现的提示窗口让用户感到很烦。在 Windows 7 中微软对这项安全功能进行革新,不仅大幅降低提示窗口出现的频率,还使用户在设置方面拥有更大的自由度。Windows 7 自带的 Internet Explorer 8 较前版本提升安全性,如 SmartScreen Filter、InPrivate Browsing 和域名高亮显示等新功能让用户在互联网上能够更有效地保障自己的安全。Windows 7 直接支持 ACHI 技术。所谓 ACHI 技术,全称 Advance Central High Interface(中央高级高频接口),是在 Intel 的指导下,由多家公司联合研发的接口标准,可以发挥 SATA 硬盘的潜在加速功能,大约可增加 30% 的硬盘读写速度。Windows 7 对这项技术完美支持,不用下载驱动程序,装机过程中也不会出现蓝屏。

8. 超强硬件兼容性

Windows 7 的诞生意味着整个信息生态系统将面临全面升级,硬件制造商们也将迎来更多的商业机会。全球知名的厂商(如 Sony、ATI、Apple 等)都表示能够确保各自产品对 Windows 7 正式版的兼容性能。Windows XP 已经与现在的硬件开始不兼容,比如现在购买的笔记本、台式机,有很多只能安装 Windows 7,改装为 Windows XP 就会出现蓝屏、死机、不稳定等现象。所以 Windows 7 在软硬件方面的兼容性,承前启后的工作做得非常到位。

9. Windows Azure 云计算操作系统

近几年云计算被炒得火热,各种以云平台为依托的云服务,如雨后春笋般不断地吸引着观众的眼球,似乎云时代的来临变得不可阻止。云计算的特点是弱化了终端功能,以互联网为根基,为用户提供各种在线云服务。凡是可以连接互联网的终端,基本都可以通过在线租赁各种软硬件资源从而实现各种应用,微软的 Windows Azure 的云操作系统,就是在这样一种思路下开发并发布的。这种可租赁的资源甚至包括操作系统,云计算模式使得未来的云时代需要一种基于 Web 的操作系统,这种系统依靠分布在各地的数据中心提供运行平台,而应用这种系统平台则通过互联网。这种架构模式使得在未来的云计算时代,不需要强大的终端,甚至仅依靠一个显示屏、一个鼠标和一个键盘就可以实现终端的一切功能,这种情况是需要很高的网络带宽才能实现的。

2.3.2　操作系统升级到 Windows 7

计算机操作系统的用户界面的发展是不会停止的,会往更人性化、更智能化的方向不断进步,图形界面的引入使用户能直观地进行计算机操作,一条条计算机命令都已经变成了一个个形象化的图标、按钮或菜单项,为了满足特殊人群的需要,还在研究和开发一些特殊的用户界面。现将系统升级的好处进行对比。

1. 系统安装过程对比

Windows XP 安装过程是使用光盘启动或调用启动文件后,检测硬件环境并提示是否同意安装协议,之后选择相应盘符,提示是否进行格式化,之后复制系统文件,并在重启后开始进行安装,而在安装之后,还会再次进行重启,并进入桌面,开始进行个人设置,如输入用户名、密码,选择网络环境等。若选择自定义安装大约需要 5~10 步选择。

Windows Vista 安装过程则和前者差别较大,同样在启动后选择使用光盘启动,之后提示用户确认许可,并选择分区,此时开始自动复制文件,但在复制的同时会自动完成安装,所有安装步骤结束之后,同样会自动重新并进入系统,但整个安装过程仅需重启一次,安装后同样提示用户输入账户信息并设置时间、网络环境等。设定完成后即可轻松进入系统。

Windows 7 的安装过程选择自动更新模式之后,系统便已安装完成,从三款操作系统的安装对比来看,Windows 7 系统安装更加方便,不会像 Windows XP 系统一样在安装过程中不断进行提示,在选择好安装路径后,用户即使短暂离开也不用担心安装无法继续。

2. 占用磁盘空间对比

在划分给系统盘 16GB,且每款操作系统均采用全新安装的情况下,原版 Windows XP SP3 系统会占用约 2.6GB 的磁盘空间,而 Windows Vista SP1 系统,会占用大约 9.8GB 的磁盘空间(随安装的系统版本和安装过程中的组件定制情况而定)。而 Windows 7 共占用 6.27GB 左右的磁盘空间,实际和 Vista 系统并没有太大差别,Windows 7 已进行了优化和调整。

3. 窗口风格对比

Windows Vista 系统发布以后,经过全新设计的开始菜单,以及全新的 Aero 效果,让主界面更加美观明朗,同时全新加入的系统边栏,还可方便用户在桌面快速查看订阅的新闻资讯、天气信息,并实时查看系统资源占用情况等,更加方便用户使用,也更符合和贴近用户的使用习惯。

而在 Windows 7 系统中,界面又进行了一些改进,如图 2.41 所示,最为显著是"显示桌面"菜单被放置在屏幕右下角,同时单击每一个任务栏的图标(包括开始菜单徽标)都有闪动效果,包括无线网络状态等都会在任务栏直接显示,方便用户实时查看网络状态,此外也可直接在屏幕右下角显示日期和时间,并对任务栏风格进行了全新设计。

现就 Windows XP 系统、Windows Vista 和 Windows 7 的桌面功能,即"支持在开始

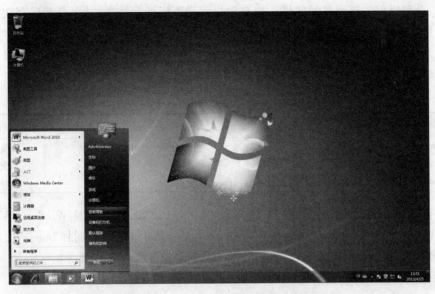

图 2.41　Windows 7 操作系统主界面

菜单直接显示用户名称"、"支持托盘隐藏"、"在任务栏预览最小化的窗口内容",以及"网络状态实时显示"、"支持快速搜索"等进行了对比,结果如表 2.4 所示。

表 2.4　三款操作系统主界面/任务栏功能对比

操作系统	显示账户名	托盘隐藏	任务预览	状态实时显示	快速搜索
Windows XP	支持	支持	不支持	不支持	不支持
Windows Vista	支持	支持	支持	不支持	支持
Windows 7	支持	支持	支持	支持	支持

从表 2.4 对比来看,Windows XP 系统的主界面略显单薄,用户无法通过桌面获取更多内容,且任务栏功能较为单一,而 Vista 系统的任务栏相比 XP 系统增加了很多功能,并在桌面首次加入边栏软件,让用户在桌面便可查看到很多内容。但 Windows 7 系统的主界面风格,则相比前一版本,甚至前一系列版本都有极大改进,各种系统、网络状态都已在任务栏中实时显示,方便用户更加直接地查看系统的各种状态。

4. 窗口布局对比

Windows Vista 系统的窗口布局和操作方式都要强于 Windows XP,Windows XP 系统的窗口布局过于单一,除在主题风格和文件夹标志上和 Windows 2000 有所差别外,实际改变并不明显。尽管在左侧的常用任务栏中,用户可快速选择一些操作任务,但实际并不十分方便和让用户感到"顺手"。而 Windows Vista 操作系统,对窗口布局进行了全新设计,例如,可以通过滑杆自由选择图标大小,以标签形式显示文件路径等,更加方便用户在不同级文件夹之间切换,同时方便用户快速进行搜索。

但 Windows 7 系统虽然表面看和 Windows Vista 系统差别不大,但在细节上,却有较大改变。例如在窗口最大化后,不再和 Windows Vista 系统一样会自动变暗,且在使用搜索时,会和当前主流浏览器软件一样自动提示和匹配搜索结果,并可自动保存在关闭窗口时未保存的内容等。尽管表面并无差距,但实际改变很多。分别对这三款操作系统的窗口在文件夹快速切换(标签显示)、快速搜索、文件夹/文件内容预览和是否支持自定义图标大小等方面进行了对比,对比结果如表 2.5 所示。

表 2.5　三款操作系统窗口功能对比

操作系统	快速切换	快速搜索	内容预览	自定义图标大小	内容备份
Windows XP	不支持	不支持	不支持	不支持	不支持
Windows Vista	支持	支持	支持	支持	不支持
Windows 7	支持	支持	支持	支持	支持

从表 2.5 三款系统窗口之间的对比来看,Windows 7 系统并未对 Windows Vista 风格窗口进行大规模改进,方便习惯使用 Windows Vista 的用户也能同样"顺手"使用。同时加入的大量实用功能,也让用户可更好的使用窗口快速完成各种任务。

5. 系统界面设计功能对比

早期 Windows XP 系统的主题风格曾让用户感到"惊艳"。但仅支持简单的皮肤和主题更换,设置屏保等虽然可以通过修改文件实现安装第三方桌面主题,但实际效果均不太理想。Windows Vista 系统在整体风格不变的情况下,用户可对色调进行设置,并选择是否启用玻璃效果等。很多用户正是因为无法启用玻璃效果而不得不更换高档显卡。Windows 7 系统在界面设计方面的改进要远大于 Windows Vista 系统,用户可通过缩略的显示图标直接预览 Windows 7 主题风格,另外支持自动更换壁纸等以前版本系统需要借助第三方软件才能实现的功能,同时支持窗口自动转向等。Windows 7 系统方便用户将自己的系统设置得更加个性和易用。

6. 操作系统附加功能对比

用户已将浏览器升级到 Internet Explorer(以下简称 IE)8.0 版本,但在 Windows XP SP3 系统中,仍默认集成 IE6.0 SP3 版,这一版本自 SP2 后,加入了简单的广告拦截和插件过滤功能,但依然比较"脆弱",极易被恶意程序攻击并修改主页或浏览器设置。而正由于 IE6.0 以前的版本功能过于简单,微软已研发出 IE 9.0 和 IE 10.0 版本。通过全新的防护技术让浏览页面更加安全,并全新加入了加速器、高级启动项管理、高级渲染等全新功能。如表 2.6 所示是目前使用浏览器时需要和使用的基本功能,三款主流浏览器的支持情况。

表 2.6　三款操作系统默认附带浏览器功能对比

操作系统	浏览器版本	多标签浏览	安全浏览器	网页加速	页面渲染
Windows XP	6.0	不支持	不支持	不支持	不支持
Windows Vista	7.0	支持	支持	不支持	不支持
Windows 7	8.0 以上	支持	支持	支持	支持

Windows XP 内置的 Windows Media Player 8.0 一度令人有"惊艳"之感,随后 SP2 版本开始集成 9.0,又在随后陆续支持 10.0 和 11.0,可自由编辑播放列表,支持主流视

频、音频格式,同时拥有相当好友的 CD 翻录功能。至今依然是很多用户最常用的播放器软件。同时,Windows XP 系统还自带了 Windows Movie Maker 软件,可帮助用户简单编辑视频剪辑。而在 Windows Vista 系统中,已全新引入媒体中心概念,用户若使用遥控器操作电脑,则可获得更为出色的使用效果。同时加入了包括 Windows DVD Maker 等实用功能,帮助用户轻松制作华丽的 DVD 照片光盘等。安装 Windows 7 操作系统之后,用户很快可以在开始菜单中看到全新的媒体中心图标,单击图标后即可启动全新设计的新版 Windows 媒体中心,可快速浏览图片、欣赏视频,安装电视卡的用户还能通过它快速观看精彩的电视节目,功能更为强大,也更方便和容易上手。尤其适合大屏幕用户通过遥控器使用。

　　Windows XP 和 Windows Vista 系统的画图和写字板功能比 Windows 2000 并没有太大、甚至说没有改进。功能较为单一,虽然支持简单的编辑,但很难满足用户的实际需求。而在 Windows 7 系统中,对写字板和画图都进行了全新设计,均采用 Office 2007 风格,各种功能以标签形式展现。同时写字板已加入一些更为强大的编辑和处理功能,画图更是加入了多种画笔风格、并支持将图片快速保存成其他格式。同时 Windows 7 操作系统还自带了桌面便签等众多实用功能。由此可见 Windows 7 操作系统在附带软件上确实进行了升级和改进,即使没有安装 Photoshop、Word 等软件,也可完成对图片、文档的简单编辑和处理。

2.4　Windows 7 基本操作

　　用户安装好中文版 Windows 7 并第一次登录系统后,即可看到一个非常简洁的屏幕

图 2.42　Windows 7 关机界面

画面,整个屏幕区域就是桌面,如图 2.41 所示操作系统的界面。启动和退出是 Windows 7 操作的第一步,正确的方法能够起到保护计算机和延长计算机使用寿命的作用,其操作步骤与 Windows XP 相同,重点强调是 Windows 7 增加"睡眠"与"重新启动"模式,如图 2.42 所示。"睡眠"是操作系统的一种节能状态,进入睡眠状态时,Windows 7 自动保存当前打开的文档和程序中的数据,并且使 CPU、硬盘和光驱等设备处于低能耗状态,以达到节能省电的目的,单击鼠标或任意按键,计算机就会恢复到进入"睡眠"前的工作状态。"重新启动"则是在使用计算机的过程中遇到某些故障时,让系统自动修复故障并重新启动的操作。

　　在默认情况下,首次进入 Windows 7 操作系统时,桌面上只有"回收站"图标,如图 2.41 所示,桌面图标是一种启动程序、打开窗口、打开文件或打开文件夹的快捷方式,双击某个桌面图标,将直接启动对应的程序或打开对应的文件。根据操作需要,可以对桌面图标进行添加、删除和排列等操作。

2.4.1　添加桌面图标

通常情况下,图标分系统图标和程序图标两种,其中系统图标是操作系统内置的图标,例如"回收站"、"计算机"等;程序图标是指安装应用程序后产生的快捷方式图标,其左下角有一个小箭头。如果要将"计算机"、"网络"等常用系统图标添加到桌面上,可按下面的操作步骤实现。

① 在系统桌面空白处单击鼠标右键,在弹出的快捷菜单中单击"个性化"命令,如图 2.43 所示。

② 打开"个性化"窗口,在左侧单击"更改桌面图标"链接。

③ 弹出"桌面图标"设置对话框,在"桌面图标"栏中勾选需要显示的系统图标前的复选框,然后单击"确定"按钮即可,如图 2.44 所示。

图 2.43　右键快捷菜单提示框

图 2.44　"桌面图标"设置对话框

如果不喜欢默认的系统图标,可将其更改为 Windows 7 提供的各种图标图片,打开"更改图标"对话框,选择所需图标选项,单击"确定"按钮,再返回"桌面图标设置"对话框,单击"确定"按钮。

在使用计算机的过程中,有一些程序每天都会接触到,如 Word、记事本等,用户可以在桌面上为常用程序添加桌面图标,这样使用这些程序时就会更方便。例如,要将"记事本"程序添加为桌面图标,其操作方法为:单击桌面左下角的"开始"按钮,在弹出的"开始"菜单中单击"所有程序"命令,在打开的所有程序列表中单击"附件",在展开的程序列表中右击"记事本"命令,在弹出的快捷菜单中单击"发送到"→"桌面快捷方式"即可。

2.4.2　删除桌面图标

当桌面图标太多时,桌面看起来就会非常凌乱。为保持桌面整洁,可删除一些不常用的图标,其方法主要有以下两种。

- 在系统桌面上使用鼠标右击需要删除的桌面图标,在弹出的快捷菜单中单击"删除"命令。
- 选中需要删除的桌面图标,然后按下 Delete 键。执行以上任意一种删除方法后,都会弹出"删除文件"提示对话框,单击"是"按钮便可确认删除。

2.4.3 排列桌面图标

在桌面上的图标太多时,可以对其进行排列,以便能快速找到需要的桌面图标。在系统桌面空白处单击鼠标右键,在弹出的快捷菜单中单击"排列方式"命令,在展开的子菜单中选择需要的排序方式即可。

一般情况下桌面图标是在桌面的左侧,可根据操作需要改变图标的显示位置。在桌面空白处单击鼠标右键,在弹出的快捷菜单中选择"查看"命令,再在弹出的子菜单中取消选择"自动排列图标"命令,将鼠标指针移到桌面图标上,按住鼠标左键不放,依次将图标拖动到桌面的右侧。

2.4.4 改变桌面图标大小

Windows 7 操作系统中提供了 3 种桌面图标显示方式,分别是"大图标"、"中等图标"和"小图标",默认以"中等图标"方式显示。如果默认的图标显示方式无法满足用户视觉和操作习惯,可进行更改,在系统桌面空白处单击鼠标右键,在弹出的快捷菜单中单击"查看"命令,在弹出的子菜单中,单击需要的图标显示方式即可。提示:桌面上的图标默认是自动排列的,因此不能拖动改变其位置,若要拖动桌面图标至其他位置,需取消其自动排列位置,方法是在"查看"菜单取消勾选"自动排列"命令即可。

2.4.5 改变任务栏大小及位置

在默认情况下,任务栏位于系统桌面底端,由一系列功能组件组成,从左到右依次为"开始"按钮、程序按钮区、语言栏、通知区域以及"显示桌面"按钮。如果觉得任务栏的面积不够用,可以通过拖动鼠标的方式调整任务栏大小,在任务栏的空白处单击鼠标右键,在弹出的快捷菜单中取消"锁定任务栏"命令的勾选状态,以取消任务栏的锁定状态,此时将鼠标指针移动到任务栏上边沿,当指针变为双向箭头时按住鼠标左键不放并向上或向下拖动鼠标,便可任意调整任务栏的大小,当调整到合适的大小后释放鼠标左键即可。

如果希望调整任务栏的位置,可以通过以下两种方式实现。

- 拖动鼠标。解除任务栏的锁定状态,将鼠标指针移到任务栏空白处,按住左键不放,拖动任务栏到屏幕的任意一边再释放鼠标左键。
- 通过对话框设置。使用鼠标右键单击任务栏空白处,在弹出的快捷菜单中单击"属性"命令,弹出"任务栏和「开始」菜单属性"对话框,如图 2.45 所示。在"任务栏"选项卡的"屏幕上的任务栏位置"下拉列表中进行选择即可,如图 2.46 所示。

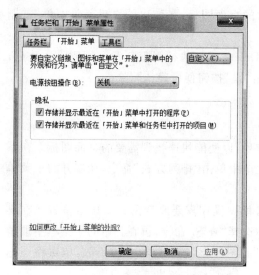

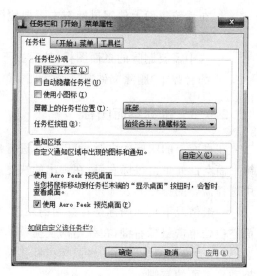

图 2.45 "任务栏和[开始]菜单属性"对话框   图 2.46 "任务栏"选项卡

2.4.6 窗口操作

窗口一般被分为系统窗口和程序窗口,系统窗口一般指"计算机"窗口等 Windows 7 操作系统的窗口,主要由标题栏、地址栏、搜索框、工具栏、窗口工作区和窗格等部分组成,如图 2.47 所示。程序窗口根据功能与系统窗口有所差别,但其组成部分大致相同。

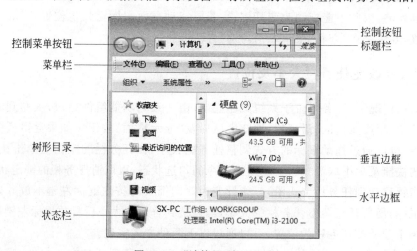

图 2.47 "计算机"窗口组成

① 标题栏在 Windows 7 系统窗口中,只显示窗口的"最小化"按钮 、"最大化/还原"按钮 和"关闭"按钮 ,单击这些按钮可对窗口执行相应的操作。

② 地址栏是"计算机"窗口中重要的组成部分,能正确地显示当前打开的文件夹的路径,如图 2.48 所示,直接在地址栏中输入路径来打开保存该文件或程序的文件夹。Windows 7 的地址栏中每一个路径都由不同的按钮组成,如单击右侧 ▶ 按钮将会弹出一

个子菜单,显示该按钮对应文件夹的所有子文件夹。

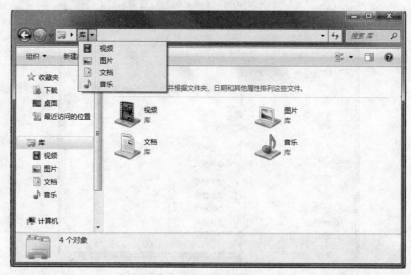

图 2.48 "地址栏"指定路径窗口

③ 工具栏用于显示针对当前窗口或窗口内容的一些常用的工具按钮,打开不同的窗口或在窗口中选择不同的对象,工具栏中显示的工具按钮是不同的。

④ 窗口右上角的搜索框 *搜索 Microsoft_Office_Professional...* 与"开始"菜单中"搜索程序和文件"搜索框的使用方法和功能相同,能够搜索各类文件和程序的功能。当输入关键字时搜索就开始了,随着输入的关键字越来越完整,符合条件的文件也就越来越少,直到搜索出完全符合条件的内容为止,这种在输入关键字的同时就进行搜索的方式称为"动态搜索功能"。使用搜索框时应注意,在对应窗口中打开某个文件夹窗口,表示只在该文件夹窗口中搜索,而不是对整个计算机资源进行搜索。

⑤ 窗口工作区用于显示当前窗口的内容或执行某项操作后显示的内容。如果窗口工作区的内容较多,将在其右侧和下方出现滚动条,通过拖动滚动条可查看其他未显示出的部分。

⑥ 窗格在 Windows 7 的"计算机"窗口中有多个窗格类型,默认显示导航窗格和细节窗格。若需显示其他窗格,可单击工具栏中"组织"按钮,在弹出的菜单列表中选择"布局"命令,效果如图 2.49 所示,然后在弹出的子菜单中选择所需的窗格选项即可。窗口中各个窗格的作用说明如下。

- 细节窗格:显示出文件大小、创建日期等目标文件的详细信息。
- 导航窗格:单击其显示的文件夹列表中的文件夹即可快速切换到相应的文件夹中。
- 预览窗格:用于显示当前选择的文件内容,从而可预览该文件的大致效果。

在使用电脑的过程中,为了操作方便经常需要改变窗口大小。改变窗口大小的方法很多,可根据实际情况选择不同的方法:

- 最小化、最大化/还原窗口:直接单击窗口右侧的最小化、最大化/还原按钮;双击

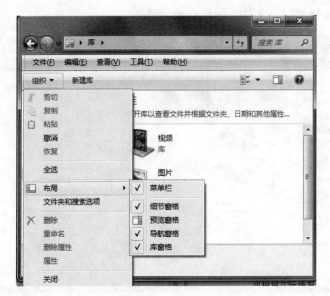

图 2.49   "组织"列表中选择"布局"

窗口的标题栏可完成;在标题栏上单击鼠标右键,在弹出的快捷菜单中选择相应的命令可完成;

- 任意改变窗口大小:在 Windows 7 中拖动窗口边框改变其大小,将鼠标光标移到窗口边框,当光标变成↕或↔或↗或↘形状时,按住鼠标左键不放,拖动窗口边框可以任意改变窗口长或宽。

- 窗口垂直显示:将鼠标光标移到窗口边框的上边缘或下边缘,当鼠标光标变成↕形状时,按住鼠标左键,拖动窗口边框至桌面的上边缘或下边缘,当出现气泡时,释放鼠标或者当鼠标光标变为↕形状时,双击鼠标,窗口将以垂直方式显示于桌面。

- 窗口以屏幕 50% 显示:如果需要对两个窗口同时进行浏览或对照,或是利用桌面的空间进行更多、更快的操作,可按住鼠标左键向左或右拖动,当鼠标光标与屏幕两侧边缘接触出现气泡时,释放鼠标后窗口将以占屏幕 50% 的尺寸显示在桌面一侧。

2.4.7   任务进度监视与显示桌面

在 Windows 7 操作系统中,任务栏中的按钮具有任务进度监视的功能,当桌面上打开的窗口比较多时,用户若要返回桌面则要将这些窗口逐一关闭或者最小化,这样不但麻烦而且浪费时间。Windows 7 操作系统在任务栏的右侧设置了一个矩形的"显示桌面"按钮,效果如图 2.50 所示,当用户单击该按钮时即可快速返回桌面。

图 2.50   "显示桌面"按钮

2.4.8 排列窗口和切换

与其他版本一样,Windows 7 也可以对窗口进行不同的排列,方便用户对窗口进行操作和查看,尤其当打开的窗口过多时,采用不同的方式排列窗口可以提高工作效率。在任务栏的空白处单击鼠标右键,在弹出的快捷菜单中选择"层叠窗口"、"堆叠显示窗口"或"并排显示窗口"命令即可,效果如图 2.51 所示。各命令的作用和执行命令后的效果分别介绍如下。

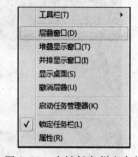

图 2.51 右键任务栏空白处弹出的快捷菜单

① 层叠窗口:在桌面上按照上下层的关系依次排列打开的窗口,并且留下足够的空间,便于查看其他内容或执行其他操作,效果如图 2.52 所示。

② 堆叠显示窗口:将当前打开的所有窗口横向平铺显示。

③ 并排显示窗口:将当前打开的所有窗口纵向平铺显示。

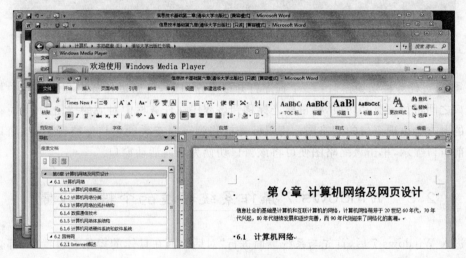

图 2.52 层叠窗口

实际操作过程中,经常需要打开多个窗口,并在窗口之间进行切换预览。Windows 7 的窗口预览切换功能是非常强大和快捷的,并且提供的方式也很多,下面介绍 4 种预览和切换窗口的方法。

① 通过窗口可见区域切换窗口:如果非当前窗口的部分区域可见,将鼠标光标移动至该窗口的可见区域处单击鼠标左键,即可切换到该窗口。

② 通过 Alt+Tab 键预览切换窗口:按住 Alt 键不放的同时按 Tab 键,可以预览显示桌面打开所有窗口的缩略图,再选中某张缩略图窗口会以原始大小显示在桌面上,释放 Alt 键便可切换到该窗口。

③ 通过 Win+Tab 键预览切换窗口:按住键盘上的 Win 键不放,再按 Tab 键即可在打开的窗口之间切换,桌面将显示所有打开的窗口,包括空白的桌面并且采用 Flip 3D 效

果,当所需的窗口位于第一个时,释放 Win 键,该窗口即显示为当前活动的窗口,效果如图 2.53 所示。

图 2.53　Flip 3D 效果显示窗口

④ 通过任务栏切换窗口:一个程序打开多个窗口时,可通过任务栏在该程序中打开的窗口之间进行预览和切换,将鼠标光标移到该程序在任务栏中对应的按钮上,此时在任务栏的上方会出现窗口的缩略图。将鼠标光标移到需要查看的窗口缩略图上,该窗口会以当前窗口显示,单击该缩略图便可将该窗口切换为当前活动窗口。

2.5　Windows 7 操作系统环境的个性化设置

进入 Windows 7 后,首先与系统桌面进行"对话",而在具体的操作或设置中,都会面对系统桌面,为桌面设置舒适的视觉和声音效果让用户体验到更多的乐趣。

2.5.1　设置外观和主题

在桌面添加图标后,可对桌面图标进行设置,包括改变桌面图标的显示位置和图标样式,下面介绍改变图标显示位置和样式的方法。

(1) 设置桌面背景

Windows 7 提供了丰富的桌面背景图片,在桌面的空白处单击鼠标右键,在弹出的快捷菜单中选择"个性化"命令,如图 2.54 所示,单击下方的"桌面背景"超链接,打开"桌面背景"窗口,在中间的列表框中选择背景图片,其他保持默认设置,单击"保存修改"按钮,返回到"个性化"窗口,关闭该窗口,返回桌面后可看到桌面背景已经应用了所选的图片。

图 2.54　"个性化"窗口

（2）更改窗口颜色和外观

Windows 7 为窗口边框提供丰富的颜色类型，不仅可以对颜色进行细致的改变，还可采用半透明的效果。如图 2.54 所示，单击下方的"窗口颜色"超链接，打开"窗口颜色和外观"窗口，在中间选择所需的颜色类型，也可选择"启用透明效果"复选框，如图 2.55 所示，此时窗口已经发生改变，单击"保存修改"按钮完成设置。

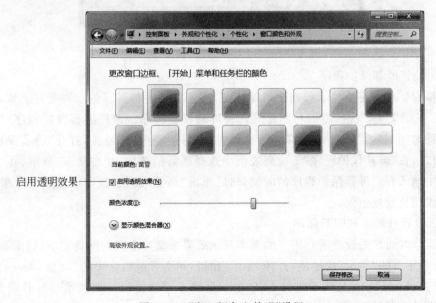

图 2.55　"窗口颜色和外观"设置

（3）设置系统声音

在"个性化"窗口中可以快速设置系统声音，系统声音是系统操作过程中发出的声音，如"启动系统"发出声音、"关闭程序"发出声音和"操作错误提示"的声音等，"声音"是组成Windows 7 主题的一部分，可以根据个人的爱好设置特别的声音，达到最好的效果。如图 2.54 所示，单击下方的"声音"超链接，打开"声音"窗口，如图 2.56 所示，在"声音方案"下拉列表框中选择所需选项，单击"确定"按钮。

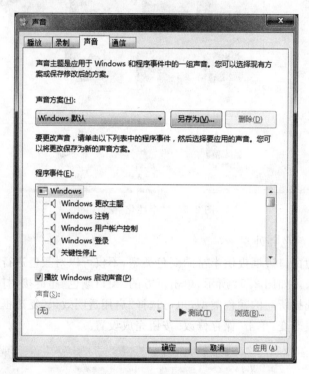

图 2.56 "声音"设置

（4）设置屏幕保护程序

屏幕保护程序是使显示器处于节能状态，用于保护电脑屏幕的一种程序。Windows 7 提供了三维文字、气泡、彩带和照片等几种屏幕保护程序。选择屏幕保护程序后，可以设置等待时间，如图 2.57 所示，单击下方的"屏幕保护程序"超链接，打开"屏幕保护程序设置"窗口，在"屏幕保护程序"下拉列表框中选择所需的选项，如图 2.57 所示，在"等待"数值框中输入开启屏幕保护程序的时间，然后单击"预览"按钮，预览设置后的效果，单击"确定"按钮使设置生效。

（5）设置分辨率和刷新频率

在操作时通常需设置适合用户的文本显示效果来满足个人的阅读需求，如图 2.54 所示，单击左下方的"显示"超链接，打开"显示"窗口，单击导航窗格中的"调整 ClearType 文本"超链接（ClearType 是用于改善 LCD 显示器文本可读性的一项技术），打开调整文本显示效果的向导界面，选中"启用 ClearType"复选框，如图 2.58 所示，单击"下一步"按钮，打开确认监视器设置为本机基本分辨率的向导界面，确认设置后，单击"下一步"按钮，

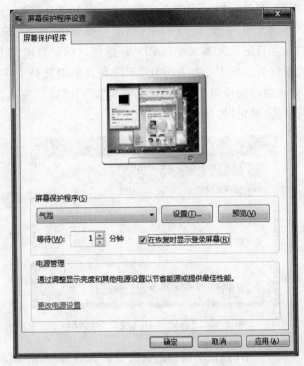

图 2.57 "屏幕保护程序"设置

选择最佳的文本显示效果,确认后单击"完成"按钮。

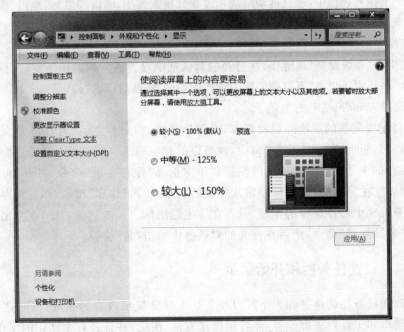

图 2.58 ClearType 选择最佳示例效果

对于某些用户来说,当显示器显示的文字很小时,看起来比较吃力,为了解决这个问题,可以单独设置字体的大小,如图 2.54 所示,单击左下方的"显示"超链接,打开"显示"窗口导航窗格中的"设置自定义文本大小(DPI)"超链接,打开"自定义 DPI 设置"对话框,如图 2.59 所示,在"缩放为正常大小的百分比"下拉列表框中选择文字的显示比例,或将鼠标光标移到中间标有刻度的位置,当鼠标光标变为"🖑"样式后拖动鼠标改变缩放比例的大小,确认设置后单击"确定"按钮使设置生效。

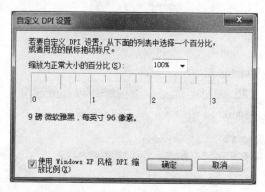

图 2.59 "自定义 DPI 设置"对话框

在安装 Windows 7 过程中,会自动调整正确的屏幕分辨率,通常 LCD 液晶显示器的标准分辨率是系统推荐的最大数值的屏幕分辨率。如果需要手动调整屏幕分辨率,在桌面空白处单击鼠标右键,在弹出的快捷菜单中选择"屏幕分辨率"命令,打开"屏幕分辨率"窗口,在"分辨率"下拉列表框中,通过拖动滑块来改变分辨率大小,确认调整后,单击"确定"按钮。屏幕刷新频率是指图像在屏幕上更新的速度,即屏幕上图像每秒钟出现的次数,通常 60Hz 是 LCD 液晶显示器的最佳刷新频率,75Hz 是 CRT 显示器的最佳刷新频率。单击"屏幕分辨率"窗口中的"高级设置"超链接,在打开的对话框中设置显示器的刷新率,选择"监视器"选项卡,在"屏幕刷新频率"下拉列表框中选择所需选项,然后单击"确定"按钮。

(6) 设置 Windows 7 的主题

主题是配置完整的系统外观和声音,当背景桌面、窗口颜色、声音和屏幕保护程序的设置完成以后,返回到"个性化"窗口中,就可以保存主题了。用鼠标右键单击"我的主题"下的"未保存的主题"选项,在弹出的快捷菜单中选择"保存主题"命令,打开"将主题另存为"对话框,在"主题名称"文本框中输入主题的名称,单击"保存"按钮,即可保存该主题。

如需删除某个已经保存的主题,只需在该主题图标上单击鼠标右键,在弹出的快捷菜单中选择"删除主题"命令,然后在打开的对话框中单击"是"按钮。

2.5.2　设置任务栏和开始菜单

通过改变任务栏的位置和大小可以改变整个屏幕显示内容的布局,同时还可以分别对"开始"菜单和工具栏进行设置,使各项操作方便、快捷,并且具有个性化的使用环境。

(1) 调整任务栏的位置

任务栏通常在屏幕的底部,还可将任务栏移动到桌面的左侧、右侧或顶部,在任务栏的空白处单击鼠标右键,在弹出的快捷菜单中选择"属性"命令,打开"任务栏和「开始」菜单属性"对话框,在"屏幕上的任务栏位置"下拉列表框中选择所需选项,如选择"左侧"选项,然后单击"确定"按钮,完成调整任务栏位置的设置。

(2) 设置任务栏的外观属性

除了可以调整任务栏的位置外,还可调整任务栏的大小,以及对任务栏中的图标进行个性化设置。在任务栏的空白处单击鼠标右键,在弹出的快捷菜单中取消选择"锁定任务栏"命令,将鼠标指针移到任务栏的边缘,当光标变为↕形状时,按住鼠标左键不放,通过拖动鼠标调整任务栏的大小。

设置任务栏中的图标是指设置程序在任务栏中对应的快速启动图标的显示方式,与调整任务栏位置的方法类似,在任务栏的空白处单击鼠标右键,在弹出的快捷菜单中选择"属性"命令,打开"任务栏和「开始」菜单属性"对话框,在"任务栏"按钮下拉列表框中选择所需选项,如选择"从不合并"选项,如图 2.60 所示,然后单击"确定"按钮,此时任务栏将各个窗口以按钮的形式显示出来。

图 2.60 设置图标显示方式

(3) 自定义任务栏通知图标

自定义通知图标是指设置图标的显示数量和显示效果,将鼠标指针移到通知区域的"日期和时间"图标上,单击鼠标右键,在弹出的快捷菜单中选择"自定义通知图标"命令,打开"通知区域图标"窗口,根据需要单击通知图标对应的按钮,在弹出的下拉列表框中选择所需选项,如单击"网络"对应的按钮,在弹出的下拉列表框中选择"仅显示通知"选项,如图 2.61 所示,然后单击"确定"按钮,单击"通知区域图标"窗口左下方的"打开或关闭系统图标"超链接,打开"系统图标"窗口,在其中可选择打开或关闭通知图标,通常情况下使用默认设置即可,单击"确定"按钮。若选中"始终在任务栏上显示所有图标和通知"复选框,单击"确定"按钮完成设置,通知区域将会显示所有活动状态的图标和通知。

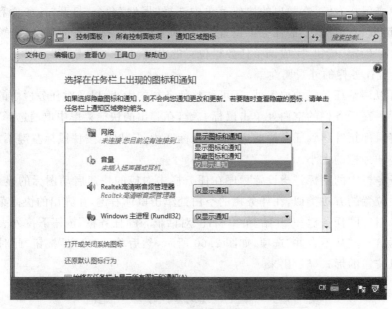

图 2.61 设置通知图标显示效果

(4) 设置"开始"菜单

在"任务栏和「开始」菜单属性"对话框中，可以对"开始"菜单进行外观设置，使"开始"菜单显示的内容更加简洁明了。在任务栏的空白处单击鼠标右键，在弹出的快捷菜单中选择"属性"命令，打开"任务栏和「开始」菜单属性"对话框选择"「开始」菜单"选项卡，在"电源按钮操作"下拉列表框中选择所需选项，如选择"睡眠"选项，如图 2.62 所示，然后单击"自定义"按钮，打开"自定义「开始」菜单"对话框，在下方的列表框中可对"开始"菜单中的项目进行添加或删除操作，如图 2.63 所示，最后单击"确定"按钮。

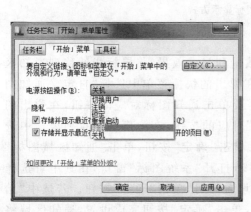

图 2.62 设置"电源按钮操作"

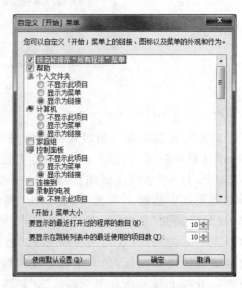

图 2.63 设置"开始"菜单

2.5.3　使用桌面小工具

Windows 7 提供了很多实用和有趣的小工具,如"时钟"、"日历"和"天气"等。

(1) 添加桌面小工具

在桌面的空白处单击鼠标右键,在弹出的快捷菜单中选择"小工具"命令,打开存放小工具的窗口,双击需添加的小工具的图标。

(2) 设置桌面小工具

添加小工具后,可进行样式、显示效果等设置,其设置方法类似,下面以设置添加到桌面上的"时钟"小工具为例,在"时钟"小工具上单击鼠标右键,在弹出的快捷菜单中选择"不透明度"命令,然后在弹出的子菜单中选择所需选项,选择"选项"命令,打开"时钟"对话框,改变时钟的样式,输入时钟命名,选中"显示秒针"复选框,单击"确定"按钮,返回桌面,将鼠标放在设置后的"时钟"小工具上,按住鼠标左键不放,将"时钟"小工具拖动到桌面的右下角,释放鼠标左键。

(3) 联机获取更多桌面小工具

当 Windows 7 中内置的小工具不能满足自己的需求时,可联机获取更多的小工具。在桌面空白处单击鼠标右键,在弹出的快捷菜单中选择"小工具"命令,如图 2.64 所示,单击该窗口右下角的"联机获取更多小工具"超链接,启动 IE 浏览器并打开小工具的分类网页,单击下方的"获取更多桌面小工具"超链接,打开"桌面小工具"网页,单击需要的小工具下方的"下载"按钮,即可获取该小工具。

图 2.64　存放小工具窗口界面

(4) 关闭桌面小工具

当不再需要打开的某个小工具,或该小工具妨碍某些操作时,需要关闭此小工具,通过快捷菜单关闭,在需关闭的小工具上单击鼠标右键,在弹出的快捷菜单中选择"关闭小工具"命令,或通过"关闭"按钮关闭即可。

2.5.4 设置日期和时间

与其他版本相比,Windows 7不仅在任务栏的通知区域显示了系统时间,同时还显示了系统日期,为了使系统日期和时间与工作和生活中的日期和时间一致,有时需要对系统日期和时间进行调整。

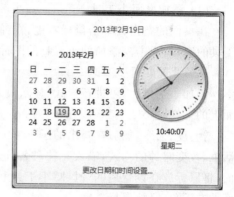

图2.65 "日期和时间"显示界面

（1）调整系统日期和时间

在查看系统具体的日期和时间后,可根据实际需要去调整系统日期和时间,鼠标指针移到通知区域"日期和时间"对应的按钮上,系统会自动弹出一个浮动界面,即可查看星期,单击通知区域"日期和时间"对应的按钮,系统弹出一个直观的显示界面,如图2.65所示。

如果系统日期和时间与现实生活中的不一致,则可对系统日期和时间进行调整,将鼠标移到任务栏的"日期和时间"对话框,选择"日期和时间"选项卡,单击"更改日期和时间"按钮,如图2.66所示,打开"日期和时间设置"对话框,在"时间"数值框中调整时间,然后在"日期"列表框中选择日期,如图2.67所示,单击"确定"按钮。

图2.66 设置"日期和时间"对话框

图2.67 调整"日期和时间设置"对话框

（2）添加附加时钟

若需了解其他国家或地区的日期和时间,可以添加附加时钟,打开"日期和时间"对话框,选择"附加时钟"选项卡,系统最多可以添加两个时钟,选中第一个"显示此时钟"复选框,在"选择时区"下拉列表框中选择"雅典,布加勒斯特"选项,如图 2.68 所示,然后在"输入显示名称"文本框中输入"雅典",单击"确定"按钮。返回桌面,将鼠标光标移到任务栏通知区域显示的日期和时间对应的按钮上,弹出的浮动界面中将显示"本地时间"和"雅典时间",如图 2.69 所示显示附加时钟。

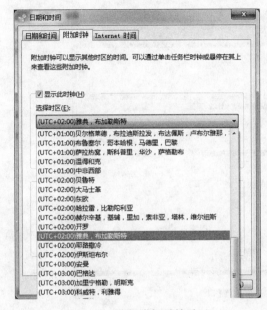

图 2.68　选择附加时钟时区　　　　　　　图 2.69　显示附加时钟界面

（3）设置时间同步

在 Windows 7 操作系统中可将系统的时间和 Internet 的时间同步,在"日期和时间"对话框中选择"Internet 时间"选项卡,单击"更改设置"按钮,打开"Internet 时间设置"对话框,单击"立即更新"按钮,将当前时间与 Internet 时间同步一致,单击"确定"按钮,返回到"日期和时间"对话框中,单击"确定"按钮完成设置。为了使计算机上的时钟与时间服务器上的时钟匹配,时钟通常每周更新一次。

2.5.5　电源管理

为避免无谓的电力消耗,可通过 Windows 7 系统里的电源管理来设置,用户可以减少计算机的功耗,延长显示器和硬盘的寿命,还可以防止用户在离开计算机时被其他人使用,保护用户的隐私。

（1）设置电源计划

在 Windows 7 操作系统中,可通过不同的电源计划来影响硬件的能耗和性能,能耗越高,硬件性能就越好。Windows 7 自带了"高性能"、"平衡"和"节能"三种电源计划,按此顺序这三种计划的能耗和性能是递减的。用户可按照实际需求来选择不同的电源计划。单击"开始"按钮,打开"开始"菜单,选择"控制面板"命令,打开"控制面板"窗口,单击其中的"电源选项"图标,弹出"电源选项"窗口,如图 2.70 所示在"首选计划"选项栏里选中"平衡"单选框,然后单击旁边的"更改计划设置"超链接,打开"编辑计划设置"窗口,在"关闭显示器"下拉列表中,可以调整关闭显示器的等待时间,在"使计算机进入睡眠状态"下拉列表中,可以调整计算机进入睡眠状态的等待时间,设置完成后,单击"保存修改"按钮,完成设置。

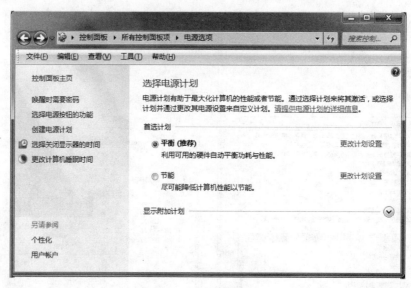

图 2.70　"电源选项"窗口

（2）设置电源按钮

电源按钮包括"开始"菜单中的电源按钮和机箱上的电源按钮,用户可根据自身需要分别设置其功能。"开始"菜单中的电源按钮在默认状态下是"关机"命令,用户可对其进行更改,如切换用户、睡眠等,这样无须单击右侧箭头即可完成最常用的操作。右击"开始"按钮,选择"属性"命令,打开"任务栏和「开始」菜单属性"对话框,在"「开始」菜单"选项卡的"电源按钮操作"下拉菜单中可设置"开始"菜单中的电源按钮功能。

Windows 7 默认设置在开机状态下,关闭台式机机箱上的按钮或笔记本电脑屏幕的作用是睡眠,用户可根据自己的习惯进行自定义设置,以应用更多的省电模式。在"开始"菜单的搜索框中输入"电源",然后单击搜索结果中的"更改电源按钮的功能"选项,在打开的窗口中单击"按电源按钮时"右侧的下拉菜单,如图 2.71 所示,即可选择电源按钮的功能。

2.5.6　管理计算机使用权限

Windows 7 是一个多用户、多任务的操作系统,它允许每个使用计算机的用户建立自己的专用工作环境,每个用户均可建立自己的用户账户并设置密码,只有在正确的输入用户名和密码之后,才可进入到系统中,每个账户登录之后都可对系统进行自定义设置,其中的隐私信息也必须登录后才能看到,这样使用同一台计算机的每个用户都不会相互干扰。

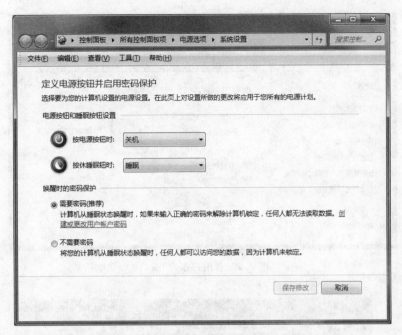

图 2.71 设置机箱上电源按钮的功能界面

（1）认识账户类型

Windows 7 设置用户账户类型一般来说有三种：计算机管理员账户、标准用户账户和来宾账户。

管理员账户是启动电脑后系统自动创建的一个账户，它拥有最高的操作权限，能改变系统设置，可安装和删除程序，能访问计算机上所有的文件。此外还拥有控制其他用户的权限，可以创建和删除计算机上的其他用户账户、更改其他人的账户名、图片、密码和账户类型等。Windows 7 中至少要有一个计算机管理员账户，在只有一个计算机管理员账户的情况下，该账户不能将自己改成受限制账户。

标准用户账户是权力受到限制的账户，在系统中可创建多个用户账户，也可改变它的账户类型，赋予它管理员的权限或是将其设置为受限用户账户，注意受限用户只能进行系统的基本操作和个人的管理设置。

来宾账户是用于远程登录的网上用户访问系统，在系统默认状态下，该账户不被启用，来宾账户只拥有最低的权限，不能对系统进行修改，只能进行最基本的操作。

（2）创建用户账户

在安装 Windows 7 过程中，第一次启动时建立的用户账户属于管理员类型，在系统中只有管理员类型的账户才能创建新账户，单击"开始"按钮，选择"控制面板"命令，打开"控制面板"窗口中单击"用户账户"图标，如图 2.72 所示，在"用户账户"窗口中单击"管理其他账户"超链接，"管理账户"窗口中单击"创建一个新账户"超链接，打开"命名账户并选择账户类型"窗口，在"新账户名"文件框中输入新用户的名称"Angel 上上"，然后选中"管理员"单选按钮，如图 2.73 所示，单击"创建账户"按钮，即可成功创建管理员账户，并返回"管理账户"窗口。

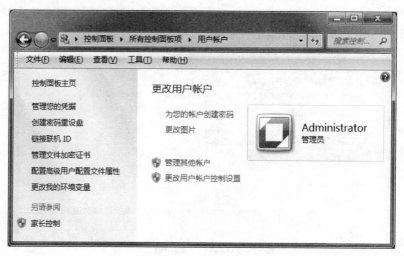

图 2.72 "用户账户"窗口

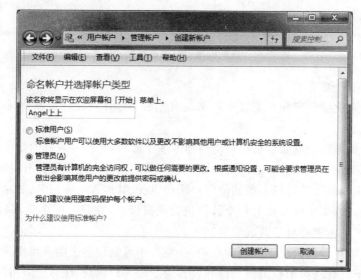

图 2.73 设置"创建一个新账户"界面

（3）更改用户账户

若要修改用户基本信息，只需在"管理账户"窗口中选定要修改的用户名图标，然后在新打开的"更改账户"窗口中修改，单击"更改图片"超链接，系统提供了许多图片供用户选择，在此单击"浏览更多图片"超链接，弹出"打开"对话框，完成头像的更改并返回至"更改账户"窗口。单击"创建密码"超链接，在"新密码"文本框中输入一个密码，在其下方的文本框中再次输入密码进行确认，然后在"密码提示"文本框中输入相关提示信息，单击"创建密码"按钮即可完成设置并返回"更改账户"窗口，此时用户可看到账户名称下方增加了"密码保护"字样如图 2.74 所示，当用户再次开机时即可看到已更改的账户头像，输入正确的密码后按 Enter 键即可登录系统。

图 2.74　"更改用户账户"界面

（4）删除用户账户

用户可以删除多余的账户，但在删除账户之前，必须先登录到具有"管理员"类型的账户才能删除。打开"用户账户"窗口，选择要删除账户的图标，在"更改账户"窗口中单击"删除账户"超链接，用户可根据需要单击"删除文件"或"保留文件"按钮，完成账户的删除操作。

（5）退出与登录账户

电脑中创建有多个用户的账户时，退出其中一个账户的工作界面进入到另一个账户的工作界面，不需要关闭程序和文件，只需用户切换即可。单击"开始"按钮，弹出"开始"菜单，单击系统控制区，在弹出的命令选项中选择"切换用户"命令。打开系统的欢迎界面，选择需要进入的账户图标，进入该用户账户的工作界面。

注销账户即退出该账户但不关闭电脑，当多个账户同时登录系统，其中某个账户需要退出不需关闭电脑，需注销此账户，其方法是进入当前账户，单击"开始"按钮，弹出"开始"菜单，单击系统控制区，在弹出的命令选项中选择"注销"命令。

锁定当前使用账户，适合暂时离开计算机工作环境，稍后重新进入并且不需关闭该账户的情况，能够保护账户安全，单击"开始"按钮，弹出"开始"菜单，单击系统控制区，在弹出的命令选项中选择"锁定"命令。系统返回欢迎界面，需要输入该账户的密码，才能进入该账户下进行操作。

（6）使用家长控制

家长控制主要是针对在家庭中使用电脑的儿童，在家长不能全程指导电脑操作时，用户使用"家长控制"功能可对孩子使用的电脑进行协助管理。

在启用家长控制前，需为管理员账户设置密码，避免通过其他账户对家长控制进行修改，在登录系统后，默认状态下家长控制是未被启用的，它是针对某个标准用户使用的。以管理员身份登录系统才可启用家长控制，打开"控制面板"窗口，单击设置"家长控制"超链接，打开"家长控制"窗口，选择需要启用家长控制的账户选项，打开"用户控制"窗口，可看到该账户图标下方显示的家长控制是关闭的状态，如图 2.75 所示，选中"启用，应用当前设置"单选按钮,单击"确定"按钮启用家长控制。

图 2.75   启用"家长控制"界面

启用账户的家长控制后,需要对家长控制的内容选项进行设置,通过时间限制来控制账户使用电脑的时间,单击"时间限制"超链接,通过拖动鼠标控制该账户的使用时间,然后单击"确定"按钮。限制游戏包括阻止运行所有的游戏或按分级、内容类型阻止运行某些游戏,单击"游戏"超链接,打开该账户的"游戏控制"窗口,如选中"是否允许 上上 玩游戏"栏中的"否"单选按钮,可以阻止该用户玩游戏,这里选中"是"单选按钮,然后单击"设置游戏分级"超链接。打开"游戏限制"窗口,设置允许的游戏分级,如选中"儿童"选项前的单选按钮,将游戏分级限制为"儿童"类。应用程序限制功能可以限制启用家长控制的账户使用某些程序,打开"上上"账户的"用户控制"窗口,单击"允许和阻止特定程序"超链接,打开该账户的"应用程序限制"窗口,选中"上上 只能使用允许的程序"单选按钮,系统开始搜索程序,在该窗口的下方将显示搜索到的应用程序,在"应用程序限制"窗口的列表框中选中允许使用的程序选项前的复选框,然后单击"确定"按钮。

2.5.7   控制面板

计算机中的设备配置和运行参数设置都可以通过控制面板执行,控制面板的内容很多,在掌握 Windows XP 基础上继续学习 Windows 7 进行举一反三,对控制面板内容相似的设置。

2.5.8   系统常用技巧

Windows 7 实用快捷键充分利用搜索智能化功能。比如在搜索框中输入"打开",可以搜索出包含有"打开"二字的所有系统命令。参见附录 A。

任务栏图标可用快捷方式打开。用 Win 键＋数字键就可打开从左到右相对应序号的软件。比如用户的浏览器是排在左边第一，则 Win 键＋1 就可打开浏览器。任务栏上的图标可以任意移动、增加、删除。

UAC(User Account Control，用户账户控制)功能。在搜索栏中键入 UAC 可快速打开用户账户控制功能，设置相应的安全等级。

家长控制功能。在控制面板中用此功能家长可设置控制的信息内容。

投影机切换。Win＋P 键就可在投影机和电脑之间进行切换。

超强的文件预览功能。可对图片、视频、文档等内容进行预览。单击菜单栏上的显示预览窗格，就可打开预览窗格，对左边选中的相应文件进行快速的预览，而不用必须把文件打开才能看到是什么内容，非常方便。

Win＋空格键。透明化所有窗口，快速查看桌面。

Win＋D 键。最小化所有窗口，切换到桌面，再次按又重新打开刚才的所有窗口。

Win＋Ctrl＋Tab 键，浏览 3D 桌面并锁定，不停的按动，还可对 3D 桌面窗口进行滚动。

Windows 7 SP1 至从发布以来就经常有用户碰到蓝屏、黑屏、错误问题等很多系统问题。若 Windows 7 SP1/Windows Server 2008 R2 SP 计算机安装过改善 TCP 延迟和 UDP 延迟的修复补丁 KB979612，可能会碰到蓝屏问题。若正在运行 Windows 7 SP1 或者 Windows Server 2008 R2 SP1，配置了自动连接无线网络，然后重新启动或者从休眠/睡眠模式中恢复，并开始通过有线或者无线网络与其他计算机传输数据，Windows 7 系统就有可能碰到蓝屏。蓝屏的时候会有以下的代码提示：

```
STOP: 0x0000007F (parameter1,parameter2,parameter3,parameter4)
UNEXPECTED_KERNEL_MODE_TRAP
```

出现如图 2.76 所示蓝屏错误的原因是操作系统没有定位足够的堆栈空间。微软公司已经就此问题制作了一个编号 KB2519736 的热修复蓝屏补丁，用户可自行索取下载微软最新的补丁来修复蓝屏问题。

图 2.76 Windows 7 旗舰版蓝屏示范

2.6 Windows 7 系统附件

为了满足用户的不同需求,Windows 7 操作系统提供了许多实用的小程序如写字板、计算器和画图程序等,这些程序占用的磁盘空间较小,运行起来方便,即使电脑中没有安装专业的应用程序,通过 Windows 7 的自带工具,也能满足日常的编排文本、绘制图形和计算数值等需求。

2.6.1 记事本

记事本程序是以.txt 为扩展名的文件,记事本中将文本保存成一个文件,其默认扩展名总是.txt;而在资源管理器中打开一个扩展名为.txt 的文件,总是在"记事本"中被打开,即扩展名为.txt 的文本文件和记事本程序之间建立关联。打开"记事本"方法有如下几种。

① 单击"开始"菜单选择"所有程序"中"附件"的"记事本"菜单项。

② 用户知道记事本应用程序的名字及其所在路径,在资源管理器找到记事本应用程序"C:\Windows\System32\notepad.exe"双击。

③ 单击"开始"菜单,在"搜索程序和文件"框中填入 notepad,再单击 notepad.exe 如图 2.77 所示。

图 2.77 "搜索程序和文件"框中启用记事本

④ 在桌面上双击记事本的快捷方式或已创建的记事本文件。

⑤ 在资源管理器中,任选一个以.txt 为扩展名的文件,双击将其打开。

记事本中记载的文本只含字符(包括 Enter、Tab 等控制字符),而不含任何格式设置,因而文件很小,文本文件通常用在不注重格式,而需要缩小文件体积的场合,例如用在电子邮件当中。记事本也经常应用到高级应用中。

① 在不同的应用程序之间进行文本传递。无论哪一种文本编辑软件,还是同一软件的不同版本都可以将文字存成文本文件,也可以打开文本文件。文本文件就成了不同软件之间或同一软件不同版本之间的文件媒介,可描述成是文件直通车,只要将文字存成了文本文件可保存在任何文本编辑软件中打开。

② 消除文章格式。由于文件收集工作来源多种多样,得到的资料的格式要用统一的格式对资料进行编辑,先将原来的格式全部除去,消除文章格式的办法是将其复制到记事本中,然后存成文本文件,按需要再重新进行格式设置。

2.6.2 写字板

　　写字板是包含在 Windows 7 系统中的一个基本文字处理程序,它可以用来创建、编辑、查看和打印文档。使用写字板可以编写信笺、读书报告和其他简单文档,更改文本的外观,设置文本的段落,在段落以及文档内部和文档之间复制并粘贴文本等。

　　写字板程序秉承了 Office 2010 的界面风格,同以往 Windows 版本的写字板相比,界面和功能改观较大,单击"开始"菜单选择"所有程序"中"附件"的"写字板"菜单项,即可打开写字板程序,如图 2.78 所示,将光标定位在写字板中,然后输入文本,可进行文本的格式字体设置、段落设置以及图片的编辑(具体方法类似 Word 2010,请参见第 3 章)。文档编辑完成后可选择"保存"命令,或直接单击快速访问工具栏中的保存■按钮。如果文档是第二次保存,则会打开"保存为"对话框,在最上端的地址栏下拉列表中可选择文档保存的位置,在"文件名"下拉列表中可设置文档的保存名称,在"保存类型"下拉列表中可设置文档的保存类型,设置完成后,单击"保存"按钮,即可保存文档。

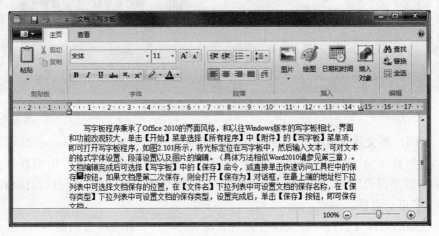

图 2.78　启用写字板

2.6.3 便签

　　便签是 Windows 7 系统新添加的功能,它具有备忘录、记事本的特点,它的最大优点是以屏幕为媒介,不需要使用任何纸张。单击"开始"菜单选择"所有程序"中"附件"的"便签"菜单项启动"便签",打开"便签"程序后就能在电脑屏幕中看到如图 2.79 所示的操作界面,单击"便签"中间的空白区域即可在该区域输入文字(包括汉字、英文和标点符号、Windows 7 自带的特殊字符),输入方法与写字板完全相同。便签上方有两个按钮:单击 ✚ 按钮表示系统会立刻在现有便签的左边新建一个新的便签。单击 ✖ 弹出询问对话框,确定是否要删除便签。

图 2.79　启用便签

2.6.4 画图程序

画图程序是一个简单的图像编辑工具,单击"开始"菜单选择"所有程序"中"附件"的"画图"即可将其打开。画图程序操作简单且非常有用,较之前的版本改观很大,如图 2.80 所示,沿用了 Office 2010 的风格,使界面看起来更加美观,功能更为强大。"画图"按钮位于画图程序主界面的左上角,取代了以往版本的"文件"菜单,单击该按钮,可完成以前"文件"菜单的相关操作。快速访问工具栏中包含常用操作的快捷按钮,方便用户使用,用户还可自定义其中显示的按钮。标题栏位于窗口的最上方,用于显示当前正在运行的程序名及文件名等信息,画图程序中包含"主页"和"查看"两个选项卡,通过这两个选项卡的功能区可完成画图程序的大部分操作。画图窗口中白色的编辑区部分就是画布,状态栏位于画图程序工作界面的最底部,用来显示当前工作区的状态。

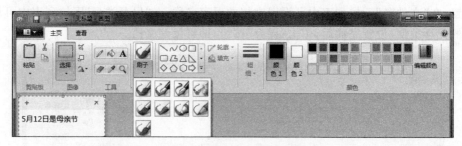

图 2.80 启用画图程序主界面

① 抓图。图文并茂的版面需要添加图像,直接用键盘上的 Print Screen 键可抓取整个屏幕,同时按下 Alt+Print Screen 组合键则可以抓取活动窗口。抓好的图存在剪贴板中,可粘贴到画图程序中,进行进一步的编辑,然后保存成图形文件,也可以直接粘贴到文档中与文字进行混排。

② 图形的对称变换。对称变换有两种:轴对称(水平翻转和垂直翻转)和中心对称(即图形绕其中心旋转 180°)。单击"画图"工具栏上的"图像"图标,在出现的下拉菜单中单击"旋转"图标,显示其功能菜单。

2.6.5 计算器

计算器是 Windows 7 系统中的一个数学计算工具,它的功能和日常生活中的小型计算器类似。计算器程序具有标准型和科学型等多种模式,用户可根据需要选择特定的模式进行计算。单击"开始"菜单选择"所有程序"中"附件"的"计算器"菜单项,或单击"开始"菜单,在"搜索程序和文件"框中输入 calc 即可启动计算器。第一次打开计算器程序时,计算器默认在标准型模式下工作,如图 2.81 所示,在标准型计算器中选择"查看"的"科学型"菜单项,如图 2.82 所示,将计算器切换到"科学型"模式,如图 2.83 所示,系统还提供计算器的进制转换(如图 2.84 所示)和日期计算功能(如图 2.85 所示),日期计算功能可以帮助用户方便地计算两个日期之间的天数。

图 2.81 启用计算器

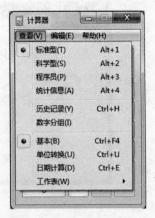

图 2.82 计算器"查看"菜单

图 2.83 "科学型"计算器

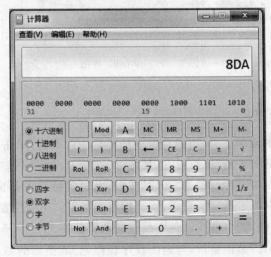

图 2.84 "科学型"数制转换计算器

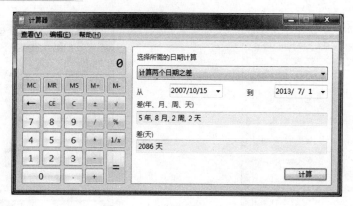

图 2.85 "日期计算"计算器

计算器除了科学型和日期计算功能外,还有程序员功能、统计信息功能和单位转换功能。

2.6.6 录音

录音机是 Windows 系统中的一个小型音频制作软件,使用简单且能帮用户完成简短的录音工作。单击"开始"菜单选择"所有程序"中"附件"的"录音机"即可将其打开,如图 2.86 所示。进行录音前计算机须装有声卡、扬声器(或耳机)和麦克风(或其他音频输入设备)。单击"开始录制",开始录制音频,若要停止录制音频单击"停止录制"后,弹出"另存为"对话框中,单击"文件名"框,为录制的声音输入文件名,然后单击"保存"按钮将录制的声音另存为音频文件即"Windows 媒体音频文件",其扩展名为.wma。如果要继续录制音频,单击"另存为"对话框中的"取消"按钮,然后单击"继续录制"继续录制声音。

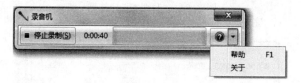

图 2.86 "录音机"界面

2.6.7 截图工具

Windows 7 自带的截图工具,可以截取电脑屏幕中的图片,单击"开始"菜单选择"所有程序"中"附件"的"截图工具"即可打开,如图 2.87 所示。单击"选项"按钮弹出"截图工具选项"对话框,如图 2.88 所示,单击"新建"按钮,此时除截图工具窗口以外的所有屏幕有效位置都像被一张白色半透片所覆盖,将光标移至所需截图的位置,按住鼠标左键不放托动鼠标,图像变得清晰,选中框成红色实线。选取好所需元素后释放鼠标左键,释放鼠标左键后打开"截图工具"编辑窗口,与画图程序相似,完成图形的截取后,单击 按钮或选择"另存为"命令,选择存放位置后单击"保存"按钮完成操作。

图 2.87 "截图工具"操作界面

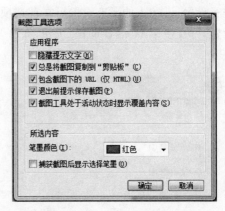

图 2.88 "截图工具选项"界面

窗口截图的方法与任意截图的方法相似,区别是窗口截图能快速截取整个窗口的信息。与窗口截图相似的还有全屏截图,当使用全屏截图时,程序会自动将当前桌面上的所有信息都作为截图内容,还可通过 Print Screen 键完成截取全屏的操作,最大的区别是 Print Screen 所截内容已自动存放于剪贴板内,不会打开"截图工具"编辑窗口。

2.6.8 轻松访问中心

Windows 7 的人性化设计,主要体现用户在特殊情况下开发了"轻松访问"功能,在轻松访问中提供放大镜、讲述人和屏幕键盘等辅助工具。

(1) 放大镜。

主要适用于需要将屏幕放大观察的用户,单击"开始"菜单选择"所有程序"中"附件"的"轻松访问"中"放大镜"即可打开,如图 2.89 所示。执行该命令后放大镜放大倍数为 100%～1600%,单击"放大镜"窗口中的或按钮即可设置放大数值,若需退出放大模式,可将鼠标光标移动到放大镜图标的镜片中间并单击镜片。放大镜还设置了 3 种不同的查看方式,单击"放大镜"窗口中"视图"按钮在弹出的下拉菜单中选择相应方式。

图 2.89 "放大镜"的
操作界面

① "全屏"方式:屏幕中的所有信息将全部放大。

② "镜头"方式:屏幕中将出现一个矩形放大区,且矩形放大区跟随鼠标光标移动。

③ "停靠"方式:程序将在屏幕上方,呈一个独立的矩形放大区,但矩形放大区不跟随鼠标,始终停留在屏幕上方。

单击按钮,打开"放大镜选项"对话框,如图 2.90 所示,在该对话框中可完成对放大镜的参数设置。

(2) 讲述人。

可朗读出屏幕上的内容或用户的操作,单击"开始"菜单选择"所有程序"中"附件"的"轻松访问"中"讲述人"即可将其打开,如图 2.91 所示。在该窗口中可以完成讲述人的大部分设置,除在该窗口中直接设置讲述人外,还可以通过单击"首选项"菜单在弹出的菜单中进行设置,讲述人的所有设置可在首选项菜单中找到,若需对讲述人的语速、声音等进行设置,可直接单击"语音设置"按钮,在打开的对话框中设置。

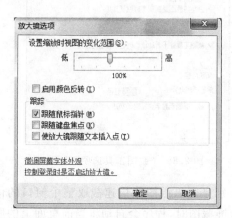

图 2.90　"放大镜选项"对话框

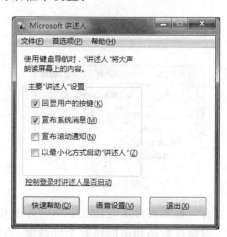

图 2.91　"Microsoft 讲述人"窗口

（3）屏幕键盘。

当出现不能识别键盘或键盘损坏情况时使用"屏幕键盘程序",这是由程序模拟而成的虚拟键盘,单击"开始"菜单选择"所有程序"中"附件"的"轻松访问"中"屏幕键盘"即可打开,如图 2.92 所示。单击"屏幕键盘"上的按钮即可实现字符的输入,单击键盘上的"选项"按钮,在打开的"选项"对话框中可以对屏幕键盘进行设置。

图 2.92　"屏幕键盘"操作界面

2.7　计算机的文件管理

计算机的资源是以文件或文件夹的形式存储在计算机的硬盘中,这些资源包括文字、图片、音乐、电影、游戏以及各种软件等。将这些杂乱无章的内容井然有序地存储在计算机内,需要掌握文件和文件夹的基本操作方法。

2.7.1　磁盘、文件和文件夹的概念

计算机中的一切数据都是以文件的形式存放的,而文件夹则是文件的集合,文件和文件夹又都存放在计算机的磁盘中,磁盘、文件和文件夹是 Windows 操作系统中的 3 个重

要概念,三者存在着包含和被包含的关系。

1. 磁盘

磁盘是指计算机硬盘上划分出的分区,用来存放计算机的各种资源。磁盘由盘符来加以区别,盘符通常由磁盘图标、磁盘名称和磁盘使用信息组成,用大写英文字母加一个冒号来表示,如 E: 简称为 E 盘。用户可以根据自己的需求在不同的磁盘内存放相应的内容,通常 C 盘就是第一个磁盘分区,用来存放系统文件和操作系统的安装文件,D 盘用于存放安装的应用程序,E 盘保存工作学习中使用的文件,F 盘等其他盘符用于备份重要文件等。

2. 文件

文件是指被赋予名称并保存在磁盘上信息的集合,它是最小的信息组织单位。这些信息可以是程序、程序所使用的一组数据、图片、声音或用户创建的文档。用户可以根据需要对文件进行修改、更名、删除、移动、复制和发送等操作。为了区分不同的文件,每个文件都有自己的名称即文件名。系统以文件名的形式保存及管理文件。

文件名一般由两部分组成,即主文件名和扩展文件名,两组名字之间用“.”号分开。其格式为“主文件名.扩展名”,如“信息技术基础.txt”,如图 2.93 所示。一般主文件名由用户根据需要自己定义,以方便记忆和管理。扩展名一般由创建文件的应用程序自动给出,如在 Word 环境下创建的文件,自动被赋予文件扩展名“doc”。

图 2.93 文本文件的命名

文件名长度最多可达 255 个字符(包括盘符和路径在内),但其中不能包括回车符。文件名中可以使用数字字符 0～9、英文字符 A～Z 和 a～z,还可以使用空格字符和加号“＋”、逗号“,”、分号“;”、左右方括号“[ ]”和等号“＝”。但不允许使用尖括号“<>”、正斜杠“/”、反斜杠“\”、冒号“:”、双撇号“″”、星号“＊”和问号“?”。在 Windows XP 中常用的扩展名及文件类型见表 2.7。

表 2.7 常用扩展名及文件类型

扩展名	文 件 类 型	对应的应用程序
.avi	Windows 格式的视频文件	Windows Media Player
.bak	备份文件	备份数据
.bat	批处理文件	执行批处理命令
.bmp	位图文件	画图
.com	DOS 环境下的可执行程序	可执行程序
.dat	数据文件	数据存储
.dcx	传真文件	传真
.dll	动态链接库	库文件
.doc 或 .docx	Word 文档文件	MS Office 组件 Word
.drv	驱动程序文件	安装驱动
.exe	Windows 环境下的可执行程序	可执行程序
.jpg	压缩格式的图像文件	图片处理
.htm 或 .html	网页文件(超文本文件)	Dreamweaver
.hlp	帮助文件	帮助文件

续表

扩展名	文 件 类 型	对应的应用程序
. gif	交换格式的图像文件	图片处理
. mpg	压缩格式的视频文件	视频处理
. mp3	压缩格式的声音文件	音频处理
. mid	记谱形式的音乐文件	音频处理
. psd	Photoshop 图像文件	Photoshop
. ppt 或 . pptx	PowerPoint 演示文件	MS Office 组件 PowerPoint
. rar	压缩文件	压缩
. swf	Flash 动画文件	Flash
. txt	文本文件	记事本
. wav	声音文件	录音机
. xls 或 . xlsx	Excel 电子表格文件	MS Office 组件 Excel

可以使用通配符"?"和"＊"。带有通配符的文件名就可以代表一批具体的文件名。通配符"?"代表在这个字符位置上的任意字符。通配符"＊"代表从这个字符位置开始到下一个字符,或者到文件名或扩展名结束的全部字符。例如"＊.exe"代表所有扩展名为"exe"的文件。

3. 文件夹(目录树)

目录树通常被称为文件夹树,是磁盘上一种上下层次分明的组织结构。目录(文件夹)树的顶级是根目录(根文件夹),而目录(文件夹)中存在的目录(文件夹)称为子目录(子文件夹)。

文件夹也称为目录,是文件的集合体,文件夹中可以包含多个文件,同时也可以包含多个子文件夹。为了更方便地管理众多的文件,必须将这些文件分类和汇总,利用文件夹就可以对文件进行有效的管理。文件夹是文件的窗口,它可以把同类的文件放置在同一文件夹中,同类文件夹和文件又可以放置到一个更大的文件夹中。它是在磁盘上组织文件的一种手段,它既可以包含文件,也可以包含其他的文件夹,只要存储空间不受限制,一个文件夹中可以放置任意多的内容,用户可以对其进行删除和移动等操作。

4. 路径

路径是计算机中描述文件位置的一条通路,这些文件可以是文档或应用程序。要指定文件的完整路径,应先输入盘符号(例如 C、D 或其他),后面紧跟一个冒号":"和反斜杠"\"然后输入所有文件夹名。如果文件夹不止一个,中间用反斜杠分隔,最后输入文件名。路径分为相对路径和绝对路径两种。绝对路径是从根目录开始的路径;相对路径是从当前目录开始的路径(当前目录是指正在工作的目录)。

2.7.2 Windows XP 文件管理与磁盘操作

用户在使用计算机时会遇到各种信息,总的来说是程序和数据两大类。而具体说来信息的种类就太多了,有的是文字信息,有的是图形信息,有的是可以听的,有的是可以看的等等。为了便于这些信息在计算机中的存储和使用,就要通过文件和文件夹对它们进行组织。

1. 我的电脑

"我的电脑"中显示的内容以计算机的存储设备为主,如显示软盘、硬盘、CD-ROM 驱动器和网络驱动器等有关存储设备。"我的电脑"窗口分为左右两个窗格,左边窗格一般分为三部分即系统任务、其他位置和详细信息。

2. 资源管理器

在 Windows XP 中,资源管理器是管理系统资源的中心,使用资源管理器可以迅速地对磁盘上有关资源、文件夹与文件的各种信息进行操作。

(1) 打开资源管理器

① 右键启动方法。在桌面上,右击"开始"按钮或"我的电脑"图标,在弹出的快捷菜单中选择"资源管理器",则完成启动操作,如图 2.94 所示。

图 2.94 "资源管理器"窗口

② 开始菜单启动。单击"开始"按钮,指向"所有程序"选择"附件",然后单击"资源管理器"命令,则可完成启动操作。

"资源管理器"窗口分为左、右两部分,分别称为左窗口与右窗口。左窗口用于显示文件夹树,它形象地描述了磁盘文件中上下层次的组织结构。文件夹树的顶部为根文件夹,以下依次是我的电脑、驱动器和其他文件夹,每个文件夹旁边都以不同的图标来区分其不同的类型。一个文件夹的下一层文件夹称为子文件夹。右窗口用于显示当前文件夹中的内容,其中包括当前文件夹中的子文件夹与文件。所谓当前文件夹是指当前正在被操作的文件夹,在文件夹树中选中的文件夹(只要用鼠标单击该文件夹图标即可)就成为当前文件夹。如果需要更改左右窗口的尺寸,只要将鼠标指针移到中间的拆分线,指针形状成十字箭头后向左右拖动即可。

(2) 查看文件夹的分层结构

① 查看当前文件夹中的内容。在"资源管理器"左窗口中单击某个文件夹名或图标,则该文件夹被选中,成为当前文件夹,此时在右窗口则显示当前文件夹中下一层的所有子文件夹与文件。

② 展开文件夹树。在"资源管理器"的文件夹树窗口中,可以看到在某些文件夹图标的左侧含有"＋"或"－"的标记。如果文件夹图标左侧有"＋"标记,则表示该文件夹下还含有子文件夹,只要单击该"＋"标记,就可以进一步展开该文件夹分支,从而可以从文件夹树中看到该文件夹中下一层子文件夹。如果文件夹图标左侧有"－"标记,则表示该文件夹已经被展开,此时若单击该"－"标记,则将该文件夹下的子文件夹隐藏起来,该标记变为"＋"。如果文件夹图标左侧既没有"＋"标记,也没有"－"标记,则表示该文件夹下没有子文件夹,不可进行展开或隐藏操作。

（3）设置文件排列形式

在查看文件及文件夹时,可以按用户所要求的显示方式和关心的内容不同而设置不同的显示格式。

① 文件及文件夹的排列格式设置。在 Windows XP 中查看文件及文件夹的格式有"缩略图"、"平铺"、"图标"、"列表"和"详细信息"5 种方式。单击"资源管理器"窗口中的"查看"菜单,在其中选择一种查看模式,也可以通过右击空白处弹出的快捷菜单或使用"查看"按钮来完成。

② 文件及文件夹的排列顺序设置。用户可以根据文件及文件夹的属性"名称"、"大小"、"类型"、"修改时间"等信息对显示内容的排列顺序进行设置,使其更集中,更突出显示所需要的内容,单击"查看"菜单,选择"排列图标",在弹出的子菜单中选择相应的属性,利用右击弹出的快捷菜单也可以完成此设置。

3. 文件与文件夹操作

在 Windows XP 中可以采用多种方式方便地创建文件夹,具体方法是在"资源管理器"或"我的电脑"窗口中选中想要在其中创建新文件夹的文件夹,然后单击"文件"菜单中"新建",在子菜单中选择"文件夹"命令,则在相应的窗口中出现闪烁光标的"新建文件夹",这时用户可以在此处给新建的文件夹命名,同样利用右击鼠标在弹出的快捷菜单中也可以完成此操作。

（1）重新命名文件与文件夹

如果已创建的文件或文件夹的名称需要改变时,可以在"我的电脑"或"资源管理器"窗口中,单击要改名的文件或文件夹,然后选择"文件"菜单或快捷菜单中的"重命名"命令,需要改名的文件或文件夹名称成为可编辑状态,此时输入新的名称,按 Enter 键即可。

（2）搜索文件与文件夹

由于计算机中存在着大量的文件和文件夹,用户可能在某一时刻忘记了自己要使用的文件或文件夹所存储的具体位置,甚至不能够给出文件或文件夹完整的名称、创建和修改的日期、文件的大小等必要的信息。在 Windows XP 中提供较方便的搜索功能,用户可以用此功能快速地对文件或文件夹进行定位。

在"资源管理器"对话框中单击"搜索"快捷按钮,或者在桌面环境下,单击"开始"按钮选择"搜索"命令,都可以打开"搜索助理"窗格。根据查找内容的类型,在"您要查找什么"选项区中单击"所有文件和文件夹"选项,则弹出搜索向导窗口。在搜索向导窗口中根据掌握的信息,在相应的位置输入相关信息,然后单击"搜索"按钮,输入得越具体,查找得越确定。若找到与输入信息相匹配的文件或文件夹,则在"搜索结果"对话框中显示出来。

（3）选定文件与文件夹

在对文件或文件夹进行操作时,首先要选定文件或文件夹。

① 选定单个文件或文件夹。用鼠标直接单击要选定的文件或文件夹。

② 选定一组连续排列的文件或文件夹。用鼠标单击要选定的第一个文件或文件夹,然后按住 Shift 键,再选定这组连续文件或文件夹的最后一个,也可以拖动鼠标用围框方式进行选定。

③ 选定一组非连续排列的文件或文件夹。用鼠标单击要选定的第一个文件或文件夹,然后按住 Ctrl 键的同时单击其他要选定的文件或文件夹。

④ 选定几组连续排列的文件或文件夹。利用上述②中的方法先选定第一组;然后在按下 Ctrl 键的同时,用鼠标单击第二组中第一个文件或文件夹;再按 Ctrl＋Shift 键,用鼠标单击第二组中最后一个文件或文件夹;依次类推,直到选定最后一组为止。

⑤ 选定所有文件和文件夹。要选定当前文件夹内容窗口中的所有文件和文件夹,只要单击"编辑"菜单中的"全部选定"命令即可,也可使用 Ctrl＋A 键。

⑥ 取消选定文件;单击窗口中任何空白处即可。

（4）复制或移动文件与文件夹

在 Windows XP 中可以利用菜单法、鼠标拖动、右键法、快捷键和菜单向导等几种方法,完成文件及文件夹的复制和移动操作。

① 利用菜单命令复制和移动文件及文件夹。在"资源管理器"中选定要复制或移动的文件及文件夹,单击"编辑"菜单中"复制"或"剪切"命令(移动用剪切),也可以用工具栏上相应的 或 按钮,选定目标文件夹(复制或移动文件及文件夹的最终位置),单击"编辑"菜单中的"粘贴"命令,或用工具栏中的 按钮,即可完成操作。如果要复制到软盘或 U 盘中,可选中文件或文件夹后,单击"文件"菜单中"发送到"命令,然后选择相应的目标位置。

② 利用鼠标拖动复制和移动文件及文件夹。在"资源管理器"中的右窗口中选中要复制或移动的文件及文件夹,让目标文件夹在左窗口中可见,鼠标指向选定的文件或文件夹,然后拖动鼠标至目标文件夹。如果复制需要按住 Ctrl 键同时拖动鼠标,如果移动需要按住 Shift 键同时拖动鼠标。但不同驱动器间的复制可省略 Ctrl 键直接拖动,同驱动器间的移动可省略 Shift 键直接拖动。

③ 利用鼠标右键复制和移动文件及文件夹。选定要复制或移动的文件及文件夹。鼠标右击,在弹出的快捷菜单中,选择"复制"或"剪切"命令,选定目标文件夹,在快捷菜单中,选择"粘贴"命令。

④ 利用快捷键复制和移动文件及文件夹。选定要复制或移动的文件及文件夹,复制用 Ctrl＋C 键,移动用 Ctrl＋X 键。在目标文件夹中用 Ctrl＋V 粘贴键。

⑤ 利用菜单向导复制和移动文件及文件夹。选定要复制或移动的文件及文件夹,单击"编辑"菜单中"复制到文件夹"或"移动到文件夹"命令,打开如图 2.95 所示的"复制项目"或"移动项目"对话

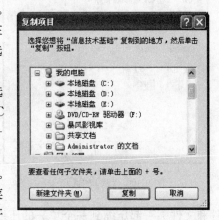

图 2.95　"复制项目"对话框

框。在"复制项目"或"移动项目"对话框中选定要复制或移动到的文件夹,然后单击"复制"或"移动"按钮即可。

(5) 删除文件与文件夹

为了节省磁盘空间,用户可以把无用的文件及文件夹,在系统没有使用的时候,将其删除。

① 利用"回收站"图标删除文件及文件夹。删除文件及文件夹实际上是将需要删除的文件与文件夹移动到"回收站"文件夹中。因此,它的操作过程与移动文件与文件夹完全一样,既可以用鼠标拖动,也可以用"编辑"菜单中的"剪切"命令,只不过其目标文件夹为"回收站"。

② 利用菜单操作删除文件及文件夹。在"我的电脑"或"资源管理器"窗口中选定需要删除的文件及文件夹,在"文件"菜单中,单击"删除"命令后即可删除所有选定的文件与文件夹。

特别要指出,不管是采用哪种途径删除的文件及文件夹,实际上只是被移动到了"回收站"中。如果想恢复已经删除的文件,可以到"回收站"文件夹中去查找。在清空"回收站"之前,被删除的文件与文件夹一直都保存在那里。只有当执行清空"回收站"操作后,才将"回收站"文件夹中的所有文件及文件夹真正从磁盘中删除。另外,在执行上述删除方法的同时配合 Shift 键,可直接将选中的文件或文件夹从硬盘中删除。

(6) 更改文件或文件夹属性

文件或文件夹一般包含只读和隐藏等属性。若将文件或文件夹设置为"只读"属性,则该文件或文件夹不允许更改和删除;若将文件或文件夹设置为"隐藏"属性,则该文件或文件夹在常规显示中将不被看到。

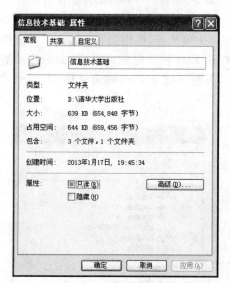

图 2.96 "常规"选项卡

更改文件或文件夹属性时,首先选中要更改属性的文件或文件夹,选择"文件"→"属性"命令,或单击右键,在弹出的快捷菜单中选择"属性"命令,打开"属性"对话框,选择"常规"选项卡,如图 2.96 所示。在该选项卡的"属性"选项组中选定需要的属性复选框。单击"应用"按钮,将弹出"确认属性更改"对话框,如图 2.97所示。在该对话框中可选择"仅将更改应用于该文件夹"或"将更改应用于该文件夹、子文件夹和文件"选项,单击"确定"按钮即可关闭该对话框。在"常规"选项卡中,单击"确定"按钮即可应用该属性。

(7) 压缩文件及文件夹

① 压缩文件及文件夹。在 Windows XP 中整合了 ZIP 压缩功能,它可以很方便地把一些文件和文件夹一起压缩到一个单一的压缩文件夹中,这样不但便于文件的管理,也节省了磁盘空间,特别在网络传输数据时优点更为突出,不但节省时间,同时也省去有些邮件服务

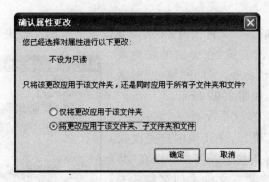

图 2.97 "确认属性更改"对话框

器不接收某些文件的麻烦,并且对这些文件及文件夹的操作与其他文件及文件夹没什么明显的区别。

创建空白压缩文件夹,在"资源管理器"中,单击"文件"菜单中"新建",然后选择"ZIP压缩文件夹"命令,再输入压缩文件夹的名称,最后按 Enter 键结束。

创建压缩文件,在有了压缩文件夹之后,就可以将要压缩的文件放入压缩文件夹中,放入的文件就成为了压缩文件。方法是在"资源管理器"中将文件直接拖至压缩文件夹中,就完成了压缩文件的操作。

同时创建压缩文件和压缩文件夹,首先选中要压缩的所有文件和文件夹并右击,在弹出的快捷菜单中,单击"发送到"选项,然后选择"压缩(zipped)文件夹"命令。显示如图 2.98 所示的"压缩(zipped)文件夹"对话框。完成之后此处多出一个压缩文件夹图标。

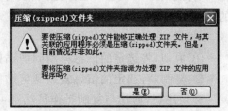

图 2.98 创建压缩文件和压缩
文件夹对话框

② 浏览压缩文件夹。在 Windows XP 中浏览压缩文件与浏览一般的文件夹一样简单,只要双击压缩文件夹就可以将文件夹打开,打开后像一般的文件夹一样浏览。

③ 解压缩文件。解压缩文件是压缩文件的逆操作,其方法是将压缩的文件或文件夹从压缩文件夹中提取出来即可完成解压缩文件的操作。

如果要解压缩在压缩文件夹中的部分文件或文件夹,先双击压缩文件夹将文件夹打开,然后,从压缩文件夹中将要解压缩的文件或文件夹拖动到新的位置上,即可解压缩文件或文件夹。

如果要解压缩某个压缩文件夹中所有的文件及文件夹,可以右击该压缩文件夹,然后,在弹出的快捷菜单中选择"全部提取"命令。

(8) 设置共享文件夹

Windows XP 网络方面的功能设置更加强大,用户不仅可以使用系统提供的共享文件夹,也可以设置自己的共享文件夹,与其他用户共享。系统提供的共享文件夹被命名为"共享文档",双击"我的电脑"图标,在"我的电脑"对话框中可看到该共享文件夹。若用户想将某个文件或文件夹设置为共享,可选定该文件或文件夹,将其拖到"共享文档"共享文件夹中即可。

当设置用户自己的共享文件夹时,要选定要设置共享的文件夹,选择"文件"后选"共享和安全"命令,或单击右键,在弹出的快捷菜单中选择"共享和安全"命令。打开"属性"对话框中的"共享"选项卡,如图 2.99 所示。

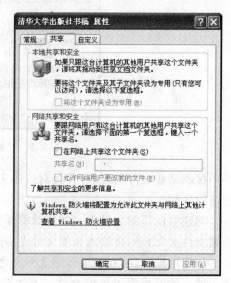

选中"在网络上共享这个文件夹"复选框,这时"共享名"文本框和"允许其他用户更改我的文件"复选框变为可用状态。用户可以在"共享名"文本框中更改该共享文件夹的名称。若清除"允许其他用户更改我的文件"复选框,则其他用户只能看该共享文件夹中的内容,而不能对其进行修改。设置完毕后,单击"应用"按钮和"确定"按钮即可。

提示:在"共享名"文本框中更改的名称是其他用户连接到此共享文件夹时将看到的名称,文件夹的实际名称并没有改变。

图 2.99 "共享"选项卡

4. 剪贴板

剪贴板是 Windows 程序之间、文件之间传递数据时数据临时存放的区域。对剪贴板的操作主要是剪切、复制和粘贴。

(1) 剪贴板的基本操作

① 剪切,将选定的信息移动到剪贴板中。

② 复制,将选定的信息复制到剪贴板中。

必须注意,剪切与复制操作虽然都可以将选定的信息放到剪贴板中,但它们还是有区别的。其中剪切操作是将选定的信息放到剪贴板中后,原来位置上的这些信息将被删除;而复制操作则不删除原来位置上被选定的信息,同时还将这些信息存放到剪贴板中。

③ 粘贴,将剪贴板中的信息插入到指定的位置。

前面介绍的利用"编辑"菜单进行文件与文件夹的复制或移动操作,实际上是通过剪贴板进行的。复制文件与文件夹时,用到了剪贴板的复制与粘贴操作;移动文件与文件夹时,用到了剪贴板的剪切与粘贴操作。

在大部分的应用程序中都有以上 3 个操作命令,一般被放在"编辑"菜单中。利用剪贴板,可以很方便地在文档内部、各文档之间、各应用程序之间复制或移动信息。

特别要指出的是,如果没有清除剪贴板中的信息,或没有新的信息被剪切或复制到剪贴板中,则在退出 Windows XP 之前,其剪贴板中的信息将一直保留,随时可以将它粘贴到指定的位置上。

(2) 屏幕复制

在实际应用中,用户可能需要将 Windows XP 操作过程中的整个屏幕或当前活动窗口中的信息编辑到某个文件中,这也可以利用剪贴板来实现。

① 在 Windows XP 的操作过程中,任何时候按 Print Screen 键,就将当前整个屏幕信

息复制到了剪贴板中。

② 在 Windows XP 的操作过程中,任何时候同时按 Alt 与 Print Screen 键,就将当前活动窗口中的信息复制到了剪贴板中。

剪贴板的这个功能相当于 DOS 系统中的屏幕复制。一旦将屏幕或某窗口信息复制到剪贴板后,就可以将剪贴板中的这些信息粘贴到有关的文件中。

5. 磁盘管理

要想真正掌握使用计算机的功能,就必须从认识、了解系统硬磁盘入手去管理和应用磁盘。对于高水平计算机应用人员,这是最主要的理论与实践结合的应用能力之一。只有真正意义上的会使用磁盘,才能使用户的计算机充分发挥作用,提高工作效率,满足用户的要求。对于计算机来说,CPU 是计算机的心脏;对于用户来说,磁盘才是应用计算机的心脏。因此用户在不同的时期,要注意对计算机磁盘管理不同技术的学习和研究。现介绍两种常用的简单的管理方法。

（1）磁盘清理

在使用计算机过程中,经常会遇到磁盘空间不够用的问题,这是由于一些无用文件占用了大量磁盘空间。例如,Internet 浏览过程产生的临时文件、运行应用软件时存储的临时信息文件以及删除到回收站中的文件等,为此,需要定期清理硬盘的空间。执行"开始"→"所有程序"→"附件"→"系统工具"→"磁盘清理"命令,打开如图 2.100 所示的"选择驱动器"对话框。选择待清理的磁盘,单击"确定"按钮,显示"磁盘清理"提示框,如图 2.101 所示。稍后会打开"磁盘清理"对话框,如图 2.102 所示。在"要删除的文件"列表中选择要删除的文件类型,单击"确定"按钮。再次打开"磁盘清理"对话框,单击"其他选项"选项卡,进入相应的窗口,如图 2.103 所示,其中分别包含"Windows 组件"、"安装的程序"和"系统还原"3 个组件。单击"Windows 组件"中的"清理"按钮,将打开"Windows 组件向导"对话框,在这个对话框中,可以卸载一些长期不使用的系统组件来释放一些硬盘空间。单击"安装的程序"中的"清理"按钮,将打开"添加或删除程序"对话框,在这里可以卸载一些无用或者旧的应用软件,同样可以释放一些硬盘空间。单击"系统还原"中的"清理"按钮,将删除系统上保留的一些还原点,释放一些硬盘空间。

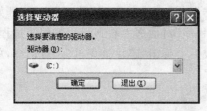

图 2.100　"选择驱动器"对话框

图 2.101　"磁盘清理"提示框

（2）碎片整理

在使用计算机过程中所看到的每个文件,其内容都是连续的,并没有出现几个文件内容相互掺杂在一起的情况。而文件在磁盘上实际的物理存放方式往往是不连续的,这样做是为了提高磁盘存储的灵活性,从而提高磁盘空间的利用率。如果修改、删除或存放新文件后,文件在磁盘上就会被分成几块不连续的碎片,这些碎片在逻辑上是连接在一起

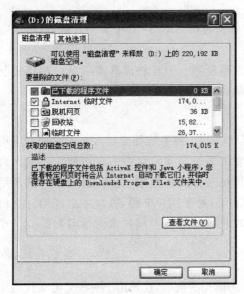

图 2.102   "磁盘清理"对话框

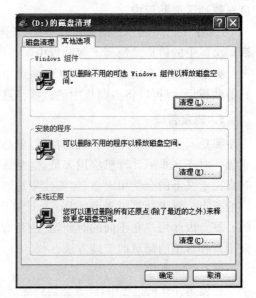

图 2.103   选择清理的组件

的,并不妨碍文件的读写操作。但是时间一长,随着碎片越来越多,最后几乎所有文件都是由若干的碎片拼凑而成,这样系统在读写文件时就会忙于在磁盘的不同地方读写这些碎片,从而降低了系统的速度。

Windows XP 中的"磁盘碎片整理程序"正是一个解决磁盘文件碎片问题的系统工具,它可以将文件的碎片紧凑地组合到一起,使系统性能得到提高。执行"开始"→"所有程序"→"附件"→"系统工具"→"磁盘碎片整理程序"命令,打开如图 2.104 所示的"磁盘碎片整理程序"对话框,单击选中要整理碎片的驱动器。单击对话框中的"分析"按钮,系统开始分析所选择的驱动器是否需要进行磁盘碎片整理,分析完成将弹出提示框,提示当前的驱动器是否需要进行磁盘碎片整理。

单击提示框中的"查看报告"按钮,弹出"分析报告"对话框。在该对话框中,可以看到分析的磁盘驱动器的一些有关技术信息,如磁盘的"卷信息"和分析出来的一些"最零碎的文件"等。如需要进行碎片整理,则单击"分析报告"对话框中的"碎片整理"按钮,开始对磁盘进行碎片整理。这时,可以从"磁盘碎片整理程序"对话框中看到碎片整理的过程,这是一个比较漫长的过程,需要耐心等待。整理完成后会弹出"碎片整理报告"对话框,单击"完成"按钮即可。

2.7.3   Windows 7 文件管理

Windows 7 系统一般是用"计算机"和"我的文档"来存放文件的,文件是最小的数据组织单位,可存放在"计算机"的任意位置。"我的文档"是 Windows 7 的一个系统文件夹,也是系统为用户建立的文件夹,主要用于保存文档、图形以及其他文件,对于常用的文件,用户可以将其放在"我的文档"中便于及时调用。

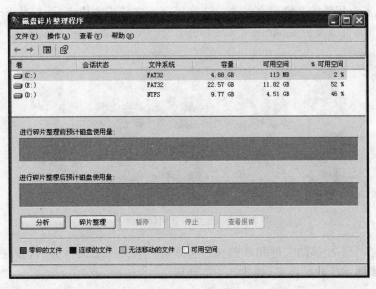

图 2.104 "磁盘碎片整理程序"对话框

1. 管理文件和文件夹

若想要把计算机中的资源管理得井然有序,首先要掌握文件和文件夹的基本操作方法。文件和文件夹的基本操作主要包括文件和文件夹的新建、选定、重命名、移动、复制、删除和排序等。

(1) 新建文件和文件夹

在使用应用程序编辑文件时,通常需要新建文件,若需要编辑文本文件,在需创建文件的窗口中右击,在弹出的快捷菜单中选择"新建"→"文本文档"命令,即可新建一个"记事本"文件。要创建文件夹,可在想要创建文件夹的地方直接右击,然后在弹出的快捷菜单中选择"新建"→"文件夹"命令即可。文件夹内包括不同类型的文件,显示的图标也不同,如图 2.105 所示。

空文件夹　　　　存有文本文档的文件夹　　　存有照片的文件夹

图 2.105　文件夹显示的图标

(2) 选择文件和文件夹

用户对文件和文件夹进行操作之前,首先要选定文件和文件夹,选中的目标在系统默认下呈蓝色状态显示。Windows 7 系统提供了如下几种选择文件和文件夹的方法。

① 选择单个文件或文件夹。单击文件或文件夹图标即可将其选择。

②　选择多个相邻的文件或文件夹。选择第一个文件或文件夹后，按住 Shift 键，然后单击最后一个文件或文件夹，如图 2.106 所示。

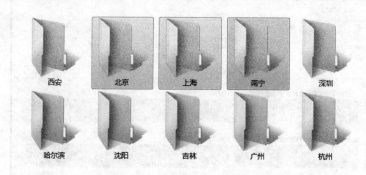

图 2.106　选择多个相邻文件夹

③　选择多个不相邻的文件和文件夹：选择第一个文件或文件夹后，按住 Ctrl 键，逐一单击要选择的文件或文件夹，如图 2.107 所示。

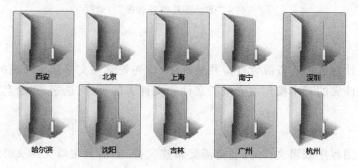

图 2.107　选择多个不相邻文件夹

④　选择所有的文件或文件夹。按 Ctrl＋A 组合键即可选中当前窗口中所有文件或文件夹，如图 2.108 所示。另外，选择"组织"→"全选"命令，也可选定当前窗口中的所有文件和文件夹。

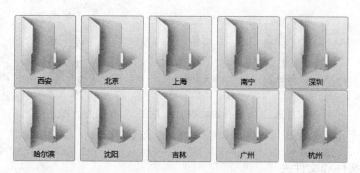

图 2.108　选择所有文件或文件夹

选择某一区域的文件和文件夹。在需要选择的文件或文件夹起始位置处按住左键进行拖动，此时在窗口中出现一个蓝色的矩形框，当该矩形框包含了需要选择的文件或文件夹后松开鼠标,即可完成选择,如图 2.109 所示。

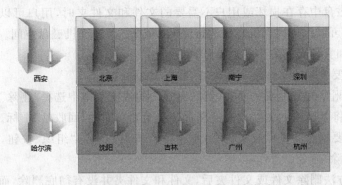

图 2.109　选择某一区域的文件或文件夹

（3）复制文件和文件夹

复制文件和文件夹是指制作文件或文件夹的副本,目的是为了防止程序出错、系统问题或计算机病毒所引起的文件损坏或丢失。用户将文件和文件夹进行备份,复制粘贴到磁盘上的其他位置上。

（4）移动文件和文件夹

移动文件和文件夹是指将文件和文件夹从原先的位置移动至其他的位置,移动的同时,会删除原先位置下的文件和文件夹。在 Windows 7 系统中,用户可以使用鼠标拖动的方法,或者右键快捷菜单中的"剪切"和"粘贴"命令,对文件或文件夹进行移动操作,如图 2.110 所示。

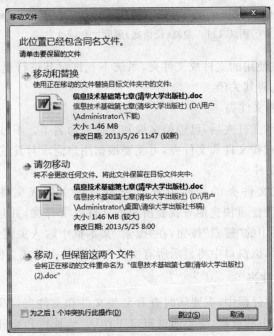

图 2.110　选择移动文件或文件夹

（5）删除文件和文件夹

当计算机磁盘中存在损坏或用户不需要的文件和文件夹时，用户可以删除这些文件或文件夹，这样可以保持计算机系统运行流畅，也节省了计算机磁盘空间。

删除文件和文件夹的方法有以下几种。

① 选中想要删除的文件或文件夹，然后按 Delete 键。

② 右击要删除的文件或文件夹，然后在弹出的快捷菜单中选择"删除"命令。

③ 用鼠标将要删除的文件或文件夹直接拖动到桌面的"回收站"图标。

④ 选中想要删除的文件或文件夹，单击窗口工具栏中的"组织"按钮，在弹出的下拉菜单中选择"删除"命令。

按照以上方法删除文件或文件夹后，文件和文件夹并没有彻底删除，而是放到了回收站内，放入回收站里的文件如图 2.111 所示，用户可以执行恢复操作。若要彻底删除，用户可以清空回收站，或者在执行删除的操作中按住 Shift 键不放，系统会跳出询问是否完全删除的对话框，只需单击"是"按钮，即可完全删除文件或文件夹。

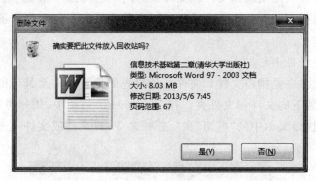

图 2.111　逻辑（没彻底）删除文件或文件夹

要注意的是，正在使用的文件或文件夹，系统不允许对其进行删除操作，若要删除这些文件和文件夹，应先将其关闭。

（6）重命名文件和文件夹

用户在新建文件和文件夹后，已经给文件和文件夹命名了。不过在实际操作过程中，为了方便用户管理和查找文件和文件夹，可能要根据用户需求对其重新命名。

（7）搜索文件或文件夹

当忘记了文件或文件夹的保存位置或记不清楚文件或文件夹的全名时，使用 Windows 7 的搜索功能便可快速地查找到所需的文件或文件夹，并且此操作非常简单和方便，只需单击工具栏中的"搜索"按钮，在"搜索"文本框中输入关键的字或词，系统自动进行搜索，搜索完成后，该窗口中将显示所有文件名相关的文件或文件夹。

2. 查看文件和文件夹

在管理电脑资源的过程中，需要随时查看某些文件和文件夹，Windows 7 一般在"计算机"窗口中查看电脑中的资源，主要通过窗口工作区、地址栏和文件夹窗格 3 种方法进行查看。

其一，通过窗口工作区查看电脑中的资源是最常用的查看资源的方法。单击"开始"按钮,在弹出的菜单中单击"计算机"命令;或者双击桌面上的"计算机"图标,打开"计算机"窗口。再双击需要查看的资源所在的磁盘符,双击要打开的文件夹图标即可。

其二,通过地址栏可快速查看电脑中的资源,查看不同的内容可选择不同的方法。

① 查看未访问过的资源:双击"计算机"图标打开"计算机"窗口,单击地址栏中"计算机"文本框后的▶按钮,在弹出的下拉列表中选择所需的盘符。

② 查看已访问过的资源:若当前"计算机"窗口中已访问过某个文件夹,只需单击地址栏最右侧的 ▼ 按钮,在弹出的下拉列表中选择该文件夹即可快速将其打开。

其三,通过文件夹窗格查看电脑中的资源,将鼠标光标移至文件夹窗格中,单击需要查看资源所在的根目录前的 ▷ 按钮,可展开下一级目录,此时该按钮变为 ◢ 按钮,单击某个文件夹目录,在右侧的窗口工作区中将显示该文件夹中的内容。

3. 显示文件和文件夹

Windows 7 提供了图标、列表、详细信息、平铺和内容 5 种类型的显示方式,只需单击窗口工具栏中的空文件夹与存有文件的文件夹,图标会有所不同,并且保存不同类型文件的文件夹,图标也有所不同,如单击▋▋ ▼按钮,在弹出的菜单中有 8 种排列方式可供选择。"超大图标"、"大图标"、"中等图标"、"小图标"、"列表"、"详细信息"、"平铺"及"内容"等,即可应用相应的显示方式显示相关的内容。

① "超大图标"、"大图标"和"中等图标"显示方式:这 3 种方式类似于 Windows XP 中的"缩略图"显示方式,它们将文件夹所包含的图像文件显示在文件夹图标上,以方便用户快速识别文件夹中的内容。

② "小图标"显示方式:类似于 Windows XP 中的"图标"显示方式,以图标形式显示文件和文件夹,并在图标的右侧显示文件或文件夹的名称、类型和大小等信息。

③ "列表"显示方式:将文件与文件夹通过列表显示其内容,若文件夹中包含很多文件,列表显示便于快速查找某个文件,在该显示方式中可以对文件和文件夹进行分类,但是无法按组排列文件。

④ "详细信息"显示方式:显示相关文件或文件夹的详细信息,包括文件名称、类型、大小和日期等。

⑤ "平铺"显示方式:以图标加文件信息的方式显示文件或文件夹,是查看文件或文件夹的常用方式。

⑥ "内容"显示方式:将文件的创建日期、修改日期和大小等内容显示出来,方便进行查看和选择。

4. 资源管理器和库

Windows 7 系统中的资源管理器和 Windows XP 相比,其功能和外观上存在很大改进,在 Windows 7 中使用资源管理器可以方便对文件进行浏览、查看以及移动、复制等各种操作,在一个窗口里用户即可浏览所有的磁盘、文件和文件夹,用户单击"开始"按钮,在"开始"菜单中选择"所有程序",再选择"附件"后下拉菜单里单击"Windows 资源管理器",或直接单击任务栏中"▓▓ Windows 资源管理器"图标。打开"库"窗口,"库"是专用的虚拟视图,用户可以将磁盘上不同位置的文件夹添加到如图2.112所示的库中,并在库这个统一的视图中浏览不同的文件夹内容,一个库中可以包含多个文件夹,同时同一个文件夹中也可被包含于多个不同的库中。库中的链接会随着原始文件夹的变化而自动更新,可以同名的形式存在于文件库中。

用户在系统默认提供库目录基础上还可新建库的目录,用户在"库"窗口空白处右击鼠标,在弹出的快捷菜单中单击"新建"命令"库"选项,此时窗口出现一个"新建库"的图标,直接输入新库,如图2.113所示。

图2.112　打开"库"窗口

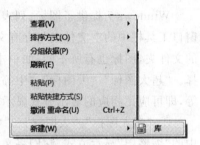

图2.113　新建库命名

5. 文件和文件夹的高级设置

在对电脑中的文件和文件夹等资源进行管理时,还可对文件和文件夹进行各种设置,包括设置文件或文件夹的属性、显示隐藏的文件或文件夹和设置个性化的文件夹图标等。

（1）设置文件和文件夹外观

管理电脑中的资源时,可对文件夹图标进行个性化设置,使用户快速识别该文件夹的内容,通过文件夹窗格打开盘符窗口,在操作的文件夹上右击,在弹出的快捷菜单中选择"属性"命令,打开"属性"对话框,选择"自定义"选项卡,然后单击"更改图标"按钮,如图2.114所示,单击"确定"按钮,此时文件夹图标已经改变。

另外用户还可为默认的文件夹更改其外观样式,在"属性"对话框"自定义"选项卡里"文件夹图片"栏内,单击"选择文件"按钮,可在计算机硬盘中选择图片,单击"打开"按钮,返回"属

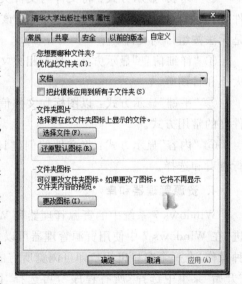

图2.114　设置文件和文件夹外观

性"对话框,最后单击"确定"按钮,则文件夹外观变成增加图片的文件夹图标。

（2）设置文件和文件夹属性

若需某个文件或文件夹只能被打开并查看,而内容不能被修改,或者需将某些文件或文件夹隐藏起来,可对其属性进行相应的设置。在文件夹上单击鼠标右键,在弹出的快捷菜单中选择"属性"命令,打开"属性"对话框,在"常规"选项卡的"属性"栏中选中"只读"或"隐藏"复选框,单击"确定"按钮,打开"确认属性更改"对话框,选中"仅将更改应用于此文件夹"单选按钮,单击"确定"按钮,返回保存文件夹的窗口,若选择"隐藏"属性后将不会显示该文件夹。

（3）显示隐藏文件和文件夹

隐藏文件夹或文件后,若需重新对其进行查看,可通过"文件夹选项"对话框进行设置将其再次显示出来,单击工具栏中的"组织"按钮,在弹出的菜单中选择"文件夹和搜索选项"命令,打开"文件夹选项"对话框,选择"查看"选项卡,在"高级设置"列表框中选择"显示隐藏的文件、文件夹和驱动器"单选按钮,单击"确定"按钮。

（4）加密文件和文件夹

加密文件和文件夹是指将文件和文件夹加以保护,使其他用户无法访问该文件或文件夹,保证文件和文件夹的安全性和保密性。Windows 7 系统的文件和文件夹加密方式,和以往 Windows 系统有所不同。它提供了一种基于 NTFS 文件系统的加密方式,称为加密文件系统 EFS(Encrypting File System),EFS 加密可以保证在系统启动以后（只有 Windows 7 商业版、企业版和旗舰版才拥有 EFS 加密功能）,继续对用户数据提高保护,当一个用户设置了加密的数据时其他任何未授权的用户,甚至是管理员都无法访问其数据。

单击加密文件夹的右键,从弹出的快捷菜单中选择"属性"命令,打开"属性"对话框,单击"高级"按钮,打开"高级属性"对话框,选中"加密内容以便保护数据"复选框,单击"确定"按钮,返回至"属性"对话框,单击"确定"按钮,打开"确认属性更改"对话框,选中"将更改应用于此文件、子文件夹和文件"单选按钮,并单击"确定"按钮,即可加密该文件夹下的所有内容。

加密后的文件或文件夹变为绿色,表明加密成功,该加密文件夹只能在该用户名下访问,其他用户无法对其查看和修改。

（5）共享文件和文件夹

当今办公生活环境以及现代家庭经常使用多台计算机,而多台计算机的文件和文件夹可以通过局域网多用户共享数据,用户只需将文件或文件夹设置为共享属性,以供其他用户查看、复制及修改该文件或文件夹。单击要共享文件夹的右键,从弹出的快捷菜单中选择"属性"命令,打开"共享"对话框,选择"共享"选项卡,单击"高级共享"按钮,打开"高级共享"对话框,选中"共享此文件夹"复选框,另外"共享名"、"将同时共享的用户数量限制为"、"注释"都可以自己设置,也可以保持默认状态,单击"权限"按钮,可在"组或用户名"区域里看到组里成员,默认 Everyone 即所有的用户。

"Everyone 的权限"区域中"完全控制"是指其他用户可以删除修改本机上共享文件夹里的文件;"更改"可修改但不能删除;"读取"只能浏览复制,不得修改。然后在对应选项后选中"允许"复选框,然后连续单击"确定"按钮,关闭所有的对话框,完成文件夹的共享设置。注意共享文件和文件夹后,用户必须启用来宾账户,方可让局域网内其他用户访问共享文件夹。

6. 回收站的使用

回收站是系统默认存放删除文件的场所,在 Windows XP 中已经介绍一般文件和文件夹的删除分为逻辑删除和永久删除(物理删除),逻辑删除是指移动到回收站里,而不是从磁盘里彻底删除,可防止文件的误删除,随时可从回收站里还原文件和文件夹。

(1) 管理回收站

回收站文件可以进行还原、清空和删除操作。从回收站中还原文件和文件夹有两种方法。

① 右击要还原的文件和文件夹,在弹出的快捷菜单中选择"还原"命令,即可将该文件或文件夹还原到被删除之前的磁盘目录位置。

② 选中要还原的文件和文件夹,直接单击回收站窗口中工具栏上"还原此项目"按钮,也能还原到目录位置。

在回收站中删除文件和文件夹是永久删除,方法是右击要删除的文件,在弹出的快捷菜单中选择"删除"命令,然后会弹出提示对话框,单击"是"按钮,该文件则被永久删除。

清空回收站是将回收站里的所有文件和文件夹全部永久删除,不必选择要删除的文件,直接右击桌面上的"回收站"图标,在弹出的快捷菜单中选择"清空回收站"命令,此时也和删除文件一样会弹出提示对话框,单击"是"即可清空回收站。

(2) 设置回收站属性

回收站还原或删除文件和文件夹的过程中,可使用回收站默认设置,也可按照自己的需求进行属性设置。回收站的属性设置很简单,用户只需右击桌面"回收站"图标,在弹出的快捷菜单中选择"属性"命令,打开回收站"属性"对话框,用户可以在该对话框内设置回收站的属性,如图 2.115 所示回收站属性设置的各类选项。

① 回收站位置:即回收站存储空间放置在哪个磁盘空间中,在系统默认状态下一般都是放在系统安装盘 C 盘符内,用户也可设置放在其他磁盘内。

② 自定义大小:即回收站存储空间的大小,在系统默认情况下回收站最大占用该硬盘空间的 10%,用户也可自行修改。

③ 停用回收站:选中"不将文件移到回收站中,移除文件后立即将其删除"单选按钮。

④ 删除信息提示:选中"显示删除确认对话框"复选框,即在删除时会弹出系统提示对话框,如果不选该复选框,则不会弹出该对话框

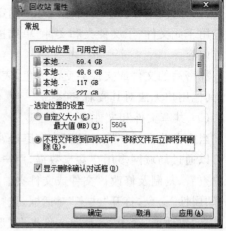

图 2.115 "回收站属性"设置的各类选项

习 题 2

一、选择题

1. 用户正在从一个 Windows XP Professional 的桌面上安装 Windows 7。在 Windows 7 的 DVD 光盘上不可以执行( )操作。

    A. 在 DVD 光盘上运行 setup.exe 启动 Windows 7 安装

    B. 使用 DVD 光盘的自动运行功能来启动安装

    C. 执行 Windows 7 完整安装

    D. 执行 Windows 7 升级安装,保存所有 Windows XP 的设置

2. 以下( )不是 Windows 7 安装的最小需求。

    A. 1G 或更快的 32 位(x86)或 64 位(x64)处理器

    B. 4G(32 位)或 2G(64 位)内存

    C. 16G(32 位)或 20G(64 位)可用磁盘空间

    D. 带 WDDM 1.0 或更高版本的 DirectX 9 图形处理器

3. 用户想配置一台新的电脑来进行软件的兼容性测试。这台计算机需要能够在 Windows 7、Windows XP 和 Windows Vista 操作系统里启动。下列( )安装操作系统的顺序不必使用 BCDedit 工具编辑启动项就能够满足你的目标。

    A. Windows 7、Windows XP、Windows Vista

    B. Windows Vista、Windows 7、Windows XP

    C. Windows XP、Windows 7、Windows Vista

    D. Windows XP、Windows Vista、Windows 7

4. 在 Windows 7 中,你可以进行控制什么时间允许孩子的账户登录。以下( )最准确描述在哪儿配置这些选项。

    A. 无法选择这个功能,除非连接到域

    B. 选择"开始"→"控制面板"→"用户账户"和"家庭安全",设置家长控制,并选择时间控制

    C. 选择"开始"菜单→"控制面板"→"用户配置文件",然后设置时间控制

    D. 设置一个家庭组并选择离线时间

5. 在 Windows 7 操作系统中,显示 3D 桌面效果的快捷键是( )。

    A. Win+D   B. Win+P   C. Win+Tab   D. Alt+Tab

6. 安装 Windows 7 操作系统时,系统磁盘分区必须为( )格式才能安装。

    A. FAT   B. FAT16   C. FAT32   D. NTFS

7. 在 Windows 7 操作系统中,不属于默认库的有( )。

    A. 文档   B. 音频   C. 图片   D. 视频

8. 文件的类型可以根据( )来识别。

    A. 文件的大小   B. 文件的用途

C. 文件的扩展名　　　　　　　　D. 文件的存放位置

9. 下列不属于 Windows 7 控制面板中的设置项目的是(　　)。

　　A. Windows Update　　　　　　B. 备份和还原

　　C. 还原　　　　　　　　　　　D. 网络和共享中心

10. 使用 Windows 7 的备份功能所创建的系统镜像不可以保存在(　　)中。

　　A. 内存　　　　B. 硬盘　　　　C. 光盘　　　　D. 网络

二、判断题

1. 正版 Windows 7 操作系统不需要激活即可使用。　　　　　　　　　　(　　)

2. Windows 7 旗舰版支持的功能最多。　　　　　　　　　　　　　　　(　　)

3. Windows 7 家庭普通版支持的功能最少。　　　　　　　　　　　　　(　　)

4. 在 Windows 7 的各个版本中,支持的功能都一样。　　　　　　　　　(　　)

5. 要开启 Windows 7 的 Aero 效果,必须使用 Aero 主题。　　　　　　(　　)

6. 在 Windows 7 中默认库被删除后可以通过恢复默认库进行恢复。　　(　　)

7. 在 Windows 7 中默认库被删除了就无法恢复。　　　　　　　　　　　(　　)

8. 正版 Windows 7 操作系统不需要安装安全防护软件。　　　　　　　(　　)

9. 任何一台计算机都可以安装 Windows 7 操作系统。　　　　　　　　(　　)

10. 安装安全防护软件有助于保护计算机不受病毒侵害。　　　　　　　(　　)

三、操作题

(一) 在考生文件夹下完成如下操作。

1. 将考生文件夹下 B 文件夹中的 lady. txt 文件移动到考生文件夹 A 中。

2. 查找考生文件夹 B 中的 WAVTOASF. EXE 文件,然后为它建立名为 RNEW 的快捷方式,并存放在考生文件夹 B 下。

(二) 考生在计算机上完成如下操作。

1. 设置桌面图标的排列方式为"自动排列"。

2. 设置显示器的颜色为"中(16 位)",分辨率(屏幕区域)为"1024×768 像素"。

3. 设置任务栏属性为"自动隐藏"。

(三) 在考生计算机上完成如下操作。

1. 在 Windows 桌面上新建一个文本文件,取名为 desktop. txt。

2. 在考生文件夹 A 上新建一个文本文件,取名为 floppy. txt。

3. 删除两个文件。

4. 恢复两个文件,并将答案记入一个记事本文件,以"考号. txt"为名保存到考生文件夹 A 下。

(四) 在考生计算机上完成如下操作。

1. 在 D 盘新建一个名为"视频介绍"的文本文档文件,和一个名为"精彩视频"的文件夹。

2. 将 C 盘中"自我介绍"文件复制到 D 盘。

3. 将 C 盘的"十年经典"文件夹移动到 D 盘。

第 3 章　文档处理软件 Microsoft Word

Office 最初出现于 20 世纪 90 年代早期,是一套由美国微软公司为 Microsoft 和 Apple Macintosh 操作系统而开发的办公软件。与办公室应用程序一样,它包括联合的服务器和基于互联网服务。Office 被公认为是一个开发文档的事实标准,而且有一些特性在其他产品中并不存在。早期的 Microsoft Office 程序根源于 Mac,后期 Office 应用程序逐渐整合,共享一些特性例如拼写和语法检查、OLE 数据整合和微软 Microsoft VBA (Visual Basic for Applications)脚本语言。

Microsoft Office 2010 再次提高了标准,跨 PC、电话和浏览器交付了最佳生产力体验。在每个版本中,依据用户需求不断变化,依此创建工具。Office 2010 简化并加速了常见任务,同时引入了新工具,利用增强的图片和视频工具,使用全新、增强的工具处理操作海量信息,以可视化的方式显示数据的重要趋势——甚至可以在一个单元格内实现,Office 2010 的功能更多、更好、更快、更简单。

Microsoft Word 文字处理软件是进行文字处理和编辑的软件程序。被认为是 Office 的主要程序。本章主要介绍 Word 2003 升级到 Word 2010 及其操作应用。

3.1　Microsoft Office 安装和卸载

3.1.1　Microsoft Office 安装

1. Windows XP 操作系统下安装 Microsoft Office 2003

准备好 Office 2003 安装光盘放入光盘驱动器中,单击对话框中的“安装”按钮或双击自动运行文件 SETUP. exe,如图 3.1 所示,按要求填入序列号,接受许可协议后,出现选择安装的 4 种方式,有最小安装、典型安装、自定义和完全安装。

图 3.1　选择执行安装程序

① 典型安装。安装程序将自动安装最常用的选项。为用户提供的最简单的方式,无须为安装进行任何选择和设置。用这种方式安装的软件包能实现各种最基本、最常见的功能。

② 完全安装。自动将软件中的所有功能全部安装,但需要的磁盘空间最多。若想全面地了解某个软件,最好选择完全安装,以免少安装对应组件而不能使用其中的某个功能。

③ 最小安装。只安装软件必需的部分的软件,主要是满足磁盘空间紧张或只需要主要功能的用户,比如在安装字处理软件时,选择此方式会放弃安装一些不常用的字体而只安装几种必需的字体。

④ 自定义安装。自己选择需要安装软件的功能组件。安装逻辑程序会提供清单列表界面,根据自己的实际需要,选择要安装的项目并清除不需要的安装项目。

在这 4 种安装方式中均可选择软件的安装路径,一般系统默认的程序文件夹是系统盘下 Program Files 目录,由于系统在运行时需要很大的剩余空间用于数据交换,故不推荐把所有软件都安装到 C 盘上,特别是在 C 盘空间小的情况下。可在其他盘上(如 E 盘)新建命名 Program Files 的文件夹,把安装文件夹指定到预先设置好的文件夹。对于自定义安装,单击"下一步"时会出现选择安装组件的窗口,如图 3.2 所示。

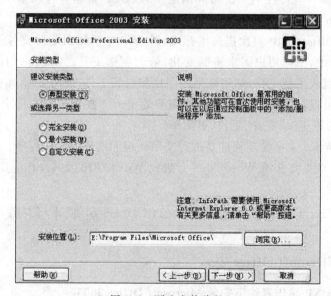

图 3.2   更改安装路径

然后按照 Office 2003 安装向导的提示进行操作,就可安装成功。注意最后会出现安装完成对话框。为了节省硬盘空间,最好选"删除安装文件",那只是将刚才安装时拷贝到硬盘的临时文件删掉,不会影响系统运行,如图 3.3 所示。

2. Windows 7 操作系统下安装 Microsoft Office 2010

因为 Office 2010 中包含了多个组件,在使用 Office 2010 之前对电脑的软硬件环境还有一定的要求。所以其安装过程与其他软件有所不同。安装 Office 2010 与安装传统

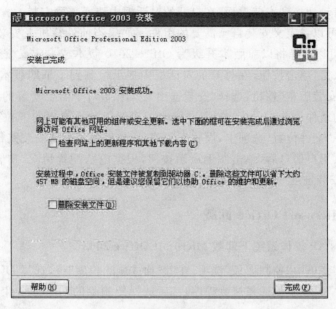

图 3.3 选择"删除安装文件"

的 Office 版本的程序差不多,后缀是 iso 这类文件直接用 Winrar 解压即可应该能解压出一系列文件运行其中的 setup 文件或双击"自动安装"图标,系统自动打开 Microsoft Office 2010 对话框,可根据向导提示进行安装,其中显示了相应的提示信息,确认阅读软件许可条款,如图 3.4 所示。

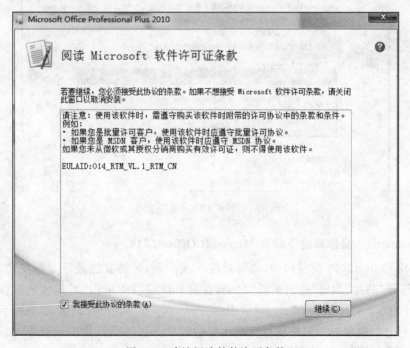

图 3.4 确认阅读软件许可条款

稍后系统自动切换到安装界面,在打开的对话框中选择需要安装的方式,可以选择安装所有组件,也可以自定义安装自己需要的组件。如果当前计算机上安装了以前版本的 Office 软件,就可以选择将以前版本升级为 Office 2010 版本或自定义安装方式,如果需要新老版本都保留,单击按钮,在打开的对话框中提示检测到了早期版本的 Office,选中单选"保留原有安装版本"按钮,选择"安装选项"选项卡,对于需要安装的组件保持默认,在不需要安装的组件上单击鼠标,在 Windows 7 旗舰版激活弹出的下拉列表中选择"不可用"选项,选择"文件位置"选项卡,设置安装路径,这里保持默认安装路径,选择"用户信息"选项卡,输入用户信息后,单击图上所示按钮,根据电脑配置情况,安装过程需要 5～20 分钟并显示安装进度,安装完成后单击"关闭"按钮将其关闭。

3.1.2 Microsoft Office 卸载

1. Windows XP 操作系统下卸载 Microsoft Office 2003

单击"开始"菜单中"控制面板"选项,在"添加或删除程序"里,选择 Office 2003 程序,单击"修改/删除"。在里面选择修改程序,然后选择要删除的 Office 组件,如图 3.5 所示即可卸载。

图 3.5 卸载 Office 安装程序

2. Windows 7 操作系统下卸载 Microsoft Office 2010

在使用 Office 2010 的过程中,如果软件出现问题,可将其卸载后重新安装。其卸载方法为:选择"开始"菜单"控制面板"命令,在打开的窗口中单击"添加或删除程序"超链接,在打开的对话框中找到 Microsoft Office Professional Plus 2010 选项,选中后,单击卸载按钮在打开的提示对话框中执行卸载软件的操作。在卸载软件的过程中,同样会出现显示卸载进度的窗口,完成后需要重启电脑。

3.2 文字处理软件 Word 2003

Word 2003 中文版是 Office 2003 中文版的重要组件。主要功能是进行文字处理和图形、表格排版编辑,具有简单易学、界面友好、智能程度高等优点,得到了广泛应用,成为深受用户欢迎的文字处理软件。

3.2.1 启动、退出和窗口界面

安装好 Office 2003 后,用户可以启动 Word 2003。启动的方法有以下 3 种。

① 利用"开始"菜单启动。单击"开始"→"所有程序"→Microsoft Office→Microsoft Office Word 2003 命令,即可打开 Word 2003 的工作窗口。

② 利用 Word 2003 文件启动。找到 Microsoft Word 2003 图标 命名的文件后,双击该图标对应的文档,即可打开 Word 2003 的工作窗口。

③ 利用桌面快捷方式启动,如果桌面上存在 Word 2003 的快捷方式图标,双击该图标,即可打开 Word 2003 的工作窗口。

退出 Word 2003 的操作可以采用以下 4 种方法。

① 单击"文件"菜单中"退出"命令;

② 单击窗口右上角的"关闭"按钮;

③ 双击窗口左上角的控制菜单图标;

④ 使用键盘上的 Alt＋F4 键关闭 Word 2003。

启动 Word 2003 之后,将打开如图 3.6 所示的 Word 2003 窗口。窗口由标题栏、菜单栏、工具栏、工作区和状态栏等部分组成。简要的介绍主要组成部分。

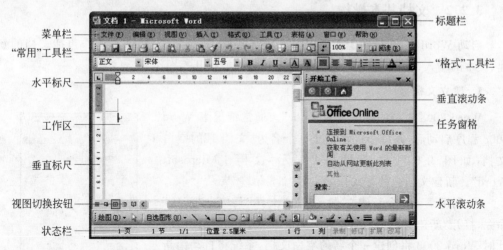

图 3.6　Word 2003 窗口界面

标题栏位于窗口的最顶端,显示当前命名文档的名称,图 3.6 中所示为默认文档名,其右侧为"最小化"按钮、"还原"按钮 和"关闭"按钮。

菜单栏分别由"文件"、"编辑"、"视图"、"插入"、"格式"、"工具"、"表格"、"窗口"和"帮助"等 9 个菜单项组成,每个菜单项都有一组命令或下级菜单。单击菜单标题,打开相应的下拉菜单,单击其中的命令或子菜单中非灰色显示的命令,Word 2003 就会执行该命令所代表的操作。

工具栏由一些工具按钮组成,每个工具按钮代表一个常用命令。用鼠标单击或双击工具按钮即可,默认情况下 Word 2003 显示"常用"和"格式"工具栏。需使用其他工具栏时,单击"视图"菜单中"工具栏"子菜单,然后单击需要的工具栏,若工具栏子菜单前面有√标记则表示该工具栏在显示窗口中。移动和重新排列工具栏时移动鼠标指针到工具栏左侧虚线位置,当鼠标指针变成✥形状时,按下鼠标左键并拖动到窗口工作区中,此时就会变成浮动的工具栏,如果要还原其位置,只要双击工具栏的标题栏即可。

标尺分为水平标尺和垂直标尺,标尺主要用来查看正文、表格、图片等的高度和宽度。也可以使用标尺对正文进行排版,如进行段落缩进,设置制表位等操作。

工作区为文档窗口。在工作区内输入文本,对文档进行编辑、修改和格式化操作。

滚动条分垂直滚动条和水平滚动条两种,用来滚动文档的内容。使用垂直滚动条可以使文档上下滚动,使用水平滚动条可以左右滚动文档,以便查看文档的内容。

视图切换按钮用于切换文档的 6 种视图方式,包括"普通"视图、"Web 版式"视图、"页面"视图、"大纲"视图、"文档结构图"视图和"阅读板式"视图。

状态栏显示出当前文档的页数、当前页码、插入点所在的位置、插入中改写状态等文档相关信息。

任务窗格功能性较强。可通过单击"视图"菜单中"任务窗格"命令来打开或者关闭。在 Word 2003 中共有"新建文档"、"剪贴板"、"搜索结果"、"剪贴画"、"样式和格式"、"显示格式"、"邮件合并"等几类任务窗格。

3.2.2 文档基本操作

启动 Word 2003 后在工作区中录入文字、图文等混排工作,基本操作包括文档的新建、文本的输入、文档的保存、文档的关闭和文档的打开等操作。

1. 建立文档

Word 2003 文档的扩展名为".doc"。通常情况下 Word 2003 程序启动后,系统会自动打开一个名为"文档 1"的空白文档,如图 3.6 所示,标题栏上显示"文档 1-Microsoft Word"。新建文档两种方式。

① 利用菜单命令新建文档。单击"文件"菜单中"新建"命令,打开"新建文档"任务窗格。单击"空白文档"超链接,此时 Word 2003 将创建一个新的空白文档,系统将自动为新创建的文档取一个名称(如"文档 2",以后可根据需要用新名称保存文档),如图 3.7 所示。还可以根据需要创建 XML 文档、网页、电子邮件等不同类型的文档。

图 3.7 "新建文档"任务窗格

② 利用工具栏中的按钮创建文档。单击"常用"工具栏中的"新建空白文档"按钮🗋，也可以创建一个新的文档。

启动 Word 2003 之后，Word 2003 中允许用户同时编辑多个文档，不必关闭当前文档，文档默认的文件名按照文件建立的顺序依次为"文档 1"、"文档 2"、"文档 3"……。

2. 保存文档

文档的保存非常重要，文档最终是要作为一个磁盘文件存储起来的，退出 Word 2003 前必须将文档保存为扩展名为".doc"的文档文件，防止编辑的文档丢失。在文档编辑过程中可采用以下 5 种方法保存文档。

① 保存新建文档。单击"文件"菜单中"保存"命令即可保存文档，或单击"常用"工具栏上的"保存"按钮📙，若是第一次操作保存文档时，会打开一个"另存为"对话框，如图 3.8 所示。用户应选择文件位置和输入文件名，单击"保存"即可。

图 3.8　文档"另存为"对话框

② 保存已有文档。对已经保存过的文档修改后再单击"保存"按钮📙。若修改后的文档单独另存可单击"文件"菜单中"另存为"命令，打开"另存为"对话框，如图 3.8 所示。选择保存位置输入新的文件名，单击"保存"即可。

③ 设置保存位置。在默认的情况下 Word 2003 会将用户文档保存在"我的文档"中，倘若需将工作文档保存在磁盘的某一固定文件夹中，可将 Word 2003 的默认保存位置改成指定的文件夹。单击"工具"菜单中"选项"命令，打开"选项"对话框中选择"文件位置"选项卡，然后在列表中双击"文档"项目选择指定保存的路径，单击"修改"即可。单击"确定"退出，如图 3.9 所示。

④ 自动保存文档。Word 2003 每隔一定时间就会自动地保存一次文档。系统默认时间是 10 分钟，用户可以自己修改间隔时间。单击"工具"菜单中"选项"命令，打开"选项"对话框，再打开"保存"选项卡，选中"保存选项"组中的"自动保存时间间隔"复选框，微调框中输入每次保存的间隔时间，单击"确定"即可，如图 3.10 所示。注意这种自动保存文档前提必须是已经被保存过文档。

图 3.9　保存位置设置对话框

图 3.10　自动保存时间间隔的设置

⑤ Ctrl+S 键保存文档,用户除使用菜单命令保存文档外,还可在编辑过程中随时使用 Ctrl+S 组合键来快速保存文档,有效地防止意外情况发生。

3. 打开文档

对于一个已经存在的文档,可以采用如下 3 种方式打开文档。

① 利用"文件"菜单,单击"文件"菜单中"打开"命令,在对话框中"文件类型"下拉列表框中选择"Word 文档(* .doc)",在对话框的"查找范围"下拉列表框中,选择该文档所在的路径,在文件列表中,单击该文档名,单击"打开"按钮即可,如图 3.11 所示。

图 3.11　文档"打开"对话框

② 利用"常用"工具栏上的"打开"按钮,单击"常用"工具栏上的"打开"按钮,同样可以打开"打开"对话框,然后按照第一种利用菜单打开文件的方法操作即可。

③ 直接打开,若 Word 2003 文档文件已经存在,则可在文件所在位置直接双击文件

图标即可打开文档。

4. 文档视图显示方式

Word 2003 提供了多种文档视图的显示方式,包括"普通"视图、"Web 版式"视图、"页面"视图、"大纲"视图、"文档结构图"视图和"阅读版式"视图。满足用户在不同情况下编辑、查看文档效果的需要,比较相关文档的并排比较功能等。

①"普通"视图适合于文字的录入工作。用户可在该视图方式下进行文字的录入及编辑工作,并对文字格式进行编排。显示文本格式简化了页面的布局,所以可以便捷地进行一般的文字编辑。在普通视图中不显示编辑页边距、页眉、页脚、背景、图形等对象。单击"视图"菜单中"普通"命令或单击视图切换按钮 ≡ 均可切换到普通视图方式,如图 3.12 所示。

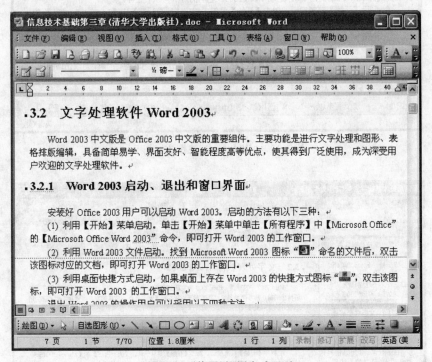

图 3.12 "普通"视图方式显示

②"Web 版式"视图是 Word 2003 有较强的 Web 页编辑功能,网页的编辑与普通文档的编辑存在一些不同,Word 2003 的 Web 版式视图方式就是用来编辑简单网页的。只有在 Web 版式视图中,用户才能完整地显示所编辑的网页效果。单击"视图"菜单中"Web 版式"命令或单击视图切换按钮 ,如图 3.13 所示。

③"页面"视图是按照用户设置的页面大小进行显示的视图方式,是 Word 2003 的默认视图,页面视图的显示效果与打印效果完全一致。在"页面"视图中可以编辑各种对象,比如文本、图片、页眉、页脚和页码等。单击"视图"菜单中"页面"命令或单击视图切换按钮 ,如图 3.14 所示。

④"大纲"视图是适合于较多层次的文档或具有多重标题的文档,"大纲"视图将所有

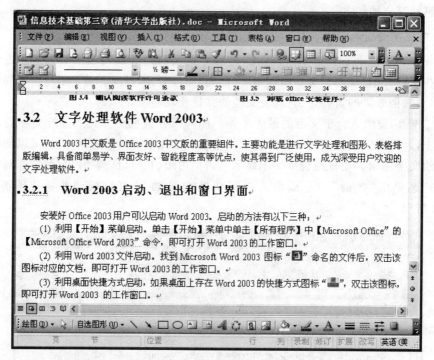

图 3.13 "Web 版式"视图方式显示

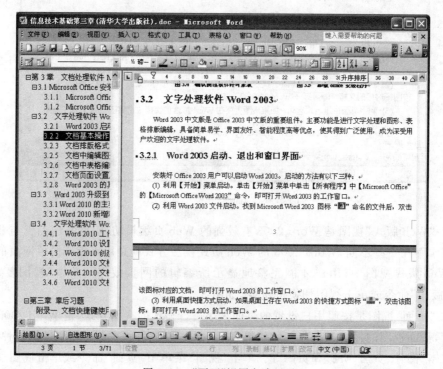

图 3.14 "页面"视图方式显示

的标题分级显示出来，层次分明。在"大纲"视图方式下通过标题的操作，改变文档的层次结构，即用户可以将正文或标题"提升"到更高的级别或"降低"到更低的级别，使用"大纲"工具栏上的"提升"按钮 和"降低"按钮 。还可以在"显示级别"下拉列表框中选择在"大纲"中显示文档的各个大纲级别的内容。单击"视图"菜单中"大纲"命令或单击视图切换按钮 ，如图 3.15 所示。

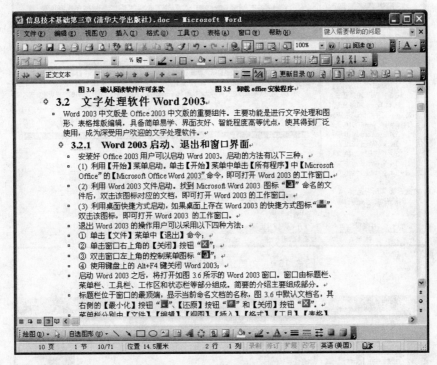

图 3.15　"大纲"视图方式显示

⑤ "文档结构图"视图是用来显示文档结构，它在窗口中显示为一个独立的窗格。"文档结构图"是以文档标题列表的形式来显示文档结构的，单击某个标题，即可直接转到该标题对应的页面，从而实现对整个文档的快速浏览。单击"视图"菜单中"文档结构图"命令，即可打开"文档结构图"，如图 3.16 所示。

⑥ "阅读版式"视图是 Word 2003 新增加的一种视图，是专门用来阅读文档的视图，在这种视图下阅读文档，可以更方便快捷地在屏幕上阅读。在"阅读版式"视图下，Word 2003 会隐藏除"阅读版式"和"审阅"工具栏以外的所有工具栏，从而使窗口工作区中显示最多的内容。注意，"阅读版式"视图的用途不是编写文档，而是阅读长文本文档。单击"视图"菜单中"阅读版式"命令或单击视图切换按钮，如图 3.17 所示。

5. 编辑文本

启动 Word 2003 空白文档，文本录入、选定后可对文本进行插入、复制、粘贴、剪切与删除等操作。

（1）输入文本

启动 Word 2003 空白文档，在新文档窗口内光标闪烁的位置即文本的插入点。在输

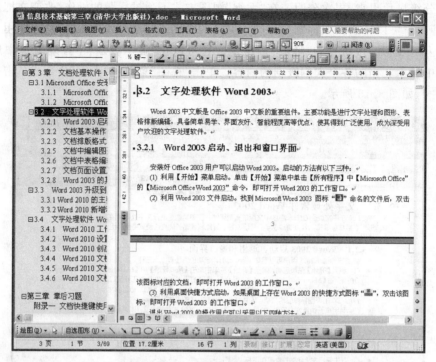

图 3.16　"文档结构图"视图方式显示

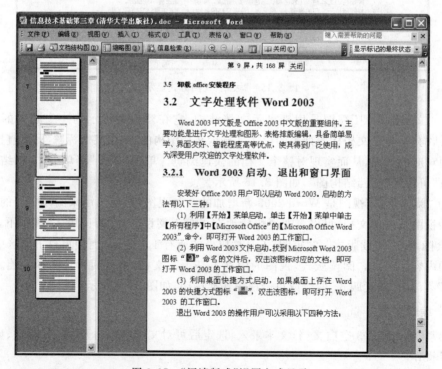

图 3.17　"阅读版式"视图方式显示

入文档的过程中,可通过鼠标的单击或双击,将光标定位到文档中的任意位置来进行输入操作。文本输入到达右边界时,下面输入的文本会随光标的移动而自动转至下一行。在文本输入段落结束时,需按 Enter 键换行,输入文档时有两种工作状态即"改写"和"插入"。在"改写"状态下,输入的文本将覆盖光标右侧的原有内容,而在"插入"状态下将直接在光标处插入输入的文本,原有内容依次右移。按 Insert 键或双击状态栏右侧的"改写"标记,可切换"改写"与"插入"状态。可用 Ctrl＋空格键切换中英文输入法,用 Ctrl＋ Shift 键可以在英文和各种中文输入法之间切换。

在 Word 2003 文档中经常要插入字符(运算符号、单位符号和数字序号等)。在 Word 2003 文档中确定插入点的位置,单击"插入"菜单中"符号"命令,或右击插入点,在快捷菜单中选择"符号"命令,打开"符号"对话框从中选取符号插入,也可以通过中文输入法提供的软键盘输入一些特殊符号,如图 3.18 所示。

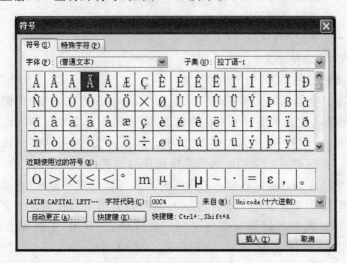

图 3.18　插入字符窗口

(2) 选定文本

编辑文本时要对某一段文本进行删除、复制以及字体、字号的设置等操作,必须先选定操作对象。如果想选定词或词组,将鼠标指针移到这个词或词组的任何地方,双击即可选定。使用拖曳鼠标的方式可选定文本中的任意部分,在要选定文本的第一个字符处按住鼠标左键,拖曳鼠标到选定文本的最后一个字符处,释放鼠标,此时鼠标指针经过的文本将被选中。

选定文本的一行或连续多行时,将鼠标指针移动到该行页面左边距区域内,当鼠标指针变成指向右上方的箭头形状时单击该行。将鼠标指针移动到该行页面右边距区域内,当鼠标指针变成指向左上方的箭头形状时,按下鼠标左键不放,向下或向上拖动鼠标,就可选定多行文本。

选定一个或多个连续的段落时,将鼠标指针移动到要选定段落的页面左边距区域内,当鼠标指针变成指向右上方的箭头形状时双击,即可选定整个段落。将鼠标指针移动到要选定段落的页面右边距区域内,当鼠标指针变成指向左上方的箭头形状时,按下鼠标左键不放,向下或向上拖动鼠标,就可选择多个段落。

选定全部文档时,将鼠标指针移动到文档中任意行的页面左边距区域内,当鼠标指针变成指向右上方的箭头形状时单击鼠标左键三下,或按 Ctrl＋A 键可以选定全部文档。选定相邻的文本时先将光标定位在要选定文本的起始位置,然后移动鼠标到要选定文本的末端位置,按下 Shift 键在末端位置处单击鼠标即可。在选定不同文本之前按住 Ctrl 键即可选定不相邻的文本。

选定矩形文本时,将鼠标指针移动到要选定文本的起始位置处,按住 Alt 键再拖动鼠标到终止位置处即可。使用键盘选定文本首先将插入点定位到要选定文本的开始位置,再使用下面的组合键选取:

- Shift＋↑:选定光标所在位置向前的一行文本。
- Shift＋↓:选定光标所在位置向后的一行文本。
- Shift＋→:选定当前行右侧文本。
- Shift＋←:选定当前行左侧文本。
- Ctrl＋A:选定整个文档。

(3) 插入、复制与粘贴、剪切与删除文本

① 插入文本。当插入的文本不是独立的文档,则在插入状态下,直接在插入点处输入即可。如果要插入的文本是一个独立的文档,需将鼠标单击定位插入点位置,单击"插入"菜单中"文件"命令,打开"插入文件"对话框,在"插入文件"对话框中选择所要插入的文档,单击"插入"按钮即可把文档插入到光标所在的位置。

② 复制与粘贴文本。复制已输入的内容时无需每次都重复输入,可通过拖动鼠标的方法来复制文本,选定要复制的文本,按住 Ctrl 键,同时用鼠标将选定的文本拖曳到要复制的位置,然后释放鼠标左键即可实现复制。也可单击"常用"工具栏上的"复制"按钮，或单击"编辑"菜单中"复制"命令,也可以按 Ctrl＋C 键。粘贴可单击"常用"工具栏上的"粘贴"按钮，或单击"编辑"菜单中"粘贴"命令,也可以按 Ctrl＋V 键。

③ 剪贴板。通过"视图"菜单中"任务窗格"命令启动任务窗格中选择"剪贴板"。连续两次使用复制命令,Word 2003 将会自动打开"剪贴板"。"剪贴板"最多可以存放 24 次的复制内容,可以根据需要选择不同的内容进行粘贴,并且可以实现多次粘贴,或者全部粘贴。删除"剪贴板"内容,则可以使用"剪贴板"中的"全部清空"命令清除全部内容,如图 3.19 所示。

图 3.19　"剪贴板"窗口

④ 剪切、删除文本。需要把一段文本移动到另外一个位置,或者需要删除一段文本,则可以使用文本的剪切与删除。文本的剪切命令与粘贴命令配合使用,则可以实现把一段文本移动到另外一个位置上。先选定需要移动的文本,单击"常用"工具栏上的"剪切"按钮，或单击"编辑"菜单中"剪切"命令,也可以按 Ctrl＋X 键。把光标移动到要插入文本的位置,然后单击"常用"工具栏上的"粘贴"按钮,或单击"编辑"菜单中"粘贴"命令或按 Ctrl＋V 键。使用 F2 功能键也

可以实现移动文本,在选好要移动的文本以后,按 F2 功能键,此时在状态栏的最左边将会显示"移至何处"的文字,然后再到要移入的目标位置处单击鼠标左键,这时光标变为一条垂直的虚线,按 Enter 键即可完成所选文本的移动。把鼠标指针移到所选文本上,当鼠标变为空心指针时拖曳文本到要移动的位置,释放鼠标左键即可实现移动。

删除文本的方法可用 BackSpace 键来删除光标左侧的文本,用 Delete 键来删除光标右侧的文本。当要删除大段文字或多个段落时,则需要先选定要删除的文本,然后单击"编辑"菜单中"清除"命令,也可按 Delete 键或 BackSpace 键。

(4) 查找与替换文本

Word 2003 为用户提供的查找和替换功能可以很方便地查找某个字或词,或者是把多处相同的字或词替换成另外的字或词,还可以实现查找和替换指定格式、段落标记、图形之类的特定项,以及使用通配符查找等。

查找文本功能可以帮助用户找到指定的文本以及这个文本所在的位置。单击"编辑"菜单中"查找"命令或按 Ctrl＋F 键,打开"查找和替换"对话框的"查找"选项卡,在"查找内容"下拉列表框内输入要查找的文本,单击"查找下一处"按钮,Word 2003 即开始查找文本。当 Word 2003 找到第 1 处要查找的文本时,就会停下来,并把找到的文本反白显示。再次单击"查找下一处"按钮可继续查找。按 Esc 键或单击"取消"按钮,可取消正在进行的查找操作并关闭此对话框。Word 2003 的查找范围可通过单击"高级"命令按钮打开"搜索选项"。在"搜索"下拉列表中选择从光标当前位置开始的"全部"、"向上"、"向下"三种搜索范围,如图 3.20 所示。

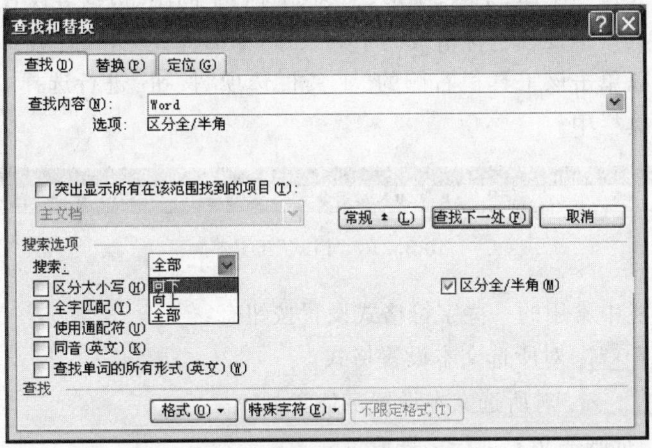

图 3.20 "查找和替换"对话框

搜索选项中提供了丰富的选择,根据需要选择相应的选项进行查找条件的限定,如"使用通配符"、"区分大小写"、"区分全中半角"等,还可以单击"格式"命令按钮实现"字体"、"字号"、"格式"等的条件限定。

替换文本功能是用新文本替换文档中的指定文本,单击"编辑"菜单中"替换"命令,或按 Ctrl＋H 键,打开"查找和替换"对话框"替换"选项卡。在"查找内容"下拉列表框中输入要查找的文本。在"替换为"下拉列表框中输入替换文字文本,可单击"高级"按钮,然后设置所需的选项。单击"查找下一处"按钮或"替换"按钮，Word 2003 开始查找要替换的文本，找到后会选中该文本并反白显示。如果替换，可以单击"替换"按钮；如果不想替换，可以单击"查找下一处"按钮继续查找。如果单击"全部替换"按钮，Word 2003 将自动替换所有需要替换的文本。按 Esc 键或单击"取消"按钮，则可以取消正在进行的查找、替换操作并关闭此对话框。

（5）撤销与恢复文本

在文档的编辑过程中，可以使用撤销和恢复功能撤销以前的操作，或恢复前面的撤销。

撤销操作时单击"编辑"菜单中"撤销"命令或单击"常用"工具栏中的"撤销"按钮，即可恢复上一次的操作。单击"撤销"按钮右侧的下拉按钮，可以从弹出的下拉列表中选择要撤销的多次操作。

恢复操作时单击"编辑"菜单中"恢复"命令或单击"常用"工具栏中的"恢复"按钮，即可恢复上一次的撤销操作。如果撤销操作执行过多次，也可单击"恢复"按钮右侧的下拉按钮，在弹出的下拉列表中选择恢复撤销过的多次操作。

3.2.3　文档排版格式

文档的版面包括字体、字号、字形以及段落的缩进、间距等格式。

1. 字符格式

字符格式主要包括字体、字号、字形、上标、下标、字间距、边框等设置。在 Word 2003 窗口的"格式"工具栏中设置字符格式的工具按钮，如图 3.21 所示。若工具栏中的工具按钮不完全显示可以单击该工具栏右侧的"工具栏选项"按钮进行选择，被选中的按钮会自动显示到该工具栏中。

图 3.21　"格式"工具栏

"格式"工具栏中常用的一些字符格式设置按钮有：

① 正文 + 首行：对所选文本设置格式。

② 宋体：对所选文本设置字体。

③ 五号：对所选文本进行字号设置。

④ **B**：对所选文字设置粗体或取消粗体。

⑤ *I*：对所选文字设置斜体或取消斜体。

⑥ **U**：对所选文字设置下划线或取消下划线。

⑦ **A**：对所选文本设置边框或取消边框。

⑧ **A**：对所选文本设置底纹或取消底纹。

利用"字体"对话框进行字符格式设置，首先选定需要设置的文本，单击"格式"菜单中"字体"命令，打开"字体"对话框，如图 3.22 所示。在该对话框的"字体"选项卡中可以对选中文本的"字体"、"字号"、"颜色"、"上标"、"下标"、"下划线"、"着重号"等进行设置。在该对话框的"字符间距"选项卡中可以对选中文本的字符间距、字符缩放比例和字符位置进行设置。在该对话框的"文字效果"选项卡中可以为选中文本设置动态效果,注意这些效果只能在屏幕上显示,并不能打印出来。

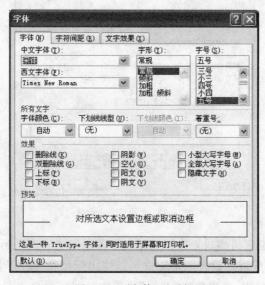

图 3.22　"字体"对话框

　　设置默认字体是依据用户需要设置字符格式"中文字体"、"西文字体"、"字形"、"字号"、"效果"以及"字符间距"和"文字效果"等选项卡设置相关内容,设置完成后单击对话框下方的"默认"按钮,在弹出的提示框中单击"是"按钮以后再启动 Word 2003 时,就可以使用用户定义的默认字体格式。

2. 段落格式及中文版式

　　Word 2003 中的段落是指两个段落标记(即回车符"↵")之间的文本内容,作为一个独立的排版单位,设置相应的格式。段落格式主要包括对齐方式、缩进、行间距和段间距等。

　　在设置段落格式时,首先把光标置于要设置的段落中任意位置上,再进行设置操作段落对齐方式,包括两端对齐(默认设置,两端对齐时文本左右两端均对齐,但是段落最后不满一行的文字,其右边是不对齐的)、居中对齐(文本居中排列)、左对齐(文本的左边对齐,右边参差不齐)、右对齐(文本的右边对齐,左边参差不齐)、分散对齐(文本左右两边均对齐,而且每个段落的最后一行不满一行时,将拉开字符间距使该行均匀分布)。设置时可单击"格式"工具栏中的■、▤、▤、▤按钮,也可单击"格式"菜单中"段落"命令,打开"段落"对话框,如图 3.23 所示。在打开的对话框中单击"缩进和间距"选项卡,在"常规"选项组内的"对齐方式"下拉列表框中选择各种对齐方式。

　　行间距是指段落中行与行之间的距离,段间距是指段落与段落之间的距离。打开"段落"对话框,选择"缩进和间距"选项卡,在"间距"选项组中,"段前"和"段后"两个微调框用于设置段前的间距和段后的间距,通常只需设置其中一个。"行距"下拉列表框和"设置值"微调框用来设置各种行距。

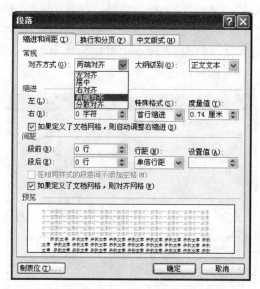

图 3.23 "段落"对话框

段落的缩进是指段落两侧与页边距的距离。段落缩进有四种形式,分别是首行缩进、悬挂缩进、左缩进和右缩进。设置段落缩进可以使用标尺和"段落"对话框两种方法。

在 Word 2003 窗口中,可以单击"视图"菜单中"标尺"命令来显示或隐藏标尺。在水平标尺上有几个和段落缩进有关的游标分别为"左缩进"、"悬挂缩进"、"首行缩进"、"右缩进",如图 3.24 所示。

图 3.24 水平标尺

首行缩进游标可以设置段落的第一行第一个字的起始位置;悬挂缩进游标可以设置段落中除首行以外的其他行的起始位置;左缩进游标可以设置段落左边界缩进位置;右缩进游标可以设置段落右边界缩进位置。根据需要用鼠标移动相应的游标即可。在图 3.23 所示的"段落"对话框中选择"缩进和间距"选项卡,在"缩进"选项组中,"左"微调框用于设置左端的缩进;"右"微调框用于设置右端缩进。在"特殊格式"下拉列表框中有"无"、"首行缩进"、"悬挂缩进"3 个选项中,"首行缩进"用于设置首行缩进,"悬挂缩进"选项用于设置悬挂缩进,"无"选项用于设置不缩进;"度量值"微调框用于精确设置缩进量。注意"段落"对话框中的各度量单位,如默认的缩进单位为"字符"、度量值单位为"厘米"、段前中段后间距单位为"行"等,当需要改变单位时可直接书写汉字的单位即可。

在 Word 2003 文档中输入的汉字与英文字母、数字之间,一般都存在一小段间隔,无法删除或者调整大小,其实这是 Word 2003 默认启用的一个功能,可以将它关闭。首先按 Ctrl+A 键选定全部文档,选择菜单中的"格式"菜单中"段落",在弹出的"段落"窗口中,选择"中文版式"选项卡,如图 3.25 所示。去掉其中"自动调整中文与数字间距"和"自动调整中文与西文的间距"两个选项前面的对钩即可。

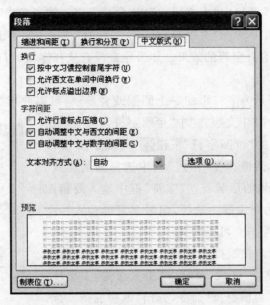

图 3.25　段落中的"中文版式"

中文版式提供了拼音指南、合并字符、带圈字符、纵横混排和双行合一等功能。中文版式的菜单命令在"格式"菜单的"中文版式"下。

① 拼音指南是对文档加上汉语拼音,首先选定要标注拼音的文字,单击"格式"菜单中"中文版式"中"拼音指南",或者单击"其他格式"工具栏中的"拼音指南"按钮,出现如图 3.26 所示的"拼音指南"对话框。在"基准文字"框中显示被选定的文字,在"拼音文字"框中输入每个文字对应的拼音。在"对齐方式"列表框中选择文字的对齐方式,一般选择居中效果较好;在"字体"和"字号"列表框中分别选择字体和字体的大小。完成后在文档显示的文字就如"预览"框中所示的效果,该拼音文字已是一个域,如果要修改,可以选中要修改的拼音文字,然后单击工具栏中的"拼音指南"按钮即可。最后,可以得到" 中文^{zhōng wén}版式^{bǎn shì}",完成拼音的标注。

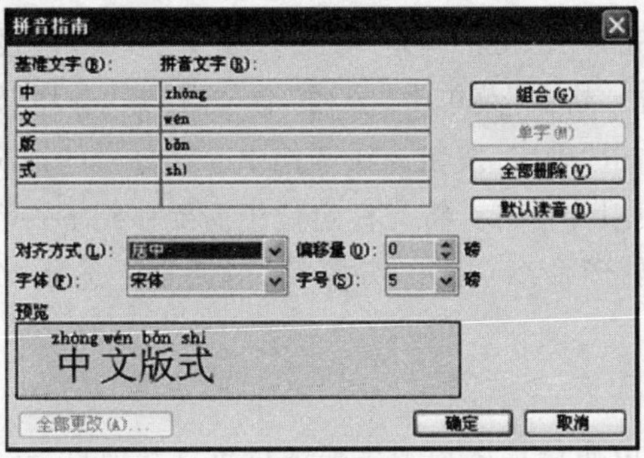

图 3.26　"拼音指南"对话框

② 合并字符指将选定的多个字或字符组合为一个字符。选定要合并的字符（最多为6 个汉字），单击"格式"菜单中"中文版式"中"合并字符"，或者单击"其他格式"工具栏中的"合并字符"按钮，出现"合并字符"对话框。此时，选定的文字出现在"字符"框中，在右边的预览框中显示合并字符的效果。如果原来没有选择字符，可以在"字符"后面输入要合并的字符。

③ 创建带圈字符是为字符添加一个圆圈或者菱形，可以使用"带圈字符"功能来创建。单击"格式"菜单中"中文版式"中"带圈字符"，或者单击"其他格式"工具栏中的"带圈字符"按钮，出现如图 3.27所示的"带圈字符"对话框。在"样式"框中选择圈的样式。在"圈号"框中选择圈号的形状。在"字符"框中输入要带圈的字符，也可在下面的列表框中选择，但最多只能输入一个中文字符或两个英文字符。可得到"㊣"。

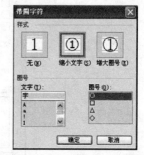

图 3.27　"带圈字符"对话框

④ 纵横混排使用户在编排文档时十分灵活。首先选定要混排的语句，然后单击"格式"菜单中"中文版式"菜单项，再从级联菜单中选择"纵横混排"命令，弹出"纵横混排"对话框，注意不要选中"适应行宽"前面的复选框，否则横排的汉字就缩为一行，变得不可辨认了。除非字号较大，横排的字数较少，才可以选中"适应行宽"前面的复选框。

⑤ 双行合一是 Word 2003 中可以直接把一句语句排成两行，然后放在一行中编排。选定要排成两行的语句，单击菜单栏中的"格式"菜单中"中文版式"中"双行合一"菜单项，弹出"双行合一"对话框。要在双行字符前面加上括号，可以选中"带括号"复选框，然后在"括号类型"后面的下拉列表框中选择括号的类型，包括小括号、方括号、中括号和大括号四种类型。

3. 文档分隔符及分栏符

Word 2003 提供的分隔符有分页符、分栏符和分节符 3 种。分页符用于分隔页面，分栏符用于分栏排版，而分节符则用于章节之间的分隔。

Word 2003 中可以将文档并排分成几栏，单击"格式"菜单中"分栏"命令，打开"分栏"对话框，如图 3.28 所示。在该对话框中可以设置分栏数、栏宽、两栏之间的间距，以及是否需要分隔线等。设置完毕后单击"确定"按钮。如果要取消已设置的分栏，选定需要取消分栏版式的文本。单击"格式"菜单中"分栏"命令，打开"分栏"对话框。单击"预设"选项组中的"一栏"板式，单击"确定"按钮。在文档中存在分栏的情况下，如果想使某一段移到下一个分栏时，可以使用分栏符。将光标定位于需要移到下一个分栏段落的起始位置，单击"插入"菜单中"分隔符"命令，打开"分隔符"对话框。选择"分栏符"单选按钮，单击"确定"按钮即可。

4. 项目符号和编号

在 Word 2003 中可以快速地给列表添加项目符号和编号，项目编号可使文档条理清楚和重点突出，提高文档编辑速度，使文档更有层次感，易于阅读和理解。设置"项目符号

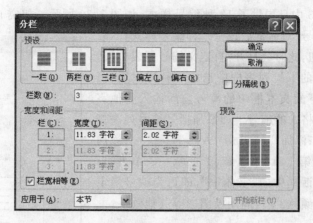

图 3.28 "分栏"对话框

和编号"需使用"格式"工具栏中的按钮 ≡ 或 ≡ 快速地为文本行添加项目符号或编号,也可使用"格式"工具栏中的按钮添加项目符号。选定需要添加项目符号的文本,单击"格式"工具栏中的"项目符号"按钮 ≡,添加编号的操作步骤与添加项目符号类似,先选定文本,再单击"格式"工具栏中的"编号"按钮 ≡ 即可。

使用"项目符号和编号"对话框设置项目符号,先选定需要添加项目符号的文本,单击"格式"菜单中"项目符号和编号"命令,打开"项目符号和编号"对话框,选择"项目符号"选项卡,如图 3.29 所示,在"项目符号"选项卡中选择所需的项目符号类型,如果在该对话框中找不到用户所需的项目符号,则可单击"自定义"按钮,打开"自定义项目符号列表",完成设置后,单击"确定"按钮。

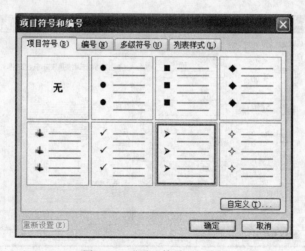

图 3.29 "项目符号"选项卡

删除(取消)文档中的编号可按两次 Enter 键,后续段落自动取消编号(不过同时也插入了多余的两行空行),将光标移到编号和正文间按 Backspace 键可删除行首编号。选定(或将光标移到)要取消编号的一个或多个段落,再单击"编号"按钮。

在 Word 2003 中只提供了 13 种编号样式,如图 3.30 所示。如需自定义样式,可打开"项目符号和编号"对话框后选中一种编号样式,然后单击"自定义"按钮,此时会打开"自定义编号列表"对话框,在"编号样式"的下拉列表框中选中一种样式后,可以在"编号格式"下的文本框中的编号前后输入其他字符,从而构成各种格式的编号。如添加括号编号列表变成(1)、(2)、(3)…;添加"-"变成-A、-B、-C…;添加"第、章"两字变成第 1 章、第 2 章、第 3 章…。单击"自定义编号列表"对话框中的"字体…",即可为编号指定字体、字形、字号、颜色、字符间距及阴影等其他效果。

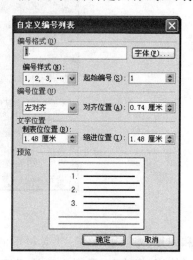

图 3.30 "自定义编号列表"对话框

5. 边框和底纹

使用"格式"工具栏中"字符边框"和"字符底纹"按钮设置字符边框和底纹,如果设置选中文档或整篇文档的边框和底纹,就要使用"格式"菜单中"边框和底纹"命令。

文本边框用于设置选定文本的边框样式。选定要加边框的文本,单击"格式"菜单中"边框和底纹"命令,打开"边框和底纹"对话框,选择"边框"选项卡,如图 3.31 所示,从"设置"选项组的"无"、"方框"、"阴影"、"三维"和"自定义"5 种类型中选择需要的边框类型;从"线型"下拉列表框中选择边框线的线型;从"颜色"下拉列表框中选择边框框线的颜色;从"宽度"下拉列表框中选择边框框线的线宽;如果在"设置"选项组中选择"自定义"选项,则在"预览"框中还应选择文本添加边框的位置。

图 3.31 "边框"选项卡

页面边框用于设置整页的边框样式。页面边框是在"边框和底纹"对话框中,选择"页面边框"选项卡,如图 3.32 所示,其设置方法与设置文本边框相类似,只是多了一个"艺术型"下拉列表框,用来设置具有艺术效果的边框。

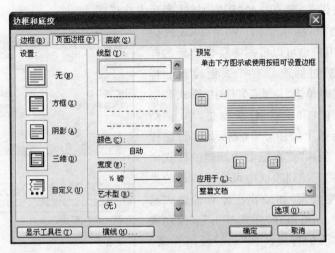

图 3.32 "页面边框"选项卡

设置段落底纹是在"边框和底纹"对话框中,选择"底纹"选项卡,在该选项卡中包含"填充"和"图案"选项组,分别用来设置底纹颜色和底纹样式,如图 3.33 所示,在"应用于"下拉列表中包含文字和段落两个选项,如果设置文本底纹,必须先选定该文本,如果设置段落底纹,光标必须置于该段落内。

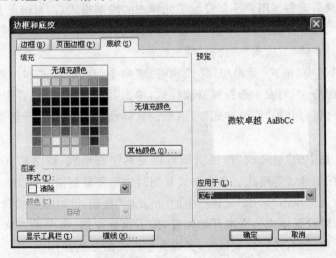

图 3.33 "底纹"选项卡

6. 样式与格式刷

样式是字体、字号和缩进等格式设置的组合。在 Word 2003 中为用户提供了多种标准样式,因此用户可以方便地使用已有样式对文档进行格式设置。对文本应用样式时选定需要应用样式的文本,或将光标定位于文档中需要应用样式的段落中。单击"格式"工具栏中的"样式"下拉按钮,从打开的下拉列表中选择要应用的样式;也可以在"样式和格式"任务窗格的"请选择要应用的格式"列表中单击应用的格式样式。"样式"下拉列表中,带有符号"↵"的样式表示段落样式,带有符号"a"的样式表示字符样式,带有符号"☰"

的样式表示列表样式,带有符号"田"的样式表示表格样式。

在编辑文档时,除了使用 Word 2003 提供的标准样式外,用户也可以根据需要创建新的样式,同时也可以通过修改原有样式创建新的样式。创建新样式时单击"格式"菜单中"样式和格式"命令,打开"样式和格式"任务窗格,单击"新样式"按钮,将会弹出如图 3.34 所示的"新建样式"对话框。在"名称"文本框中为新建的样式命名,在"样式类型"下拉列表框中可选择样式的类型如"段落"或"字符"。如果要在原有的样式基础上新建或更改,则可以在"样式基于"下拉列表框中选择一种需要的样式。在"后续段落样式"下拉列表框中选择一种后续段落要应用的样式。在"格式"选项区中选择新样式的格式,若选中"添加到模板"复选框,则可将样式添加到活动文档附加的模板中,那么该样式即可用于基于该模

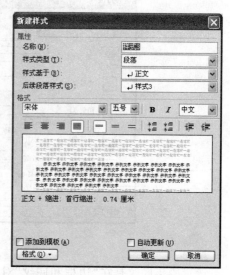

图 3.34 "新建样式"对话框

板的新建文档中,若取消选择此复选框,则只将该样式添加到活动文档中。如果用户选中"自动更新"复选框,则每当用户手动设置了此样式的段落格式后,系统就会自动更新活动文档中使用此样式的所用段落。单击"格式"按钮将打开一个下拉菜单,使用该下拉菜单可以设置样式的"字体"、"段落"、"边框"等。

修改样式时单击"格式"菜单中"样式和格式"命令,打开"样式和格式"任务窗格,在"请选择要应用的格式"列表中选择要修改样式,单击其右侧的按钮,弹出一个下拉列表,单击"修改"命令,将打开的"修改样式"对话框。具体设置方法类似于创建新样式的设置过程。

"常用"工具栏中的"格式刷"按钮✍既可以复制字符格式、段落格式,也可以复制项目符号和编号、标题样式等格式。文本格式复制时选定要复制格式的文本,或将光标置于该文本中任意位置。单击"常用"工具栏中的"格式刷"按钮,此时鼠标指针变为刷子形状。将鼠标指针指向要设置格式的文本开始位置,按下鼠标左键,拖曳到该文本结束位置,此时目标文本呈反相显示,然后释放鼠标,完成文本格式的复制操作。

如果要复制格式到多个目标文本上,则需双击"格式刷"按钮,然后逐个复制,全部复制完毕后,再次单击"格式刷"按钮或按 Esc 键,结束格式复制。

7. 公式

Word 2003 提供的编辑公式功能可以编辑任何数学公式。将光标定位到要插入数学公式的位置,单击"插入"菜单中"对象"命令,打开"对象"对话框,单击"新建"选项卡,在选项卡的"对象类型"列表框中选择"Microsoft 公式 3.0"选项,如图 3.35 所示。单击"确定"按钮,启动数学公式编辑器,进入公式编辑窗口,其中有"公式"工具栏,如图 3.36 所示。在相应占位符位置输入所需表达式。工具栏的上面一行提供了一系列的符号,下面

一行提供了一系列的工具模板,单击所需要的模板。"公式"工具栏中单击某个具体的数学符号,该符号就被填入到公式编辑区中。结合键盘输入其他字符,输入完毕后,单击"公式"工具栏中的公式编辑区以外的部分,可退出公式编辑状态。要对该公式进行修改,双击该公式即可。在输入公式时,"公式编辑器"会根据数学格式自动调整字体大小、间距和格式。在完成公式编辑后,单击"公式编辑器"以外的位置,即可返回文档,完成公式插入。

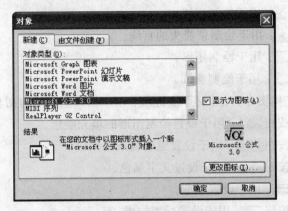

图 3.35　选择数学公式编辑器对象类型

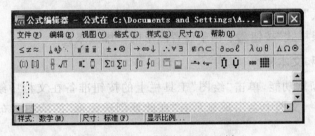

图 3.36　"公式编辑器"工具栏

3.2.4　文档中的图形编辑

Word 2003 具有强大的文字处理功能,同时还具有很强的图形处理功能,使 Word 2003 文档图文并茂,生动美观。本节主要介绍在 Word 2003 文档中插入各类图形、编辑图形以及图文混排等操作。

1. 图形的插入

在 Word 2003 中提供了一套强大的用于绘制图形的工具,用户可以方便地利用这些工具在文档中绘制出所需图形。要在 Word 2003 文档中使用绘图工具,首先要打开"绘图"工具栏。右击工具栏或菜单栏任意处,从弹出的快捷菜单中选择"绘图"命令,或者单击"常用"工具栏上的"绘图"按钮 ,将打开如图 3.37 所示的"绘图"工具栏。

图 3.37　"绘图"工具栏

"绘图"工具栏中的工具按钮是绘制图形和设置图形格式的便捷工具,其功能如下。

① "绘图"按钮 **绘图(D) ▾**:单击该按钮将打开一个菜单,提供调整绘制后图形的命令。

② "选择对象"按钮 ▸:用于选择单个或多个图形对象。

③ "自选图形"按钮 **自选图形(U) ▾**:单击该按钮将打开一个菜单,提供 Word 2003 已绘制好的一些基本图形。

④ "直线"按钮 ╲:用于绘制直线。

⑤ "箭头"按钮 ↘:用于绘制带箭头的直线。

⑥ "矩形"按钮 □:用于绘制矩形。

⑦ "椭圆"按钮 ◯:用于绘制椭圆。

⑧ "插入组织结构图和其他图标"按钮 🖧:用于插入组织结构图和其他图标。

⑨ "填充颜色"按钮 🖌 ▾:用于设置绘制图形的填充颜色。

⑩ "线条颜色"按钮 🖊 ▾:用于设置绘制线条的颜色。

⑪ "文字颜色"按钮 **A** ▾:用于设置文字颜色。

⑫ "线型"按钮 ☰:用于设置线型。

⑬ "虚线线型"按钮 ┅:用于设置线型的虚、实。

⑭ "箭头样式"按钮 ⇄:用于设置箭头的类型。

⑮ "阴影样式"按钮 ▧:用于设置图形的阴影类型。

⑯ "三维效果样式"按钮 ▱:用于设置图形的三维效果。

2. 绘图画布和文本框

绘图画布是新增功能,单击"绘图"工具栏上的按钮准备在文档中绘图时,将会弹出"绘图画布"工具栏,文档中会出现显示有"在此处创建图形"的绘图画布区域,如图 3.38 所示。

图 3.38 "绘图画布"界面及工具栏

"绘图画布"工具栏上的"调整"按钮 🞖 在绘图画布区域中绘制两个以上的图形时将会被激活。单击该按钮,绘图区域将会根据各个图形所在的位置关系自动调整大小。单击"扩大"按钮 ▣,绘图画布区域将会以一个固定的比例放大,单击一次放大一次。"缩放"按钮 用于手工调整绘图画布区域的大小。

"绘图画布"有两种缩放方式：一种是"绘图画布"的缩放不会影响画布内图形的大小和位置，这种情况是在"缩放"按钮未按下状态时，画布四周会有加粗的缩放点，当鼠标放在缩放点上时，鼠标指针将会发生变化，按下鼠标左键拖动鼠标，就可以缩放绘图画布的区域；另一种是"绘图画布"和画布内的图形成比例的缩放，这种情况是在"缩放"按钮按下时，此时绘图画布四周会有空心显示的缩放点，当鼠标放到缩放点上时，鼠标指针将会变为上下箭头的形状，按下鼠标不放拖动鼠标，就可以缩放绘图画布区域。

插入文本框时将光标置于需要插入文本框的位置，在"绘图"工具栏中单击"文本框"按钮 或 ；或者单击"插入"菜单中"文本框"中"横排"或"竖排"命令，在文本框编辑处显示绘图画布及其工具栏，同时鼠标指针变成 形状。按住鼠标左键并拖动鼠标，绘制出文本框，调整文本框的大小并将其拖动到合适位置，单击文本框内部的空白处，使光标闪动，然后输入文本，单击文本框以外的地方，退出文本框。

3. 插入图形

单击"绘图"工具栏中的"直线"、"箭头"、"矩形"和"椭圆"等按钮，此时出现绘图画布区域，将鼠标指针移动到工作区或者绘图画布区域中。当鼠标指针变成十字形状时定好图形的起点，按住鼠标左键同时拖动鼠标。当图形达到需要的大小时，释放鼠标，这时就可以绘制出需要的图形。要想绘制正方形或圆时，要在拖动鼠标的同时按住 Shift 键。

4. 图形设置

需要调整、设置插入的图形时，先单击选定该图形，图形周围会出现 8 个控制点，表明此图形已被选定。如果需要同时选定多个图形，可以先按住 Shift 键，然后依次对每个图形操作，使每个图形四周都出现 8 个控制点即可。取消选定只需在文本区域中，该选定图形以外的任意位置上单击鼠标即可。

设置填充效果时插入的图形可以填充颜色、图案、纹理或图片，这样做可以使图形增加美感。选定要设置填充的图形，单击"绘图"工具栏上的"填充颜色"按钮 右侧的三角按钮，弹出"填充色调色板"，从中可以填充颜色。如果没有需要的颜色可以单击"其他填充颜色"按钮，打开"颜色"对话框选择其他颜色；要想设置填充图案、纹理或图片时，单击"填充效果"按钮，打开"填充效果"对话框，如图 3.39所示给出"填充效果"对话框。

设置阴影和三维效果时图形的阴影和三维效果的设置是使用"绘图"工具栏上的"阴影样式"按钮 和"三维效果样式"按钮 来实现的。首先选定要设置的图形，然后单击相应按钮，在下拉菜单中选取需要的样式即可。

图 3.39　"填充效果"对话框

5. 自选图形

单击"绘图"工具栏中的"自选图形"按钮,会弹出一个下拉菜单,如图 3.40 所示。鼠标指向某一菜单项,就可以打开一类自选图形图标,比如鼠标指向"基本形状",将打开如图 3.40 所示的子菜单,单击某个图标就可以绘制出图形。

6. 插入图片文件

Word 2003 提供了两种图片的插入方法,一种是插入系统提供的剪贴画,另外一种是插入图片文件。将光标置于要插入图片的位置,单击"插入"→"图片"→"来自文件"命令,打开"插入图片"对话框,在该对话框中选择要插入的图片,单击"插入"按钮即可将图片插入到文档中指定的位置。

Word 2003 中提供了许多剪贴画,从剪辑库中将光标置于要插入图片的位置,单击"插入"→"图片"→"剪贴画"命令,打开"剪贴画"任务窗格,如图 3.41 所示,在任务窗格的"搜索文字"文本框中输入图片的名称,或者是某一类型的名称如"线"。也可以使"搜索文字"文本框中空白,打开"所有收藏集"下拉列表框,选择图片要搜索的位置,打开"结果类型"下拉列表框,选择搜索的媒体文件类型,指定搜索名称、位置和类型后,单击"搜索"按钮,在下面的预览列表框中会出现搜索结果。可从预览列表框中选择一张剪贴画,单击即可插入。

图 3.40　"自选图形"菜单

图 3.41　"剪贴画"任务窗格

插入剪贴画除了上面介绍的一般方法外,还可以利用 Word 2003 提供的剪辑管理器。先将光标置于要插入图片的位置,然后在"剪贴画"任务窗格中单击"管理剪辑"命令,将打开如图 3.42 所示的"Microsoft 剪辑管理器"窗口,在窗口左侧的"收藏集列表"中将展开收藏集列表,并选中某一收藏集,此时在窗口右侧将显示当前收藏集中的所有图片,最后将要插入的图片直接拖动到文件插入点位置即可。

图片插入到文档中之后,还需要对其进行编辑,比如调整图片的大小、位置和设置环绕方式等。在编辑图片时,需要启动"图片"工具栏,方法是单击"视图"→"工具栏"→"图片"命令。"图片"工具栏如图 3.43 所示。

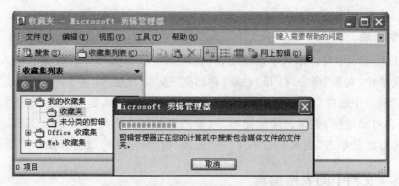

图 3.42 "Microsoft 剪辑管理器"界面

图 3.43 "图片"工具栏

7. 编辑艺术字

Word 2003 提供的艺术字是图形效果的文字,是浮动式的图形,对艺术字的编辑、格式化、排版与图形类似。插入艺术字时在"绘图"工具栏中单击"插入艺术字"按钮 ,打开"艺术字库"对话框。在其中选择所需的艺术字效果,再单击"确定"按钮,打开编辑"艺术字"文字对话框,如图 3.44 所示。在"文字"列表框中输入所需的文字。

图 3.44 "艺术字库"对话框

在"字体"下拉列表框中选择字体类型,在"字号"下拉列表框中选择文字大小,单击"加粗"按钮 **B** 可使文字变粗,单击"倾斜"按钮 **I** 可使文字倾斜。插入艺术字之后,如果用户要对所插入的艺术字进行修改、编辑或格式化,双击需要设置的艺术字,打开编辑"艺术字"对话框;也可以使用"艺术字"工具栏,选中要设置的艺术字,单击"视图"→"工具栏"→"艺术字"命令即可。艺术字被当做图片处理,所以图片能够设置的格式艺术字也同样适用。

8. 编辑图表

在 Word 2003 中可以插入 Excel 图表,直观地显示数据和分析数据。插入图表时单击"插入"菜单中"对象"命令,打开"对象"对话框,选择"新建"选项卡。在"新建"选项卡的"对象类型"列表中选择"Microsoft Graph 图表"选项,单击"确定"按钮。在数据表中修改数据,图表会自动改变,数据表修改完毕后,单击工作区空白处即可建立图表。插入图表的另外一种方法是单击"插入"→"图片"→"图表"命令,同样可以打开操作界面。

3.2.5 文档中的表格编辑

表格由一行或多行单元格组成,用于显示数字和其他项以便快速引用和分析。表格中的项被组织为行和列。通常把行和列交叉形成的小格子称为单元格,在单元格中可以输入文字或数据,同时也可以对单元格中的内容进行格式设置。表格在 Word 2003 文档中应用广泛,比如制作学生成绩单和个人简历表等。

1. 创建表格

使用"常用"工具栏上的"插入表格"按钮可以创建表格。首先要确定在文档中插入表格的位置,并将光标置于此处,单击按钮后,将鼠标指针指向网格,向右下方拖动鼠标,鼠标指针掠过的单元格将被选中。同时在网格底部提示栏显示选定表格的行数和列数。当达到预定所需的行数和列数后释放鼠标,就会在文本区中插入所需表格。

使用"表格和边框"工具栏创建的表格都是固定的格式,单击"表格"菜单中"绘制表格"命令,或单击"常用"工具栏上的"表格和边框"按钮,打开"表格和边框"工具栏,如图 3.45 所示。单击"绘制表格"按钮后,鼠标指针变为笔形状。这时就可以使用笔状鼠标绘制各种形状的表格。在绘制表格时,首先绘制外围框。将笔状鼠标指针移动到文本区内,按下鼠标左键拖动鼠标,会看到一个虚线框,拖动鼠标到适当的位置释放鼠标,就绘制出一个矩形,即表格的外围边框,然后在外围框内绘制表格的各行和各列。在需要画线位置按下鼠标左键,横向、纵向或斜向拖动鼠标,就可以绘制出表格的行线、列线或斜线。当绘制了不必要的框线时,可以单击"表格和边框"工具栏上的"擦除"按钮,此时鼠标指针变为橡皮形状。将橡皮形状的鼠标指针移动到要擦除的框线的一端时按下鼠标左键,然后拖动鼠标到框线的另一端再释放鼠标,即可删除该框线。

图 3.45 "表格和边框"工具栏

使用菜单创建表格时,表格是被作为插入对象来看待的,所以首先要先确定在文档中插入表格的位置,并将光标置于此处。单击"表格"菜单中"插入表格"命令,打开如图 3.46 所示对话框。在对话框中,可以通过"表格尺寸"选项组内的"列数"和"行数"微调框,分别设置所创建表格的列数和行数;通过"自动调整"操作选项组来设置表格的每列的宽度,默认选项是"固定列宽",默认值是"自动",即表格各列的宽度等于文本区宽度的均分,单击"确定"按钮,即可创建表格。

Word 2003 中可以使用逗号、制表符或其他分隔符。将文本转换成表格或将表格转换成文本。将表格转换为文本时,用分隔符标识文字分隔的位置,或在将文本转换为表格时,用其标识新行或新列的起始位置。在要划分列的位置插入所需的分隔符。选择要转换的文本,指向"表格"菜单中的"转换"子菜单,然后单击"将文本转换成表格"命令,如图 3.47 所示。在"文字分隔位置"下,单击所需的分隔符选项。选择其他所需选项,单击"确定"按钮。

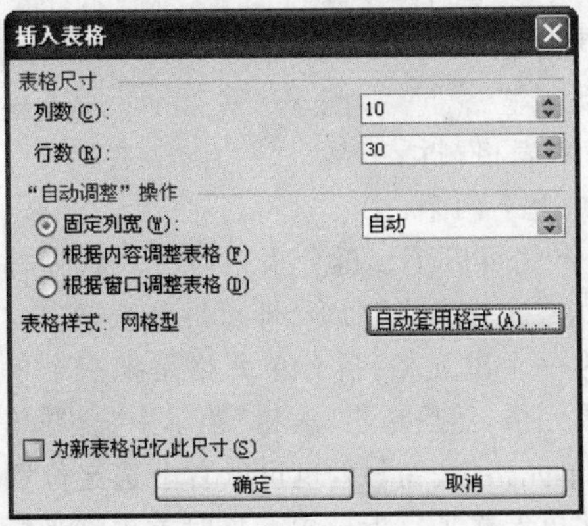

图 3.46　"插入表格"对话框 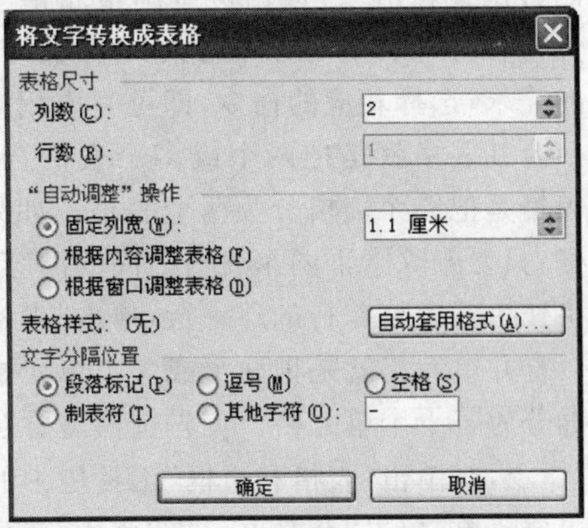　　　　图 3.47　"将文字转换成表格"对话框

也可以将表格转换为文字,选择要转换为段落的行或表格。指向"表格"菜单中的"转换"子菜单,然后单击"表格转换成文本"命令如图 3.48 所示。在"文字分隔符"下,单击所需的字符,作为替代列边框的分隔符,单击"确定"按钮。注意表格各行用段落标记进行分隔。

图 3.48　"表格和边框"
工具栏

2. 编辑表格

创建一个空表格之后,就需要在表格内输入内容。输入内容以单元格为单位,每输入完一个单元格。按 Tab 键,插入点会移到本行的下一个单元格,或者是下一行第一个单元格,也可以用鼠标直接定位插入点。当插入点到达表格中最后一个单元格时,再按 Tab 键,Word 2003 会为此表格自动添加一个空行。当在文档的开头插入了一张表格之后需要在表格前添加说明文字,那么在表格的第一行的左上角单元格中单击,然后按 Enter 键。

调整表格的行高和列宽,可以使用标尺或拖曳鼠标的方法来实现,使用标尺调整时首先选定要调整的行或列,或者将光标置于该行或列的任意位置。然后,将鼠标指针移动到对应的行或列的垂直标尺或水平标尺上,当鼠标指针变为垂直双向箭头或水平双向箭头形状时,在按住 Alt 键的同时按住鼠标左键,此时屏幕上会出现一条水平或垂直的虚线,在标尺上根据要调整的行高或列宽分别向所对应的方向拖动,这样就可以随意调整行高或列宽。

　　使用鼠标调整将鼠标指针置于要调整的行或列的边框上,当鼠标指针变为➡或⬅➡形状时拖曳鼠标,到达所需位置时释放鼠标即可实现行高或列宽的调整。

　　指定行高或列宽时要将行高或列宽更改为一个特定的值,单击列中的单元格。在"表格"菜单中,单击"表格属",然后单击"行"选项卡或"列"选项卡,选择所需选项。当出现表格的行高或列宽不一致的情况,可以使用自动调整功能,利用这一功能,可以方便地调整表格。首先选定要调整的表格或表格的若干行、列或单元格,单击"表格"菜单中"自动调整"命令,就会弹出如图 3.49 所示菜单,其中列出了"根据内容调整表格"、"根据窗口调整表格"、"固定列宽"、"平均分布各行"和"平均分布各列"5 个命令,用户可以根据自己的需求,选择相应的命令,即可完成相应的自动调整。

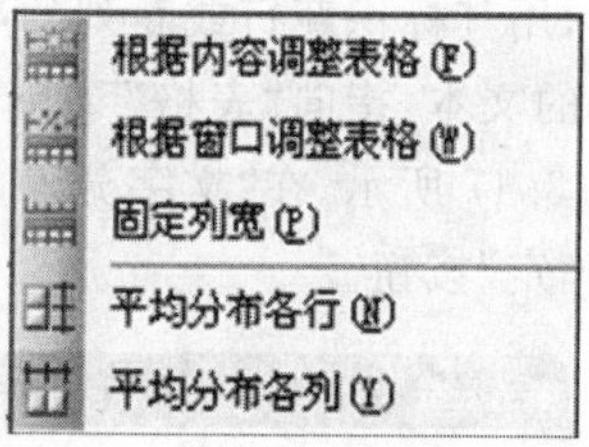

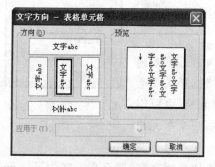

图 3.49　Word 2003 中表格"自动调整"命令

　　合并表格就是把两个或多个表格合并为一个表格;拆分表格是把一个表格分为两个表格。如果要合并上下两个表格,只要删除上下两个表格之间的内容或回车符就可以了。拆分表格时首先将光标置于将作为新表格首行的那一行,单击"表格"菜单中"拆分表格"命令,即可拆分表格。

　　合并单元格就是把两个或多个单元格合并为一个单元格;拆分单元格是把一个单元格拆分为若干个单元格。首先选择需要合并的单元格,然后单击"表格"菜单中"合并单元格"命令,或单击"表格和边框"工具栏中的"合并单元格"按钮▦,也可以右击选定位置打开快捷菜单,单击"合并单元格"命令,就可以合并单元格了。拆分单元格时首先将光标置于要拆分的单元格中,单击"表格"菜单中"拆分单元格"命令,或单击"表格和边框"工具栏中的"拆分单元格"按钮▦,也可以在需要拆分的单元格内右击打开快捷菜单,单击"拆分单元格"命令,就会弹出"拆分单元格"对话框,指定拆分行数和列数,单击"确定"按钮即可。

图 3.50　Word 2003 中"文字方向"对话框

　　表格的格式设置是将创建好的表格进一步美化和修饰。表格的格式设置与段落的格式设置很相似,可以设置底纹和边框,还可以套用预定义的格式修饰表格。表格文本的格式设置可以使用格式刷来进行格式设置,在"格式"菜单上,单击"文字方向"命令,如图 3.50 所示。单击所需的文字方向,将文字变为竖向后,再单击"常用"工具栏上的竖向居中按钮▮。Word 2003 是以单元格为基本单位来实现文字对齐的,将表格内所有单元格的文字实现居中时,选中整张表格(或选取要居中的单元格),单击"表格"菜单中"表格属性",或右击显示"表格属性",选择"单元格"选项卡。

　　设置表格边框和底纹时使用"表格和边框"工具栏中的工具按钮,可以方便地设置表格框线。单击"常用"工具栏中"表格和边框"按钮▦,显示"表格和边框"工具栏。可以在"表格和边框"工具栏的"线条"下拉列表框选择线条;在"细线"下拉列表框中选择框线的宽度;利用"边框颜色"按钮可以设置框线颜色;利用"底纹颜色"按钮可以设置表格底纹颜色。另外,还可以单击"边框颜色"按钮,打开"边框和底纹"对话框,同样对表格的边框和底纹进行设置。单击"表格"→"表格属性"→"表格"选项卡中边框和底纹,或者直接使用"格式"菜单中边框和底纹命令,显示"边框和底纹"对话框,如图 3.51 所示。

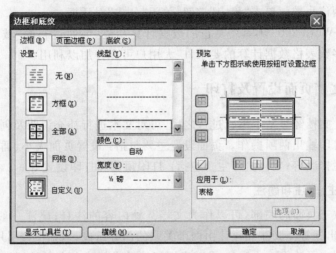

图 3.51 Word 2003 中表格的"边框和底纹"对话框

表格自动套用格式时将光标置于表格中任意位置,单击"表格"菜单中"表格自动套用格式"命令,或单击"表格和边框"工具栏上的"表格自动套用格式样式"按钮<img>,打开"表格自动套用格式"对话框。在"表格样式"列表框中选择一种表格样式,在"预览"区中观看效果,单击"应用"按钮,即可自动套用该表格格式。

3. 表格中的公式和计算

对表格的数据进行计算时,Word 2003 自带了一些基本的计算功能。这些功能是通过"域"处理功能实现的。Word 2003 的表格计算功能应用在表格项的定义方式、公式的定义方法、函数的格式及参数、表格的运算方式等方面。

对一行或一列求和,单击要放置计算结果的单元格,使用"表格和边框"工具栏上的"自动求和"按钮<img>,Word 2003 就会自动进行求和。注意图中灰色数据即为自动求和后显示的域值。Word 2003 将计算结果作为一个域插入选定的单元格。如果插入点位于表格中一行的右端,则它对该单元格左侧的数据进行求和;如果插入点位于表格中一行的左端,则它对该单元格右侧的数据进行求和。

除了可以对行和列进行数字求和计算外,Word 2003 还可以进行其他一些较复杂的计算,如求平均值、四则运算等。如要对表格中的每个科目求平均分,选定要放置计算结果的单元格,先选定 B5,选择"表格"菜单的"公式"命令,将出现"公式"对话框,如图 3.52 所示。在"公式"文本框内可能会显示 Word 2003 建议使用的公式。如果所选单元格位于数字列底部,Word 2003 会建议使用

图 3.52 表格"公式"对话框

"＝SUM(ABOVE)"公式,对该单元格上面的各单元格求和。

从"数字格式"下拉列表框中选择或输入合适的数字格式选择"0.00"。"数字格式"下拉框主要用于定义 Word 2003 自动计算出来的表格数据的格式,用户必须适当地加以设置,以便保证表格数据与原来的格式相同。所选择的"0.00"即表示按正常方式显示,并将计算结果保留两位小数。单击"确定"按钮,关闭"公式"对话框。

总之,尽管 Word 2003 不具备真正的数据计算功能,但通过它的"域"处理功能却可满足用户绝大多数表格数据计算的要求,广大用户可充分加以利用。

3.2.6　文档页面设置及打印

Word 2003 文档经过基本编辑过程之后,可对文本进行补充说明及创建目录,还可进行页面设置和打印输出两项操作。页面设置主要包括:设置页面大小、插入页眉和页脚、插入页码和分栏排版等;文档打印主要包括:打印预览和打印设置等。

1.　编辑脚注、尾注和题注

脚注一般位于页面的底部,可以作为文档某处内容的注释;尾注一般位于文档的末尾,列出引文的出处等。脚注和尾注由两个关联的部分组成,包括注释引用标记和其对应的注释文本。用户可让 Word 2003 自动为标记编号或创建自定义的标记。在添加、删除或移动自动编号的注释时,Word 2003 将对注释引用标记重新编号。

插入脚注和尾注时将光标移动到要插入脚注和尾注的位置,单击"插入"→"引用"→"脚注和尾注"命令选项。选择"脚注"选项,可以插入脚注;如果要插入尾注,则选择"尾注"选项。如果选择了"自动编号"选项,Word 2003 就会给所有脚注或尾注连续编号,当添加、删除、移动脚注或尾注引用标记时重新编号。如果要自定义脚注或尾注的引用标记,可以选择"自定义标记",然后在后面的文本框中输入作为脚注或尾注的引用符号。如果键盘上没有这种符号,可以单击"符号"按钮,从"符号"对话框中选择一个合适的符号作为脚注或尾注即可。单击"确定"按钮后,就可以开始输入脚注或尾注文本。输入脚注或尾注文本的方式会因文档视图的不同而有所不同如图 3.53 所示。

图 3.53　"脚注和尾注"对话框

题注是一种可添加到图表、表格、公式或其他对象中的编号标签。题注可以为选择的内容贴上标签,为插入内容编号。不同类型的项目可以设置不同的题注标签和编号格式,也可以创建新的题注标签。如果对题注执行了添加、删除或移动操作,则可以一次更新所有题注编号,非常方便。选择要添加题注的对象(表格、公式、图表或其他对象),在"引用"选项卡上的"题注"组中,单击"插入题注",在"标签"列表中,选择最能恰当地描述该对象的标签,例如图片或公式。如果列表中未提供正确的标签,请单击"新建标签",在"标签"框中键入新的标签,然后单击"确定"。键入要显示在标签之后的任意文本(包括标点)。单击"确定"按钮,可得到结果如"图表 1"。

2. 创建目录

目录通常是文稿中不可缺少的一部分。目录列出了

书稿中的各级标题以及每个标题所在的页码,通过目录即可以了解当前文档的纲目,同时还可以快速定位到某个标题所在的位置,浏览相应的内容。要在 Word 2003 文档中创建目录,必须在文档中使用样式。

创建目录时将光标定位到要放目录的位置,单击"插入"→"引用"→"索引和目录"命令,打开"索引和目录"对话框,再单击"目录"选项卡,如图 3.54 所示。在"格式"下拉列表框中选择目录的格式;在"显示级别"微调框中选择目录中要包含的标题的最高层数;在"制表符前导符"下拉列表框中选择标题与页码之间的符号。单击"确定"按钮,即可在光标处自动插入该文档的目录。

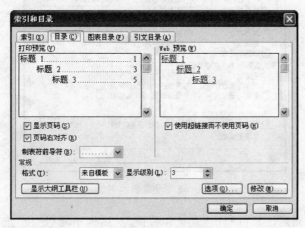

图 3.54　"目录"选项卡

3. 插入页码

在文档中插入页码时单击"插入"菜单中"页码"命令,打开如图 3.55 所示的"页码"对

话框。在"位置"和"对齐方式"下拉列表框中选择页码的位置和对齐方式。单击"格式"按钮,打开"页码格式"对话框。在"数字格式"下拉列表框中可以选择页码的格式。此外,还可以确定是否包含章节号和页码编排的相关信息。单击"确定"按钮,即可插入页码。

图 3.55　"页码"对话框

在"位置"和"对齐方式"下拉列表框中选择页码的位置和对齐方式。单击"格式"按钮,打开"页码格式"对话框,在"数字格式"下拉列表框中可以选择页码的格式。此外,还可以确定是否包含章节号和页码编排的相关信息,单击"确定"按钮,即可插入页码。

4. 插入书签

使用书签在 Word 2003 长文档中定位十分方便,就像在书中插入真正的书签一样进

行定位查找。单击"插入"菜单中"书签"命令,此时会打开一个"书签"对话框,在"书签名"文本框中输入自定义的书签名称,或从列表中选择原有书签名,单击"添加"按钮即可。如果文档中已经插入了书签,那么可以在文档中显示书签的标识,单击"工具"菜单中"选项"命令,在打开的"选项"对话框中单击"视图"选项卡,在"显示"选项区中选中"书签"复选框,如图3.56所示。单击"确定"按钮,在文档中即可显示书签。

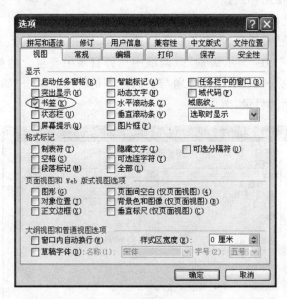

图 3.56　设置显示书签

利用书签转到指定位置可利用"查找和替换"对话框中的"定位"选项卡的定位功能。在该对话框的"定位目标"列表框中选择"书签"选项,再在"请输入书签名称"下拉列表框中选择书签名,然后单击"定位"按钮,即可跳转该书签的位置。打开"书签"对话框,然后在其中选择一个书签名,单击"定位"按钮,即可转到该书签的所在位置。

如果不再需要一个书签了,用户可以很容易地删除它,打开"书签"对话框,选择要删除的书签名,然后单击"删除"按钮即可。

5. 页面设置

文档在打印之前要做的工作是页面设置,页面设置主要包括设置页面大小、插入页眉和页脚、插入页码和分栏排版等工作。

设置页边距,包括调整上、下、左、右边距以及页眉和页脚距页边距的距离,选定要设置页边距的文档或其中的某一部分,单击"文件"菜单中"设置页面"命令,打开"设置页面"对话框,如图3.57所示,在"页面设置"对话框中打开"页边距"选项卡。

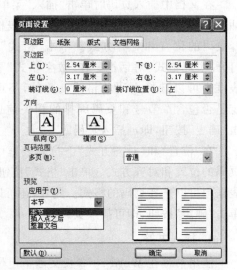

图 3.57　"页边距"选项卡

在"页边距"选项卡中"上"、"下"、"左"、"右"微调框中分别输入距离页面边缘的设置值。在"方向"选项组选择纸张打印方向。其中有"纵向"和"横向"两个图标按钮,选择"纵向"图标按钮,Word 2003将文本行排版为打印时平行于纸短边的形式;选择"纵向"图标按钮,Word 2003将文本行排版为平行于纸长边的形式。在"页码范围"选项组的"多页"下拉列表框中,选择一种处理多页方式(包括普通、对称页边距、拼页、书籍折页、反向书籍折页等选项)。在"预览"的"应用于"下拉列表框中,选择页面设置后的应用范围(包括整篇文档、插入点之后等选项)。单击"确定"按钮,即完成页边距的设置,返回文档编辑窗口。注意,若要更改页面边距的默认值,请在选择新的页边距设置后单击"默认"按钮。新的默认设置将保存在该文档所基于的模板中。每一个基于该模板的新文档将自动使用新的页边距设置。

"页面设置"对话框中的"版式"选项卡,主要用于设置有关页眉和页脚、分节符、垂直对齐方式等选项。选定要设置打印版式的文档或其中的某一部分,单击"文件"菜单中"页面设置"命令,打开"页面设置"对话框。在"页面设置"对话框中打开"版式"选项卡,如图3.58所示,在"节的起始位置"下拉列表中选择节起始位置,在"页眉和页脚"选项组中设置页眉和页脚的位置,单击"行号"或"边框"按钮,将会给文本行添加编号和给文本添加边框,单击"确定"按钮,返回文档编辑窗口。

在"页面设置"对话框中的"文档网格"选项卡中设置文档网格,主要用于设置有关每页显示的行数、每行显示的字数、文字的排版方向等。选定要设置网格的文档或其中一部分,如图3.59所示。在"网格"选项组中有"无网格"、"只指定行网格"、"指定行和字符网格"和"文字对齐字符网格"4个单选按钮,根据需要进行选择。设置每页中行数和每行中的字数(包括指定每行中的字符数,每页中的行数,字符跨度和行跨度)。单击"绘图网格"按钮,打开"绘图网格"对话框,在该对话框中选中"在屏幕上显示网格线"复选框。在"预览"选项组中的"应用于"下拉列表中选取"整篇文档"或"插入点之后"。单击"确定"按钮,返回文档编辑窗口。

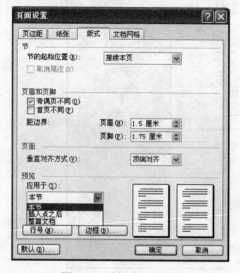

图3.58 "版式"选项卡

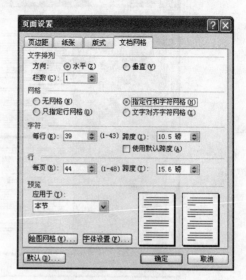

图3.59 "文档网格"选项卡

设置页眉和页脚时页眉位于页面的顶部，页脚位于页面的底部，可以为页眉和页脚设置日期、页码、章节的名称等内容。用户可以根据自己的需要添加页眉和页脚，单击"视图"菜单中"页眉和页脚"命令，页面变成如图 3.60 所示。页面顶部出现一个页眉虚线框和一个"页眉和页脚"工具栏。

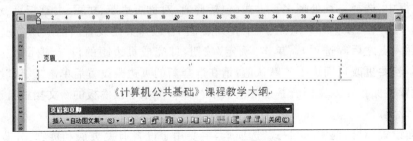

图 3.60　插入页眉

在光标的位置输入页眉的内容，单击"页眉和页脚"工具栏中的"在页眉和页脚间切换"按钮，页面底部将显示一个页脚虚线框。在页脚虚线框中输入页脚的内容。

单击"页眉和页脚"工具栏中的其他工具按钮，可以插入需要的内容，如单击"插入页码"、"插入日期"和"插入时间"等按钮，可以分别插入相应的内容。单击"页眉和页脚"工具栏中的"关闭"按钮，或者在"页眉和页脚"区域以外的地方双击，即可返回到文档的编辑状态。

6. 打印预览

在文档的查看方式中还有一种"打印"视图，即"打印预览"。单击"文件"菜单中"打印预览"命令，或单击常用工具栏上的"打印预览"按钮，如图 3.61 所示，在这种查看方式下，可以实现打印前的文档整体布局的查看。

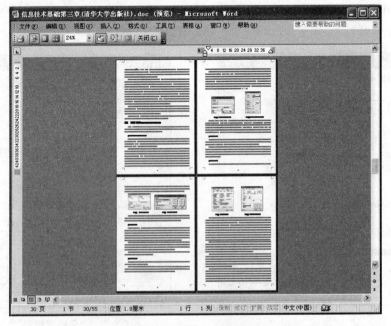

图 3.61　"打印预览"视图

7. 打印输出

单击"文件"菜单中"打印"命令，可以打开"打印"对话框，如图 3.62 所示。在"打印"对话框中"打印机"选项组内"名称"下拉列表中，选择所安装的打印机。在"页面范围"选项组中，如果选中"全部"单选按钮，则打印文档的全部内容；如果选中"当前页"单选按钮，则打印光标所在的当前页的内容；如果选中"页码范围"单选按钮，则打印所输入的页面的内容，如在"页码范围"文本框中输入"5～10"，则打印第 5 页至第 10 页的内容，如果输入"3,5～10,12"，则打印第 3 页、第 5 页至第 10 页、第 12 页的内容。在"份数"微调框中，可以输入要打印的份数。在"打印内容"下拉列表框中可以选择打印的内容，通常选择"文档"选项。在"打印"下拉列表框中可以选择是打印"所选页面"，还是只打印"奇数页"或"偶数页"。在双面打印时要用到该选项，先打印奇数页，再打印偶数页。在"缩放"选项组中，如果选择每页的版数为 2，则打印时在一页纸上将打印两页的内容。如果选择按纸型缩放，则 Word 2003 将配合选择的纸张大小将每页内容缩小或者放大打印。单击"确定"按钮，即可开始打印。

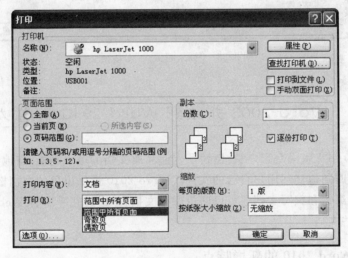

图 3.62　"打印"对话框

3.2.7　其他功能

超链接是将文档中的文字或图形与其他位置的相关信息链接起来，单击建立了超链接的文字或图形时，就可跳转到相关信息。超链接非常灵活和强大，既可跳转至当前文档或 Web 页的某个位置，亦可跳转至其他 Word 2003 文档或 Web 页，或者其他项目中创建的文件。用户甚至可用超链接跳转至声音和图像等多媒体文件。超链接能够跳转至本机硬盘、本公司的 Intranet 或 Internet。例如，用户可创建超链接，从 Word 2003 文件跳转到提供详细内容的 Excel 中的图表，单击即可跳转至相应位置。被访问过的超链接会变成紫色作为标识。

插入超链接时选择作为超链接显示的文本或图形对象。选择"插入"菜单中的"超链接"菜单项。或者单击"常用"工具栏中的"插入超链接"按钮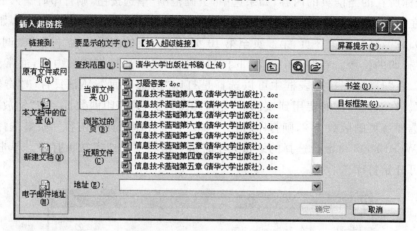。如果所作改动尚未保存，Word 2003 将给出保存文件的提示。建议首先保存文件，尤其当用户要创建相关链接时，以便今后成组地移动文件。然后弹出如图 3.63 所示的"插入超链接"对话框。选定的文字在"要显示的文字"框中已经显示出来，如果用户要更改创建超链接的文字，可以直接在框中输入新的文字，该文字将直接替换文档中选定的文字。

图 3.63 "插入超链接"对话框

3.3 Word 2003 升级到 Word 2010 新增功能

Word 2010 中文版集众家之长，创建了专业品质文档的增强功能，与他人协作可以更轻松，也可以随时随地访问用户自己的文件。Word 2010 提供出色的文档格式化工具，更轻松、更有效地组织和编写文档。可以联机保存文档，并通过几乎所有 Web 浏览器访问、编辑和共享这些文档。

3.3.1 Word 2010 的新增特点

Office Word 2010 提升用户的办公效率。Word 历来都作为 Office 的重要组件之一，其更多人性化的特点可以让用户制作出更加精美的文档，同时，也提供了更好的用户体验。

1. 同时设置文本和图像格式

Word 2010 为图片和文本提供艺术效果，在向文本应用效果时，仍能运行拼写检查。

2. 使用 OpenTpye 功能微调文本

Word 2010 提供高级文本格式设置功能，其中包括一系列连字设置以及样式集与数字格式选择。这些新增功能可以与任何 OpenTpye 字体配合使用，以便为录入文本增添更多艺术效果。

3. 其他新内容功能

Word 2010 还提供了其他几种旨在帮助进行文档创作的改进。

- 新编号格式：Word 2010 包含新的固定位数数字编号格式，如 001、002、003 以及 0001、0002、0003。
- 复选框内容控制：Word 2010 支持向窗体或列表中快速添加复选框。
- 表格上的可选文字：在 Word 2010 中，可以向表格和摘要添加标题，以使读者能够获取附加信息。

4. 轻松掌握长文档

在 Word 2010 中，可以迅速轻松地应对长文档。通过拖放各个部分而不是通过复制和粘贴，可以轻松地重新组织文档。除此之外，还可以使用渐进式搜索功能查找内容。因此，无需确切地知道要搜索的内容即可找到所需的文档。

在 Word 2010 中，可以实现下列功能。

① 通过单击文档结构图的各个部分，在文档中的标题之间移动。

② 折叠大纲层次以隐藏嵌套标题，即使面对具有深层结构的复杂长文档，也能够使用文档结构图轻松自如地工作。

③ 在搜索框中键入文本，可以立即查找其所在的位置。

④ 拖放文档内的标题以重排结构，还可以删除、剪切或复制标题及其内容。

⑤ 在层次结构内向上或向下轻松升级或降级制定标题或某一标题及其所有嵌套标题。

⑥ 向文档添加新的标题以生成基本大纲，或者插入新的部分，而不必在文档中来回滚动。

⑦ 通过浏览含有共同创作指示器的标题，关注其他人员正在编辑的内容。

⑧ 查看文档中所有页面的缩略图，并单击这些缩略图以便在文档中移动。

5. 阐释创意

Word 2010 提供了许多图形增强功能，使用户可以轻松地获得所需效果。

(1) 新增的 SmartArt 图形图片布局

在 Word 2010 中，利用新增的 SmartArt 图形图片布局，可以使用照片或其他图像来讲述故事，只需在图片布局图表的 SmartArt 形状中插入图片即可。每个形状还具有一个标题，可以在其中添加说明性文本。更为便利的是，如果文档中已经包含图片，则可以像处理文本一样，将这些图片快速转换为 SmartArt 图形。

(2) 新增的艺术效果

通过 Word 2010，可以对图片应用复杂的艺术效果，使其看起来更像素描、绘图或绘画作品，这是无需使用其他照片编辑程序便可增强图像效果的简便方法。这 20 种新增艺术效果包括铅笔素描、线条图形、水彩海绵、马赛克气泡、玻璃、蜡笔平滑、塑封、影印和画图笔画。

（3）图片修正

通过微调图片的颜色强度(饱和度)和色调(色温)将图像转换为引人注目、有震撼力的视觉效果。还可以调整其亮度、对比度、清晰度和模糊度,或调整图片颜色以便更适合文档内容,使作品更受欢迎。

（4）自动消除图片背景

Word 2010 中的另一个高级图片编辑选项是它能够自动消除图片的不必要部分(如背景),从而突出图片主题或消除分散注意力的细节。

（5）更好的压缩图片和裁剪功能

Word 2010 可以更好地控制图像质量和压缩之间的取舍,以适应文档将使用的介质(打印、屏幕或电子邮件)。

（6）插入屏幕截图

在 Word 2010 中可以快速添加屏幕截图,以捕获可视图示并将其融入作品中。在添加屏幕截图后,可以使用"图片工具"选项卡上的工具,编辑和增强该屏幕截图。在文档之间使用屏幕截图时,可以利用"粘贴预览"功能在放置屏幕截图之前查看效果。

（7）剪辑管理器中的剪贴画选项

除了添加到文档中的图像、视频和其他媒体外,还可以使用、提交和查找数千张新增的社区剪贴画。可以查看社区剪贴画的提交者,并在图像不适宜或不安全时进行报告。

（8）墨迹

使用 Word 2010 中改进的墨迹功能,可以在 Tablet PC 中对文档进行墨迹注释,并将这些墨迹注释与文档一起保存。

3.3.2　Word 2010 新增改进的功能

Microsoft Word 从 Word 2007 升级到 Word 2010,其最显著的变化就是使用"文件"按钮代替了 Word 2007 中的 Office 按钮,使用户更容易从 Word 2003 和 Word 2000 等旧版本中转移。另外,Word 2010 同样取消了传统的菜单操作方式,而代之于各种功能区。在 Word 2010 窗口上方看起来像菜单的名称其实是功能区的名称,当单击这些名称时并不会打开菜单,而是切换到与之相对应的功能区面板。每个功能区根据功能的不同又分为若干个组,每个功能区所拥有的功能如下。

"开始"功能区包括剪贴板、字体、段落、样式和编辑五个组,对应 Word 2003 的"编辑"和"段落"菜单部分命令。该功能区主要用于帮助用户对 Word 2010 文档进行文字编辑和格式设置,是用户最常用的功能区。

"插入"功能区包括页、表格、插图、链接、页眉和页脚、文本、符号和特殊符号几个组,对应 Word 2003 中"插入"菜单的部分命令,主要用于在 Word 2010 文档中插入各种元素。

"页面布局"功能区包括主题、页面设置、稿纸、页面背景、段落、排列几个组,对应 Word 2003 的"页面设置"菜单命令和"段落"菜单中的部分命令,用于帮助用户设置 Word 2010 文档页面样式。

"引用"功能区包括目录、脚注、引文与书目、题注、索引和引文目录几个组,用于实现在 Word 2010 文档中插入目录等比较高级的功能。

"邮件"功能区包括创建、开始邮件合并、编写和插入域、预览结果和完成几个组,该功能区的作用比较专一,专门用于在 Word 2010 文档中进行邮件合并方面的操作。

"审阅"功能区包括校对、语言、中文简繁转换、批注、修订、更改、比较和保护几个组,主要用于对 Word 2010 文档进行校对和修订等操作,适用于多人协作处理 Word 2010 长文档。

"视图"功能区包括文档视图、显示、显示比例、窗口和宏几个组,主要用于帮助用户设置 Word 2010 操作窗口的视图类型,以方便操作。

"加载项"功能区包括菜单命令一个分组,加载项是可以为 Word 2010 安装的附加属性,如自定义的工具栏或其他命令扩展。"加载项"功能区则可以在 Word 2010 中添加或删除加载项。

3.4　文字处理软件 Word 2010

Word 2010 中文版是 Office 2010 中文版的重要组件,主要功能是进行文字处理和图形、表格排版编辑。

3.4.1　工作界面及视图模式

Word 2010 与 Word 2003 的启动方式相似,用户可看到如图 3.64 所示的工作界面,该界面主要由标题栏、快速访问工具栏、功能区、导航窗格、文档编辑区和状态与视图栏组成。

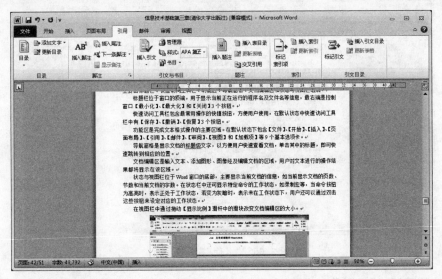

图 3.64　Word 2010 的工作界面

标题栏位于窗口的顶端,用于显示当前正在运行的程序名及文件名等信息,最右端是控制窗口"最小化"、"最大化"和"关闭"3 个按钮。

快速访问工具栏包含最常用操作的快捷按钮,方便用户使用,在默认状态中快速访问工具栏中有"保存"、"撤销"、"恢复"3 个按钮。

功能区是完成文本格式操作的主要区域。在默认状态下包含"文件"、"开始"、"插入"、"页面布局"、"引用"、"邮件"、"审阅"、"视图"和"加载项"等 9 个基本选项卡。

导航窗格显示文档的标题级文字,以方便用户快速查看文档,单击其中的标题,即可快速跳转到相应的位置。

文档编辑区是输入文本、添加图形、图像以及编辑文档的区域,用户对文本进行的操作结果都将显示在该区域。

状态与视图栏位于 Word 2010 窗口的底部,主要显示当前文档的信息,如当前显示文档的页数、节数和当前文档的字数。在状态栏中还可显示特定命令的工作状态,如录制宏等,当命令按钮为高亮时,表示正处于工作状态,若变为灰暗时,表示未在工作状态下,用户还可以通过双击这些按钮来设定对应的工作状态。

在视图栏中通过拖动"显示比例"滑杆中的滑块改变文档编辑区的大小。

Word 2010 为用户提供了多种浏览文档的方式,包括"页面"视图、"阅读版式"视图、"Web 版式"视图、"大纲"视图和"草稿"。在"视图"选项卡的"文档视图"区域中,单击相应的按钮,即可切换相应的视图模式。

① "页面"视图是 Word 2010 的默认视图模式,按照用户设置的页面大小进行显示的视图方式,它的显示效果与打印效果完全一致,便于用户对页面中的各种元素进行编辑,如图 3.65 所示。

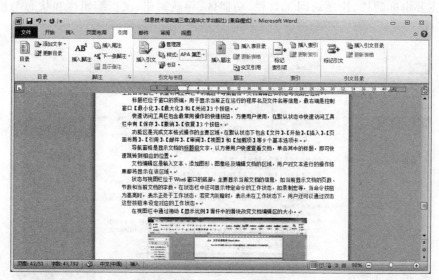

图 3.65　"页面"视图方式

② "阅读版式"视图是一种专门用来阅读文档的视图,比较适用于阅读比较长的文档,如果文字较多,它会自动分成多屏以方便用户阅读,也可对该文档中的文字进行勾画

和批注,如图 3.66 所示。单击工具栏中的"关闭"按钮,可关闭"阅读版式"视图。

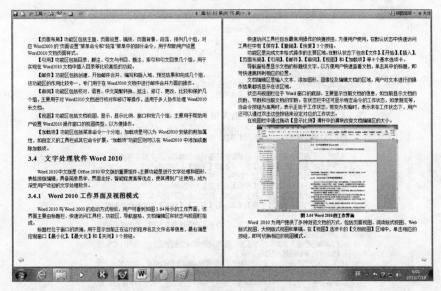

图 3.66 "阅读版式"视图方式

③ "Web 版式"视图是唯一按照窗口大小来显示文本的视图,不需拖动水平滚动条就可查看整行文字,如图 3.67 所示。

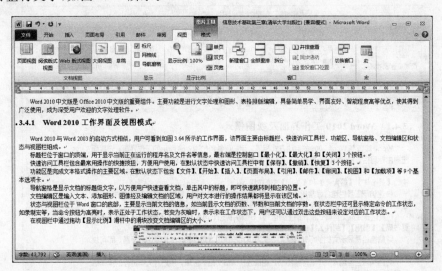

图 3.67 "Web 版式"视图方式

④ "大纲"视图适合于较多层次的文档或具有多重标题的文档,用户可将文档折叠起来只看主标题,也可将文档展开查看整个文档内容,如图 3.68 所示。

⑤ "草稿"是最简化的视图模式,不显示页边距、页眉和页脚、背景、图形图像及没有设置为"嵌入型"环绕方式的图片,仅适用于编辑内容和格式都比较简单的文档,如图 3.69 所示。

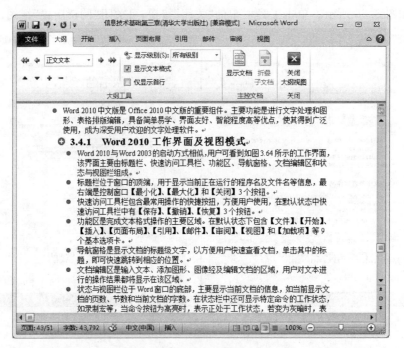

图 3.68   "大纲"视图方式

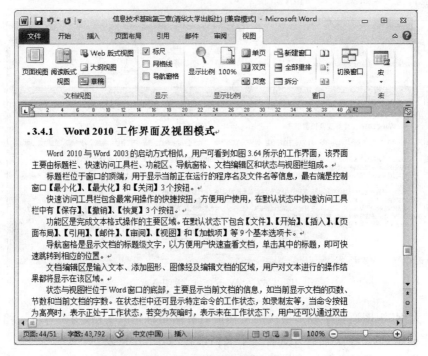

图 3.69   "草稿"视图方式

3.4.2 设置文档格式

对文本的格式进行设置将使文档结构更加合理,段落更加清晰。对文档格式的设置主要包括字符格式、段落间距及段落对齐和缩进等的设置。

1. 字符格式

对于一些常用的字符格式,可直接通过"开始"选项卡的"字体"组或者"字体"对话框中的相关按钮或下拉列表框进行设置。常用的文本格式效果如图 3.70 所示。

2. 段落格式

设置段落对齐方式时,首先选定要对齐的段落,或将插入点移到新段落的开始位置,然后单击"开始"选项卡的"段落"组(或浮动工具栏)中的相应按钮。用户还可通过"段落"对话框来实现,单击"段落"组中启动器按钮 即可,常用的段落格式效果如图 3.71 所示。按 Ctrl+E 键可以设置段落居中对齐;按 Ctrl+Shift+J 键设置段落分散对齐;按 Ctrl+L 键设置段落左对齐;按 Ctrl+R 键设置段落右对齐;按 Ctrl+J 键设置段落两端对齐。

图 3.70　设置文本格式

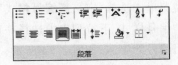

图 3.71　设置段落格式

段落间距的设置包括文档行间距与段间距的设置,Word 2010 默认的行间距值是单倍行距,打开"段落"对话框的"缩进和间距"选项卡,在"行距"下拉列表中选择所需的选项,并在"设置值"微调框中输入值,可重新设置行间距,在"段前"和"段后"微调框中输入值,设置段间距。

3. 段落缩进

段落缩进是指段落中的文本与页边距之间的距离,在 Word 2010 中提供了左缩进、右缩进、悬挂缩进、首行缩进 4 种段落缩进方式。使用"段落"对话框可以精确地设置缩进尺寸,打开"段落"对话框"缩进和间距"选项卡,在该选项卡中可以进行相关设置。

通过水平标尺可快速设置段落的缩进方式及缩进量,打开"视图"选项卡,在"显示"组中选中"标尺"复选框,在使用水平标尺格式化段落时,按住 Alt 键不放使用鼠标拖动标记,水平标尺上将显示具体的值,可以根据该值设置缩进量。在"段落"组或"格式"浮动工具栏中,单击"减少缩进量"按钮 或单击"增加缩进量"按钮 ,同样可以减少或增加缩进量。

4. 项目符号和编号

项目符号和编号标识文章可以使内容更条理清晰,Word 2010 提供了 7 种标准的项目符号和编号,也允许用户自定义项目符号和编号。在以"1. "、"(1)"、"a. "等字符开始的段落中按 Enter 键,下一段的开始将会自动出现"2."、"(2)"、"b."等字符。在"段落"组中单击"项目符号"按钮 ≡ ▾,将自动在每一段落前面添加项目符号;单击"编号"按钮 ≡ ▾,将以"1."、"2."、"3."等形式编号。要结束自动创建项目符号或编号,可连续按 Enter 键两次,也可按 Backspace 键删除新创建和项目符号或编号。

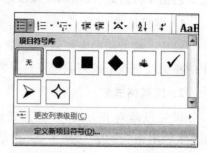

自定义项目符号时,打开"开始"选项卡,在"段落"组中单击"项目符号"按钮,从弹出的下拉菜单中选择"定义新项目符号"命令,打开"定义新项目符号"对话框,如图 3.72 所示。单击"图片"按钮,可选择一张图片作为新的项目符号;单击"字体"按钮,打开"字体"对话框,可设置用于项目符号的字体格式;单击"符号"按钮,打开"符号"对话框可从中选择合适的符号作为项目符号。自定义项目编号完毕后,"段落"组"编号"下拉列表框的"编号库"中将显示自定义的项目编号格式,选择该编号格式,可将自定义的编制号应用到文档中。

图 3.72 定义新项目编号

自定义段落编号时,打开"开始"选项卡,在"段落"组中单击"编号"按钮 ≡ ▾,从弹出的下拉菜单中选择"定义新编号格式"命令,打开"定义新编号格式"对话框,如图 3.73 所示,在"编号样式"下拉列表中选择一种编号样式,单击"字体"按钮,在打开的对话框中设置项目编号的字体,如图 3.74 所示。在"对齐方式"下拉列表中选择编号的对齐方式,选择"设置编号值"命令,打开"起始编号"对话框,在其中可设置编号的起始数值。

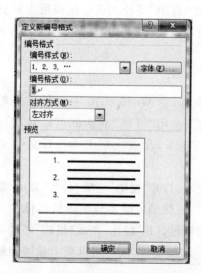

图 3.73 "定义新编号格式"对话框

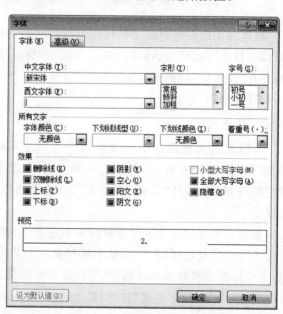

图 3.74 设置项目编号字体

3.4.3 创建与使用表格

Word 2010 提供了强大的表格功能,可以快速创建与编辑。表格是文档信息的又一种呈现形式,并具有简单的数据排序和计算功能。

1. 创建表格

利用表格网格框可直接在文档中插入表格。把光标定位在需要插入表格的位置,然后打开"插入"选项卡,单击"表格"组中的"表格"按钮,在弹出的下拉菜单中会出现一个网格框,如图 3.75 所示,在其中拖动鼠标确定要创建表格的行数和列数,然后单击即可完成一个规则表格的创建。

使用"插入表格"对话框创建表格时,可建立表格的同时设置表格的大小。打开"插入"选项卡,在"表格"组中单击"表格"按钮,在弹出的下拉菜单中选择"插入表格"命令,打开"插入表格"对话框。在"列数"和"行数"微调框中可以设置表格的列数和行数,在"自动调整"操作选项区域中可设置根据内容或窗口调整表格尺寸,如图 3.76 所示。若将某表格尺寸设置为默认的表格大小,则在"插入表格"对话框中选中"为新表格记忆此尺寸"复选框即可。

图 3.75 插入表格

图 3.76 表格尺寸设置

2. 调整表格

打开 Word 2010 文档窗口,单击表格中任意单元格。在"表格工具"功能区切换到"布局"选项卡,然后在"单元格大小"分组中单击"自动调整"按钮。在打开的自动调整菜单中,"根据内容自动调整表格"选项表示表格中的每个单元格根据内容多少自动调整高度和宽度;"根据窗口自动调整表格"选项表示表格尺寸根据 Word 页面的大小(例如不同的纸张类型)而自动改变;"固定列宽"选项表示每个单元格保持当前尺寸,除非用户改变其尺寸。

3. 设置表格外观

在制作表格时可以通过功能区的操作命令对表格进行设置,如设置表格边框和底纹、设置表格的对齐方式等,使表格的结构更为合理、外观更为美观。

3.4.4 文档图文混排

默认情况下,插入到 Word 2010 文档中的图片作为字符插入,其位置随着其他字符的改变而改变,用户不能自由移动图片。而通过为图片设置文字环绕方式,则可以自由移动图片的位置,操作步骤如下。

① 打开 Word 2010 文档窗口,选中需要设置文字环绕的图片。

② 在打开的"图片工具"功能区的"格式"选项卡中,单击"排列"分组中的"位置"按钮,在打开的预设位置列表中选择合适的文字环绕方式。这些文字环绕方式包括"顶端居左,四周型文字环绕"、"顶端居中,四周型文字环绕"、"中间居左,四周型文字环绕"、"中间居中,四周型文字环绕"、"中间居右,四周型文字环绕"、"底端居左,四周型文字环绕"、"底端居中,四周型文字环绕"、"底端居右,四周型文字环绕"9 种方式,如图 3.77 所示。

Word 2010"自动换行"菜单中每种文字环绕方式的含义如下。

① 四周型环绕:不管图片是否为矩形图片,文字以矩形方式环绕在图片四周。

② 紧密型环绕:如果图片是矩形,则文字以矩形方式环绕在图片周围;如果图片是不规则图形,则文字将紧密环绕在图片四周。

③ 穿越型环绕:文字可以穿越不规则图片的空白区域环绕图片。

图 3.77　预设文字环绕方式

④ 上下型环绕:文字环绕在图片上方和下方。

⑤ 衬于文字下方:图片在下、文字在上分为两层,文字将覆盖图片。

⑥ 浮于文字上方:图片在上、文字在下分为两层,图片将覆盖文字。

⑦ 编辑环绕顶点:用户可以编辑文字环绕区域的顶点,实现更个性化的环绕效果。

3.4.5 文档页面设置及打印

用户使用 Word 2010 编辑好文档之后需要进行打印,打印前进行页面设置。设置文档页边距的方法是:打开编辑好的 Word 2010 文档,单击"文件"→"打印"命令,如图 3.78 所示,打开"页面设置"窗口,单击"页边距",或者直接双击窗口左侧的垂直标尺进行设置如图 3.79 所示。

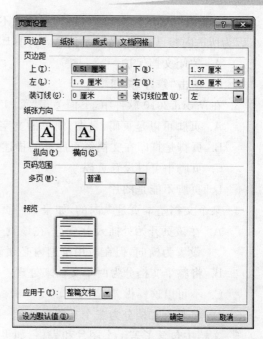

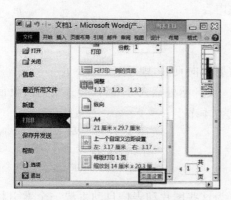

图 3.78　打印中的"页面设置"　　　　图 3.79　"页面设置"对话框的页边距

3.4.6　Word 2010 文档快捷键使用

Word 2010 文档快捷键的使用方法见附录 B。

习　题　3

一、填空题

1. 如果想在文档中加入页眉、页脚，应当使用_____菜单中的"页眉和页脚"命令。

2. Word 编辑一个文档完毕后，要想知道它打印后的结果，可使用_____功能。

3. 选定内容后，单击"剪切"按钮，则被_____并送到_____上。

4. 将文档分左右两个版面的功能叫做_____，将段落的第一字放大突击显示的是_____功能。

5. 在 Word 中执行_____菜单下的"插入表格"命令，可建立一个规则的表格。

6. 每段首行首字距页左边界的距离称为_____，而从第二行开始，相对于第一行左侧的偏移量称为_____。

7. 当执行了误操作后，可以单击_____按钮撤销当前操作，还可以从_____列表中执行多次撤销或恢复多次撤销的操作。

二、单选题

1. 新建 Word 文档的快捷键是(　　)。

　　A. Ctrl＋N　　　　B. Ctrl＋O　　　　C. Ctrl＋C　　　　D. Ctrl＋S

2. 在查看 Word 2010 文档过程中，发现不能进行修订操作，在左下方出现"不允许修改，因为所选内容已被锁定"提示信息，可用以下方法解决：（   ）。

  A. 关闭文档保护   B. 勾选"插入与删除"

  C. 单击"修订"按钮   D. 勾选"设置格式"

3. 在 Word 2010 软件中，下面关于"页脚"的几种说法，错误的是（   ）。

  A. 页脚可以是页码、日期、简单的文字、文档的总题目等

  B. 页脚是打印在文档每页底部的描述性内容

  C. 页脚中可以设置页码

  D. 页脚不能是图片

4. 某个文档基本页是纵向的，如果某一页需要横向页面，则可（   ）。

  A. 在该页开始处插入分节符，在该页下一页开始处插入分节符，将该页通过页面设置为横向，但在应用范围内必须设为"本节"

  B. 将整个文档分为两个文档来处理

  C. 不可以这样做

  D. 将整个文档分为三个文档来处理

5. 文档中包含了若干个图片和表格，如果要为这些图片和表格自动生成一个索引目录，事先必须为每一个图片或表格添加（   ）。

  A. 标签   B. 标题   C. 题注   D. 索引

6. SmartArt 图形是 Word 2010 特有的一项功能，它是（   ）。

  A. 一种创建艺术字的配色方案

  B. 用于创建具有专业水准的文字插图

  C. 用于显示统计类型的图形

  D. 能导入外部图像的一个程序

7. Word 2010 定时自动保存功能的作用是（   ）。

  A. 定时自动地为用户保存文档，使用户可免存盘之累

  B. 为防意外保存的文档备份，以供用户恢复文档时使用

  C. 为防意外保存的文档备份，以供 Word 2010 恢复系统时使用

  D. 为用户保存备份文档，以供用户恢复备份时使用

8. 批注是审阅者对文档添加的注释信息，Word 2010 通过该操作，它（   ）。

  A. 可以在批注框中添加图表批注

  B. 不能改变文档的样式

  C. 不能改变文档的内容

  D. 可以在批注框中添加视频批注

9. 在 Word 中，如果要使图片周围环绕文字，应选择（   ）操作。

  A. "绘图"工具栏中"文字环绕"列表中的"四周环绕"。

  B. "图片"工具栏中"文字环绕"列表中的"四周环绕"。

  C. "常用"工具栏中"文字环绕"列表中的"四周环绕"。

  D. "格式"工具栏中"文字环绕"列表中的"四周环绕"。

10. 当文档插入了新的目录后,如果正文中的内容有变化,页码也会发生变化,此时目录就需要更新。更新操作步骤如下:回到目录页,用鼠标右键单击目录区域,并选择"更新域",会弹出对应的对话框,选定"( )"后单击"确定"。

A. 只更新页码   B. 增加新页码

C. 删除原页码   D. 更新整个目录

三、判断题

1. 在 Word 2010 中,通过"屏幕截图"功能,不但可以插入未最小化到任务栏的可视化窗口图片,还可以通过屏幕剪辑插入屏幕任何部分的图片。 ( )

2. 在 Word 2010 中可以插入表格,而且可以对表格进行绘制、擦除、合并和拆分单元格、插入和删除行列等操作。 ( )

3. 在 Word 2010 中,表格底纹设置只能设置整个表格底纹,不能对单个单元格进行底纹设置。 ( )

4. 在 Word 2010 中,只要插入的表格选取了一种表格样式,就不能更改表格样式和进行表格的修改。 ( )

5. 在 Word 2010 中,不但可以给文本选取各种样式,而且可以更改样式。 ( )

6. 在 Word 2010 中,可以插入"页眉和页脚",但不能插入"日期和时间"。 ( )

7. 在 Word 2010 中,能打开 ∗.dos 扩展名格式的文档,并可以进行格式转换和保存。 ( )

8. 在 Word 2010 中,通过"文件"按钮中的"打印"选项同样可以进行文档的页面设置。 ( )

9. 在 Word 2010 中,插入的艺术字只能选择文本的外观样式,不能进行艺术字颜色、效果等其他的设置。 ( )

10. 在 Word 2010 中,"文档视图"方式和"显示比例"除在"视图"等选项卡中设置外,还可以在状态栏右下角进行快速设置。 ( )

四、实践题(分别在 Word 2003 与 Word 2010 中实践)

实践一

请在打开的 Word 文档中进行下列操作。完成操作后,请保存文档,并关闭 Word。

1. 设置标题文字"生物计算机"字体为"隶书",字形为"加粗 倾斜",字号"18 号",颜色为"紫色",字体效果为"阴文"。

2. 设置正文第 1 段"从外表上看……的集成电路。"文字效果为"空心",字号为"12 号"。

3. 设置正文第 2 段"生物计算机中的……进行运算和信息处理。"的段前间距为"12磅",段后间距为"12 磅",行距为"1.5 倍行距"。

4. 设置正文第 3 段"组成生物计算机……近 100 万倍。"分栏,栏数为"2 栏",栏宽相等,栏间添加分隔线。

5. 插入任意一幅剪贴画,剪贴画的宽度为"113.4 磅",高度为"113.4 磅",环绕方式为"衬于文字下方"。

6. 设置表格左边第 1 列文字垂直对齐方式为"居中",第 1 行第 6 列和第 7 列合并单元格,设置对齐方式为"中部居中"。

实践二

请在打开的 Word 文档中进行下列操作。完成操作后,请保存文档,并关闭 Word。

1. 设置标题文字"前言"字体为"楷体_GB2312",字号为"二号",对齐方式为"居中",设置正文第 1、2、3、4 段,字号为"14 号"。

2. 设置正文第 1 段"在当今信息时代……现代化进程。"加边框,设置边框为"方框",底纹填充色为"绿色",应用于"段落",字符间距"加宽 1 磅"。

3. 设置正文第 2 段段后间距为"2 行",对齐方式为"居中"。

4. 设置正文第 3 段"首字下沉",首字字体为"楷体_GB2312",行数为"2 行",距正文"28.35 磅"。

5. 设置正文第 4 段分栏,栏数为"3 栏",栏宽相等,栏间添加分隔线。

6. 在适当位置插入第 3 行第 2 列样式的艺术字,设置文字内容为"信息时代",字体为"隶书",字号为"40 号",环绕方式为"四周型"。

7. 页面设置,左页边距为"56.7 磅",右页边距为"85.05 磅",装订线"28.35 磅",装订线位置为"上"。

第4章 电子表格软件 Microsoft Excel

电子表格软件可以在信息时代提高办公效率，它可以用于记录、组织、统计、分析、汇总和图形化数据，方便快捷地制作出各类报表如成绩报告单、财务报表、销售统计报告以及市场趋势分析报告等。

4.1 电子表格处理软件 Excel 2003

Microsoft Excel 2003 电子表格软件是进行数字和运算的软件程序。它内置了多种函数，可对大量数据进行分类、排序甚至绘制图表等。Excel 2003 中文版（以下简称 Excel）是一款出色的电子表格处理软件，方便地制作各种报表并快速地进行数据处理，同时创建及编辑大量数据表格。借助多种公式进一步处理数据，并能快速地将数据制成各种类型的图表，以便对数据进行直观的分析。

4.1.1 基本功能

随着计算机技术的成熟与发展，Excel 电子表格处理软件主要功能是制作电子表格和数据处理，完成编辑工作簿、工作表、图表、公式等数据处理。一般来说，电子表格处理软件具有以下基本功能。

① 导入、组织和浏览大量数据集。在显著扩展的电子表格中 Excel 可以处理大量数据，支持的电子表格包含多达 100 万行、16 000 列。

② 使用制图引擎彻底重新设计。使用新用户界面中的制图工具，可更快地创建出具有专业外观的图表，在图表中应用丰富的视觉增强效果，而所需的单击动作更少。

③ 提供有力的改进使用表格。Excel 改进对表的支持，在公式中创建、扩展和引用表，还可以设置表的格式。分析大型表格中，在滚动表时仍然可看到表标题。

④ 轻松创建和使用数据透视表视图。通过数据透视表视图，迅速重新定位数据以便解决多个问题。方便地创建和使用数据透视表视图，找到所需答案。

⑤ 查看并发现数据中的异常。可以更加轻松地将条件格式应用于信息。使用丰富的可视化方案（例如渐变、阈值和性能指示器图标）来研究数据的图形并突出显示数据的趋势。

⑥ 确保使用最新的业务信息，提高损坏文件的恢复能力。Excel XML 压缩格式可使

文件大小显著减小,同时其体系结构可提高损坏文件的数据恢复能力。

4.1.2 启动与退出

1. 启动方法

安装好 Office 2003 后可以启动。方法有以下 3 种。

① 利用"开始"菜单启动。单击"开始"菜单中"所有程序"中 Microsoft Office 中 Microsoft Office Excel 2003 命令,即可打开 Excel 的工作窗口。

② 利用 Excel 文件启动。双击计算机中已保存的 Excel 文件,也可以打开 Excel 的工作窗口。

③ 利用桌面快捷方式启动。如果桌面上存在 Excel 的快捷方式图标,双击该图标,即可打开 Excel 的工作窗口。

2. 退出方法

退出 Excel 的操作可以采用以下 4 种方法。

① 单击"文件"菜单中"退出"命令。

② 单击窗口右上角的"关闭"按钮。

③ 双击窗口左上角的控制菜单图标。

④ 在 Excel 窗口处于活动状态下,按 Alt+F4 键。

4.1.3 工作簿、工作表与单元格的基本操作

Excel 电子表格文件的扩展名为".xls"。启动 Excel 打开如图 4.1 所示的窗口,窗口由标题栏、菜单栏、工具栏、状态栏、编辑栏和工作表区等部分组成。

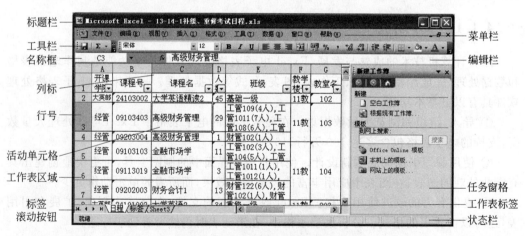

图 4.1 Excel 2003 窗口界面

① 名称框中显示活动单元格的地址,用户可以在名称框中给单元格或区域定义一个名字,也可以在名称框中输入单元格地址,或选择定义过的名字来选定相应的单元格或区域。

② 编辑栏中用户可以为活动单元格输入内容,如数据、公式或函数等,鼠标单击编辑

栏后即可在此处输入单元格的内容。

③ 工作表标签位于工作表区域底端的标签栏,用于显示工作表的名称,单击工作表标签将打开相应工作表,使用标签栏滚动按钮,可滚动显示工作表标签。

④ 工作簿是用来存储并处理表格、图表等数据的文件。一个 Excel 文件称为一个工作簿,其扩展名是. xls。一个工作簿中包含一个或多个工作表。例如,Sheet1,Sheet2 等均代表一个工作表,每个工作表用来解决一个具体问题,多个工作表以一个共同的工作簿文件名进行存储。

⑤ 工作表是一个二维表格结构,由 65 536 行和 256 列组成。行号从 1 到 65 536,列标从左到右用 26 个英文字母及其组合(A～Z;AA～AZ;BA～BZ…IA～IV)标识。默认情况下,Excel 为每个新建的工作簿创建三个工作表。

⑥ 单元格是工作表中每一行、列交叉形成的小方格。用户输入的数据存放在单元格中,单元格是数据处理的基本单位,存放在单元格中的数据可以是字符串、数据、公式等。每个单元格有固定的地址。单元格地址用单元格所在的"列标"和"行号"来表示,如"E3"代表了 E 列第 3 行的单元格,单元格地址是单元格的唯一标识。活动单元格是指正在使用的单元格,也称为当前单元格。图 4.1 中有黑色边框的单元格 A1 就是活动单元格。用户输入或编辑数据时只能在活动单元格中进行。

1. 工作簿的基本操作

工作簿是 Excel 用来运算和存储数据的文件,每个工作簿都可以包含多个工作表。工作簿文件的基本操作包括工作簿文件的建立、打开、保存和关闭。启动 Excel 时系统将自动创建一个名为 Book1 扩展名为. xls 的新工作簿,并在新建工作簿中创建 3 个空的工作表 Sheet1、Sheet2、Sheet3,用户可以利用工作表进行各种编辑工作。

单击常用工具栏中的"新建"按钮 📄,可创建一个新工作簿。也可新建工作簿时单击"文件"菜单中"新建"命令,打开"新建工作簿"任务窗格。单击"空白工作簿"超链接,可以创建一个默认格式的工作簿。如果要使用系统提供的模板创建工作簿,单击"本机上的模板"超链接,在打开的"模板"对话框中选取模板。如果要创建与初次打开 Excel 相同格式的工作簿,在"模板"对话框,单击"常用"选项卡,选定"工作簿"后单击"确定"按钮。

用户可打开一个已有的工作簿对其进行编辑。打开工作簿时单击"文件"菜单中"打开"命令或者单击常用工具栏中"打开"按钮 📂,出现"打开"对话框。在对话框的"文件类型"下拉列表框中,使用默认的"所有 Microsoft Office Excel 文件"。在对话框的"查找范围"下拉列表中选择用户需要打开的 Excel 文件所在的驱动器,然后在目录清单中逐级地确定文件的位置,找到要打开的文件,双击该文件名,或者选定文件名后单击"打开"按钮。

保存新建文件时单击"文件"菜单中"保存"命令,打开"另存为"对话框,选择新文件位置后填写文件名,单击"保存",当前工作簿文件即被保存。

保存已修改文件时,单击"文件"菜单中"保存"命令或直接单击常用工具栏上的"保存"按钮 💾,即可以按原位置原文件名保存当前工作簿文件。把修改后的文件单独存为另一个文件需单击"文件"菜单中"另存为"命令,打开"另存为"对话框,选择新文件位置后填写新文件名,单击"保存"即可。

2. 工作表的基本操作

默认情况下,Excel 工作簿中的工作表名字分别为 Sheet1、Sheet2 和 Sheet3 等。在一个工作簿中最多可以创建 255 个工作表。在工作表标签上单击工作表的名字可实现在同一个工作簿中切换不同的工作表。当工作表很多,在窗口底部没有要查找的工作表标签时,可以按下标签滚动按钮,向左或向右移动标签滚动条来查找需要的工作表标签。用户可以根据需要插入、删除工作表或修改工作表的名字等。

制作表格时一般需将默认的工作表标签 SheetN 改为能反映表格内容的名字,需要重命名工作表时,用鼠标双击工作表标签,如图 4.2 所示,标签以黑色背景显示,输入新的工作表名字覆盖原来的名字,按 Enter 键确定。在需要重命名的工作表标签中单击鼠标右键,在弹出的快捷菜单中选择"重命名"命令。单击要重命名的工作表标签,然后单击"格式"菜单中"工作表"中"重命名"命令。

图 4.2　更改后的工作表标签

插入工作表首先单击要插入位置右边的工作表标签使其成为活动的工作表,然后单击"插入"菜单中"工作表"命令;或者右击某个工作表标签,在弹出的快捷菜单中选择"插入"命令,打开"插入"对话框,选择"工作表"图标,按 Enter 键确定。新插入的工作表成为当前工作表。

3. 单元格的基本操作

要在当前工作表的某个单元格中输入数据或设置数据格式,首先要使其为活动单元格。用鼠标将空十字形鼠标指针指向某个单元格,单击鼠标即可使其成为活动单元格。此时该单元格被粗边框包围,表明用户可以在其中输入数据或设置数据格式。或使用方向键"←"、"→"、"↑"、"↓"快速选定活动单元格。也可将鼠标移到名称框上,此时鼠标指针显示为"I"形,同时出现一个"名称框"提示,鼠标名称框中的名称以蓝色背景显示,用户可以输入要激活的单元格名称,按 Enter 键确认。

选定单元格区域时,在编辑栏的名称框中将以"行数×列数"的方式动态显示所选区域的大小。若取消选定的单元格区域,单击工作表中任一单元格,或者按任一方向键即可。如图 4.3 显示选定单元格区域为 C4:C15、G4:G5T 和 L4:L15。

选定不相邻的单元格区域时利用鼠标拖曳功能选定第一个单元格区域,按住 Ctrl 键再选定第二个单元格区域,第三个单元格区域等等,释放 Ctrl 键结束不相邻的单元格区域的选定。

选定整行或整列时,单击行号或列标,用鼠标拖曳行号或列标可选定相邻的行或列。选定不相邻的行或列时可先选定一行或一列,然后按住 Ctrl 键再选定其他的行或列。当选定单元格区域后,区域中正常显示的单元格为活动单元格,如果想在区域中的其他单元格中输入数据,可以使用 Tab 键来移动活动单元格。

向工作表中输入数据是对工作表的一个最基本操作,也是对工作表数据分析处理的前提。在单元格中可以输入文本、数字、日期、时间、公式等类型的数据。如果在输入数据

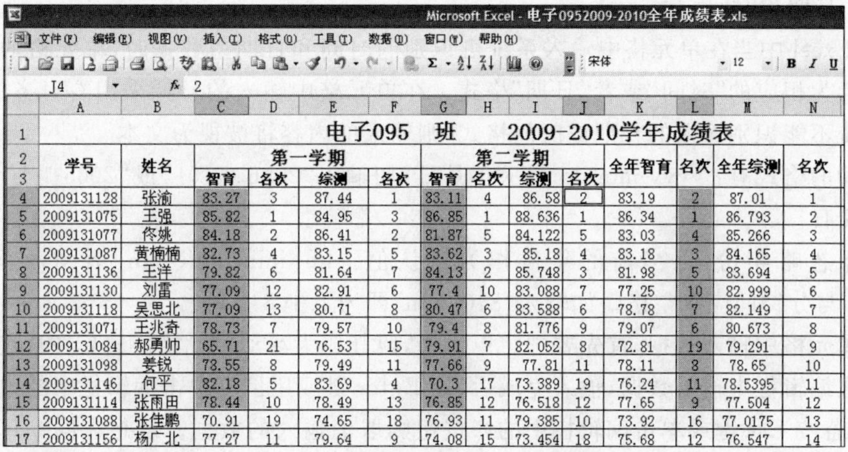

	A	B	C	D	E	F	G	H	I	J	K	L	M	N
1	电子095　班　2009-2010学年成绩表													
2	学号	姓名	第一学期				第二学期				全年智育	名次	全年综测	名次
3			智育	名次	综测	名次	智育	名次	综测	名次				
4	2009131128	张渝	83.27	3	87.44	1	83.11	4	86.58	2	83.19	2	87.01	1
5	2009131075	王强	85.82	1	84.95	3	86.85	1	88.636	1	86.34	1	86.793	2
6	2009131077	佟姚	84.18	2	86.41	2	81.87	5	84.122	5	83.03	4	85.266	3
7	2009131087	黄楠楠	82.73	4	83.15	5	83.62	3	85.18	4	83.18	3	84.165	4
8	2009131136	王洋	79.82	6	81.64	7	84.13	2	85.748	3	81.98	5	83.694	5
9	2009131130	刘雷	77.09	12	82.91	6	77.4	10	83.088	7	77.25	10	82.999	6
10	2009131118	吴思北	77.09	13	80.71	8	80.47	6	83.588	6	78.78	7	82.149	7
11	2009131071	王兆奇	78.73	7	79.57	10	79.4	8	81.776	9	79.07	6	80.673	8
12	2009131084	郝勇帅	65.71	21	76.53	15	79.91	7	82.052	8	72.81	19	79.291	9
13	2009131098	姜锐	78.55	8	79.49	11	77.66	9	77.81	11	78.11	8	78.65	10
14	2009131146	何平	82.18	5	83.69	4	70.3	17	73.389	19	76.24	11	78.5395	11
15	2009131114	张雨田	78.44	10	78.49	13	76.85	12	76.518	12	77.65	9	77.504	12
16	2009131088	张佳鹏	70.91	19	74.65	18	76.93	11	79.385	10	73.92	16	77.0175	13
17	2009131156	杨广北	77.27	11	79.64	9	74.08	15	73.454	18	75.68	12	76.547	14

图 4.3　选择不相邻的单元格区域

之前用户没有设置数据类型，Excel 将自行判断所输入数据的类型，并进行适当的处理。用户也可以在输入数据之前设置数据类型。选定单元格后单击“格式”菜单中“单元格”命令或者选定单元格，在弹出的快捷菜单中，单击“设置单元格格式”命令，打开“单元格格式”对话框，在“数字”选项卡的“分类”列表框中选择具体的数据类型选项。

(1) 文本

在 Excel 中文本主要是指汉字、字母、数字或它们的组合。对于全部由数字组成的文本，如身份证号码、电话号码、邮政编码等不需计算的数值文本，在输入时可以在数字前面添加一个西文单引号“'”，系统会自动转换为文本数据。默认情况下，文本在单元格中左对齐显示。在活动单元格中输入文本时，鼠标指针以插入点显示，活动单元格中的内容同时在编辑栏中显示。当用户输入的文本超出了单元格的宽度时，如果右边相邻单元格没有数据，超出的文本将延伸显示到相邻单元格中。如果右边相邻单元格有数据，则文本被截断显示，即仅显示当前单元格宽度内的那一部分。用户可以增大列宽或在编辑栏中查看剩余部分文本。

(2) 数字

在 Excel 中输入的数值默认通用数字格式，在单元格中右对齐显示输入的数字可以包括数字字符 0～9 和“＋、－、(、)、$、%、.”等特殊字符。当数字的长度超过 12 位时，Excel 将自动采用科学计数法表示。例如，输入 987654321012345 时，在单元格中显示为 9.87654E＋14。

一般情况下，选定单元格直接在其中输入数字即可。但以下形式需要注意：

① 输入负数：在数字前加一个负号，或者把数字放在括号内。例如输入“－20”和“(－20)”都可以在单元格中得到“－20”。

② 输入分数：在数字前加“0”及一个空格。例如输入“0 2/3”即可在单元格中得到“2/3”。

③ 当字段的宽度发生变化时，Excel 将截断数字，以四舍五入的原则部分显示，但实际上没改变数值。增大列宽即可显示完整的数字。

（3）日期和时间

在 Excel 中当在单元格中输入系统可识别的时间和日期型数据时，单元格的格式会自动转换为相应的"时间"或者"日期"格式。在单元格中输入的日期采用右对齐的方式，如果系统不能识别输入的日期或时间格式，则输入的内容将被视为文本。

常用的格式有：yyyy-mm-dd 表示年月日，如输入"2006-01-01"或"2006-1-1"即 2006年 1 月 1 日。

如果忽略年份，以当前的年份作为默认值。hh：mm［am&pm］表示时间，其中am&pm 与分钟间应有空格。如输入"8：00 am"即为上午 8 点钟。

在单元格中输入数据，首先要选定单元格，使其成为活动单元格。然后在选定的单元格中或在编辑栏中输入数据，输入完成后，按 Enter 键或用鼠标单击编辑栏中的√按钮确认输入；若按 Esc 键或单击编辑栏中的×按钮则取消输入的数据。若想在同一单元格中输入多行数据，换行时可以使用 Alt＋Enter 键。

4. 单元格数据的自动填充

如果输入有规律的数据，可以考虑使用 Excel 自动填充功能，它可以方便快捷地输入等差、等比序列以及自定义的数据序列。填充柄是活动单元格或已选定单元格区域右下角的小黑块，使用填充柄填充数据时鼠标指针指向它后变为黑"十"字形，单击并拖动填充柄可以向拖动方向填充数据。

填充序列根据初始值决定以后的填充项，将鼠标指针移到序列初始值所在单元格的填充柄处单击并拖曳填充柄至填充的最后一个单元格，即可完成自动填充。对不相邻的单元格进行数据重复填充时，可以先选定不相邻的单元格区域，然后在活动单元格中输入数据，再按 Ctrl＋Enter 键。

① 初始值为纯字符或数字，填充相当于复制。若初始值为数字并且在填充时按住Ctrl 键，数字会依次递增。

② 初始值为文字数字混合，填充时文字不变，数字递增，例如初值为 X1，沿鼠标拖动填充柄的方向顺序填充为 X2，X3，……。若在填充时按住 Ctrl 键，数据会原样复制。

③ 初始值为 Excel 预设的自动填充序列中的一项时，按预设序列填充。如初始值为一月，顺序自动填充为二月、三月……。

5. 单元格数据的自定义序列填充

通常情况下，Excel 只能识别几个自动填充序列，如星期、季度等。用户可以定义自己的序列，例如公司的销售地址、学生姓名等，以便快速填充单元格。

① 建立自定义序列，单击"工具"菜单中"选项"命令，打开"选项"对话框，单击"自定义序列"选项卡。如图 4.4 所示在"自定义序列"列表框中选择"新序列"选项，此时"输入序列"列表框可用。在"输入序列"列表框中单击鼠标，指针变为"I"形，输入自定义的序列项，在每项末尾按 Enter 键进行分隔。输入序列中输入"冠军"、"季军"、"亚军"，单击"添加"按钮，输入的数据项会添加到"自定义序列"列表框中的最后一行。单击"确定"按钮结束序列的自定义。

② 导入自定义序列，除了可以在"输入序列"列表框中逐项输入外，也可从工作表中

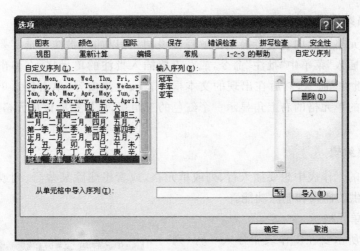

图 4.4　"自定义序列"设置

将已有的数据导入。"从单元格中导入序列"右侧的折叠按钮 ≡ ▾。在含有要导入序列的工作表中选定该序列,单击折叠按钮返回"选项"对话框,单击"导入"按钮。删除自定义序列可以在"自定义序列"列表框中单击选定要删除的序列,然后单击"确定"按钮。但要注意系统本身存在的自定义序列不能删除。

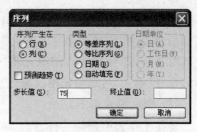

③ 填充等差、等比序列,在单元格中输入序列的初值并按 Enter 键。选定该单元格,单击"编辑"→"填充"→"序列"命令,打开"序列"对话框,如图 4.5 所示。

图 4.5　"序列"对话框

其中:
- 序列产生在:选择按"行"或"列"方向填充。
- 类型:选择产生序列类型。若产生序列是"日期"类型,则必须选择"日期"。
- 步长值:等差序列步长值是公差,等比序列步长值是公比。
- 终止值:序列不能超过的数值。终止值必须输入除非在产生序列前已选定了序列产生的区域。

如果输入等差序列,一般使用填充柄。先在起始的两个单元格中输入序列的前两项,使 Excel 能确定公差,然后选定这两个单元格,最后单击并拖曳填充柄填充。

6. 单元格数据编辑

当数据输入完毕后,如果需要部分或全部更改,可利用 Excel 提供的单元格数据编辑及清除功能。编辑单元格中的内容可采用在单元格中更改,选定需要更改内容的单元格,然后输入新的内容,则原内容被覆盖,按 Enter 键或方向键确定。在编辑栏中更改,选定需要更改内容的单元格,然后在编辑栏中输入新的内容,系统会自动删去原内容,单击编辑栏中的"√"按钮,确认输入。Excel 的"撤销"与"恢复"是使用常用工具栏上的撤销 ↺ ▾ 与恢复 ↻ ▾ 按钮。

7. 单元格数据插入批注

若想对单元格中的内容进行简单的解释或说明,可以插入批注。选定要插入批注的单元格,单击"插入"菜单中"批注"命令,或右击要插入批注的单元格,在弹出的快捷菜单中选择"插入批注"命令,然后在出现的文本框中输入批注内容,单击任意单元格结束输入。含有批注的单元格的右上角显示一个红色的三角块,鼠标指向该单元格,会自动显示批注内容。

8. 单元格编辑

在已编辑的工作表中想要插入行、列或单元格,或者想删除某些行、列或单元格时可使用 Excel 提供的插入和删除功能。

(1) 插入单元格

如图 4.6 所示要在工作表中插入一行(列)。在新行(列)插入的位置选定一个单元格。单击"插入"菜单中"行"("列")命令,即在当前活动单元格所在位置插入一行(列)。活动单元格依次下(右)移。

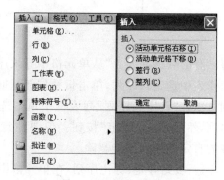

要在工作表中插入几行(列)选定几个行(列)相邻的单元格区域。单击"插入"菜单中"行"("列")命令,即在当前活动单元格区域所在位置插入几行(列)。活动单元格区域依次下(右)移。

图 4.6   "插入"单元格对话框

(2) 删除单元格

要在工作表中删除一行(列),单击要删除的行号(列标)。单击"编辑"菜单中"删除"命令,被选定的行(列)将从工作表中消失,其下(右)方的行(列)向上(左)移动。要在工作表中删除几行(列),如果要删除相邻的几行(列),先单击第一行(列),然后按住 Shift 键,用鼠标选定要删除的最后一行(列)。如果要删除不相邻的几行(列),先单击一行(列),然后按住 Ctrl 键,用鼠标选定其他几行(列)。单击"编辑"菜单中"删除"命令,被选定的行(列)将从工作表中消失,其下(右)方的行(列)向上(左)移动。如果要删除单元格或区域,选定要删除的单元格或区域。单击"编辑"菜单中"删除"命令,打开"删除"对话框,选择"右侧单元格左移"单选按钮,将删除选定的单元格或区域,其右侧单元格或区域按顺序左移;如果选择"下方单元格上移"单选按钮,将删除选定的单元格或区域,其下方单元格或区域按顺序上移;如果选择"整行"或"整列"单选按钮,即删除整行或整列。也可以右击选定区域,在弹出的快捷菜单中选择"删除"命令,打开"删除"对话框,选择删除方式,然后单击"确定"按钮。

(3) 设置单元格字符格式

Excel 中默认字体是宋体,字号是 12 磅。为了使表格的标题和重要的数据更加醒目、直观,需要对工作表中的单元格进行格式设置。要设置字体和字号等格式,选定需要更改格式的单元格或区域,然后单击格式工具栏中的"字体"、"字号"或"颜色"下拉列表框,选择一种字体、字号或颜色进行设置。对于加粗、倾斜、加下划线等修饰操作可以直接使用格式工具栏中的相应按钮,如图4.7所示。

选定需要更改格式的单元格或区域,然后单击"格式"菜单中"单元格"命令,打开"单元格格式"对话框,选择"字体"选项卡,在各个列表框中进行设置。右击选定需要更改格式的单元格或区域,在弹出的快捷菜单中选择"设置单元格格式"命令。

(4)设置单元格对齐格式

默认情况下Excel单元格中的文本是左对齐的,而数字、日期和时间是右对齐的,逻辑值和错误值则居中对齐。用户可以设置数据的对齐方式、单元格中文本的缩进及旋转。其中,对齐方式分为"水平对齐"和"垂直对齐"。利用"格式"工具栏上的按钮▆▆、▆▆或▆▆也能设置对齐格式,但只能设置数据在水平方向的位置。

设置对齐格式时选定要改变对齐方式的单元格。单击"格式"菜单中"单元格"命令,或者右击该单元格,在弹出的快捷菜单中选择"设置单元格格式"命令,打开"单元格格式"对话框。选择"对齐"选项卡,如图4.8所示。在该选项卡的"文本对齐方式"选项组中,通过"水平对齐"下拉列表框选择水平对齐方式,还可使用微调框设置缩进位置;通过"垂直对齐"下拉列表框设置垂直对齐方式。设置完成后单击"确定"按钮。

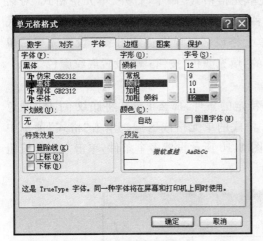

图4.7　设置单元格字符格式对话框

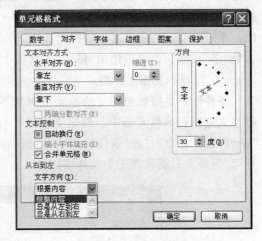

图4.8　"对齐"选项卡

(5)设置单元格边框和背景

为了使单元格中的数据显示更清晰,还可对单元格进行边框和底纹的设置。虽然在工作表中已显示出表格线,但在打印时这些浅灰色的表格线不能打印到纸上,要为单元格设置边框,选定要设置边框的单元格或区域,然后单击"格式"菜单中"单元格"命令,或右击选定区域,在弹出的快捷菜单中选择"设置单元格格式"命令,打开"单元格格式"对话框,选择"边框"选项卡,进行全面的框线设置,如图4.9所示。单击"预置"框中的"无"按钮可以清除已设置的边框。选定要设置边框的单元格或区域,然后单击格式工具栏上的"边框"下拉按钮▦ ▾,在打开的列表框中选择一种边框。左上角的选项用来清除已设置的边框。

为了突出单元格或区域的显示效果,可设置不同的底纹和图案。要为单元格设置边框,选定要设置底纹和图案的单元格或区域,然后单击"格式"菜单中"单元格"命令,或右

图 4.9 "边框"选项卡

击选定区域,在弹出的快捷菜单中选择"设置单元格格式"命令,打开"单元格格式"对话框,选择"图案"选项卡,从"颜色"框中选择一种颜色,为单元格或区域设置背景颜色,即底纹。单击"图案"列表框右端的向下箭头,为单元格或区域设置背景图案。设置完毕后单击"确定"按钮。也可以使用"格式"工具栏中的"填充颜色"按钮 设置底纹颜色。

(6) 设置单元格条件格式

条件格式是指如果选定的单元格满足了特定的条件,那么 Excel 将底纹、字体、颜色等格式应用到该单元格中。选定要设置条件格式的单元格或区域。单击"格式"菜单中"条件格式"命令,打开"条件格式"对话框,如图 4.10 所示设置多个条件,单击"添加"按钮即可,但最多只能设置三个条件格式。

图 4.10 "条件格式"对话框

如要把选定单元格或区域作为格式的条件,单击左边框中的"单元格数值"选项,接着选定比较词组,然后在右侧的框中输入数值,输入的数值可以是常量也可以是公式。设置输出结果格式,单击"格式"按钮,在打开的"单元格格式"对话框中设置格式,单击"确定"

按钮。如果要取消条件格式的设置,可以在"条件格式"对话框中单击"删除"按钮。

　　(7)设置单元格格式复制与删除

　　若多个单元格的格式相同,则不必一一设置,可以使用格式复制功能,快速设置格式。格式进行复制时使用常用工具栏上的格式刷,可以快速复制格式。也可使用菜单,先选定含有格式的单元格或区域复制,然后选定目标区域,单击"编辑"菜单中"选择性粘贴"命令,打开"选择性粘贴"对话框,如图 4.11 所示。在对话框中选择"格式"单选按钮,单击"确定"按钮。"选择性粘贴"对话框可以使用户对已复制到剪贴板中的内容有选择地进行粘贴,例如仅粘贴"公式"、仅粘贴"数值"、仅粘贴"批注"等。

　　格式删除时先选定含有格式的单元格或区域,然后单击"编辑"→"清除"→"格式"命令,可以清除已设的格式。若想删除批注,先选定带有批注的单元格,然后选择"编辑"→"清除"→"批注"命令。或者单击右键带有批注的单元格,在快捷菜单中选择"删除批注"。

图 4.11　"选择性粘贴"对话框

9. 工作表格式化

　　创建和编辑工作表之后,还需要对工作表中的数据进行一定的格式化,Excel 为用户提供了丰富的格式编排功能,这些功能可以美化工作表。Excel 提供了自动套用格式功能,使用这个功能用户可以轻松自如地设置工作表格式。自动套用格式功能共提供了 16 种预定义的自动套用格式组合,这些格式中组合了数字格式、字体、对齐方式、边框、图案、列宽和行高等属性。选定需要自动套用格式的单元格区域,单击"格式"菜单中"自动套用格式"命令,在打开的"自动套用格式"对话框中选择一种格式应用,如图 4.12 所示。若用户只选用自动套用格式的部分格式,系统允许用户控制应用自动套用格式的部分选项,单击"选项"按钮,在该对话框底部显示"要应用的格式"选项区,清除相应选项的复选框,进行设置,单击"确定"按钮。

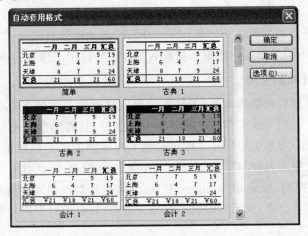

图 4.12　"自动套用格式"对话框

如果要删除已应用到选定区域中的自动套用格式,选定需要删除自动套用格式的单元格区域,单击"格式"菜单中"自动套用格式"命令,或单击格式工具栏中的按钮,在打开的"自动套用格式"对话框的列表框中选择"无格式",单击"确定"按钮。

10. 工作表设置行高与列宽

Excel 设置了默认的行高和列宽。设置行高使用鼠标指向所需调整的行间分隔线处,此时鼠标指针变成双向箭头形状,按住鼠标左键并向上或向下拖动,在屏幕提示框中将显示出行的高度,将行高调整到合适的高度后,释放鼠标即可。

需输入特定的行高值时选定要改变行高的行,单击"格式"→"行"→"行高"命令,在打开的"行高"对话框中输入一个数值,可以是整数或小数,如图 4.13 所示,单击"确定"按钮。使用"最适合的行高"改变行高,单击"格式"→"行"→"最适合的行高"命令,Excel 自动将该行优化到最佳的行高。也可直接双击行与行的分隔线调整适合的行高。

图 4.13　调整"行高"对话框

设置列宽使用鼠标指向需调整列宽的列标的分隔线处,此时鼠标指针变成双向箭头形状,按住鼠标左键并向左或向右拖动,在屏幕提示框中将显示出列的宽度,将列宽调整到合适的宽度后,释放鼠标左键即可。

输入特定的列宽值需选定要改变列宽的列,单击"格式"→"列"→"列宽"命令,在打开的"列宽"对话框中输入一个数值,可以是整数或小数,单击"确定"按钮。使用"格式"菜单中的"最适合的列宽"命令,选定要改变列宽的列,单击"格式"→"列"→"最适合的列宽"命令,Excel 将自动将该列优化到最佳的列宽。也可以直接双击列与列的分隔线。

4.1.4　公式与函数操作

Excel 2003 除了能进行一般的表格处理外,还具有强大的数据计算功能。分析和处理工作表中的数据,离不开公式和函数。公式是函数的基础,它是单元格中的一系列值、单元格引用、名称或运算符的组合,可以生成新值;函数是 Excel 预定义的内置公式,可以进行数学、文本、逻辑的运算或者查找工作表的信息。

公式是在工作表中对数据进行分析的等式,通常是由一个或者多个单元格地址、值和运算符组成。任何公式总是以一个等号"="开始。公式可以引用同一工作表中的其他单元格、同一工作簿不同工作表中的单元格或者其他工作簿中工作表的单元格。

1. 公式中单元格的引用

单元格引用是指单元格的地址,通过指定单元格地址可以使 Excel 找到该单元格并使用其中的数据。引用当前工作表中的某个单元格时,只需给出其地址如 A5,可以引用 A5 单元格中的数据;如果引用同一工作簿其他工作表中的单元格数据时,需在该单元格地址前给出所在工作表名和"!"号,如当前工作表名为 Sheet1,要引用工作表名为 Sheet2 中的 A5 单元格数据时,应表示为 Sheet2! A5。根据复制或拖动填充柄填充时,公式中单元格的地址是否会改变,单元格的引用可分为相对引用、绝对引用和混合引用。

（1）相对引用

在公式中使用单元格引用时,Excel 默认为相对引用。对一个单元格的相对引用,是指该单元格相对于公式所包含单元格的位置。例如,若单元格 A1 中数值为 5,单元格 B1 中数值为 10,在 A2 中有一个公式＝A1＊7。这个公式的含义是"将本单元格上面一行那个单元格的内容乘以 7",单元格 A2 中数值为 10,如果把这个公式复制到单元格 B2 中,则此时公式已变成＝B1＊7。含义仍然是"将本单元格上面一行那个单元格的内容乘以 7"。单元格 B2 中数值为 7。实际操作中输入一个含有相对引用的公式,然后拖曳填充柄,可以将含有相对引用的公式复制到相邻的单元格,实现自动计算。

(2) 绝对引用

如果不希望在复制公式时单元格引用发生改变,就需要使用绝对引用。绝对引用某一指定的单元格,即使用的是该单元格的物理地址。绝对引用是在引用的单元格地址的列标和行号之前加"＄"。在把公式复制或填充到新位置时,公式中单元格地址保持不变。例如:若单元格 A1 中的内容为数值 5,单元格 B1 的内容为公式＝＄A＄1,把 B1 中的公式复制到单元格 B2,则 B1、B2 单元格和 A1 中的数值都是 5。

(3) 混合引用

混合引用是指单元格地址的行号或列标前加上"＄",如＄A1 或 A＄1。混合引用是具有绝对列和相对行(如＄A1),或绝对行和相对列(如 A＄1)的引用,分别用于实现固定某列引用而改变行引用,或者固定某行引用而改变列引用。在把含有混合引用的公式复制或填充到新位置时,公式中相对引用会随位置变化,而绝对引用部分不变。例如＄C3 就是混合引用,此时引用中固定了列 C,而行 3 是可以改变的。混合引用综合了相对引用和绝对引用的效果,在使用时一定要注意根据实际情况来判断使用哪种引用方法。3 种引用输入时可以互相转换。在输入或编辑状态下按 F4 键可转换 3 种引用方式。转换时公式中单元格引用按下列顺序变化"A1"→"＄A＄1"→"A＄1"→"＄A1"→"A1"。

2. 公式中的运算符

运算符是连接运算数据的符号,Excel 包含 4 种类型的运算符: 算术运算符、比较运算符、文本运算符和引用运算符。

(1) 算术运算符

算术运算符用来完成基本的数学运算。它包括加"＋"、减"－"、乘"＊"除"/"、乘方"^"和百分号"％"等。

(2) 比较运算符

比较运算符用来比较两个数值,并返回逻辑值 TRUE 或 FALSE。它包括等于"＝"、大于"＞"、小于"＜"、大于等于"＞＝"、小于等于"＜＝"和不等于"＜＞"。

(3) 文本运算符

文本运算符"＆"用来将多个文本连接起来,"＆"两边可以是字符串或单元格引用。例如 A1 单元格内容为"计算机",B1 单元格内容为"基础知识",若在 C1 单元格使用公式＝A1＆B1 回车后,C1 单元格内容为"计算机基础知识"。

(4) 引用运算符

引用运算符用来将单元格区域合并运算。包括区域运算符":"、联合运算符","、空格运算符"␣"、工作表运算符"!"和工作簿运算符"[]"。

① 区域运算符":"对两个引用之间包括两个引用在内的所有单元格进行引用。例

如 A1:B2,表示引从 A1 到 B2 区域的所有单元格。

② 联合运算符",",将多个引用合并为一个引用。例如 SUM(A1:C1,B1:D1)表示对 A1 到 C1 的单元格区域和 B1 到 D1 的单元格区域共 6 个单元格数据求和。

③ 空格运算符"␣"叫交叉运算符。空格运算符的功能是将多个引用区域所重合的部分作为一个引用。例如,SUM(A1：D2␣B1：C3)表示对同时属于两个区域重合部分 B1 到 C2 共 4 个单元格求和。

④ 工作表运算符"!"是用来对其他工作表中单元格的引用。例如 Sheet2!A5 表示引用的是 Sheet2 工作表中 A5 单元格的数据。

⑤ 工作簿运算符"[]"用来引用其他工作簿中的数据,引用方式是[工作簿名]工作表名!单元格地址,例如[Book2. xls]Sheet1! A1 表示引用的是 Book2 的工作簿中 Sheet1 工作表中 A1 单元格的数据。

如果公式中同时使用了多种运算符,计算时会按运算符优先级的顺序进行,运算符的优先级从高到低为工作簿运算符、工作表运算符、引用运算符、算术运算符、文本运算符、关系运算符。如果公式中包含多个相同优先级的运算符,应按照从左到右的顺序进行计算。要改变运算的优先级,应把公式中优先计算的部分用圆括号括起来。

3. 使用公式

在工作表中输入公式后,单元格中显示的是公式计算的结果,在编辑栏中显示输入的公式。使用键盘输入公式的操作类似输入文本数据。选定要输入公式的单元格,并在单元格中输入一个"="号,然后输入公式的表达式,按 Enter 键确认。使用鼠标在选定要输入公式的单元格之后,单击编辑栏输入"="号后,单击要引用的单元格,该单元格地址自动出现在编辑栏中。若要引用的单元格在同一工作簿的其他工作表中,则需先单击该工作表标签,然后再单击引用单元格。输入完毕单击√按钮即可。

4. 函数的输入

Excel 中包含了各种各样的函数,如常用函数、财务函数、日期与时间函数、数学与三角函数、统计函数、查找与引用函数等。用户可以使用这些函数对单元格区域进行计算。函数本身具有一定的语法格式,函数名后面是包括在括号中的函数参数,如 AVERAGE (C3：E3)。参数可以是常量、单元格地址、区域或另一个函数。

图 4.14 "插入函数"对话框

函数的输入有 3 种方法:手工输入、插入函数按钮*fx*和使用函数列表框。

① 手工输入。对于一些简单函数,可以手工输入,同输入公式的方法一样,按函数的语法格式直接输入。例如=SUM(A1：A4),是对 A1 到 A4 所包含 4 个单元格数据求和。

② 插入函数按钮。选定要插入函数的单元格,单击编辑栏中的"插入函数*fx*"按钮,或者单击"插入"菜单中"函数"命令,将打开"插

入函数"对话框，在"或选择类别"下拉列表框中选择要插入的函数类型，在"选择函数"列表框中选择要使用的函数，如图 4.14 所示。单击"确定"按钮，将打开"函数参数"对话框，其中显示了函数的名称、函数功能、参数、参数的描述、函数的当前结果等。在参数文本框中输入数值、单元格引用区域，或者用鼠标在工作表中选定数据区域，单击"确定"按钮，在单元格中显示出函数计算的结果。

③ 使用函数列表框。在单元格或编辑栏中输入"="，使名称框变为函数列表框，单击下拉按钮打开函数列表，可以选择常用函数。单击"其他函数…"弹出对话框可以选择更多的函数。

5. 常用函数的使用

可对单元格数据进行自动求和、求平均值、求最大值、最小值、统计及选择函数。

① 自动求和"Σ"。Excel 常用工具栏中提供了"自动求和"按钮 Σ ▾，利用该按钮，可以对工作表中所选定的单元格自动插入求和函数 SUM()，实现求和计算。例如公式＝SUM(C3:E3)的功能与公式＝C3＋D3＋E3 相同。

② 求平均值函数 AVERAGE。如图 4.15 所示求学生成绩表中每个学生的平均成绩。在工作表区域中选定 I3 单元格，单击编辑栏中插入函数按钮 fx，在打开的"插入函数"对话框中，用鼠标选定 E3:G3 数据区域，单击"确定"按钮，函数值显示在 I3 单元格中。单击 I3 单元格的填充柄向下拖曳填充至 I12 单元格。

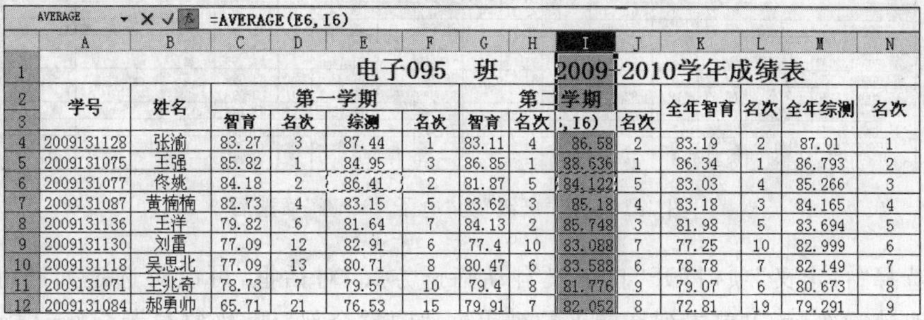
AVERAGE ▾ × ✓ fx =AVERAGE(E6, I6)

	A	B	C	D	E	F	G	H	I	J	K	L	M	N
1	电子095　班　2009-2010学年成绩表													
2	学号	姓名	第一学期				第二学期				全年智育	名次	全年综测	名次
3			智育	名次	综测	名次	智育	名次	, I6)	名次				
4	2009131128	张渝	83.27	3	87.44	1	83.11	4	86.58	2	83.19	2	87.01	1
5	2009131075	王强	85.82	1	84.95	3	86.85	1	88.636	1	86.34	1	86.793	2
6	2009131077	佟姚	84.18	2	86.41	2	81.87	5	84.122	5	83.03	4	85.266	3
7	2009131087	黄楠楠	82.73	4	83.15	5	83.62	3	85.18	4	83.18	3	84.165	4
8	2009131136	王洋	79.82	6	81.64	7	84.13	2	85.748	3	81.98	5	83.694	5
9	2009131130	刘雷	77.09	12	82.91	6	77.4	10	83.088	7	77.25	10	82.999	6
10	2009131118	吴思北	77.09	13	80.71	8	80.47	6	83.588	6	78.78	7	82.149	7
11	2009131071	王兆奇	78.73	7	79.57	10	79.4	8	81.776	9	79.07	6	80.673	8
12	2009131084	郝勇帅	65.71	21	76.53	15	79.91	7	82.052	8	72.81	19	79.291	9

图 4.15 "AVERAGE 函数"求平均值

③ 求最大值、最小值函数 MAX 和 MIN 是返回一组数值中的最大值、最小值。例如公式"＝MAX(E3: E11)"统计计算机成绩的最高分。

④ 统计函数 COUNT 是统计参数表中的数字参数个数和包含数字的单元格的个数。例如公式＝COUNT(A2:I8)统计 A 列第 2 行到 I 列第 8 行区域中数字单元格的个数。

⑤ IF 函数是根据对逻辑条件的判断，返回不同的结果。例如，公式＝IF(E3>＝60,"及格","不及格")"，如果 E3 单元格的值大于等于 60，结果是"及格"，否则结果是"不及格"。

4.1.5　数据管理与分析

Excel 为用户提供了强大的数据排序、筛选和分类汇总等功能，利用这些功能可以方便地对数据清单中的数据进行管理和分析，使用户从不同角度观察和分析数据。

为了更好地分析和查看数据，常需要把数据清单中的记录按某种顺序进行排序，或从数据清单中查找符合特定条件的记录，Excel 提供的排序与筛选功能就可以实现这些操作。数据排序是指根据某列或某几列的单元格值的大小次序重新排列数据清单中的记录。Excel 允许对数据清单中的记录进行升序、降序或多关键字排序。根据一列数据排序。如果要根据数据清单中的某一列数据进行排序，可以使用常用工具栏中的“升序”A↓Z或“降序”Z↓A按钮。先单击数据清单中要排序列上的任意单元格，后单击排序按钮。

根据多列数据排序。数据清单中主要排序列（主关键字）有多个相同值时，可根据另一列（次关键字）内容再排序，依此类推最多可以选择三个列关键字排序。在“我的数据区域”框中选择“有标题行”单选按钮，使标题行不参加排序；若选择“无标题行”则标题行也参加排序。完成后单击“确定”按钮。

筛选是指从数据清单中查找符合特定条件的记录，隐藏那些不符合条件的记录。Excel 提供了“筛选”命令实现筛选。“自动筛选”是按简单条件进行数据的查找。选定数据清单中的任一单元格，单击“数据”→“筛选”→“自动筛选”命令，此时数据清单的列标题全部变成了下拉列表框，如图 4.16 所示，单击某一列的下拉列表框，出现筛选条件列表框。确定筛选条件后即显示筛选结果。

Q4

	A	B	C	D	E	F	G	H	I	J	K	L	M	N	O	P
1	电子095 班 2009-2010学年成绩表															
2	学号	姓名	第一学期				第二学期				全年智育	名次	全年综测	名次	不及格科目	签名
3			智育	名次	综测	名次	智育	名次	综测	名次						
4	2009131128	张渝	83.27	3	87.44	1	83.11	4	86.58	2	83.19	2	87.01	1		
5	2009131075	王强	85.82	1	84.95	3	86.85	1	88.636	1	86.34	1	86.793	2		
6	2009131077	佟姚	84.18	2	86.41	2	81.87	5	84.122	5	83.03	4	85.266	3		
7	2009131087	黄楠楠	82.73	4	83.15	5	83.62	3	85.18	4	83.18	3	84.165	4		
8	2009131136	王洋	79.82	6	81.64	7	84.13	2	85.748	3	81.98	5	83.694	5		
9	2009131130	刘雷	77.09	12	82.91	6	77.4	10	83.088	7	77.25	10	82.999	6	1	
10	2009131118	吴思北	77.09	13	80.71	8	80.47	6	83.588	6	78.78	7	82.149	7		
11	2009131071	王兆奇	78.73	7	79.57	10	79.4	8	81.776	9	79.07	6	80.673	8		
12	2009131084	郝勇帅	65.71	21	76.53	15	79.91	7	82.052	8	72.81	19	79.291	9		
13	2009131098	姜锐	78.55	8	79.49	11	77.66	9	77.81	11	78.11	8	78.65	10		

图 4.16 按“班级”为“电子 095 班”筛选后

若选择“自定义”项，打开“自定义自动筛选方式”对话框，可以对选定列进行条件设置。要取消筛选，可以单击列标题下拉列表框，选择“全部”项，恢复显示全部记录；或者单击“数据”→“筛选”→“自动筛选”命令，去掉前面的对号“√”也可以正常显示记录。

选定数据清单，单击“数据”→“筛选”→“高级筛选”命令，打开“高级筛选”对话框，执行高级筛选操作前要设定条件区域，该区域应在工作表中远离数据清单的位置上设置。条件区域至少为两行，第一行为列标题，第二行及以下各行作为查找条件。用户可以定义一个或多个条件。如果在两个字段下面的同一行中输入条件，系统将按“与”条件处理；如果在不同行中输入条件，则按“或”条件处理。高级筛选可以设定比较复杂的筛选条件，并且能够将符合条件的记录复制到另一个工作表或当前工作表的其他空白位置上。

4.1.6 Excel 2003 图表操作

Excel 提供的强大的图表功能能够更加直观地将工作表中的数据特性表现出来，利用图表功能可以将单元格中的数据以各种统计图表的形式显示。

1. 图表的创建

Excel 2003 中的图表类型有 14 种,每一类又包括若干子类型。图表有两种显示形式:一种是将生成的图表以对象的方式嵌入到原有工作表中;另一种是将生成的图表作为一个新工作表插入到当前工作簿中。创建图表时选定图表数据源。数据源可以连续也可以不连续。单击"插入"菜单中"图表"命令,或直接单击常用工具栏上的"图表向导"按钮 🏭,打开"图表向导—4 步骤之 1"对话框,在此对话框中"图表类型"列表框中根据需要选择图表的类型,在"子图表类型"框中选择所需样式。单击"按下不放可查看示例"按钮可以预览图表,单击"下一步"按钮,打开"图表向导—4 步骤之 2 对话框"。该对话框默认使用图表向导之前用户选定的数据区域,如需修改可在"数据区域"编辑框中单击折叠按钮用鼠标选定新数据源区域,并在"系列产生在"选项区中,选择"行"或"列"。其中,"行"单选按钮是指将所选数据区域中的第一行作为 X 轴的刻度单位;"列"单选按钮是指将所选数据区域中的第一列作为 Y 轴的刻度单位。设置后,单击"下一步"按钮,打开"图表向导—4 步骤之 3"对话框。其对话框包括 6 个选项卡,主要是对图表中的一些选项进行设置。"标题"选项卡在"图表标题"文本框中输入所要显示的图表标题。"坐标轴"选项卡显示 X 轴和 Y 轴,设置 X 轴中的数据是按照"自动"、"分类"显示,还是"时间刻度"来显示。"网格线"选项卡可以设置是否在图表中显示 X 轴和 Y 轴的网格线,是否显示主要(按大的刻度)和次要(按小的刻度)网格线。"图例"选项卡设置是否在图表中显示图例及显示图例的位置。"数据标志"选项卡设置是否显示数据标志以及数据标志的显示形式。数据标志是指在图表中每一个有数据的位置显示该数据,并加以图形标记。"数据表"选项卡设置是显示数据表还是显示图例项,设置图表的有关选项后,单击"下一步"按钮,打开"图表向导—4 步骤之 4"对话框,在该对话框中可以设置图表的显示形式,是作为新工作表插入还是作为当前工作表的对象插入。当用户完成所有的图表设置操作后,单击"完成"按钮图表创建结束。

2. 图表的编辑

如果用户对创建的图表不满意,可以对图表进行编辑。

① 绘图区:以坐标轴为界并包含全部数据系列的矩形区域。

② 图表区:图表中绘图区以外的空白区域,图表生成时,图例默认出现在图表区的右侧,单击并拖曳图例可以将其移动。

③ 数据系列:绘制的图表中的一组相关数据点,来源于工作表的一列或一行。图表中的每个数据系列以不同的颜色和图案区别。在同一图表中可以绘制一个以上的数据系列,但是饼图只能有一个数据系列。

④ 图例:用于区分数据系列符号、图案或颜色的标识,每个数据系列的名字作为图例的标题,用户可在图表中将图例拖动到任何位置。

⑤ 数据标志:为数据系列提供附加信息的标志。根据不同的图表类型,数据标志可以显示数值、数据系列或分类的名称、百分比,也可以是这些信息的组合。用户可以为图表中的数据系列、单个数据点或所有数据点添加数据标志,添加的数据标志类型由图表类型决定。打开"图表选项"对话框,然后在"数据标志"选项卡中设置。

⑥ 坐标轴：位于绘图区边缘的直线，为图表提供计量和比较的参考模型。分类轴（X轴）和数值轴（Y轴）组成了图表的边界并包含相对于绘制数据的比例尺，Z轴用作三维图表的第三个坐标轴。

⑦ 刻度线：坐标轴上类似于直尺分隔线的短度量线。

⑧ 网格线：从坐标轴刻度线延伸开来并贯穿整个绘图区的可选线条系列。网格线使图表中的数据查看和比较更加清晰与方便。要添加网格线打开"图表选项"对话框，然后在"网格线"选项卡中设置。

⑨ 标题：说明性文字。有图表标题、分类轴标题和数值轴标题等。

创建图表后添加数据。如果向嵌入到工作表中的图表中添加数据系列，可以先在工作表中选定要添加的数据区域（包括行、列标题），然后将其拖到图表中。如果向单独的图表工作表中添加数据系列可通过复制和粘贴操作来完成。先选定图表中要删除的数据系列，后按 Delete 键，此操作不会影响数据源。

使用图表向导创建图表时，在向导的第 3 步图表选项对话框中，可以直接给图表和坐标轴添加标题。如果在向导中没有添加标题，可右击图表区，在弹出的快捷菜单中选择"图表选项"命令，打开"图表选项"对话框，在"标题"选项卡中输入。

4.1.7 页面设置和打印

工作表创建并通过编辑后，通常需要将它打印出来。在打印之前，还要对工作表进行一些必要的设置，如页面设置、页眉和页脚的设置、打印区域的设置等。

1. 设置打印区域

单击"文件"→"打印区域"→"设置打印区域"命令，选定要打印的区域，选定区域的边框出现虚线，表示打印区域已经设置好。打印时只有被选定的区域被打印。如果要取消打印区域的设置，单击"文件"→"打印区域"→"取消打印区域"命令。

2. 分页设置

如果需要打印的文档内容超过一页，Excel 会自动进行分页，并在分页处插入分页符。分页符的位置取决于纸张的大小、打印比例的设置和页边距的设置。要将文件强制分页时，可以采用人工分页的方法在水平或垂直方向分页。分页符分为垂直分页符和水平分页符，在工作表中以虚线作为标志。

要在工作表中插入水平分页符，单击新建页左上角的单元格或行号，然后单击"插入"菜单中"分页符"命令，即在该行的上方出现水平分页符，如图 4.17 所示虚线。要在工作表中插入垂直分页符，单击新建页第一列最顶端的单元格或列标，然后单击"插入"菜单中"分页符"命令，即在该列的左方出现垂直分页符，如图 4.17 所示虚线。

单击"视图"菜单中"分页预览"命令，拖动鼠标可移动分页符和改变打印区域的边界。如果移动了 Excel 自动设置的分页符，则将使其变成人工设置的分页符。要删除一个人工分页符，可选定人工分页符下面的第一行单元格或右边的第一列单元格，然后单击"插入"菜单中"删除分页符"命令即可。

如果要删除工作表中所有人工设置的分页符，可以在"分页预览"视图中用鼠标右击

		电子095 班 2009-2010学年成绩表											
学号	姓名	第一学期				第二学期				全年智测	名次	全年综测	名次
		智育	名次	综测	名次	智育	名次	综测	名次				
2009131128	张渝	83.27	3	87.44	1	83.11	4	86.58	2	83.19	2	87.01	1
2009131075	王强	85.82	1	84.95	3	86.85	1	88.636	1	86.34	1	86.793	2
2009131077	佟姚	84.18	2	86.41	2	81.87	5	84.122	5	83.03	4	85.266	3
2009131087	黄楠楠	82.73	4	83.15	5	83.62	3	85.18	4	83.18	3	84.165	4
2009131136	王洋	79.82	6	81.64	7	84.13	2	85.748	3	81.98	5	83.694	5
2009131130	刘雷	77.09	12	82.91	6	77.4	10	83.088	7	77.25	10	82.999	6
2009131118	吴思北	77.09	13	80.71	8	80.47	6	83.588	6	78.78	7	82.149	7
2009131071	王兆奇	78.73	7	79.57	10	79.4	8	81.776	9	79.07	6	80.673	8
2009131084	郝勇帅	65.71	21	76.53	15	79.91	7	82.052	8	72.81	19	79.291	9
2009131098	姜锐	78.55	8	79.49	11	77.66	9	77.81	11	78.11	8	78.65	10

图 4.17　插入分页符后

工作表中任意单元格,在弹出的快捷菜单中选择"重置所有分页符"命令;或者在"分页预览"视图中将分页符拖出打印区域。

3. 页面设置

在打印工作表前,可根据需要对工作表进行一些必要的设置。利用"页面设置"命令可以对打印表格的页面、页眉或页脚和页边距等进行设置。具体操作方法是:单击"文件"菜单中"页面设置"命令,打开"页面设置"对话框,如图 4.18 所示。

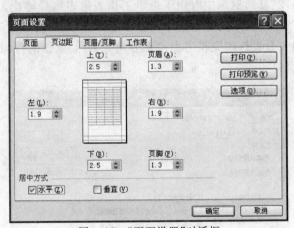

图 4.18　"页面设置"对话框

①"页面"选项卡:"页面"选项卡中,"方向"框用于设置打印方向是纵向还是横向;"缩放"框用于放大或缩小打印工作表,其中"缩放比例"允许在 10 到 400 之间,100%为正常大小,小于为缩小,大于为放大;"纸张大小"下拉列表框用于选择某种类型的打印纸,如A4 纸、B5 纸等;"打印质量"指定打印机允许使用的分辨率;"起始页码"输入工作表打印页的起始页码,默认值为"自动"表示按实际页码打印。

②"页边距"选项卡:"页边距"选项卡,可以设置打印页面的上、下、左、右边距。也可以设置工作表相对于页边距水平方向居中或垂直方向居中,默认为靠上靠左对齐。

③"页眉/页脚"选项卡:在"页眉/页脚"选项卡中,"页眉"、"页脚"下拉列表框提供了许多系统预定义的页眉、页脚格式。如果不满意,可以单击"自定义页眉/页脚"按钮自行定义,以图 4.19 所示"页眉"对话框为例,可单击左、中、右框输入位置为左对齐、居中、

右对齐的三种页眉，7个小按钮自左至右分别用于定义字体、插入页码、总页码、当前日期、当前时间、工作簿名和工作表名。

图 4.19 自定义"页眉"对话框

④ 工作表选项卡。在"工作表"选项卡中，"打印区域"框允许用户单击右侧对话框折叠按钮，选择打印区域，如图 4.20 所示。"顶端标题行"和"左端标题列"用于指出在各页上端和左端打印的行标题和列标题，便于对照数据。单击右侧对话框折叠按钮，选择打印的标题区域。"网格线"复选框选中时用于指定工作表带表格线输出，否则用户未设置边框时只输出数据。"行号列标"复选框选中时打印输出行号和列标，默认为不输出。"先列后行"规定垂直方向先分页打印完再考虑水平方向分页，是默认的打印顺序。"先行后列"规定水平方向先分页打印。

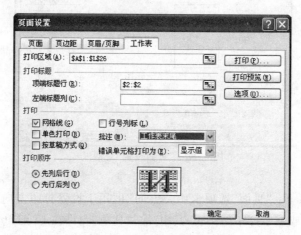

图 4.20 "工作表"选项卡

4. 打印预览和打印

打印之前可使用打印预览查看打印输出的效果，并且可在打印预览状态下调整页边距及页面设置等，预览满意后就可以打印输出。单击"文件"菜单中"打印预览"命令，或单击常用工具栏的"打印预览"按钮，打开"打印预览"窗口，如图 4.21 所示。

在打印预览状态下，鼠标指针将变成放大镜的形状。此时，将鼠标指针移到需要查看的区域，单击鼠标左键，可以放大工作表，鼠标指针也随之变为箭头形状。再次单击鼠标

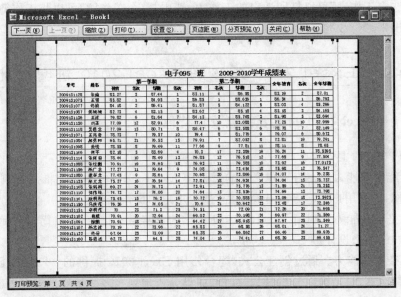

图 4.21 "打印预览"窗口

左键,鼠标指针恢复放大镜形状。

在"打印预览"窗口中,使用缩放、分页预览等功能按钮对内容进行预览。例如单击"设置"按钮,打开"页面设置"对话框,用户可以重新修改选项。单击"页边距"按钮,可以显示或隐藏调整页边距、页眉/页脚以及列宽的控制柄,当控制柄显示时,用鼠标拖曳控制柄调整页边距等项。单击"打印"按钮可设置打印选项并打印工作表。单击"关闭"按钮可以退出打印预览。

打印时单击"文件"菜单中"打印"命令,打开"打印内容"对话框,如图 4.22 所示。根据实际需要在对话框中设置完毕后单击"确定"按钮,开始打印输出工作表。"打印机"下拉列表用于选择打印机名称;选中"打印到文件"复选框,可将文档打印到文件而不是打印机;"打印范围"框用于选定要打印的页码或选择打印全部页;"打印内容"框用于指定打印的区域,选中"选定区域"可以打印工作表的指定单元格区域,但首先需要选定打印的区

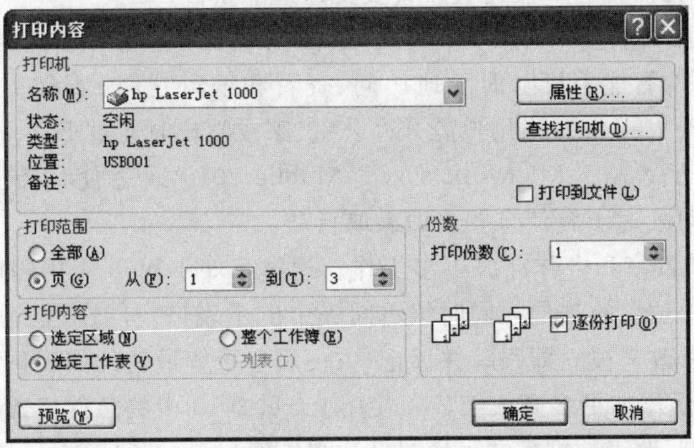

图 4.22 "打印内容"窗口

域,选中"选定工作表"可以打印选定的工作表,选中"整个工作簿"可以将工作簿中各个工作表打印出来;"份数"框可以设置打印的份数。

4.2 Excel 2003 升级到 Excel 2010 新增功能

4.2.1 Excel 2010 的主要特点及新特色

Excel 2010 的主要特点如下。

① 智能判断能力。在与用户交互的过程中 Excel 2010 可智能地推测与判断用户的下一步操作,简化用户的输入或选择过程,减少用户的操作步骤。

② 表格设计能力。利用 Excel 2010 所提供的丰富格式化命令,可简便快捷地完成各种复杂样式的表格设计。

③ 复杂运算能力。通过创建公式,配合使用 Excel 2010 提供的 400 多个函数,可实现各种复杂运算,包括因果分析、回归分析、假设分析预测和多变量规划求解等。

④ 图表生成能力。系统提供大约 100 种不同格式的图表供用户选用,包括三维立体的自定义视角的精美图表,且生成过程可在图表向导的一步一步指引下完成。

⑤ 数据管理能力。Excel 2010 提供类似数据库的数据管理功能,包括单关键字数据排序和多关键字数据排序、数据多条件自动筛选、数据分类分级汇总和数据透视表等。

Excel 2010 的新特色如下。

① 迷你图。即在一个单元格中创建数据图表。Excel 2010 中的一个新功能是工作表单元格中的一个微型图表,可提供数据的直观表示。迷你图可通过清晰简明的图形表示方法显示相邻数据的趋势,能够以可视化的方式汇总趋势和数据,或占用少量空间突出显示最大值和最小值。

② 切片器。即快速定位正确的数据点。Excel 2010 提供了全新切片和切块功能,切片器能在数据透视表视图中提供丰富的可视功能,方便动态分割和筛选数据以显示需要的内容,易于使用筛选组件。使用搜索筛选器可用较少的时间审查表和数据透视表视图中的大量数据集,无需打开下拉列表以查找要筛选的项目。

③ 随时随地访问电子表格。将电子表格在线发布,然后即可通过 Web 或基于 Windows Mobile 的智能手机随时随地访问、查看和编辑它们。Excel Web 应用程序将 Office 体验扩展到 Web 上。当用户离开办公室、家或学校时通过 Excel Web 应用程序即可查看和编辑电子表格。Microsoft Excel Mobile 2010 通过使用专用于智能手机的 Excel 移动版本,可实时了解信息并立即采取行动。

④ 通过连接、共享和合作完成更多工作。通过 Excel Web 应用程序进行共同创作,将可以与处于其他位置的其他人同时编辑同一个电子表格,可查看同时处理某一电子表格的人员。所有修改都被立即跟踪并标记,方便用户了解最新的编辑位置和编辑时间。

⑤ 为数据演示添加更多高级细节。使用 Excel 2010 中的条件格式功能,可对样式和图标进行更多控制,改善数据条并可通过几次单击突出显示特定项目,还可显示负值数据条以更精确地描绘直观数据结果。

⑥ 利用交互性更强和更动态的数据透视图。用户可从数据透视图快速获得更多认识。直接在数据透视图中使用不同数据视图，这些视图与数据透视表视图相互独立，可作为用户数字分析和捕获最有说服力的视图。

⑦ 更轻松更快地完成工作。Excel 2010 简化了访问功能的方式。全新的 Microsoft Office Backstage 视图替换了传统的文件菜单，允许通过几次单击即可保存、共享、打印和发布电子表格。使用改进的功能区，可快速访问最常用的命令并创建自定义选项卡以适合自己独特的工作方式，如图 4.23 所示。

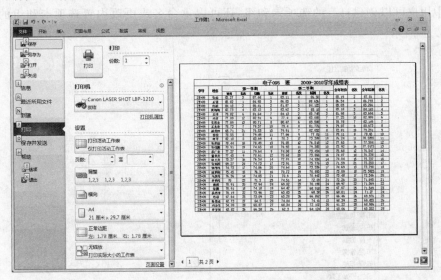

图 4.23　Microsoft Office Backstage™ 视图

⑧ 可对几乎所有数据进行高效建模和分析。Excel 2010 的加载项 PowerPivot 提供了突破性技术，如简化多个来源的数据集成和快速处理多达数百万行的大型数据集。业务用户可通过 Microsoft SharePoint Server 2010 轻松发布和共享分析信息，其他用户也可在操作自己的 Excel Service 报表时利用方便的切片器和快速查询功能。

⑨ 利用更多功能构建更大、更复杂的电子表格。高级用户和分析师可使用全新的 64 位版本 Excel 2010，比以往更容易地分析海量信息，用户现在还可以分析超过旧版 Excel 的 2GB 文件大小限制的大型复杂数据集。

⑩ 通过 Excel Services 发布和共享电子表格。SharePoint Server 2010 和 Excel Services 的集成，允许业务用户将电子表格发布到 Web，从而在整个组织内共享分析信息和结果。用户可以构建商业智能仪表板并可以更广泛地与同事、客户和业务合作伙伴在安全性增强的环境中共享机密业务信息。

4.2.2　Excel 2010 新增和改进的功能

Microsoft Excel 2010 具有丰富的新增功能，无论分析统计数据还是跟踪个人或公司费用，使用 Excel 2010 能够比以往更多的方式分析、管理和共享信息。Excel 2010 能够更好地跟踪信息并做出更明智的决策，能轻松向 Web 发布 Excel 工作簿并扩展与朋友和同事的共享和协作方式。

　　用户需要时找到这些功能,可进一步提高工作效率。与 Office 2010 其他程序类似,Excel 2010 包含 Microsoft Office Fluent 界面,该界面由可自定义的可视化工具和命令系统组成。

　　(1) 改进的功能区。Excel 2007 中首次引入了功能区,利用功能区用户可以轻松地查找以前隐藏在复杂菜单和工具栏中的命令和功能。尽管在 Excel 以前版本中,可以将命令添加到快速访问工具栏,但无法在功能区上添加自定义的选项卡或组。但 Excel 2010 中用户可以创建自己的选项卡和组,还可以重命名或更改内置选项卡和组的顺序,如图 4.24 所示。

图 4.24　创建选项卡和组

　　(2) Backstage 视图是 Microsoft Office Fluent 用户界面的最新创新技术,并且是功能区的配套功能。单击"文件"菜单即可访问 Backstage 视图,可在此打开、保存、打印、共享和管理文件以及设置程序选项,如图 4.25 所示。

　　(3) Excel 2010 工作簿管理工具提供了管理、保护和共享内容的工具。

- 恢复早期版本。以 Microsoft Office 早期版本的自动恢复功能为基础,Excel 2010 现在可恢复在未保存的情况下被关闭的文件版本。当忘记了进行手动保存、保存了不希望保存的更改或者只是希望恢复到工作簿的早期版本时,此功能非常有用。

- 受保护的视图。Excel 2010 包含受保护的视图,因此可在计算机面临可能的安全威胁之前做出更明智的决策。默认情况下来自 Internet 源的文档将在受保护的视图中打开。若发生这种情况,消息栏上会显示一条警告,同时还会显示用于启用编辑的选项。该功能可以控制触发受保护的视图的起始源,还可以设置要在受保护的视图中打开的特定文件类型,而不管这些文件来自何处。

- 受信任的文档。Office 2010 针对使用的包含活动内容(如宏)的文档引入了受信任的文档功能。当确认文档中的活动内容可以安全启用之后,以后便无需总是对它进行确认。Excel 2010 会记住信任的工作簿,以免在每次打开工作簿时总是显示该提示。

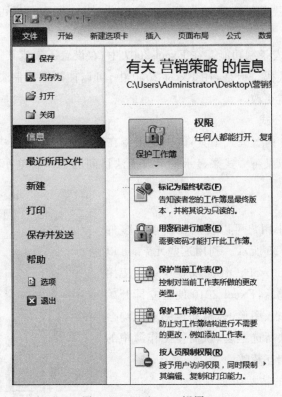

图 4.25 Backstage 视图

(4) 改进的条件格式设置。通过使用数据条、色阶和图标集,条件格式设置可以突出显示所关注的单元格或单元格区域,强调特殊值和可视化数据。

① 新的图标集。图标集在 Office Excel 2007 中首次引入,它根据确定的阈值对不同类别数据显示不同的图标。例如,可以使用绿色向上箭头表示较高值,使用黄色横向箭头表示中间值,使用红色向下箭头表示较低值。在 Excel 2010 中,有权访问更多图标集,包括三角形、星形和方框。还可以混合和匹配不同集中的图标,并且更轻松地隐藏图标。

② 更多的数据条选项。Excel 2010 提供了新的数据条格式设置选项。可以对数据条应用实心填充或实心边框,或者将条方向设置为从右到左(而不是从左到右)。此外,负值的数据条显示在正值轴的另一端。

③ 其他改进。现在,在为条件或数据验证规则指定条件时,可以引用工作簿中其他工作表内的值。

(5) 创建更卓越的工作簿。无论使用数据的多少,用户都可以随时使用所需工具来生成图形图像(如图表、关系图、图片和屏幕快照)以分析和表达观点。

• 改进的图表

① 新图表限制。在 Excel 2007 中二维图表的数据系列中最多可包含 32 000 个数据点。在 Excel 2010 中,数据系列中的数据点数目仅受可用内存限制。特别是科学界人士可以更有效地进行可视化处理和分析大量数据集。

② 快速访问格式设置选项。在 Excel 2010 中,双击图表元素可立即访问格式设置选项。

③ 图表元素的宏录制功能。在 Excel 2007 中,在设置图表或其他对象的格式时录制宏不会生成任何宏代码。但是,在 Excel 2010 中,可以使用宏录制器录制对图表和其他对象所做的格式设置更改。

• 文本框中的公式

Excel 2010 包含内置公式工具,该工具使得在工作表的文本框中撰写和编辑公式变得更轻松。当希望以某种方式来显示锁定或无法访问的工作表单元格中的公式时,此功能非常有用。

• 更多主题

在 Excel 2010 中用户可以使用比以前更多的主题和样式,如图 4.26 所示。利用这些元素,可以在工作簿和其他 Microsoft Office 文档中统一应用专业设计。选择主题后,Excel 2010 便会立即开始设计工作。文本、图表、图形、表格和绘图对象均会发生相应更改以反映所选主题,从而使工作簿中的所有元素在外观上相互辉映。

图 4.26　Excel 2010 中主题和样式

• 带实时预览的粘贴功能

使用带实时预览的粘贴功能,可在 Excel 2010 中或多个其他程序之间重复使用内容时节省时间。使用此功能可以预览各种粘贴选项,如"保留源列宽"、"无边框"或"保留源格式"。通过实时预览,可在将粘贴的内容实际粘贴到工作表中之前确定此内容的外观。当指针移到"粘贴选项"上方以预览结果时,将看到一个菜单,其中所含菜单项将根据上下文而变化,以更好地适应要重复使用的内容。屏幕提示提供的附加信息可帮助作出正确的决策。

• 改进的图片编辑工具

在 Excel 2010 中交流想法并不总是与显示数字或图表相关。无需成为图形设计人员即可创建整洁、专业外观的图像。如果要使用照片、绘图或 SmartArt 以可视化方式通信,可以利用下列功能。

① 屏幕快照。屏幕快照功能可以快速截取屏幕快照,并将其添加到工作簿中,然后使用"图片工具"选项卡上的工具编辑来改进屏幕快照。

② 新增的 SmartArt 图形布局。借助新增的图片布局功能,可以使用照片来阐述案例。图片标题布局可使用下方显示标题的图片。

③ 图片修正。可微调图片的颜色,或者调整其亮度、对比度或清晰度,所有这些操作均无需使用其他照片编辑软件。

④ 新增和改进的艺术效果。能对图片应用不同的艺术效果,使其看起来更像素描、绘图或绘画作品。新增艺术效果包括铅笔素描、线条图形、水彩海绵、马赛克气泡、玻璃、蜡笔平滑、塑封、影印、画图笔画等。

⑤ 更好的压缩和裁剪功能。可控制图像质量和压缩之间的取舍,以便适应工作簿将使用的相应介质(打印、屏幕、电子邮件)。

4.3 电子表格处理软件 Excel 2010

Excel 2010 是 Office 2010 系列办公软件中的一种,主要用来处理一些比较复杂的数据信息。例如账目清单、收支预算表等。它强大的数据计算与分析功能,使其成为目前使用最广泛的电子表格类处理软件之一。

4.3.1 工作界面

启动 Excel 2010 后,就可以看到 Excel 2010 主界面。和以前的版本相比,Excel 2010 的工作界面颜色更加柔和,更加贴近于 Windows 7 操作系统的风格。

1. Excel 2010 的工作界面

Excel 2010 的工作界面主要由标题栏、快速访问工具栏、功能区、编辑栏、行号、列标、工作表编辑区、工作表标签和状态与视图栏组成,如图 4.27 所示。

Excel 2010 的工作界面和 Word 2010 相似,其中相似的元素在此不再重复介绍了,仅介绍一下 Excel 特有的编辑栏、工作表编辑区、行号、列标和工作表标签等 5 个元素。

编辑栏中主要显示的是当前单元格中的数据,可在编辑框中对数据直接进行编辑,其结构如图 4.28 所示。

① 单元格名称框:显示当前单元格的名称,这个名称可以是程序默认的,也可以是用户自己设置的。

② 插入函数按钮:默认状态下只有一个按钮 f_x ,当在单元格中输入数据时会自动出现另外两个按钮 ✗ 和 ✓。单击 ✗ 按钮可取消当前在单元格中的设置;单击 ✓ 按钮可确定单元格中输入的公式或函数;单击 f_x 按钮可在打开"插入函数"对话框中选择需在当前单元格中插入的函数。

③ 编辑框:用来显示或编辑当前单元格中的内容,有公式和函数时则显示公式和

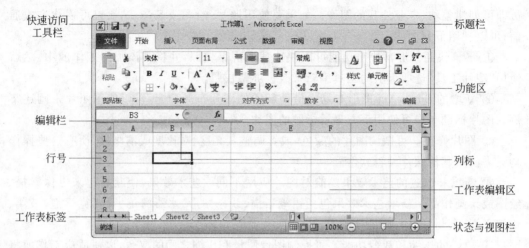

图 4.27　Excel 2010 的工作界面

图 4.28　编辑栏

函数。

2. Excel 2010 工作簿、工作表界面

工作簿和工作表是 Excel 2010 中的两个最基本的概念。所谓工作表是指 Excel 工作环境中用来存储并处理工作数据的文件。工作簿是 Excel 2010 文档中一个或多个工作表的集合,其扩展名为.xlsx。

为了能够使用户更加明白工作簿和工作表的含义,可以把工作簿看成是一本书,一本书是由若干页组成的,同样一个工作簿也是由许多"页"组成。在 Excel 2010 中,把"书"称为工作簿,把"页"称为工作表(Sheet)。首次启动 Excel 2010 时,系统默认的工作簿名称为 Book1,并且显示它的第一个工作表(Sheet1)。

在 Excel 2010 中,默认情况下一个工作簿由 3 个工作表组成,分别以 Sheet1、Sheet2和 Sheet3 来命名。用户可以根据需要插入或删除工作表。一个工作簿中最多可包含 255个工作表。另外用户还可为工作簿中的每个工作表重新命名。

4.3.2　数据与单元格的基本操作

Excel 的主要功能是处理数据。在对 Excel 有了一定的认识并熟悉了单元格的基本操作后,就可以在 Excel 中输入数据了。本节介绍在 Excel 2010 中输入和编辑数据的方法。

1. 数据的输入

Excel 中的数据可分为 3 种类型:一类是普通文本,包括中文、英文和标点符号;一类是特殊符号,例如▲、★、◎等;还有一类是各种数字构成的数值数据,例如货币型数据、小数型数据等。数据类型不同,其输入方法也不同。以下介绍不同类型数值数据的输入方法。

（1）数据的快速填充

当需要在连续的单元格中输入相同或者有规律的数据（等差数列、等比数列、年份、月份、星期等），可以使用 Excel 提供的快速填充数据的功能来实现。

（2）数据的自动计算

当需要即时查看一组数据的某种统计结果时（例如：和、平均值、最大值或最小值），可以使用 Excel 2010 提供的状态栏计算功能,如图 4.29 所示。

图 4.29　Excel 2010 提供的状态栏

（3）数据的自动排序

在 Excel 电子表格中输入数据后,数据是按照输入的先后顺序进行排列的。用户可以使用 Excel 提供的数据排序功能对数据进行重新排序,例如按照月支出由高到低进行排列等。其中用于排序的字段被称为"关键字",如图 4.30 所示。

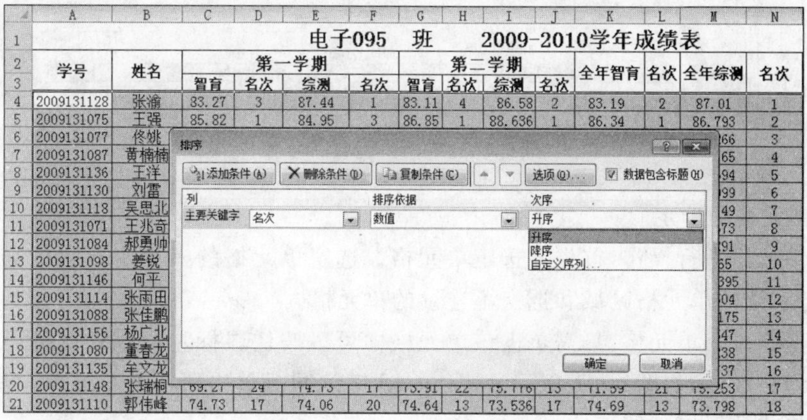

图 4.30　数据的自动排序示例

2. 单元格的基本操作

单元格是工作表的基本单位,在 Excel 2010 中绝大多数的操作都是针对单元格来完成的。对单元格的操作主要包括单元格的选定、合并与拆分等。

（1）单元格的命名规则与 Excel 2003 方式相同

工作表是由单元格组成的,每个单元格都有其独一无二的名称,在学习单元格的基本操作之前,首先应掌握单元格的命名规则。

在 Excel 中,对单元格的命名主要是通过行号和列标来完成的,其中又分为单个单元格的命名和单元格区域的命名两种。

单个单元格的命名是选取"列标＋行号"的方法,例如 A1 单元格指的是第 A 列,第 1 行的单元格,如图 4.31 所示。

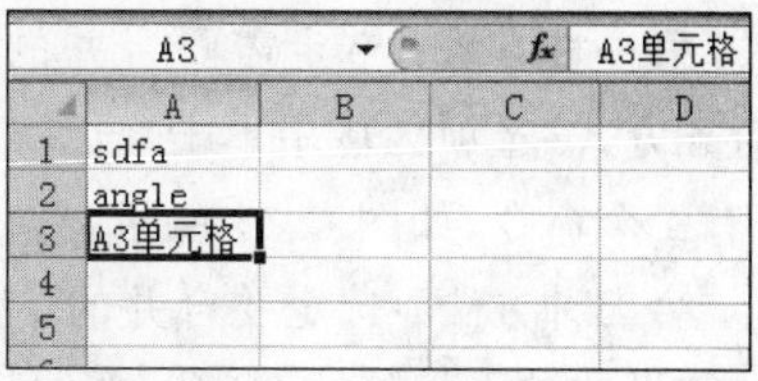

图 4.31　单元的命名

单元格区域的命名规则是：单元格区域中左上角的单元格名称＋"："＋单元格区域中右下角的单元格名称。例如在图 4.32 中，选定单元格区域的名称为"A1:F12"。

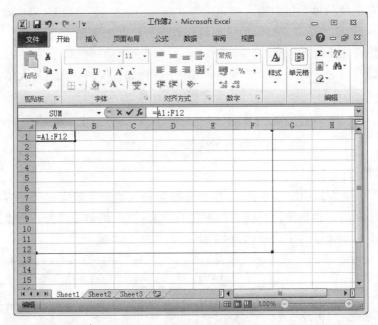

图 4.32　单元格区域的命名

（2）单元格的选定

要对单元格进行操作，首先要选定单元格。选定单元格的操作主要包括选定单个单元格、选定连续的单元格区域和选定不连续的单元格。

若要选定单个单元格，只需单击该单元格即可。按住鼠标左键拖动鼠标可选定一个连续的单元格区域，如图 4.31 所示。按住 Ctrl 键的同时单击所需的单元格，可选定不连续的单元格或单元格区域。

（3）单元格格式的设置

单元格格式的设置，选择"开始"→"单元格"→"格式"→"设置单元格格式"命令，也可通过右键菜单中"设置单元格格式"命令。

（4）合并与拆分单元格

在编辑表格的过程中，有时需要对单元格进行合并或者拆分操作。合并单元格是指将选定的连续的单元格区域合并为一个单元格，而拆分单元格则是合并单元格的逆操作。

① 合并单元格。若要合并单元格，可采用以下两种方法。

第一种方法：选定需要合并的单元格区域，然后单击"开始"选项卡，在该选项卡的"对齐方式"选项区域中单击"合并后居中"按钮 图 右侧的倒三角按钮，在弹出的下拉菜单中有 4 个命令，如图 4.33 所示。

第二种方法：选定要合并的单元格的区域，在选定区域中右击，在弹出的快捷菜单中选择"设置单元格格式"命令，如图 4.34 所示。

打开"设置单元格格式"对话框，在该对话框"对齐"选项卡的"文本控制"选项区域中

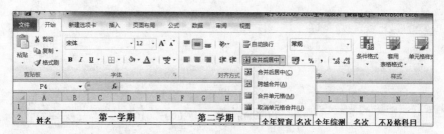

图 4.33　合并单元格

选中"合并单元格"复选框,然后单击"确定"按钮后,即可将选定区域的单元格合并,如图 4.35 所示。

图 4.34　右键菜单

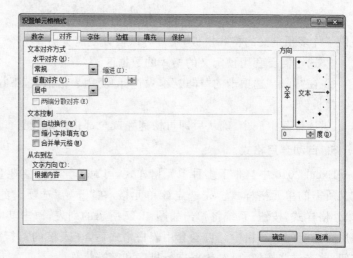

图 4.35　"设置单元格格式"对话框

② 拆分单元格。拆分单元格是合并单元格的逆操作,只是合并后的单元格才能够进行拆分。选定合并后的单元格,再次单击"合并后居中"按钮,单击"取消单元格合并"命令,即可将单元格拆分成合并前的状态。

3. 窗口冻结

在工作表的第 1 行都会有一个标题行,而在第 1 列也会有关键字列,在浏览或编辑一个行、列很多的工作表时会发现,当多行表格被滚动之后,往往看不到标题行或关键字列,造成编辑错位,可利用冻结窗口的方法使得标题行或关键字列"冻结"住,不随其他数据一起滚动。

如果要使第 1 行冻结,将活动单元格置于第 2 行第 1 个单元格,再选择"视图"选项卡"窗口"组中"冻结窗格"选项,第 1 行已被冻结。可冻结多行多列,以适应标题占用多行多列,如图 4.36 所示。

4. 预定义格式的套用

Excel 工作表的格式和外观有较高要求时,设置所有的格式需要较多的步骤。Excel

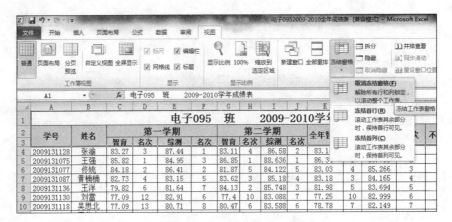

图 4.36   窗口冻结显示

提供了许多预定义的格式模板，用户可以很方便地套用。

① 选定需要套用预定义的格式的数据区。

② 在"开始"选项卡的"样式"组中选择"套用表格格式"下拉选项，下方会弹出多个现成的模板。

③ 选择其中一个，确认后即可快速完成全部格式的设置。

5. 自动套用格式

Excel 2010 中自带了多种单元格样式，可对单元格方便地套用这些样式，用户也可自定义所需的单元格样式。先选定该单元格，在"开始"选项卡的"样式"选项区域中，单击"单元格样式"按钮，系统将弹出如图 4.37 所示的列表，单击其中的任选样式，可将该样式应用到选定的单元格中。自动套用表格格式后，在表格的首行标题处会出现一些三角形按钮，单击这些按钮，可对数据进行排序和筛选操作。

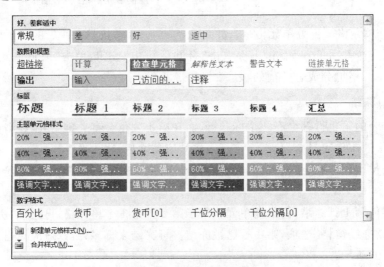

图 4.37   "单元格样式"列表

6. 设置工作表背景图案

为了使工作表更加美观,用户可为工作表设置背景图案。首先打开工作表,然后打开"页面布局"选项卡,在"页面设置"选项区域中单击"背景"按钮,打开"工作表背景"对话框,在该对话框中选择要设置为背景的图片,然后单击"插入"按钮即可,如图 4.38 所示。

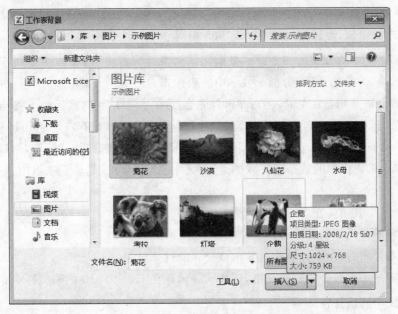

图 4.38　设置工作表背景图案

若要取消该背景图案,可在"页面布局"选项卡的"页面设置"选项区域中单击"删除背景"按钮,即可删除背景,如图 4.39 所示。

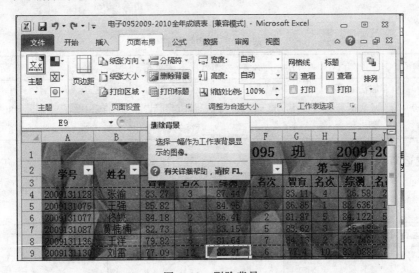

图 4.39　删除背景

4.3.3　公式与函数使用

Excel 由操作数和运算符按一定的规则组成的表达式,以"＝"为首字符,符号后面是参与运算的元素(操作数)和运算符。操作数可以是常量、单元格引用、标志名称或者是工作表函数。

1. 公式的语法、运算使用与 Excel 2003 相同

Excel 2010 中的公式由一个或多个单元格值及运算符组成,公式主要用于对工作表进行加、减、乘、除等的运算,类似于数学中的表达式。

公式的语法规则是:在输入公式时,首先必须输入符号"＝",然后输入参与计算的元素和运算符,其中运算符包括算术运算符、比较运算符、文本运算符和引用运算符 4 种。例如公式＝A3＋A4－A5 表示将 A3 和 A4 单元格中的数据进行加法运算,然后再将得到的结果与 A5 单元格中的数据进行减法运算,其中 A3、A4、A5 是单元格引用,"＋"和"－"是运算符。

在 Excel 2010 中,公式具有以下基本特性:

- 所有的公式都以等号开始。
- 输入公式后,在单元格中只显示该公式的计算结果。
- 选定一个含有公式的单元格,该公式将出现在 Excel 2010 的编辑栏中。

2. 公式中的运算符

运算符是公式的灵魂,它决定了公式中所引用数据的计算方式。在 Excel 2010 中,公式运算符共有 4 类:算术运算符、比较运算符、文本运算符和引用运算符。

算术运算符:用于数值的算术运算,运算符有 ＋、－、*、/、^、()、% 等,如表 4.1 所示。

表 4.1　算术运算符

算术运算符	含义	示例	算术运算符	含义	示例
＋(加号)	加法运算	8＝4＋4	/(正斜线)	除法运算	1＝3/3
－(减号)	减法运算或负数	1＝2－1 或－2	%(百分号)	百分比	80%
*(星号)	乘法运算	8＝4*2	^(插入符号)	乘方运算	8＝2^3

比较运算符:＝、＞、＜、＞＝、＜＝、＜＞,用于比较两个值的大小,结果为 TURE 或 FALSE,如表 4.2 所示。

表 4.2　比较运算符

比较运算符	含义	示例	比较运算符	含义	示例
＝(等号)	等于	A1＝B1	＞＝(大于等于号)	大于或等于	A1＞＝B1
＞(大于号)	大于	A1＞B1	＜＝(小于等于号)	小于或等于	A＜＝B1
＜(小于号)	小于	A1＜B1	＜＞(不等号)	不相等	A1＜＞B1

文字运算符：& 用于字符串连接，它的作用是连接两个单元格的内容，并产生一个新的单元格的内容。

引用运算符：冒号、逗号和空格。用于对区域引用进行合并运算。

区域运算符：冒号"："用来定义一个连续的区域，对引用的两个单元格之间的所有单元格进行计算，如 A1:A3 表示参加运算的有 A1、A2、A3 共 3 个单元格；A1:B2 表示参加运算的有 A1、A2、B1、B2 共 4 个单元格。

联合运算符：逗号"，"，或叫并集运算符，用于连接两个或更多的区域，将多个引用合并为一个引用。如：公式＝SUM(A5：A8,B5：B8)，表示计算 A5～A8 和 B5～B8 共 8 个单元格的值的总和。

交叉运算符：空格" "，又叫交集运算符，表示两个区域间的重叠部分，或产生同时属于两个区域的单元格。例如"＝SUM(A2:B4　A1:C3)"表示计算 A2:B4 和 A1:C3 两个单元格区域之间的交集，即 A2、B2、A3、B3 单元格的和。

3. 运算符优先级

多种运算符在一起混合使用时，会产生一个优先级的问题，即先进行哪些运算再进行哪些运算。总体来说，运算符的优先级由高到低为：引用运算符、算术运算符、文本运算符、比较运算符。其中，引用运算符可分为 3 个等级，由高到低依次为：区域运算符、交叉运算符和联合运算符，即冒号、逗号、空格；算术运算符可分为 4 个等级，由高到低依次为：百分比、乘幂、乘除同级、加减同级。同级运算时，优先级按照从左到右的顺序计算。

4. 公式的输入

在输入公式前，必须先输入等号，然后再依次输入其他元素。例如，若在 A3 单元格中显示 A1 和 A2 两个单元格中数据之和，应先选定 A3 单元格，然后输入＝A1＋A2，输入完成后按 Enter 键即可。

4.3.4　数据筛选与排序

1. 排序

计算机的主要功能之一就是数据处理，将看似杂乱的数据经过处理后得到有用的信息。Excel 提供了数据处理的工具。排序的方法主要分为两种：单一条件排序和多条件组合排序。

单一条件排序是按某一列作为关键字进行排序的方法。只需选中需排序列的任一单元格(不能选中整列，则仅对该列的数据进行排序)，如果单击"升序"按钮，则从低到高排序；如果单击"降序"按钮，则从高到低排序。

多条件组合排序是按某几列同时作为关键字进行排序的方法。

① 首先单击有效数据区的任一单元格，再选择"数据"选项卡的"排序和筛选"组中的"排序"命令，打开"排序"对话框的"主要关键字"下拉列表，选定"数学"、"排序依据"为"数值"，"次序"为"降序"。

② 单击"添加条件"按钮，出现"次要关键字"排序条件行，选定一个关键字和次序，按需要可重复添加多个次要关键字。

③ 数据区域顶部有标题行,需勾选"排序"对话框右上角"数据包含标题"复选框,然后单击"确定"按钮,即可完成多条件的排序操作。

2. 筛选

筛选(或过滤)是 Excel 提供的一个非常实用的数据处理工具,其功能是将指定区域中满足条件的记录挑选出来单独处理或浏览,将不满足条件的记录隐藏起来。Excel 提供了两种筛选工具:自动筛选和高级筛选。

(1)自动筛选

① 单击工资表中有效数据区任何一个单元格,选择"数据"选项卡的"筛选"命令,此时每列的列标题单元格右侧自动显示 下位箭头。

② 在 下拉列表中取消"(全选)",勾选"智育",不满足筛选条件的记录都被隐藏,若要去掉筛选结果而恢复原表,在下拉列表中勾选"(全选)"即可。

③ 给定条件下记录过滤出来,需要再对"智育"列进行筛选,在"智育"旁的下拉列表中选择"数字筛选"命令,并且在子菜单中选择"小于"选项。

④ 在弹出的"自定义自动筛选方式"对话框中"小于"条件后的文本框中输入 84.13,实现了一种在不同列上的组合筛选,如图 4.40 所示。

图 4.40 "自定义自动筛选方式"对话框

⑤ 在同一列上进行多条件筛选,要筛选的对话的第 2 行定义第 2 条件,选择依据两个条件之间逻辑关系。

(2)高级筛选

高级筛选可以设置行与行之间的"或"关系条件,也可以对一个特定的列指定 3 个以上的条件,还可以指定计算条件,这些都是它比自动筛选优越的地方。高级筛选的条件区域应该至少有 2 行,第 1 行用来放置列标题,下面的行则放置筛选条件,需要注意的是这里的列标题一定要与数据清单中的列标题完全一样才行。在条件区域的筛选条件的设置中,同一行上的条件认为是"与"条件,而不同行上的条件认为是"或"条件。

4.3.5 数据图表

图表是图形化的数据,它由点、线、面等图形与数据文件按特定的方式组合而成。一般情况下用户使用 Excel 工作簿内的数据制作图表,生成的图表也存放在工作簿中。图表是 Excel 的重要组成部分,具有直观形象、双向联动、二维坐标等特点。

作一个表示第一季度的几种商品所占比例的饼图,首先选择数据区域,然后选择插入选项卡,单击饼图按钮,在打开的下拉菜单中选择饼图样式,此时可看到已经创建了一个饼图,如图 4.41 所示。单击创建好的图表,此时单击设计标签,对图表的布局和样式进行选择,或者修改选择的数据等。通过 Excel 2010 新的样式,简单的设计出漂亮的图表,如图 4.42 所示。

图 4.41 建立饼图模型

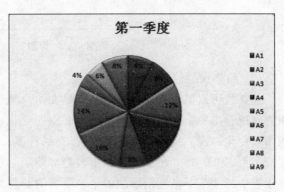

图 4.42 "饼图模型"示例

（1）图表的修改

若有一部分同其他的部分分离的饼图,单击这个圆饼,在饼的周围出现了一些句柄,再单击其中的某一色块,句柄到了该色块的周围,这时向外拖动此色块,就可以把这个色块拖动出来了;同样的方法可以把其他各个部分分离出来。或者在插入标签中直接选择饼图下拉菜单,选择分离效果即可,如图 4.43 所示。

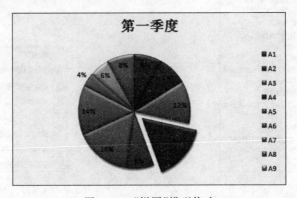

图 4.43 "饼图"模型修改

把它们合起来的方法是先单击图表的空白区域,取消对圆饼的选取,单击选中分离的一部分,按下左键向里拖动鼠标,就可以把这个圆饼合并到一起了。还经常见到这样的饼图:把占总量比较少的部分单独拿出来作了一个小饼以便看清楚,在插入标签中直接选择饼图下拉菜单,选择相应效果即可,如图4.44所示。

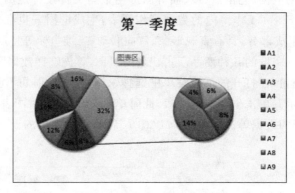

图4.44 "饼图"分割效果图

(2) 趋势线的使用

趋势线可以简单地理解成一个产品在4个城市中市场占有率的变化曲线,使用它可很直观地看出一个牌子产品的市场占有率的变化,还可以通过这个趋势线来预测下一步的市场变化情况。创建好图表后,选择布局标签,单击趋势线下拉菜单,此时就可看到趋势线类型,如图4.45所示。选择指数趋势线后,就可直接在图表中添加相应趋势线。现在图表中就多了一条刚刚添加的第一季度的趋势线,从这条线可清楚地看出第一季度的变化趋势是缓慢下降的。

(3) 添加系列

若得到了第四季度的统计数据,需要把它加入到这个表中。在加入到表格中后在图表中也看到第四季度的数据。首先把数据添加进去。在已经创建好的图表中右键单击,此时单击"选择数据"选项,如图4.46所示。

图4.45 趋势线类型

图4.46 右键图表命令菜单

在打开的"选择数据源"对话框中,单击"图表数据区域"输入框中的拾取按钮,选择已经添加好的数据区域,如图 4.47 所示。返回"选择源数据"对话框,此时就可在"图例项(系列)"中看到已经添加好的第四季度数据,单击"确定"按钮就可以完成这个序列的加入了。

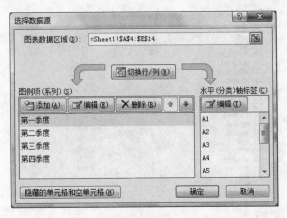

图 4.47　"选择数据源"对话框

(4) 常见图表

通常使用柱形图和条形图来表示产品在一段时间内的生产和销售情况的变化或数量的比较,如上面的季度产品份额的柱状图就是显示各个品牌的市场份额的比较和变化。

如果要体现的是一个整体中每一部分所占的比例时,通常使用饼图,如各种产品市场份额的饼图。此外比较常用的就是折线图和散点图。折线图通常也是用来表示一段时间内某种数值的变化,常见的如股票价格的折线图等。散点图主要用在科学计算中,如可以绘制出正弦和余弦曲线。选择数据区域,然后在插入标签中选择"散点图"按钮,就生成了一个函数曲线图,改变一下它的样式,一个漂亮的正余弦函数曲线就做出来了。

4.3.6　激活加载项与宏操作

在实际工作中遇到重复操作,可以使用"宏"来记录,并循环这个过程,轻松完成任务。假设用户每个月都要为财务主管创建一份报表,并希望将具有逾期帐款的客户名称设置为红色和加粗格式。可以创建并运行一个宏,迅速将这些格式变更应用到选中的单元格。

1. 录制宏前的准备工作

确保功能区中显示有"开发工具"选项卡。默认情况下,不会显示"开发工具"选项卡,可执行下列操作:依次单击"文件"选项卡、"选项"和"自定义功能区"类别,如图 4.48所示。

在"自定义功能区"下的"主选项卡"列表中,单击"开发工具",再单击"确定",如图 4.49 所示。

2. 录制宏

在"开发工具"选项卡上的"代码"组中,单击"录制宏",再单击"确定"开始录制。如图 4.50 所示。

图 4.48　"文件"选项卡

图 4.49　开发工具选项

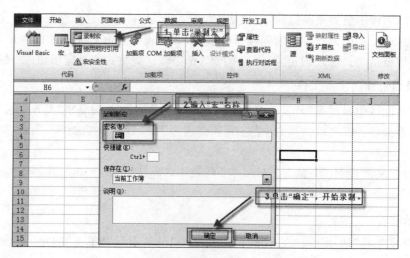

图 4.50　录制宏

在工作表中执行某些操作,如键入文本,选择一些行或列,或填写数据。在"开发工具"选项卡上的"代码"组中,单击"停止录制",如图 4.51 所示。

图 4.51　停止录制

3. 仔细查看宏和试用宏

若要编辑宏,请在"开发工具"选项卡上的"代码"组中,单击"宏",选择已录制的宏的名称,然后单击"编辑"。将启动 Visual Basic 编辑器,编辑录制好的宏。

浏览代码查看录制的操作的编码方式。有些代码可能十分简单,而有些代码可能略微难懂。尝试编辑代码并关闭 Visual Basic 编辑器,重新运行宏查看有何变化。

4.3.7　页面设置与打印预览

内容整齐、美观的 Excel 工作表需要进行整个页面层次上的格式化,即"页面设置",通过"打印预览"功能对输出效果进行检验后再打印。

在"页面布局"选项卡的"页面设置"组中有许多选项,可用于调整页边距、纸张方向、纸张大小、打印区域和打印标题等选项,如图 4.52 所示。

图 4.52　"页面设置"组选项

单击"页面设置"工具区右下角的小图标 ,可以弹出传统的"页面设置"对话框,如图 4.53 所示,4 个选项卡可对页面设置各选项进行编辑。

① 纸张方向与缩放设置:可将纸张设置成"纵向"或"横向";如果纸张容纳不下内容,可进行缩小打印;可选择标准的纸张大小,也可自定义纸张的尺寸。

② 页边距设置:在"页面设置"对话框中选择"页边距"选项卡,可调整页面的上下左右边距、表格在页面上的水平及垂直对齐方式等。

③ 页眉/页脚的自定义:在"页面设置"对话框中选择"页眉/页脚"选项卡,单击"自定义页眉"或"自定义页脚"按钮,即可设计自己的页眉和页脚。

④ 工作表设置:在"页面设置"对话框中选择"工作表"选项卡,在打印区域选择框中可选择需要打印的数据区域;在"打印标题"选择区中可以选择在每页都需要打印的构成表头的若干行;如果在单元格格式中未设置边框,在此还可以通过"网格线"选项设置是否

图 4.53 "页面设置"对话框

打印边框。

⑤ 打印预览：在"页面设置"对话框中单击"打印预览"按钮，或"文件"菜单的"打印"菜单项，可进入"打印预览"视图。在其中可再次设置页边距，或单击预览界面右下角的 ▦▢ 图标，可显示出边距，此时直接用鼠标拖动边距分界线，可视化地进行页边距和列宽的调整。

⑥ 打印工作表：工作表制作完成保存后，还可将其打印出来，以备用户存档。打印工作表方法与 Excel 2003 相似，一般可分为两个步骤：打印预览和打印输出。另外可对工作表进行页面设置。打开要打印的工作表，单击"文件"按钮，在弹出的菜单中选择"打印"命令，在窗口的右侧将显示预览效果，如图 4.54 所示。如果用户对预览结果满意就可以进行打印输出了。在打印之前，可在页面的中间区域对各项打印属性进行设置，包括打印的份数、打印的页码范围、纸张方向等。设置完成后单击"打印"按钮，即可打印工作表。

4.3.8 Excel 2010 电子表格快捷键使用

使用快捷键可以极大地简化操作步骤，提高工作效率。

1. 通过键盘功能键访问功能区

如果还不熟悉功能区，则本部分中的信息可以帮助您了解功能区的快捷键模型。功能区附带新的快捷方式，称为按键提示。若要显示按键提示，按 Alt 键如图 4.55 所示。

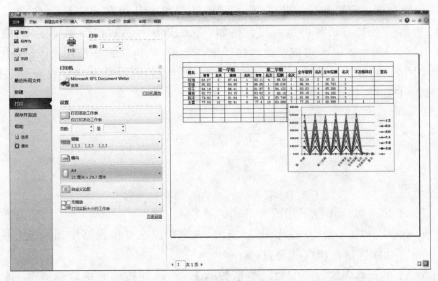

图 4.54　打印预览效果

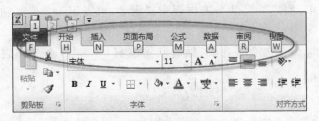

图 4.55　功能区快捷键

若要在功能区上显示某个选项卡,按对应于该选项卡的按键,例如,对于"插入"选项卡,按字母 N,如图 4.56 所示。

图 4.56　"插入"选项快捷键

或者对于"公式"选项卡,按字母 M,如图 4.57 所示。

图 4.57　"公式"选项快捷键

2. Ctrl 组合快捷键

在其他版本中以 Ctrl 开头的键盘快捷方式,在 Excel 2010 中仍然可用。例如,

Ctrl+C 仍然会将内容复制到剪贴板,而 Ctrl+V 仍然会从剪贴板中进行粘贴。大部分旧的 Alt+ 菜单快捷方式都仍然可用。例如,尝试按 Alt,然后按旧菜单键 E(编辑)、V(查看)、I(插入)等中的一个按键。此时将弹出一个框,指出您正在使用 Microsoft Office 早期版本中的访问键。如果知道整个按键顺序,请继续执行操作并启动命令。如果不知道顺序请按 Esc 键,详见附录 C、D。

习　题　4

一、填空题

1. Excel 2010 默认保存工作簿的格式扩展名为_____。

2. 在 Excel 2010 中新增"迷你图"功能,可选定数据在某单元格中插入迷你图,同时打开_____功能区进行相应的设置。

3. 在 A1 单元格内输入"30001",然后按 Ctrl 键,拖动该单元格填充柄至 A8,则 A8 单元格中内容是_____。

4. 在 Excel 中,如果要对某个工作表重新命名,可以用_____功能区的"格式"来实现。

5. 一个工作簿包含多个工作表,缺省状态下有_____个工作表,分别为 Sheet1、Sheet2 和 Sheet3。

二、单选题

1. 在 Excel 中,要在同一工作簿中把工作表 Sheet3 移动到 Sheet1 前面,应(　　)。
   A. 单击工作表 Sheet3 标签,并沿着标签行拖动到 Sheet1 前
   B. 单击工作表 Sheet3 标签,并按住 Ctrl 键沿着标签行拖动到 Sheet1 前
   C. 单击工作表 Sheet3 标签,并选择"编辑"菜单的"复制"命令,然后单击工作表 Sheet1 标签,再选择"编辑"菜单的"粘贴"命令
   D. 单击工作表 Sheet3 标签,并选"编辑"菜单的"剪切"命令,然后单击工作表 Sheet1 标签,再选择"编辑"菜单的"粘贴"命令

2. 假设在 B1 单元格存储一公式为 A$5,将其复制到 D1 后,公式变为(　　)。
   A. A$5　　　　　　B. D$5　　　　　　C. C$5　　　　　　D. D$1

3. 在图表中要增加标题,在激活图表的基础上,可以(　　)。
   A. 选择"插入"→"标题"菜单命令,在出现的对话框中选择"图表标题"命令
   B. 选择"格式"→"自动套用格式化图表"命令
   C. 单击鼠标右键,在快捷菜单中执行"图表标题"菜单命令,选择"标题"选项卡
   D. 用鼠标定位,直接输入

4. 在 Excel 中,想要删除已有图表的一个数据系列,不能实现的操作方法是(　　)。
   A. 在图表中单击选定这个数据系列,按"Delete"键
   B. 在工作表中选定这个数据系列,选择"编辑→清除"菜单命令
   C. 在图表中单击选定这个数据系列,选择"编辑"→"清除"→"系列"命令

D. 在工作表中选定这个数据系列,选择"编辑"→"清除"→"内容"命令

5. 下列操作中,不能为表格设置边框的操作是( )。

A. 选择"格式"→"单元格"菜单命令后单击"边框"选项卡

B. 利用绘图工具绘制边框

C. 自动套用边框

D. 利用工具栏上的框线按钮

6. 要在已打开工作簿中复制一张工作表的正确的菜单操作是:单击被复制的工作表标签,( )。

A. 选择"编辑"→"复制"→"选择性粘贴"菜单命令,在其对话框中选定粘贴内容后单击"确定"按钮。

B. 选择"编辑"→"移动或复制工作表"菜单命令,在对话框中选定复制位置后,单击"建立副本"复选框,再单击"确定"按钮

C. 选择"编辑"→"移动或复制工作表"菜单命令,在对话框中选定复制位置后,再单击"确定"按钮

D. 选择"编辑"→"复制"→"粘贴"菜单命令

7. 在 Excel 中,选择"编辑"→"清除"菜单命令,不能实现( )。

A. 清除单元格数据的格式   B. 清除单元格的批注

C. 清除单元格中的数据   D. 移去单元格

8. 准备在一个单元格内输入一个公式,应先键入( )先导符号。

A. \$ B. >   C. <   D. =

9. 在 Excel 工作表的某单元格内输入数字字符串"456",正确的输入方式是( )。

A. 456   B. '456   C. =456   D. "456"

10. 在 Excel 中,如果单元格 A5 的值是单元格 A1、A2、A3、A4 的平均值,则不正确的输入公式为( )。

A. =AVERAGE(A1:A4)

B. =AVERAGE(A1,A2,A3,A4)

C. =(A1+A2+A3+A4)/4

D. =AVERAGE(A1+A2+A3+A4)

三、判断题

1. 在 Excel 2010 中,可以更改工作表的名称和位置。 ( )

2. 在 Excel 2010 中只能清除单元格中的内容,不能清除单元格中的格式。 ( )

3. 在 Excel 2010 中,使用筛选功能只显示符合设定条件的数据而隐藏其他数据。

( )

4. Excel 2010 工作表的数量可根据工作需要作适当增加或减少,并可以进行重命名、设置标签颜色等相应的操作。 ( )

5. Excel 2010 可以通过 Excel 选项自定义功能区和自定义快速访问工具栏。

( )

6. Excel 2010 的"开始保存并发送",只能更改文件类型保存,不能将工作簿保存到

Web 或共享发布。 （　　）

7. 要将最近使用的工作簿固定到列表，可打开"最近所用文件"，单击需要固定的工作簿右边对应的按钮即可。 （　　）

8. 在 Excel 2010 中，除在"视图"功能可以进行显示比例调整外，还可以在工作簿右下角的状态栏拖动缩放滑块进行快速设置。 （　　）

9. 在 Excel 2010 中，只能设置表格的边框，不能设置单元格边框。 （　　）

10. Excel 2010 中只能用"套用表格格式"设置表格样式，不能设置单个单元格样式。

（　　）

四、实践题（分别在 Excel 2003 与 2010 中实践）

实践一

在当前考生文件夹下，已有 Excel.xls 文件存在，按下列要求操作，结果存盘。

1. 将工作表 Sheet1 复制到 Sheet2 和 Sheet3，并将 Sheet2 更名为"材料比热表"。

2. 将 Sheet3 中"材料编号"和"材料名称"分别改为"编号"和"名称"，并将比热等于 128 的行删除。

3. 将"材料比热表"以"比热"为序升序排列，并将"材料名称"和"比热"两列填充"玫瑰红色"。

4. 在"材料比热表"的第 1 行前插入标题行"材料比热表"，设置为"楷体，字号 20，合并及居中"，设置页眉为"材料比热分表"（靠左，楷体，倾斜，字号 16，双下划线），页边矩为左 2.2 厘米，右 1.8 厘米。

实践二

在当前考生文件夹下，已有 Excel.xls 文件存在，按下列要求操作，结果存盘。

1. 将工作表 Sheet1 复制到 Sheet2 和 Sheet3，并将 Sheet3 更名为"工资表"。

2. 将工作表 Sheet2 的第 3 行至第 7 行和第 10 行以及 B、C 和 D 三列删除。

3. 对工作表"工资表"按"工资"升序排列，并对排序关键字数据填充"玫瑰红色"。

4. 将"工资表"第 1 行字体设置为"幼圆加粗"，全表各单元格内容"居中"，并加上"细边框线"，最后将全表加上"粗边框线"，设置页边矩为左 2 厘米，右 1.5 厘米。

第5章 演示文稿软件 Microsoft PowerPoint

PowerPoint 和 Word、Excel 等应用软件一样，是 Microsoft 公司推出的 Office 系列软件之一。PowerPoint 是基于 Windows 环境下的专门用来编制演示文稿的应用软件，它的主要功能是可以制作集文字、图形、图像、声音及视频剪辑等多媒体对象于一体的演示文稿，并且可以制作投影胶片。用其制作的演示文稿可以通过计算机屏幕或者投影机播放展示，广泛应用于教学、演讲、展览等场合，把学术交流、辅助教学、广告宣传、产品演示等信息以更轻松、更高效的方式表达出来。

5.1 演示文稿软件 PowerPoint 2003

Microsoft PowerPoint 2003 演示文稿软件是用于演示文稿和幻灯片的放映。PowerPoint 2003 中文版（以下简称 PowerPoint）是由 Microsoft 公司开发的办公软件 Office 2003 中文版的一个重要组件。可以编辑文字和图片，有效清晰地提供信息。PowerPoint 2003 文件和任何链接的信息打包直接保存到 CD。可与 Microsoft Windows Media Player 集成以全屏播放视频、播放流式音频和视频，或从幻灯片内显示视频播放控件。此外，PowerPoint 2003 也具有智能标记功能。

5.1.1 基本操作

PowerPoint 演示文稿文件扩展名为 .ppt。演示文稿由若干张幻灯片组成，每张幻灯片的内容各不相同，却又相互关联，共同阐述一个演示主题，也就是该演示文稿要表达的内容。

1. 启动

在安装了 Office 2003 以后，用户就可以启动 PowerPoint 2003 了，启动的方法有以下3种。

① 利用"开始"菜单启动。单击"开始"→"所有程序"→Microsoft Office→Microsoft Office PowerPoint 2003 命令，即可打开 PowerPoint 的工作窗口。

② 利用 PowerPoint 文件启动。双击计算机中已保存的 PowerPoint 文件，也可以打

开 PowerPoint 的工作窗口。

③ 利用桌面快捷方式启动，如果桌面上存在 PowerPoint 的快捷方式图标，双击该图标，即可打开 PowerPoint 的工作窗口。

2. 退出方法

退出 PowerPoint 的操作有多种方法，用户可以采用以下 4 种方法退出 PowerPoint。

① 单击"文件"菜单中"退出"命令。

② 单击窗口右上角的"关闭"按钮 ✕ 。

③ 双击窗口左上角的"控制菜单"图标 🔲 。

④ 在 PowerPoint 窗口处于活动状态下，按 Alt＋F4 键。

3. 工作窗口组成

启动 PowerPoint 之后，将打开如图 5.1 所示的工作窗口。工作窗口由标题栏、菜单栏、工具栏、各种窗格和状态栏等部分组成。

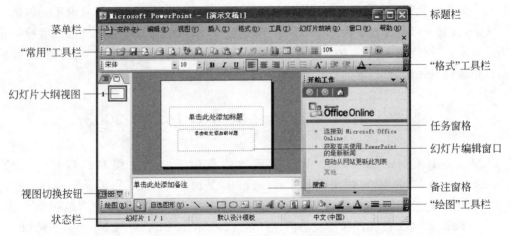

图 5.1　PowerPoint 2003 工作界面

① "幻灯片编辑"窗格是 PowerPoint 幻灯片制作的主要工作区，用于显示当前幻灯片内容，用户可以在该窗格中对幻灯片进行输入文本、插入图片、插入影片、播放声音、设置背景颜色及图片等任意编辑。

② "大纲中幻灯片浏览"窗格在"幻灯片编辑"窗格窗口的左侧，包含"大纲"和"幻灯片"两个选项卡。在"大纲"选项卡中，用户可以看到显示演示文稿的文本内容（不包含图形和色彩）及幻灯片编号，而且用户可以组织输入演示文稿的主题及详细内容。在"幻灯片"选项卡中，用户可以看到所有的幻灯片以缩略图的形式排列，从而呈现演示文稿的总体效果。

③ "任务窗格"位于 PowerPoint 窗口的右侧，在这些窗格中集成了 PowerPoint 操作中最常用的功能，使用它们可有助于创建新演示文稿；选择幻灯片的版式、设计模板、配色方案或动画方案；创建自定义动画；设置幻灯片切换等多个项目。单击"视图"菜单中"任务窗格"命令，即可启动或隐藏任务窗格。

④ "备注窗格"位于"幻灯片编辑窗格"的下方,有"单击此处添加备注"的提示字样,演讲者可以在此输入提示信息,便于在演讲时进行查看,并且这些备注可以打印为备注页。

⑤ "状态栏"位于 PowerPoint 窗口的最底端,要用于显示当前演示文稿的常用参数及工作状态,整个文稿的幻灯片总页数、当前正在编辑的幻灯片编号及该演示文稿所用的设计模板等。

4. 视图模式

PowerPoint 提供了 4 种视图方式,分别为"普通"视图、"幻灯片浏览"视图、"幻灯片放映"视图和"备注页"视图。每个视图都包含该视图下特定的工作区、工具栏、相关的按钮以及其他的工具,以适应不同的编辑方法。

① "普通"视图是主要的编辑视图,也是默认的视图方式,可用于撰写或设计演示文稿。该视图共有三个工作区域,左侧为可在幻灯片文本大纲("大纲"选项卡)和幻灯片缩略图("幻灯片"选项卡)之间切换的选项卡;右侧为幻灯片编辑窗格,显示幻灯片中所有的内容,也是最终播放时看到的画面;底部为备注窗格,是给这页幻灯片添加的备注或说明。单击这三个窗格中的任何一个窗格都可以进行编辑操作,拖动窗格边框即可调整窗格的大小。

② "幻灯片浏览"视图可以在屏幕上同时看到当前演示文稿中显示的所有幻灯片,这些幻灯片以缩略图方式显示在屏幕上。在每张幻灯片的下方都会有一些信息,如果当前幻灯片添加了动画效果,在左下角会有一个 **区** 标志,单击即可预览该幻灯片的动画效果。在右下角是当前幻灯片的编号,也是当前演示文稿中幻灯片的播放顺序。此外,使用幻灯片浏览视图方式便于添加、删除、移动和复制幻灯片,还可以设置幻灯片放映时的切换效果。

③ "幻灯片放映"视图是 PowerPoint 软件最具有特色的功能之一,幻灯片放映视图占据整个计算机屏幕,在创建演示文稿的任何时候,用户都可以通过单击视图切换栏上的"从当前幻灯片开始幻灯片放映"按钮 **區** ,来预览演示文稿的动态效果,就像对演示文稿进行真正的幻灯片放映。在这种全屏幕视图中,用户所看到的演示文稿就是将来观众所看到的图形、影片、动画元素以及将在实际放映中看到的切换效果。

④ 备注页视图没有提供"备注视图"按钮,只能通过单击"视图"菜单中"备注页"命令,切换到备注页视图中,可以看到一个备注页文本框,在此处可以添加与每张幻灯片有关的备注信息,这些备注信息主要是演示者在放映幻灯片时提供的提示信息,还可以将备注页打印出来作为参考资料。

5. 创建文稿

启动 PowerPoint 后,系统将自动创建一个默认版式的空演示文稿,如果用户需要创建其他版式的演示文稿,可单击"文件"菜单中"新建"命令,打开"新建演示文稿"任务窗格,在"新建"选项组中单击"空演示文稿"超链接,在随即出现的"幻灯片版式"任务窗格中提供了 4 种版式分别为:文字版式、内容版式、文字和内容版式以及其他版式。单击选取其中的任一种,即可创建非默认状态下其他版式的演示文稿。

① 用户也可以通过单击"常用"工具栏中的"新建"按钮 **□** ,打开"幻灯片版式"任务窗

格完成以上操作。

② 利用设计模板创建演示文稿。PowerPoint 为用户提供了大量的设计模板,设计模板是指已经设计好的幻灯片的结构方案,包括幻灯片的背景图像、文字结构、色彩配置等方面。利用设计模板创建演示文稿,可以大大提高工作效率,而不用用户自己设计模板版式。

设计模板时单击"文件"菜单中"新建"命令,打开"新建演示文稿"任务窗格,在"新建"选项组中单击"根据设计模板"超链接,即可打开"幻灯片设计"任务窗格。在"应用设计模板"列表框中单击需要的设计模板,即可将此模板应用于演示文稿中。

③ 利用内容提示向导创建演示文稿,利用内容提示向导创建演示文稿的优点在于,它可以根据演示文稿的主题和内容自动生成一系列的幻灯片,并提出对这些幻灯片添加内容的建议,用户只需要根据提示添加相应的内容即可。具体操作步骤如下:内容提示向导创建演示文稿时单击"文件"菜单中"新建"命令,打开"新建演示文稿"任务窗格,在"新建"选项组中单击"根据内容提示向导"超链接,打开"内容提示向导"对话框,单击"下一步"按钮,弹出"内容提示向导-[通用]"对话框 1,选择其中一项后,如果单击"全部"按钮,将在"选择将使用的演示文稿类型"列表框中列出所有演示文稿的类型,然后单击"下一步"按钮,打开"内容提示向导"对话框 2,在该对话框中选择输出类型,在本例中选中"屏幕演示文稿"单选按钮,然后单击"下一步"按钮,打开"内容提示向导"对话框 3,并输入所需信息及设置相应的信息,单击"下一步"按钮,在打开的对话框中单击"完成"按钮,即可完成演示文稿的创建。

6. 打开和保存文稿

① 打开已创建的演示文稿。单击"常用"工具栏上的"打开"按钮,或者单击"文件"菜单中"打开"命令,打开"打开"对话框。在对话框的"文件类型"下拉列表框中,选择"所有 PowerPoint 演示文稿"。在对话框的"查找范围"下拉列表框中,选择该文档所在的驱动器。在下面的列表框中列出了目录,双击该文档所在的目录,直到该文档在文件列表中显示出来。在文件列表中,选定要打开的文档名,单击"打开"按钮即可。

② 保存演示文稿。在演示文稿制作或修改完成以后,就需要对该演示文稿进行保存。文件的保存是一种常规操作,编辑后对演示文稿的保存单击"文件"菜单中"保存"命令,打开"另存为"对话框。在"保存位置"下拉列表中选择需要保存的位置,然后在"文件名"文本框中输入演示文稿的文件名;在"保存类型"列表中选择文件类型。设置完成后单击"保存"按钮,即可保存演示文稿。若对已打开的演示文稿进行另存,可单击"文件"菜单中"另存为"命令,操作如上。若对已打开的演示文稿进行原名保存,可单击"文件"菜单中"保存"命令或单击"常用"工具栏中的"保存"按钮即可。

5.1.2　幻灯片编辑和管理

创建一个演示文稿之后,常常需要对演示文稿中的幻灯片进行一些基本的编辑操作。主要包括在演示文稿中进行"选定"、"插入"、"移动"、"复制"以及"删除"幻灯片等。

1. 选定幻灯片

选定幻灯片包括单张幻灯片选定和多张幻灯片选定两种。

① 选定单张幻灯片时单击"大纲"或"幻灯片"窗格中的任意一张幻灯片的缩略图,即可选定该幻灯片。被选定的幻灯片边框线条被加粗,此时用户可以在"幻灯片编辑"窗格中对该幻灯片进行编辑。

② 选定多张幻灯片时在普通视图的"大纲"窗格中选中一张幻灯片,然后按住 Shift 键,再按键盘中的"↑"或"↓"方向键,可以选定相邻的多张幻灯片。或者在普通视图的"大纲"窗格中选中一张幻灯片,然后按住 Shift 键,再单击另一张幻灯片,可以同时选定两张幻灯片之间的所有幻灯片。也可在普通视图的"大纲"窗格中选中一张幻灯片,然后按住 Ctrl 键,再单击其他幻灯片,可以同时选定不连续的多张幻灯片。上述方法也可以在"幻灯片浏览视图"方式下操作,只是使用键盘时用"←"或"→"光标键辅助完成。

2. 插入幻灯片

在修改和管理演示文稿的过程中需要插入新的幻灯片,插入幻灯片可以在"大纲窗格"或"幻灯片浏览视图"中进行操作。在幻灯片窗格中选定一张幻灯片,按 Enter 键,即可在选定的幻灯片之后插入一张新幻灯片。

① 通过"大纲"窗格插入幻灯片时单击"视图"菜单中"普通"命令,切换到普通视图下。在"大纲"窗格中,选定要插入新幻灯片的位置。如果要在一张幻灯片的后面插入新的幻灯片,右击选中幻灯片,从弹出的快捷菜单中选择"新幻灯片"命令,或者按 Ctrl＋M 键,插入新幻灯片。在"幻灯片版式"任务窗格中为新插入的幻灯片选定一种版式,即可完成对幻灯片的插入操作。

② 在"幻灯片浏览视图"中插入幻灯片时单击"视图"菜单中"幻灯片浏览"命令,切换到"幻灯片浏览视图"中。选定要插入新幻灯片的位置,然后单击"插入"菜单中"新幻灯片"命令,插入新的幻灯片。在插入新的幻灯片后,原来幻灯片的编号将自动更新。

3. 复制、移动幻灯片

在一个演示文稿中复制和移动幻灯片时先选中一张或多张幻灯片。复制幻灯片单击"编辑"菜单中"复制"命令,或按 Ctrl＋C 键,将幻灯片复制到剪贴板中;移动幻灯片时单击"编辑"菜单中"剪切"命令,或者按 Ctrl＋X 键,将幻灯片移动到剪贴板中。选定要插入幻灯片的位置,单击"编辑"菜单中"粘贴"命令或按 Ctrl＋V 键粘贴幻灯片,即可完成幻灯片的复制或者移动操作。

在不同的演示文稿中复制和移动幻灯片时先打开一个演示文稿,在大纲窗格中选中要插入幻灯片的位置。单击"插入"菜单中"幻灯片(从文件)"命令,打开"幻灯片搜索器"对话框,根据路径选择找到的一个或多个幻灯片以进行插入。

4. 删除幻灯片

删除幻灯片时在"大纲"窗格或"幻灯片浏览视图"中选定要删除的幻灯片。单击"编辑"菜单中"删除幻灯片"命令,或者右击选定幻灯片,在快捷菜单中选择删除命令,也可以直接按 Delete 键,即可删除幻灯片。

5. 幻灯片的文本编辑

在 PowerPoint 中幻灯片上的所有文本都要输入到文本框中,每张新幻灯片上不同的版式都有输入位置相关内容的提示,单击选定文本框后就可以在其中输入文本了。如果要对已输入的文本进行编辑,单击文本框中的文字出现插入点后,即可进行相关操作。若想对文本框中的文本进行格式化,可以使用"格式"菜单中的"字体"和"行距"命令进行设置,也可以利用格式工具栏上的工具按钮进行操作。

6. 幻灯片插入操作

在插入一张新幻灯片时,可以直接在"幻灯片版式"任务窗格中选择带有剪贴画的版式,然后直接插入各种图片,也可以使用绘图工具栏提供的插入剪贴画、插入图片、插入艺术字、插入组织结构图或其他图示、自选图形等绘图工具进行插入操作,使所创建的演示文稿能够图文并茂。

① 幻灯片中插入表格和图表。插入表格时先在 Word 或 Excel 中制作好表格,然后通过复制、粘贴等操作将其插入到幻灯片中,也可以在 PowerPoint 中直接绘制表格。插入图表前先在 Excel 中制作好图表,然后通过复制、粘贴操作将其插入到幻灯片中,也可以单击"插入"菜单中的"图表"命令,启动 Microsoft Graph 来制作图表。要修改图表数据,双击图表启动 Microsoft Graph 并将数据表显示出来,然后就可以在数据表中修改图表数据了。在插入一张新幻灯片时,也可以选择带有表格或图表的版式,然后双击页面上的图标进行编辑。

② 幻灯片中插入影片和声音。为了使幻灯片更加形象生动,用户还可以在幻灯片中插入影片、声音、CD 乐曲以及录制声音等。插入影片或声音包括:插入"剪辑管理器"中的影片(或声音)和"来自文件"的影片(或声音)两种方式。打开需要插入影片和声音的幻灯片,单击"插入"菜单中"影片和声音"中剪辑管理中的影片(或声音)命令或"文件中的影片(或声音)"命令,右击已插入的影片(或声音),在弹出的快捷菜单中,选择"编辑影片对象"命令可设置相应的播放方式。

7. 幻灯片中创建超链接

在 PowerPoint 中,超链接是指从一个幻灯片到另一个幻灯片、自定义放映、网页或文件的连接。可以建立超链接的对象有很多,包括文本、自选图形、表格、图表和图片等。

① 创建超链接首先选定用于创建超链接的对象,然后选择"插入"菜单中"超链接"命令,或者右击所选对象,在弹出的快捷菜单中,选择"超链接"项,或者直接单击"常用"工具栏上的"插入超链接"按钮,均可打开"插入超链接"对话框进行设置。

使用"动作设置"菜单项创建超链接,首先选定用于创建超链接的对象,然后单击"幻灯片放映"菜单中"动作设置"项,或者鼠标右击所选对象,在弹出的快捷菜单中选择"动作设置"项,打开"动作设置"对话框进行设置,如图 5.2 所示。在对话框中有两个选项卡"单击鼠标"和"鼠标移过",用来设置激活超链接时鼠标的操作方式。选定"超链接到"单选项,在其下拉列

图 5.2 "动作设置"对话框

表框中选择要链接到哪一张幻灯片或哪一个文件。选中"播放声音"复选框,从其下拉列表中选择一种单击动作按钮时的声音效果。

使用动作按钮创建超链接时上面两种方法是对幻灯片中的图片或文本等对象创建超链接,除此之外 PowerPoint 还提供了为实现各种跳转而设置的动作按钮,这些按钮不但可以完成超链接的功能,使对象可链接到其他的幻灯片、程序、影片甚至是互联网上的任何一个地方,还可以在演示文稿中创建交互功能,以更好地控制幻灯片的播放效果。具体

图 5.3 "动作按钮"
选项

操作可通过单击"幻灯片放映"菜单中"动作按钮"命令,进行设置。在幻灯片中设置动作按钮,打开要设置动作按钮的幻灯片,单击"幻灯片放映"菜单中"动作按钮"命令,打开"动作按钮"子菜单,如图 5.3 所示。单击"动作按钮"子菜单中的按钮选项,将鼠标移到幻灯片中,当鼠标变成十形状时,拖动鼠标绘制动作按钮。释放鼠标后,会打开"动作设置"对话框,创建超链接。

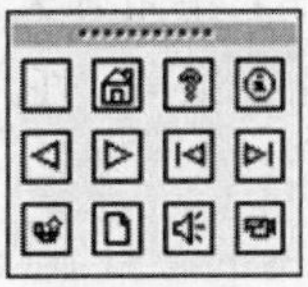

② 幻灯片中删除超链接。使用菜单创建的超链接,可以右击选定对象,在弹出的快捷菜单中,选择"删除超链接"命令。使用"动作设置"命令创建的超链接,可以先打开"动作设置"对话框,再选择"无动作"单选命令。使用动作按钮创建的超链接,可以先选定按钮,再按 Delete 键。

8. 幻灯片中模板设计

在 PowerPoint 中,设计模板是一种包含预设样式且已经是设计好的幻灯片,它包含有演示文稿中每张幻灯片的颜色配置和总体布局。样式包括项目符号和字体类型和大小、占位符的大小和位置、背景设计和配色方案等。

在幻灯片设计任务窗格中,可预览设计模板并将其应用至选定幻灯片或所有幻灯片,也可以将创建的任何简报保存为新的设计模板,并且以后可以在"幻灯片设计"任务面板中使用该模板。选择"格式"菜单"幻灯片设计"命令,弹出"幻灯片设计"任务面板。如果任务面板已开启且位于"幻灯片设计"→"配色方案"或"幻灯片设计"→"动画方案"任务面板状态,则单击任务面板中的设计模板命令即可。

9. 设置配色方案

配色方案由幻灯片设计中的 8 种颜色组成,分别为背景、文本和线条、阴影、标题文本、填充、强调、强调文字和超链接、强调文字和已访问的超链接。每个模板包含一个标准的配色方案,这些配色方案可以应用于特定的幻灯片中,也可以应用于所有幻灯片中。演示文稿的配色方案由应用的设计模板确定。

(1) 使用标准配色方案

使用标准配色方案是改变演示文稿配色方案最简单的方法。打开要应用配色方案的幻灯片,单击"格式"菜单中"幻灯片设计"命令,打开"幻灯片设计"任务窗格,在该任务窗格中单击"配色方案"超链接,打开其列表框,如图 5.4 所示。在该列表框中任选一

图 5.4 "幻灯片设计"
任务窗格

种配色方案,单击其右侧的下拉箭头,弹出下拉菜单,可设置应用于所有幻灯片或所选幻灯片。

(2) 自定义配色方案

如果应用程序自带的配色方案不能满足用户的要求,可以创建自定义配色方案,并应用于演示文稿中。按上述方法打开如图 5.4 所示界面,单击“编辑配色方案”超链接,打开“编辑配色方案”对话框,单击自定义选项卡,选中要进行更改的颜色选项,单击“更改颜色”按钮,即可设置新的配色方案。幻灯片母版是最常用的母版,它是用于存储有关应用设计模板信息的幻灯片,包括字形、占位符大小和位置、背景设计和配色方案等。它可以对演示文稿进行全面更改,并可以使其用到该演示文稿的所有幻灯片中。

在其他视图中所编辑的图片、文本等对象,在母版视图下均是不可见的。打开“幻灯片母版”视图后,PowerPoint 自动显示“母版”工具栏。在“母版”工具栏中有 7 个按钮“插入新幻灯片母版”、“插入新标题母版”、“删除母版”、“保护母版”、“重命名母版”、“母版版式”、“关闭母版视图”。当单击“关闭”按钮即会关闭母版视图,并返回切换到母版前的视图模式,这时会看到设置的格式已经在幻灯片上显示出来。

10. 设置幻灯片背景

PowerPoint 应用程序默认幻灯片背景色为白色,可利用“背景”对话框设置背景颜色。打开要设置背景的幻灯片,单击“格式”菜单中“背景”命令,打开“背景”对话框,单击“背景填充”下面的下拉列表,打开其子菜单,如图 5.5 所示,可以在“自动”项中选择需要的背景颜色,也可在列表中选择“其他颜色”进行设置。

设置特殊背景除了给幻灯片进行普通的颜色设置外,单击“填充效果”命令进行特殊效果的设置,如设置幻灯片的渐变颜色、纹理、图案和图片等。

11. 编辑幻灯片母版

在幻灯片母版中,通过对占位符的设置,可以更改整个演示文稿中的幻灯片的外观,如果要更改文本格式,可选定占位符中的文本进行设置,如设置字符、段落格式等。单击“视图”菜单中“母版”命令,打开“幻灯片母版”对话框设置,如图 5.6 所示。幻灯片母版中占位符的功能如表 5.1 所示。

图 5.5　幻灯片设计“背景”对话框

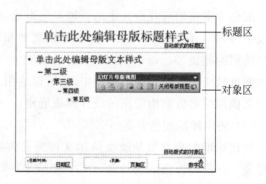

图 5.6　幻灯片母版设计界面

表 5.1　幻灯片母版各占位符的功能

区域名称	占位符功能
标题区	设置所有幻灯片标题文字格式和位置
对象区	设置幻灯片所有对象文字格式、位置和大小以及项目符号的风格
日期区	每一张幻灯片自动添加日期、日期的位置、文字大小和字体
页脚区	每一张幻灯片添加页脚、页脚文字的位置、大小和字体
数字区	每一张幻灯片自动添加序号，序号的位置、文字的大小和字体

5.1.3　幻灯片放映操作

制作幻灯片的目的就是要进行放映，如果给已经制作完成的幻灯片添加动态效果，则在播放时更能吸引观众。PowerPoint 的动画效果主要有两种：一种是自定义动画，是指为幻灯片中各种对象的出现、退出、强调等设置动态效果；另一种是设置放映效果，即幻灯片切换动画，是指为幻灯片之间的切换设置动态效果，又称为翻页动画。

1. 设置放映效果

（1）设置切换效果

切换是指一张幻灯片转到另一张幻灯片的过程。PowerPoint 应用程序自带的一组过渡显示效果，使用切换可以使幻灯片以多种不同的方式出现在屏幕上。打开要设置切换效果的演示文稿，并切换到"幻灯片浏览视图"中，单击要设置切换效果的幻灯片，如果要为多张幻灯片设置同样的效果，可按住 Ctrl 键进行多个幻灯片的选取。单击"幻灯片放映"菜单中"幻灯片切换"命令，打开"幻灯片切换"任务窗格，如图 5.7 所示。从"应用于所选幻灯片"列表框中选择切换效果，在"速度"下拉列表框中选择切换速度，包括慢速、中速和快速，在"声音"下拉列表框中，选择 PowerPoint 预置的声音效果，包括无声音、停止前一个声音、爆炸、抽气、打字机、风铃等。选中"循环播放"到"下一声音开始时"复选框，则可使所选的声音循环播放，直到设置的下一个声音开始时停止。在"换片方式"区域中如果选中"单击鼠标时"复选框，只有在单击鼠标时才能切换至下一个动态效果；如果选中"每隔"复选框，在其后的微调框中输入间隔的时间来定时切换动态效果。单击"应用于所有幻灯片"按钮，将设置切换效果应用于整个演示文稿，单击"幻灯片放映"按钮，可观看整个演示文稿的放映效果，单击"播放"按钮，可以预览切换效果。要删除幻灯片中设置的幻灯片切换效果，在"应用于所选幻灯片"列表框中选择"无切换"选项即可。

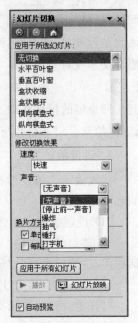

图 5.7　"幻灯片切换"
任务窗格

（2）应用动画方案

动画方案是指 PowerPoint 中提供的多种动态效果，它可以被快速应用于幻灯片中。

动画方案中包含了对幻灯片切换、标题、正文的动画设置。用户只需选定要应用动画方案的幻灯片，即可将所需动画方案应用到当前幻灯片中。为幻灯片添加动画方案，打开所需要应用动画方案的幻灯片，选择"幻灯片放映"菜单中"动画方案"命令，打开"幻灯片设计"任务窗格。在"应用于所选幻灯片"列表框中拖动滚动条，可以看到所有的动画方案，可根据需要选择合适的动画方案。

2. 自定义动画效果

（1）添加动画效果

打开要添加自定义动画效果的幻灯片，选中其中一个要添加动画的对象，单击"幻灯片放映"菜单中"自定义动画"命令，打开"自定义动画"任务窗格。在该窗格中，单击"添加效果"按钮，打开"添加效果"下拉菜单，如图5.8所示，在各子菜单中可为所选对象设置动画效果，在为对象设置动画效果以后，它的旁边就会出现动画效果图标。

图5.8　"添加效果"下拉菜单

（2）设置动画效果

设置动画效果有3种方式，分别为"进入"、"强调"和"退出"。若要使文本或对象以某种效果进入幻灯片放映演示文稿，指向"进入"按钮，再单击一种效果，也可从"其他效果"中任选一种。若要为幻灯片上的文本或对象添加某种效果，指向"强调"按钮，再单击一种效果，也可从"其他效果"中任选一种。若要为文本或对象添加某种效果以使其在某一时刻以某种方式离开幻灯片，指向"退出"按钮，再单击一种效果，也可从"其他效果"中任选一种。若要为对象添加某种效果以使其按照指定的模式移动，指向"动作路径"按钮，再单击一种效果。也可以在其子菜单选择"绘制自定义路径"自行绘制。

3. 设置放映方式

播放演示文稿设置放映方式包括3种类型，分别为设置放映类型、设置放映幻灯片时间和自定义放映。

（1）设置放映类型

单击"幻灯片放映"菜单中"设置放映方式"命令，打开"设置放映方式"对话框，在此对话框中有"放映类型"、"放映选项"、"放映幻灯片"、"换片方式"以及"性能"5个设置区域。

（2）设置放映幻灯片时间

打开要放映的演示文稿，切换到幻灯片浏览视图，并打开"幻灯片切换"任务窗格进行人工设置放映时间或单击"幻灯片放映"菜单中"排练计时"命令，使用排练计时功能。

（3）自定义放映

当一个演示文稿中包含多张幻灯片，而针对某些观看对象又不想全部放映时，可使用PowerPoint提供的"自定义放映"功能，将需要放映的幻灯片重新组合起来并加以命名，来组成一个新的并适合观看的整体的演示文稿。

在PowerPoint中启动放映幻灯片普通视图时，单击左下角的"从当前幻灯片开始幻灯片放映"按钮🖳。单击"幻灯片放映"菜单中"观看放映"命令,或按 F5 键,单击"视图"菜单中"幻灯片放映"命令。放映时屏幕上依次显示每一张幻灯片的内容,在屏幕左下角有一个小三角标记,单击标记或右击屏幕的任意位置,会出现控制菜单可以进行幻灯片放映过程的流程控制以及使用绘图笔等功能。在幻灯片放映过程中单击 F1 键可获得帮助信息,系统提供了许多快捷键,常用控制放映的快捷键见表 5.2 所示。

表 5.2　控制幻灯片放映功能键

快捷键	功能	快捷键	功能
→、↓、PgDn、空格、N	下一张	B	使屏幕变黑中还原
←、↑、PgUp、P	上一张	W	使屏幕变白中还原
序号 n 并按 Enter	定位于第 n 张	E	去掉屏幕上的图形
按鼠标左右键两秒钟	回到第一张	A、=、Ctrl＋H	隐藏指针和按钮
Esc、Ctrl＋Break、－	终止放映	Ctrl＋A	箭头鼠标
Ctrl＋P	笔形鼠标	S	停止中重新启动自动放映

5.1.4　幻灯片打印及其他功能

演示文稿制作后可将其打印出来,在打印演示文稿之前必须先进行页面设置,再打印演示文稿。

1. 幻灯片打印页面设置

打印幻灯片、大纲、演讲者备注以及观众讲义,选定打印的范围后,在打印幻灯片之前,先要设置幻灯片的大小和方向。打开"文件"菜单中的"页面设置"命令,弹出如图 5.9 所示的"页面设置"对话框。

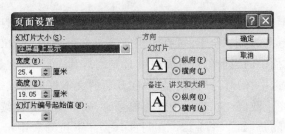

图 5.9　"页面设置"对话框

(1) 设置幻灯片大小

在该对话框中,允许用户选择幻灯片的大小。含有"在屏幕上显示"、"投影机"、"横幅"等标准幻灯片尺寸选项及一个用户自定义的非标准尺寸选项。如选择了自定义项,就可以设置幻灯片工作区的宽度和高度。同时可以在"宽度"和"高度"微调框中根据需要自定义幻灯片的大小。

(2) 设置幻灯片编号起始值

确定演示文稿第一张幻灯片的页码,通常从 1 开始。但是如果用户的演示文稿较长,已分成两个或多个文件,那么打印第 2 个及后面的文件编号就不从 1 开始了。

（3）设置幻灯片方向

设置幻灯片、备注、讲义及大纲的页面，用户可以根据需要分别设置它们的方向，默认情况下，幻灯片的方向为"横向"，备注、讲义和大纲的方向为"纵向"。

2. 幻灯片打印设置

如果要预览打印效果，选择"文件"菜单中的"打印预览"命令，即可预览打印效果。对演示文稿进行页面设置以后，即可打印演示文稿，选中要打印的演示文稿，选择"文件"菜单中的"打印"命令，即可弹出"打印"对话框，如图 5.10 所示。

图 5.10 "打印"设置对话框

在"打印"对话框中"名称"下拉列表框中，选择打印机名称，在"打印范围"设置区域中设置幻灯片的打印范围，选中"全部"可打印当前演示文稿中的全部幻灯片，选中"当前幻灯片"可打印演示文稿中的当前幻灯片，选中"选定幻灯片"可根据需要打印演示文稿的选定幻灯片；或者可以选中"幻灯片"按钮，然后在其后的文本框中输入幻灯片编号或幻灯片范围的起始数值和终止数值。在输入幻灯片编号时，如果编号是连续的，中间用连字符连接，非连续的用逗号隔开，如 1,3,5-12。在"打印内容"下拉列表中可以设置打印内容，如选择"幻灯片"、"讲义"等。在"颜色/灰度"下拉列表中可以设置打印颜色，该下拉列表包括了 3 个选项，分别为"颜色"、"灰度"和"纯黑白"，用户可以根据需要设置不同的打印颜色。在"打印份数"微调框中输入需要打印的份数，如果选中"逐份打印"复选框，则幻灯片逐份打印出来。在对话框中选择打印机的类型，然后确定打印范围及打印份数，最后选择打印内容。单击"确定"按钮，即可开始打印。

3. 打包演示文稿

将演示文稿打包并记录成 CD 是 PowerPoint 2003 的重要功能之一。应用打包功能，能够自动检测演示文稿中所有的链接文件及路径，能够自动在记录光盘上创建相应的文件夹，并自动将这些文件复制到文件夹中。

打包演示文稿的优点在于，它可以压缩打包文件，使用户可能以CD或文件夹的形式存放文件，而且不用考虑计算机上是否安装PowerPoint软件，并且打包后的演示文稿可以在没有PowerPoint的电脑上播放。打开要打包的演示文稿，选择"文件"菜单"打包成CD"，弹出"打包成CD"对话框，如图5.11所示在"将CD命名为"文本框中输入CD名称。如果用户还想添加别的文件，单击"添加文件"按钮，弹出"添加文件"对话框，在"查找范围"下拉列表中添加新的幻灯片文件。如果用户想复制文件的设置，单击"选项"按钮，弹出"选

图5.11 "打包成CD"对话框

项"对话框，设置完毕后，单击"确定"按钮，关闭"选项"对话框，返回到"打包成CD"对话框。在"打包成CD"对话框中单击"复制到文件夹"按钮，在弹出的"复制到文件夹"对话框中设置好要打包的路径后，单击"确定"按钮，返回"打包成CD"对话框完成，单击"关闭"按钮即可。

5.2 PowerPoint 2003 升级到 PowerPoint 2010 新增功能

PowerPoint 2010是针对视频和图片编辑新增功能和增强功能的重要的发行版本，提供了许多与同事轻松协作使用演示文稿的新增方式。此外，切换效果和动画分别具有单独的选项卡，并且比以往更为平滑和丰富。SmartArt图形中的某些基于照片的新增功能可能会给用户带来意外的惊喜，此版本还提供了多种可以更加轻松地广播和共享演示文稿的方式。

5.2.1 PowerPoint 2010 新增协作功能

PowerPoint 2010引入了绝佳的新工具，使用这些工具可以有效地创建、管理和与他人协作使用演示文稿。

1. 在新增的 Backstage 视图中管理文件

新增的Backstage视图能够快速访问与管理文件相关的常见任务，如查看文档属性、设置权限以及打开、保存、打印和共享演示文稿文件。

2. 与同事共同创作演示文稿

在处理面向团队的项目时，使用PowerPoint 2010中的共同创作功能可以产生集思广益的信息，即使同事的计算机上没有安装PowerPoint，也可以添加幻灯片。用户使用Windows Live账户或组织的SharePoint网站来承载演示文稿，将演示文稿存储在支持PowerPoint Web应用程序的Web服务器上，服务器保存演示文稿的中央副本，并同步多个作者所做的编辑。

3. 将幻灯片组织为逻辑节

可以使用多个节来组织大型幻灯片版面，以简化其管理和导航。此外，通过对幻灯片

进行标记并将其分为多个节,可以与他人协作创建演示文稿,如每个同事可以负责准备单独一节的幻灯片。还可以命名和打印整个节,也可将效果应用于整个节。PowerPoint 2010 界面效果如图 5.12 所示。

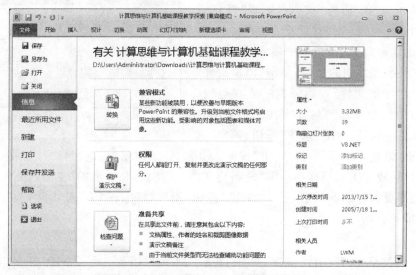

图 5.12　PowerPoint 2010 界面效果

① 显示幻灯片版面中的选定节。

② 幻灯片版面中的其他节。

4. 合并和比较演示文稿

使用 PowerPoint 2010 中的合并和比较功能,可以比较当前演示文稿和其他演示文稿,并立即组合这些演示文稿。如果与他人共同使用演示文稿,并使用电子邮件和网络共享设备与他人交换更改,此功能非常有用。此外,还可以管理和选择要融入最终演示文稿中的更改或编辑内容。合并和比较功能最大限度地减少同步同一演示文稿的多个版本中的编辑内容所花费的时间。

5. 在不同窗口中使用单独的 PowerPoint 演示文稿文件

可以在一台监视器上并排运行两个完全支持动画效果和媒体的演示文稿,演示文稿不再受主窗口或辅窗口的限制,因此,现在可以采用在使用某个演示文稿时引用另一个演示文稿的绝佳方法。此外,在幻灯片放映中,还可以使用新的阅读视图,以便在单独管理的窗口中同时显示两个演示文稿,如图 5.13 所示。

6. 使用免费的新增设计器模板

可以随时在 Office.com 上获取更新的、采用专业设计的免费 PowerPoint 模板,这些模板包括动画和静态文本和图片、SmartArt 图形以及其他带有切换效果和背景的三维形状。每个模板都包含有关如何在各模板中重现所有效果的完整说明(位于备注部分中)。

7. 从任意位置操作

将演示文稿存储在用于承载 Office Web 应用程序的 Web 服务器上,即使不在

PowerPoint 2010 中,也可对演示文稿进行操作。使用 PowerPoint Web 应用程序在浏览器中打开并演示文稿,将能够查看该演示文稿,甚至还可以对它进行更改。如果此服务器上已安装有 Office Web 应用程序,则可以通过登录 Windows Live 或访问组织的 SharePoint 网站来使用 Office Web 应用程序。

图 5.13　新阅读模式演示

5.2.2　PowerPoint 2010 视频、图片和动画增强功能

PowerPoint 2010 是针对视频和照片编辑新增功能和增强功能的重要的发行版本,切换效果和动画分别具有单独的选项卡,并且比以往更为平滑和丰富,SmartArt 中的某些基于照片的新增功能可能会带给用户意外的惊喜。

1. 在演示文稿中嵌入、编辑和播放视频

通过 PowerPoint 2010,在将视频插入到演示文稿中时,这些视频即已成为演示文稿文件的一部分,而不会再发生视频文件丢失。此后可以修剪视频,并在视频中添加同步的重叠文本、标牌框架、书签和淡化效果。此外,正如对图片执行的操作一样,也可以对视频应用边框、阴影、反射、辉光、柔化边缘、三维旋转、棱台和其他设计器效果,当重新播放视频时,也会重新播放所有效果。

2. 修剪视频

直接在 PowerPoint 中编辑和格式化嵌入的视频。裁剪用户视频;向视频关键点添加书签,然后在到达书签位置时触发动画;使用 Poster Frame 功能为用户的视频添加预览图像;添加淡化;在播放视频时应用保留的视频样式和效果。

① 修剪视频可以删除、剪辑与消息无关的部分,使视频更加简洁。

② 视频编辑和格式化

3. 链接来自联机视频网站上的视频

现在可以在幻灯片中插入来自 YouTube 或 Ku6 等社交媒体网站的视频,各联机视频网站通常会提供嵌入代码,可以演示文稿链接至视频。

4. 将演示文稿转变成视频

如果希望为同事或客户提供演示文稿的高保真版本(通过电子邮件附件形式发布到网站,或者刻录 CD 或 DVD),可以录制演示文稿将其保存为视频文件并与观众分享它,并可以控制多媒体文件的大小和视频的质量,图 5.14 所示为创建视频选项卡。

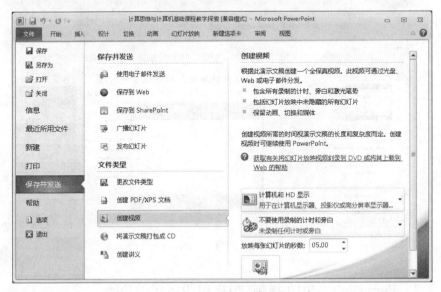

图 5.14 创建视频选项卡

5. 对图片应用艺术纹理和效果

通过 PowerPoint 2010 可以对图片应用不同的艺术效果,使其看起来更像素描、绘图或绘画作品。新增效果包括铅笔素描、线条图形、粉笔素描、水彩海绵、马赛克气泡、玻璃、蜡笔平滑、塑封、发光边缘、影印和画图笔划等。

6. 删除不需要的图片部分

PowerPoint 2010 包含的另一高级图片编辑功能是自动删除不需要的图片部分(如图片背景)的功能,以强调显示图片主题或删除杂乱的细节,如图 5.15(a)与(b)所示。

(a)   (b)

图 5.15 (a)与(b)效果图比较

7. 使用 SmartArt 图形图片布局

在 PowerPoint 2010 的这一新版本中，增加了一种新的 SmartArt 图形图片布局，可以在这种布局中使用照片来阐述案例如图 5.16 所示。

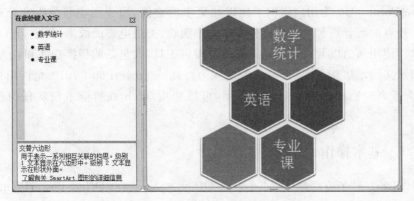

图 5.16　SmartArt 插入效果图

8. 使用三维动画图形效果切换

借助 PowerPoint 2010 可以利用幻灯片之间的新增平滑切换效果来吸引观众，切换效果包括真正的三维空间中的动画路径和旋转。

9. 在多个对象（文本或形状）之间复制和粘贴动画格式

通过 PowerPoint 2010 中的动画刷，可以复制动画，其使用方式与使用格式刷复制文本格式类似。借助动画刷，可以复制某一对象或幻灯片中的动画，并将其格式复制到其他对象或幻灯片、演示文稿中的多张幻灯片或影响所有幻灯片的幻灯片母版，或者甚至复制来自不同演示文稿的动画。

10. 将鼠标指针转变为激光笔

想在幻灯片上强调要点时，可将鼠标指针变成激光笔，只需按住 Ctrl，单击鼠标左键，即可开始标记。设置放映方式的示例如图 5.17，在此选项卡下可设置激光笔颜色。

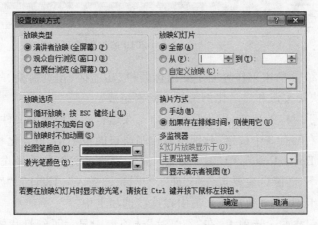

图 5.17　设置放映方式的示例

5.3   演示文稿软件 PowerPoint 2010

PowerPoint 2010 为用户提供了比以往更多的方法,用于创建和与听众分享动态演示文稿。现有的新音频和可视功能将讲述一个明快、类似电影的故事,创建起来就像观看一样简单。使用新的以及改进的视频和照片编辑工具,大量新的切换功能和真实的动画,可以为演示文稿增加亮点,吸引听众的注意力。此外 PowerPoint 2010 允许用户同时与他人协作,或者轻松地在线发布演示文稿,可以使用 Web 或智能手机从任何位置进行访问。

5.3.1   基本操作

选择"开始"→"所有程序"→Microsoft Office→Microsoft Office PowerPoint 2010 命令,可以打开 PowerPoint 2010 的工作界面,如图 5.18 所示。

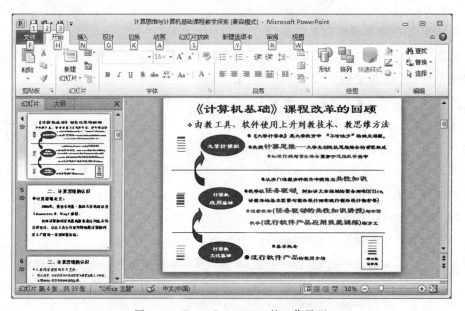

图 5.18   PowerPoint 2010 的工作界面

PowerPoint 2010 的主工作界面主要由标题栏、功能区、预览窗格、幻灯片编辑窗口、备注栏、状态栏、快捷按钮和显示比例滑竿等元素组成。

- 标题栏位于窗口的顶端,用于显示当前正在运行的程序名及文件名等信息。
- 标题栏最右端有 3 个按钮,分别用来控制窗口的最小化、最大化和关闭应用程序。
- 功能区在 PowerPoint 2010 中,功能区是完成演示文稿各种操作的主要区域。在默认状态下,功能区主要包含"文件"、"开始"、"插入"、"设计"、"切换"及"动画"等多个选项卡,其大多数功能都集中在这些选项卡中。
- 预览窗格包含两个选项卡,在"幻灯片"选项卡中显示了幻灯片的缩略图,单击某个缩略图可在主编辑窗口查看和编辑该幻灯片；在"大纲"选项卡中可对幻灯片的标题性文本快速进行编辑。

- 幻灯片编辑窗口是 PowerPoint 2010 的主要工作区域，用户对文本、图像等多媒体元素进行操作的结果都将显示在该区域。
- 备注栏可分别为每张幻灯片添加备注文本。
- 状态栏位于 PowerPoint 主窗口的底部，显示了当前幻灯片的信息，如当前显示的幻灯片是第几张，该演示文稿共有几张幻灯片等。
- 快捷按钮和显示比例滑竿包括 6 个快捷按钮和一个"显示比例滑竿"，其中 4 个视图按钮，可快速切换视图模式；一个比例按钮可快速设置幻灯片的显示比例；最右边的一个按钮可使幻灯片以合适比例显示在主编辑窗口；另外，通过拖动"显示比例滑竿"中的滑块，可以直观地改变文档编辑区的大小。

5.3.2　视图模式

PowerPoint 2010 提供了"普通"视图、"幻灯片浏览"视图、"备注页"视图、"幻灯片放映"视图和"阅读"视图 5 种视图模式。

打开"视图"选项卡，在"演示文稿视图"组中单击相应的视图按钮，或者单击主界面右下角的快捷按钮，即可将当前操作界面切换至对应的视图模式。

1. "普通"视图

"普通"视图又可以分为两种形式，主要区别在于 PowerPoint 工作界面最左边的预览窗格，它分为幻灯片和大纲两种形式来显示，用户可以通过单击该预览窗口上方的切换按钮进行切换如图 5.19 所示。

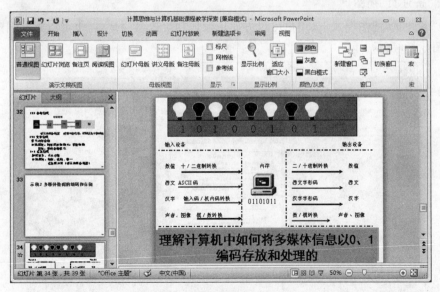

(a) "普通"视图"幻灯片"模式

图　5.19

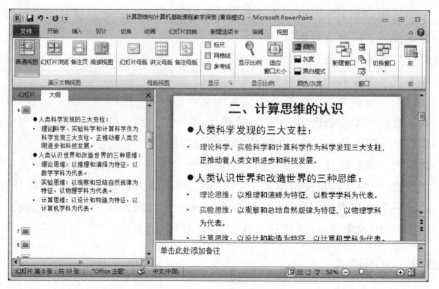

(b) "普通"视图"大纲"模式

图   5.19（续）

2. "幻灯片浏览"视图

使用"幻灯片浏览"视图，可以在屏幕上同时看到演示文稿中的所有幻灯片，其所有幻灯片以缩略图方式显示在同一个窗口中，在幻灯片浏览视图中，可以查看设计幻灯片的背景、配色方案或更换模板后演示文稿发生的整体变化，也可以检查各个幻灯片是否前后协调、图标的位置是否合适等问题。

3. "备注页"视图

在"备注页"视图模式下，用户可以方便地添加和更改备注信息，也可以添加图形等信息，如图 5.20 所示。

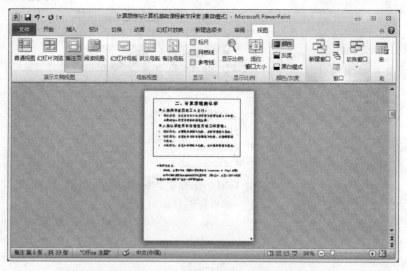

图 5.20 "备注页"视图模式

4. "幻灯片放映"视图

"幻灯片放映"视图是演示文稿的最终效果。在幻灯放映视图下,用户可以看到幻灯片的最终效果。幻灯片放映视图并不是显示单个的静止画面,而是以动态的形式显示演示文稿中的各个幻灯片,如图 5.21 所示。

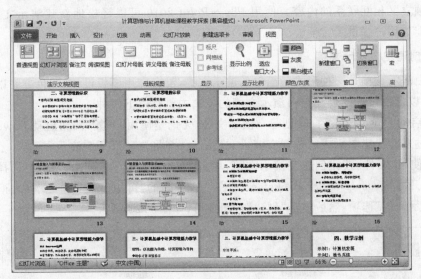

图 5.21　"幻灯片放映"视图模式

5. "阅读"视图

如果用户希望在一个设有简单控件的审阅窗口中查看演示文稿,而不想使用全屏的幻灯片放映视图,则可以在自己的计算机中使用阅读视图,如图 5.22 所示。若要更改演示文稿,可随时从阅读视图切换至其他视图模式中。

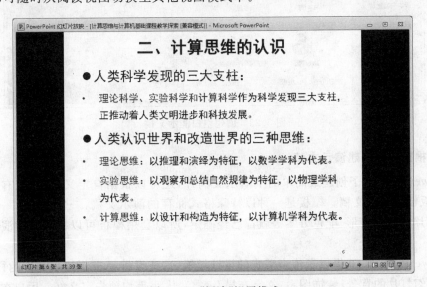

图 5.22　"阅读"视图模式

5.3.3　创建演示文稿

在 PowerPoint 中存在演示文稿和幻灯片两个概念，使用 PowerPoint 制作出来的整个文件称"演示文稿"。而演示文稿中的每一页称"幻灯片"，每张幻灯片都是演示文稿中既相互独立又相互联系的内容。使用 PowerPoint 2010 可以轻松地新建演示文稿，其强大的功能为用户提供了方便。

1. 创建空白演示文稿

空白演示文稿是一种形式最简单的演示文稿，没有应用模板设计、配色方案以及动画方案，可以自由设计。创建空白演示文稿的方法主要有以下两种。

① 启动 PowerPoint 自动创建空演示文稿，无论是使用"开始"按钮启动 PowerPoint，还是通过桌面快捷图标或通过现有演示文稿启动，都将自动打开空演示文稿。

② 使用"文件"按钮创建空演示文稿，单击"文件"按钮，在弹出的菜单中选择"新建"命令，打开"Microsoft Office Backstage 视图"，在中间的"可用模板和主题"列表框中选择"空白演示文稿"选项，然后单击"创建"按钮即可，如图 5.23 所示。

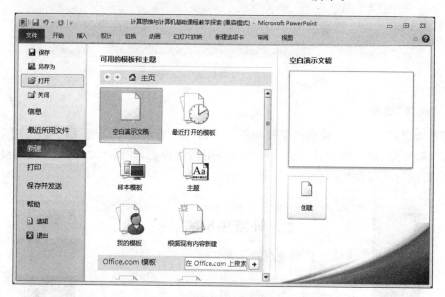

图 5.23　创建空白演示文稿

2. 根据模板创建演示文稿

PowerPoint 除了创建最简单的空演示文稿外，还可以根据自定义模板、现有内容和内置模板创建演示文稿。模板是一种以特殊格式保存的演示文稿，一旦应用了一种模板后，幻灯片的背景图形、配色方案等就都已经确定，所以套用模板可以提高新建演示文稿的效率。

PowerPoint 2010 提供了许多美观的设计模板，这些设计模板将演示文稿的样式、风格，包括幻灯片的背景、装饰图案、文字布局及颜色、大小等均预先定义好。用户在设计演示文稿时可以先选择演示文稿的整体风格，然后再进行进一步的编辑和修改。根据现有模板创建一个"项目状态报告"风格的演示文稿。

① 单击"开始"按钮,选择"所有程序"→ Microsoft Office → Microsoft Office PowerPoint 2010 命令,启动 PowerPoint 2010。

② 单击"文件"按钮,从弹出的菜单中选择"新建"命令,打开 Microsoft Office Backstage 视图,在"可用模板和主题"列表框中选择"主题"选项。

③ 自动打开"主题"窗格,在列表框中选择"项目状态报告"选项,单击"创建"按钮,如图 5.24 所示。

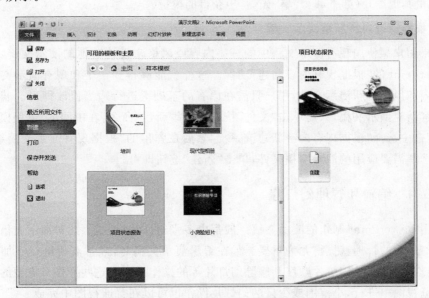

图 5.24　选择"项目状态报告"选项

④ 此时,该模板将被应用在新建的演示文稿中,如图 5.25 所示。

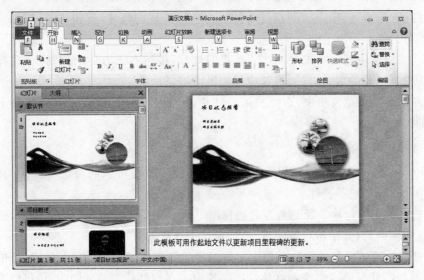

图 5.25　"项目状态报告"演示文稿

3. 根据自定义模板新建演示文稿

用户可以将自定义演示文稿保存为"PowerPoint 模板"类型,使其成为一个自定义模板保存在"我的模板"中。当需要使用该模板时,在"我的模板"列表框中调用即可。用户可以参考以下两种方法获得自定义模板。

① 在演示文稿中自行设计主题、版式、字体样式、背景图案、配色方案等基本要素,然后保存为模板。

② 由其他途径(如下载、共享、光盘等)获得的模板。

4. 根据现有内容新建演示文稿

如果用户想使用现有演示文稿中的一些内容或风格来设计其他的演示文稿,可以使用 PowerPoint 的"根据现有内容新建"功能。这样就能够得到一个和现有演示文稿具有相同内容和风格的新演示文稿,用户只需在原有的基础上进行适当修改即可。若要根据现有内容新建演示文稿,只需单击"文件"按钮,选择"新建"命令,在中间的"可用模板和主题"列表框中选择"根据现有内容新建"命令。然后在弹出的"根据现有演示文稿新建"对话框中选择需要应用的演示文稿文件,单击"新建"按钮即可。

5.3.4 编辑和管理幻灯片

使用 PowerPoint 制作的演示文稿一般都由多张幻灯片组成,因此对演示文稿也就是对各张幻灯片的管理就显得尤为重要。如在编辑演示文稿时,经常需要进行添加新幻灯片、复制幻灯片、调整幻灯片顺序和删除幻灯片等的操作。完成这些操作最方便的是在幻灯片浏览视图中进行,小范围或少量的幻灯片操作也可以在普通视图中完成。

1. 添加新的幻灯片

在 PowerPoint 2010 中要添加一张新的幻灯片可采用以下 3 种方法。

① 打开"开始"选项卡,在"幻灯片"组中单击"新建幻灯片"按钮,即可添加一张默认版式的幻灯片。

② 当需要应用其他版式时,单击"新建幻灯片"按钮右下方的下拉箭头,在弹出的下拉菜单中选择需要的版式,即可将其应用到当前幻灯片中。

③ 在幻灯片预览窗格中,选择一张幻灯片,按下 Enter 键将在该幻灯片的下方添加一张新的幻灯片。

2. 选择幻灯片

在 PowerPoint 2010 中,可以一次选中一张幻灯片,也可以同时选中多张幻灯片,然后对选中的幻灯片进行操作。

① 选择单张幻灯片。无论是在普通视图下的"大纲"或"幻灯片"选项卡中,还是在幻灯片浏览视图中,只需单击目标幻灯片,即可选中该张幻灯片。

② 选择连续的多张幻灯片。单击起始编号的幻灯片,然后按住 Shift 键,再单击结束编号的幻灯片,此时将有多张幻灯片被同时选中。在幻灯片浏览视图中,还可以直接在幻灯片之间的空隙中按下鼠标左键并拖动,此时鼠标划过的幻灯片都将被选中。

③ 选择不连续的多张幻灯片。在按住 Ctrl 键的同时，依次单击需要选择的每张幻灯片，此时被单击的多张幻灯片同时选中。在按住 Ctrl 键的同时再次单击已被选中的幻灯片，则该幻灯片被取消选择。

3．移动和复制幻灯片

① 移动幻灯片。在制作演示文稿时，如果需要重新排列幻灯片的顺序，就需要移动幻灯片。选中需要移动的幻灯片，在"开始"选项卡的"剪贴板"组中单击"剪切"按钮。在需要移动的目标位置中单击，然后在"开始"选项卡的"剪贴板"组中单击"粘贴"按钮。

② 复制幻灯片。在制作演示文稿时，有时会需要两张内容基本相同的幻灯片。此时，可以利用幻灯片的复制功能，复制出一张相同的幻灯片，然后对其进行适当的修改。选中需要复制的幻灯片，在"开始"选项卡的"剪贴板"组中单击"复制"按钮。在需要插入幻灯片的位置单击，然后在"开始"选项卡的"剪贴板"组中单击"粘贴"按钮。

4．调整和删除幻灯片

当用户对当前幻灯片的排序位置不满意时，可以随时对其进行调整。具体的操作方式非常简单：选中要调整的幻灯片，按住鼠标左键直接将其拖放到适当的位置即可。幻灯片被移动后，PowerPoint 2010 会自动对所有幻灯片重新编号。另外，在演示文稿中删除多余幻灯片是清除大量冗余信息的有效方法。删除幻灯片的方法主要有以下 3 种。

① 选中需要删除的幻灯片，直接按下 Delete 键。

② 右击需要删除的幻灯片，从弹出的快捷菜单中选择"删除幻灯片"命令。

③ 选中幻灯片，在"开始"选项卡的"剪贴板"组中单击"剪切"按钮。

5．输入和编辑文本

演示文稿中的文本除了需要进行编辑外，还需要进行精心的修饰，主要包括对字体、字形、字号、颜色等属性的设置。在 PowerPoint 中，当幻灯片应用了版式之后，幻灯片中的文字也具有了预先定义的样式，但在很多情况下，用户还需要按照自己的要求重新进行设置。在 PowerPoint 中，不能直接在幻灯片中输入文字，只能通过占位符或文本框来添加。

（1）在占位符中输入文本

大多数幻灯片的版式中都提供了文本占位符，这种占位符中预设了文字的属性和样式，供用户添加标题文字、项目文字等。在幻灯片中单击其边框，即可选中该占位符；在占位符中单击，进入文本编辑状态，此时即可直接输入文本。创建一个空白演示文稿，并在其中输入文本。

① 启动 PowerPoint 2010，创建一个空白演示文稿。

② 单击"单击此处添加标题"文本占位符内部，此时占位符中将出现闪烁的光标。

③ 切换至拼音输入法，输入文本"年度总结"，如图 5.26 所示。

④ 单击"单击此处添加副标题"文本占位符内部，当出现闪烁的光标时，输入文本"XXX 公司销售部"，如图 5.27 所示。

⑤ 在快速工具栏中单击"保存"按钮 🖫，将演示文稿以"年度总结"为文件名进行保存。

图 5.26　输入文本"年度总结"

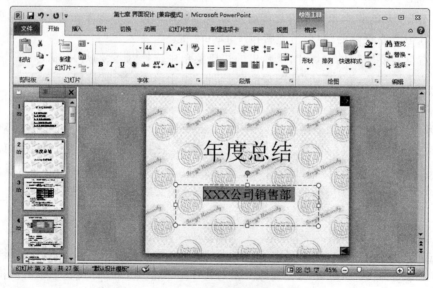

图 5.27　添加副标题

（2）使用文本框

文本框是一种可移动、可调整大小的文字容器，它与文本占位符非常相似。使用文本框可以在幻灯片中放置多个文字块，使文字按照不同的方向排列；也可以突破幻灯片版式的制约，实现在幻灯片中任意位置添加文字信息的目的。PowerPoint 2010 提供了两种形式的文本框：横排文本框和垂直文本框，它们分别用来放置水平方向的文字和垂直方向的文字。

① 启动 PowerPoint 2010，打开演示文稿。

② 打开"插入"选项卡,在"文本"组中单击"文本框"下拉按钮,在弹出的下拉菜单中选择"横排文本框"命令,如图 5.28 所示。

图 5.28　插入横向文本框

③ 移动鼠标指针到幻灯片的编辑窗口,当指针形状变为"＋"形状时,在幻灯片编辑窗格中按住鼠标左键并拖动,鼠标指针变成十字形状"＋"。当拖动到合适大小的矩形框后,释放鼠标完成横排文本框的绘制,如图 5.29 所示。

图 5.29　建立文本框

④ 此时光标自动位于文本框内,切换至拼音输入法,然后输入文本"SK-Ⅱ产品推广汇报",如图 5.30 所示。

⑤ 调整各个文本占位符和文本框的位置,最终效果如图 5.30 所示。在快速工具栏中单击"保存"按钮 ,将"年度总结"演示文稿保存。

6. 设置文本格式

为了使演示文稿更加美观、清晰,通常需要对文本属性进行设置。文本的基本属性设置包括字体、字形、字号及字体颜色等设置。

在 PowerPoint 2010 中,当幻灯片应用了版式后,幻灯片中的文字也具有了预先定义的属性。但在很多情况下,用户仍然需要按照自己的要求对它们重新进行设置。在"年度

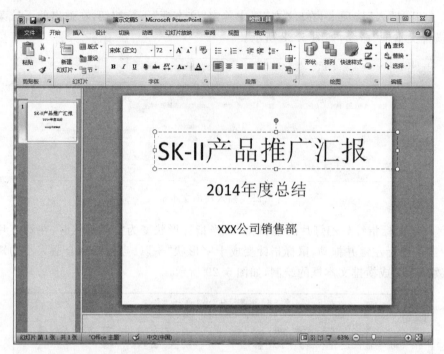

图 5.30　向文本框内输入文本内容

总结"演示文稿中，设置文本格式。

　　① 启动 PowerPoint 2010，打开"年度总结"演示文稿。

　　② 选中主标题占位符，在"开始"选项卡的"字体"组中，单击"字体"下拉按钮，从弹出的下拉列表框中选择"华文新魏"选项；将光标定位在"字号"文本框，设置字号为 72，效果如图 5.31 所示。

　　③ 在"字体"组中单击"字体颜色"下拉按钮，从弹出的菜单中选择"深蓝，文字 2，深色 50％"选项。

　　④ 使用同样的方法，设置副标题占位符中文本字体为"华文琥珀"，字号为 32，字体颜色为"红色，强调文字颜色 2，深色 25％"；设置右下角文本框中文本字体为"楷体"，字号为 24。

　　⑤ 单击"文件"按钮，选择"另存为"命令，将编辑完成的"年度总结"演示文稿保存。

7. 设置段落格式

　　为了使演示文稿更加美观、清晰，还可以在幻灯片中为文本设置段落格式，如缩进值、间距值和对齐方式。要设置段落格式，可选定要设定的段落文本，然后在"开始"选项卡的"段落"组中进行设置即可，如图 5.32 所示。

图 5.31　字体调节

　　另外用户还可在"开始"选项卡的"段落"组中,单击对话框启动器按钮,打开"段落"对话框,在"段落"对话框中可对段落格式进行更加详细的设置,如图5.33所示。

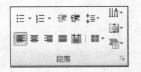

图5.32　"开始"选项卡的"段落"

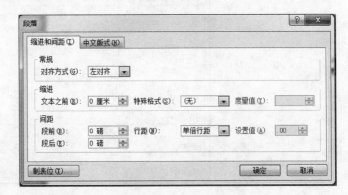

图5.33　"段落"对话框

8. 使用项目符号和编号

　　在演示文稿中,为了使某些内容更为醒目,经常要用到项目符号和编号。这些项目符号和编号用于强调一些特别重要的观点或条目,从而使主题更加美观、突出、分明。

　　首先选中要添加项目符号或编号的文本,在"开始"选项卡的"段落"组中,单击"项目符号"下拉按钮,从弹出的下拉菜单中选择"项目符号和编号"命令,如图5.34所示。打开"项目符号和编号"对话框。在"项目符号"选项卡中可设置项目符号,在"编号"选项卡中可设置编号,如图5.35所示。

图5.34　"项目符号和编号"命令

5.3.5　幻灯片设置

　　在制作多媒体演示文稿时,需要将各种多媒体素材(如图形、图像、声音、视频等)放置到演示文稿中,以使演示文稿的内容更加丰富多彩。使用PowerPoint制作演示文稿时,

图 5.35 "编号"选项卡

用户可以通过"插入"或"复制"等命令,将这些素材添加到幻灯片中。

1. 添加图片

在演示文稿中插入图片,可以更生动形象地阐述其主题和要表达的思想。在插入图片时,要充分考虑幻灯片的主题,使图片和主题和谐一致。

① 插入剪贴画。PowerPoint 2010 附带的剪贴画库内容非常丰富,所有的图片都经过专业设计,它们能够表达不同的主题,适合制作各种不同风格的演示文稿。若要插入剪贴画,可以在"插入"选项卡的"图像"组中,单击"剪贴画"按钮,打开"剪贴画"任务窗格,如图 5.36 所示。在"剪贴画"预览列表中单击剪贴画,即可将其添加到幻灯片中如图 5.37 所示。

图 5.36 插入剪贴画

图 5.37 "剪贴画"预览列表

② 插入来自文件的图片。用户除了插入 PowerPoint 2010 附带的剪贴画之外，还可以插入磁盘中的图片。这些图片可以是 bmp 位图，也可以是由其他应用程序创建的图片。打开"插入"选项卡，在"图像"组中单击"图片"按钮，弹出"插入图片"对话框，选择需要的图片后，单击"插入"按钮，即可在幻灯片中插入图片。

2. 添加艺术字

艺术字是一种特殊的图形文字，常被用来表现幻灯片的标题文字。用户既可以像对普通文字一样设置其字号、加粗、倾斜等效果，也可以像图形对象那样设置它的边框、填充等属性，还可以对其进行大小调整、旋转或添加阴影、三维效果等。

① 添加艺术字。打开"插入"选项卡，在功能区的"文本"组中单击"艺术字"按钮，弹出"艺术字"样式列表。单击需要的样式，即可在幻灯片中插入艺术字，如图 5.38 所示。

② 编辑艺术字，用户在插入艺术字后，如果对艺术字的效果不满意，可以对其进行编辑修改。选中艺术字后，在"绘图工具"的"格式"选项卡中进行编辑即可，如图 5.39 所示。

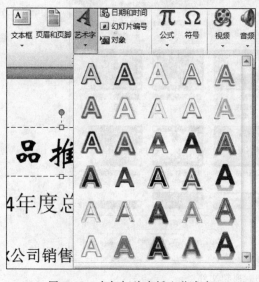

图 5.38　在幻灯片中插入艺术字

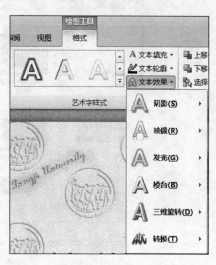

图 5.39　编辑艺术字

3. 添加声音和视频

作为一个优秀的多媒体演示文稿制作程序，PowerPoint 允许用户方便地插入影片和声音等多媒体对象，从而令一些抽象的课堂教学变得更为具体生动、声情并茂。若要为演示文稿添加声音，首先打开"插入"选项卡，在"媒体"组中单击"音频"下拉按钮，选择相应的命令即可，如图 5.40 所示。

若用户需要在演示文稿中添加自己硬盘中存储的声音文件，可选择"文件中的音频"命令。打开"插入音频"对话框，选中需要插入的声音文件，然后单击"插入"按钮即可，如图 5.41 所示。插入声音文件后，此时在幻灯片中将显示声音控制图标。选中其中的声音图标，然后打开"音频工具"的"播放"选项卡，在该选项卡中可对音频的具体属性进行设置，如淡入淡出处理，播放方式等。

若要在演示文稿中添加视频,可打开"插入"选项卡,在"媒体"组中单击"视频"下拉按钮,然后根据需要选择其中的命令。如需要添加本地计算机上的视频,可选择"文件中的视频"命令,如图 5.42 所示,弹出"插入视频文件"对话框,然后选择要插入的视频文件,如图 5.43 所示。

图 5.40 添加声音

图 5.41 声音文件

图 5.42 添加视频

图 5.43 视频文件

单击"插入"按钮,插入视频文件,在幻灯片中,用户可拖动视频文件四周的小圆点来调整播放窗口的大小。

选中幻灯片中的视频播放窗口,可进行"视频工具"的"播放"选项卡,在该选项卡中可对视频文件的各项参数进行设置,如图 5.44 所示。

图 5.44 "视频工具"窗口

5.3.6　幻灯片主题设置

PowerPoint 2010 为用户提供了大量的预设格式,例如主题样式、主题颜色设置、字体设置以及幻灯片效果设置等,应用这些格式,可以轻松地制作出具有专业水准的演示文稿。此外,还可为演示文稿添加背景和各种填充效果,使演示文稿更加美观。

1. 应用设计模板

PowerPoint 2010 为用户提供了许多内置的模板样式。应用这些模板样式可以快速统一演示文稿的外观。另外,演示文稿还可以应用多种设计模板,使各张幻灯片具有不同的风格。

同一个演示文稿中应用多个模板与应用单个模板的步骤非常相似。打开"设计"选项卡,在"主题"组单击"其他"按钮,从弹出的下拉列表框中选择一种模板,即可将该模板应用于单个演示文稿中,如图 5.45 所示。

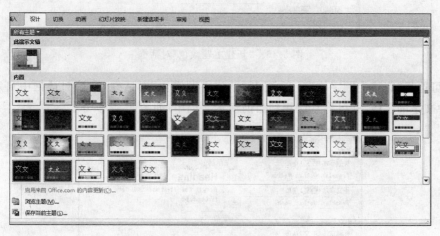

图 5.45　主题模板

如果想为某张单独的幻灯片设置不同的风格,可选择该幻灯片,在"设计"选项卡的"主题"组单击"其他"按钮,从弹出的下拉列表框中右击需要的模板,从弹出的快捷菜单中选择"应用于选定幻灯片"命令。此时该模板将应用于所选中的幻灯片上。

2. 设置主题颜色和字体样式

PowerPoint 2010 为每种设计模板提供了几十种内置的主题颜色,用户可以根据需要选择不同的颜色来设计演示文稿。这些颜色是预先设置好的协调色,自动应用于幻灯片的背景、文本线条、阴影、标题文本、填充、强调和超链接。应用设计模板后,打开"设计"选项卡,单击"主题"组中的"颜色"按钮,将打开主题颜色菜单,在该菜单中可以选择内置主题颜色,或者用户还可以自定义设置主题颜色。在"主题"组中单击"颜色"按钮,从弹出的菜单中选择"新建主题颜色"命令,打开"新建主题颜色"对话框,在该对话框中用户可对主题颜色进行自定义,如图 5.46 所示。

在"主题"组中单击"字体"按钮图字体·,在弹出的内置字体命令中选择一种字体类型,

图 5.46　"新建主题颜色"对话框

另外,可选择"新建主题字体"命令,打开"新建主题字体"对话框,在该对话框中自定义幻灯片中文字的字体,并可将其应用到当前演示文稿中,如图 5.47 所示。

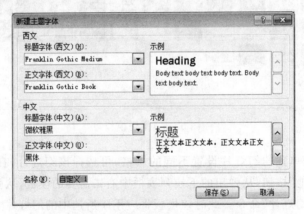

图 5.47　"新建主题字体"对话框

3. 设置页眉和页脚

在制作幻灯片时,使用 PowerPoint 提供的页眉页脚功能,可以为每张幻灯片添加相对固定的信息。要插入页眉和页脚,只需在"插入"选项卡的"文本"组中单击"页眉和页脚"按钮,如图 5.48 所示,打开"页眉和页脚"对话框,在其中进行相关操作即可,如图 5.49 所示。插入页眉和页脚后,可以在幻灯片母版视图中对其格式进行统一设置。

4. 设置幻灯片背景

在设计演示文稿时,用户除了在应用模板或改变主题颜色时更改幻灯片的背景外,还

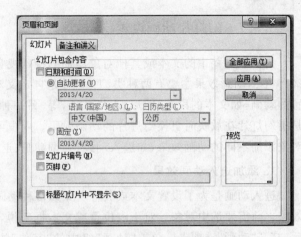

图 5.48　页眉和页脚　　　　　　　　　图 5.49　"页眉和页脚"对话框

可以根据需要任意更改幻灯片的背景颜色和背景设计,如添加底纹、图案、纹理或图片等。要应用 PowerPoint 自带的背景样式,可以打开"设计"选项卡,在"背景"组中单击"背景样式"按钮,在弹出的菜单中选择需要的背景样式即可。

当用户不满足于 PowerPoint 提供的背景样式时,可以在背景样式列表中选择"设置背景格式"命令,打开"设置背景格式"对话框,在该对话框中可以设置背景的填充样式、渐变以及纹理格式等,如图 5.50 所示。

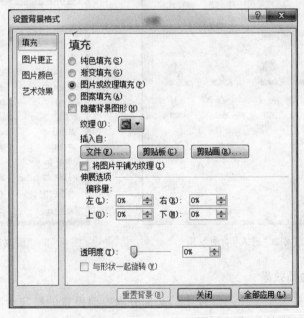

图 5.50　"设置背景格式"对话框

5.3.7 幻灯片动画设置

为演示文稿中的文本或其他对象添加的特殊视觉效果被称为动画效果。PowerPoint 2010 中的动画效果主要有两种类型：一种是自定义动画，是指为幻灯片内部各个对象设置的动画，如文本的段落、图形、表格、图示等；另一种是幻灯片切换动画，又称翻页动画，是指幻灯片在放映时更换幻灯片的动画效果。用户可以对幻灯片中的文本、图形、表格等对象添加不同的动画效果，如进入动画、强调动画、退出动画和动作路径动画等。

1. 添加进入动画效果

进入动画是为了设置文本或其他对象以多种动画效果进入放映屏幕。在添加该动画效果之前需要选中对象。对于占位符或文本框来说，可选中占位符或文本框。选中对象后，打开"动画"选项卡。单击"动画"组中的"其他"按钮 ，在弹出的"进入"列表框选择一种进入效果，即可为对象添加"进入"的动画效果，如图 5.51 所示，同理也可添加其他动画效果。选择"更多进入效果"命令，将弹出"更改进入效果"对话框，在该对话框中可以选择更多的进入动画效果，如图 5.52 所示。

图 5.51　添加"进入"动画效果

图 5.52　"更改进入效果"命令

2. 添加强调动画效果

强调动画效果是为了突出幻灯片中的某部分内容而设置的特殊动画效果。添加强调动画的过程和添加进入效果大致相同，选择对象后，在"动画"组中单击"其他"按钮 ，在弹出的"强调"列表框选择一张强调效果，即可为对象添加该动画效果，如图 5.53 所示。选择"更多强调效果"命令，将打开"更改强调效果"对话框，在该对话框中可以选择更多的强调动画效果，如图 5.54 所示。

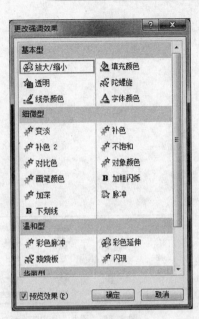

图 5.53　添加"强调"动画效果　　　　　　　图 5.54　"更改强调效果"命令

　　另外,在"高级动画"组中单击"添加动画"按钮,同样可以在弹出的"强调"列表框中选择一种强调动画效果。若选择"更多强调效果"命令,则弹出"添加强调效果"对话框,在该对话框中同样可以选择更多的强调动画效果。

3．添加退出动画效果

　　退出动画是为了设置幻灯片中的对象退出屏幕效果。在幻灯片中选中需要添加退出效果的对象,在"高级动画"组中单击"添加动画"按钮,在弹出的"退出"列表框中选择一种退出动画效果,如图 5.55 所示。若选择"更多退出效果"命令,则弹出"添加退出效果"对话框,在该对话框中可以选择更多的退出动画效果,如图 5.56 所示。退出动画名称有很大一部分与进入动画名称相同,所不同的是,它们的运动方向存在差异。

4．添加动作路径动画效果

　　动作路径动画又称路径动画,可以指定文本、图片等对象沿预定的路径运动。PowerPoint 中的动作路径动画不仅提供了大量预设路径,还可以由用户自定义路径动画。

5．设置动画参数

　　为对象添加了动画效果后,该对象就应用了默认的动画参数。这些动画参数主要包括动画开始运行的方式、持续时间、延时方案、变化方向以及重复次数等。用户可以根据需要对这些参数进行设置。选中具有动画效果的对象,在"动画"选项卡的"计时"组中可以设置动画开始的方式、持续时间以及延迟时间等参数,如图 5.57 所示。在"高级动画"组中,单击"动画窗格"按钮,可打开"动画窗格",在该窗格中可一目了然地看到当前幻灯片中的所有动画效果,如图 5.58 所示。

图 5.55   添加"退出"动画效果

图 5.56   "更改退出效果"命令

图 5.57   "计时"动画

图 5.58   动画窗格

在"动画窗格"中右击某个动画,选择"效果选项"命令,在弹出的对话框中可为该动画设置更多参数,如图 5.59 所示。

6. 设置幻灯片切换动画

要为幻灯片添加切换动画,可以打开"切换"选项卡,在"切换到此幻灯片"组中进行设置,如图 5.60 所示。

选中要切换的幻灯片,在"切换到此幻灯片"组中单击"其他"按钮 ,在打开的下拉列表中选择一种切换效果,即可将该切换效果应用到选中的幻灯片中。如图 5.61 所示为"棋盘"切换效果;图 5.62 所示为"库"切换效果。

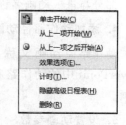

图 5.59   "效果选项"命令

图 5.60   "切换"选项卡

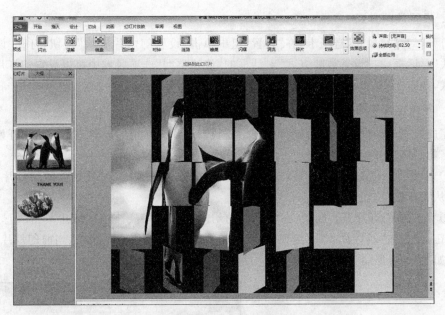

图 5.61 "棋盘"切换效果

图 5.62 "库"切换效果

5.3.8 放映演示文稿

演示文稿的最终作用是放映给观众观看,在放映演示文稿之前可对放映方式进行设置。PowerPoint 2010 提供了多种演示文稿的放映方式,用户可选用不同的放映方式以满足放映时的需要。

1. 设置放映方式

打开"幻灯片放映"选项卡，在"设置"组中单击"设置幻灯片放映"按钮，打开"设置放映方式"对话框，在"设置放映方式"对话框的"放映类型"选项区域中可以设置幻灯片的放映模式，如图 5.63 所示。

2. 开始幻灯片放映

完成放映前的准备工作后就可以开始放映幻灯片。常用的放映方法为从头开始放映和从当前幻灯片开始放映。

① 从头开始放映按下 F5 键，或者在"幻灯片放映"选项卡的"开始放映幻灯片"组中单击"从头开始"按钮。

② 从当前幻灯片开始放映，在状态栏的幻灯片视图切换按钮区域中单击"幻灯片放映"按钮，或者在"幻灯片放映"选项卡的"开始放映幻灯片"组中单击"从当前幻灯片开始"按钮，如图 5.64 所示。

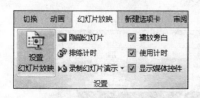

图 5.63　选择"幻灯片放映"

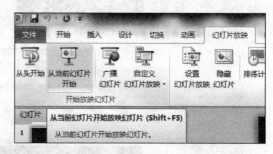

图 5.64　选择"从当前幻灯片开始"放映方式

3. 控制放映过程

在放映演示文稿的过程中，用户可以根据需要按放映次序依次放映、快速定位幻灯片、为重点内容做上标记、使屏幕出现黑屏或白屏和结束放映等。

① 按放映次序依次放映。如果需要按放映次序依次放映，则可进行如下操作。

* 单击鼠标左键。
* 在放映屏幕的左下角单击■按钮。
* 在放映屏幕的左下角单击▤按钮，在弹出的菜单中选择"下一张"命令。
* 单击鼠标右键，在弹出的快捷菜单中选择"下一张"命令，如图 5.65 所示。

② 快速定位幻灯片。如果不需要按照指定的顺序进行放映，则可以快速定位幻灯片。在放映屏幕的左下角单击▤按钮，从弹出的菜单中使用"定位至幻灯片"命令进行切换。

另外，在屏幕中右击，在弹出的快捷菜单中选择"定位至幻灯片"命令，从弹出的子菜单中选择要播放的幻灯片，同样可以实现快速定位幻灯片操作，如图 5.66 所示。

③ 为重点内容做上标记。使用 PowerPoint 2010 提供的绘图笔可以为重点内容做上标记。绘图笔的作用类似于板书笔，常用于强调或添加注释。用户可以选择绘图笔的形状和颜色，也可以随时擦除绘制的笔迹。放映幻灯片时，在屏幕中右击，在弹出的快捷菜

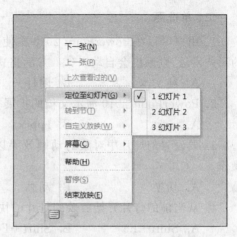

图 5.65　快捷菜单中选择"下一张"命令　　　图 5.66　"定位至幻灯片"命令

单中选择"指针选项"中"荧光笔"选项,将绘图笔设置为荧光笔样式。然后按住鼠标键拖动鼠标即可绘制标记。

　　另外,在屏幕中右击,在弹出的快捷菜单中选择"指针选项"中"墨迹颜色"命令,可在其下级菜单中设置绘图笔的颜色。将画笔颜色设置为"红色",绘制的墨迹效果。

　　④ 使屏幕出现黑屏或白屏。在幻灯片放映的过程中,有时为了避免引起观众的注意,可以将幻灯片进行黑屏或白屏显示。在右键菜单中选择"屏幕"中"黑屏"命令或"屏幕"中"白屏"命令即可。

　　⑤ 结束放映,在幻灯片放映过程中,有时需要快速结束放映操作,可以按 Esc 键,或者单击≡按钮,或在幻灯片中右击,从弹出的菜单中选择"结束放映"命令。此时演示文稿将退出放映状态。

习　题　5

一、填空题

　　1. 在 PowerPoint 2010 中显示标尺、网络线、参考线,以及对幻灯片母版进行修改,应在_____选项卡中进行操作。

　　2. 在 PowerPoint 2010 中对幻灯片进行另存、新建、打印等操作时,应在_____选项卡中进行操作。

　　3. 在 PowerPoint 2010 中插入表格、图片、艺术字、视频、音频时,应在_____选项卡中进行操作。

　　4. 在 PowerPoint 2010 中要用到拼写检查、语言翻译、中文简繁体转换等功能时,应在_____选项卡中进行操作。

　　5. 在 PowerPoint 2010 中对幻灯片进行页面设置时,应在_____选项卡中进行操作。

二、单选题

1. 用户可以在 PowerPoint 2010 中使用电子邮件发送演示文稿,如果以 pdf 或以 xps 的形式发送,则系统会自动以(　　　)的格式自动更改为 pdf 或 xps 形式。

  A. 纯文本　　　　　　B. 附件　　　　　　C. 矢量型　　　　　　D. 位图型

2. PowerPoint 2010 演示文稿的扩展名是(　　　)。

  A. .ppt　　　　　　B. .pptx　　　　　　C. .xslx　　　　　　D. .docx

3. 要设置幻灯片中对象的动画效果以及动画的出现方式时,应在(　　　)选项卡中操作。

  A. 切换　　　　　　B. 动画　　　　　　C. 设计　　　　　　D. 审阅

4. 从当前幻灯片开始放映幻灯片的快捷键是(　　　)。

  A. Shift＋F5　　　　B. Shift＋F4　　　　C. Shift＋F3　　　　D. Shift＋F2

5. 要让 PowerPoint 2010 制作的演示文稿在 PowerPoint 2003 中放映,必须将演示文稿的保存类型设置为(　　　)。

  A. PowerPoint 演示文稿(＊.pptx)

  B. PowerPoint 97-2003 演示文稿(＊.ppt)

  C. xps 文档(＊.xps)

  D. Windows Media 视频(＊.wmv)

6. PowerPoint 2010 提供一个共享按钮和菜单,能将与文件共享相关的所有操作全部罗列在该菜单中,其中包括使用电子邮件发送、保存到 SharePoint、保存到 Web 以及(　　　)等。

  A. 广播幻灯片　　　　　　　　　B. 启动共享视频

  C. 启动共享音频　　　　　　　　D. 启动 Web

7. 在 PowerPoint 2010 中选择了某种"样本模板",幻灯片背景显示(　　　)。

  A. 可以更换模板　　　　　　　　B. 不改变

  C. 可以定义　　　　　　　　　　D. 不能定义

8. 除了微软默认的 PowerPoint 广播服务器以外,用户也可选择其他服务器来广播放映幻灯片,在"添加广播服务"对话框中,输入(　　　)地址。

  A. 提供服务的公司　　　　　　　B. 提供服务的 FTP

  C. 提供服务的 Email　　　　　　D. 提供服务的 URL

9. 在 PowerPoint 2010 中,下列说法错误的是(　　　)。

  A. 在文档中可以插入声音(如掌声)

  B. 在文档中插入多媒体内容后,放映时只能自动放映,不能手动放映

  C. 在文档中可以插入影片

  D. 在文档中可以插入音乐(如 CD 乐曲)

10. 在任何版式的幻灯片中都可以插入图表,除了在"插入"选项卡中单击"图表"按钮来完成图表的创建外,还可以使用(　　　)实现插入图表的操作。

  A. SmartArt 图形中的矩形图　　　B. 图表占位符

  C. 图片占位符　　　　　　　　　D. 表格

三、实践题（分别在 **Excel 2003 与 2010 中实践**）

把从其他途径获得的模板保存到"我的模板"列表框中，并调用该模板。

（1）启动 PowerPoint 2010，双击打开预先设计好的模板，单击"文件"按钮，选择"另存为"命令。

（2）在"文件名"文本框中输入模板名称，在"保存类型"下拉列表框中选择"PowerPoint 模板"选项。此时对话框中的"保存位置"下拉列表框将自动更名保存路径，单击"确定"按钮，将模板保存到指定的存储路径下。

（3）关闭保存后的模板，启动 PowerPoint 2010 应用程序，打开一个空白演示文稿。

（4）单击"文件"按钮，从弹出的菜单中选择"新建"命令，在中间的"可用模板和主题"列表框中选择"我的模板"选项。

（5）打开"新建演示文稿"对话框的"个人模板"选项卡，选择刚刚创建的自定义模板，单击"确定"按钮，此时该模板应用到当前演示文稿中。

第6章 网络信息技术及网页应用

用户家用计算机数量和机型的增多带来了更多的网络应用需求，在以往版本的 Windows 中，多台计算机设置共享是一件比较麻烦的事情。Windows 7 在网络管理方面更加简单，便于普通家庭用户操作。本章主要介绍计算机网络的相关概念、常用的网络配置界面在 Windows 7 中的变化和打开方式，设置、使用无线网络和网页应用等相关内容。

6.1 计算机网络

计算机网络是由计算机技术和通信技术相结合的产物，随着社会对信息共享、信息传递的要求而发展起来的。随着计算机软硬件及通信技术的快速发展，计算机网络迅速渗透到包括金融、教育、运输等各个行业，而且随着计算机网络的优势逐渐被人们所熟悉和接受，网络将越来越快的融入社会生活的方方面面，可以说，未来是一个充满网络的世界。

6.1.1 计算机网络概述

计算机网络就是利用通信设备和线路将地理位置不同的、功能独立的多个计算机系统互连起来，以功能完善的网络软件（即网络通信协议、信息交换方式及网络操作系统等）实现网络中资源共享和信息传递的系统。

计算机网络通常由 3 部分组成，即资源子网、通信子网和通信协议。

① 资源子网：是计算机网络中面向用户的部分，负责全网络面向应用的数据处理工作，其主体是连入计算机网络内的所有主计算机，以及这些计算机所拥有的面向用户端的外部设备、软件和可供共享的数据等。

② 通信子网：是计算机网络中负责数据通信的部分，通信传输介质可以是双绞线、同轴电缆、无线电通信、微波、光导纤维等。

③ 通信协议：为使网内各计算机之间的通信可靠有效，通信双方必须共同遵守的规则和约定称为通信协议。

把地理位置不同且具有独立功能的多个计算机系统，通过通信线路和设备将其连接起来，由功能完善的网络软件实现网络资源共享的系统称为计算机网络，简称为网络。

1. 计算机网络的概念

网络概念的要点有以下几点。

① 具有独立功能的多个计算机系统：各种类型计算机、工作站、服务器、数据处理终端设备。

② 通信线路和设备：通信线路是指网络连接介质，如同轴电缆、双绞线、光缆、铜缆、卫星等；通信设备是指网络连接设备，如网关、网桥、集线器、交换机、路由器、调制解调器等。

③ 网络软件：指各类网络系统软件和各类网络应用软件。

2. 计算机网络的发展

计算机网络可大致分为四代。

(1) 第一代：面向终端的计算机网络

1946年世界上第一台电子计算机 ENIAC 在美国诞生时，计算机技术与通信技术并没有直接的联系。到20世纪50年代初，出现了以单个计算机为中心的面向终端的远程联机系统。其终端往往只具备基本的输入及输出功能（显示系统及键盘），该系统是计算机技术与通信技术相结合而形成的计算机网络的雏形，因此也称为面向终端的计算机通信网，如图 6.1 所示。

(2) 第二代：以通信子网为中心的计算机网络

这一代兴起于20世纪60年代后期，典型代表是美国国防部高级研究计划局协助开发的 ARPANET。各个通信子网的主机之间不是直接用线路相连，而是通过通信控制处理机 IMP 转接后互联的。IMP 和它们之间互联的通信线路一起负责主机间的通信任务，构成了通信子网。与通信子网互联的主机负责运行程序，提供资源共享组成了资源子网。

两个主机间通信时对传送信息内容的理解、信息表示形式以及各种情况下的应答信号都必须遵守一个共同的约定，称为协议。连网用户可以通过计算机使用网络中其他计算机的软件、硬件与数据资源，以达到资源共享的目的。以通信子网为中心的计算机网络是以分组交换技术为核心技术的计算机网络，如图 6.2 所示。网络中的通信双方都是具有自主处理能力的计算机，功能以资源共享为主。

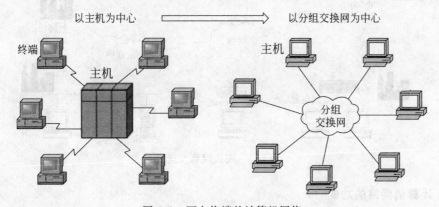

图 6.1　面向终端的计算机网络

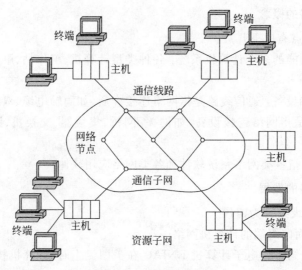

图 6.2 以通信子网为中心

（3）第三代：以 OSI 网络体系结构为核心的计算机网络

ISO 在 1984 年颁布了 OSI/RM 网络模型，该模型分为 7 个层次，也称为 OSI 七层模型，如图 6.5 所示，成为新一代计算机网络体系结构的基础。为普及局域网奠定了基础，各种符合 OSI/RM 与协议标准的远程计算机网络、局部计算机网络与城市地区计算机网络开始广泛应用。

（4）第四代：网络互连阶段

从 20 世纪 80 年代末开始，局域网技术发展成熟，同时出现了光纤及高速网络技术，整个网络就像一个对用户透明的大的计算机系统，Internet（国际互联网）为这一代网络的典型代表，其特点是互连、高速、智能与更为广泛的应用，如图 6.3 所示。

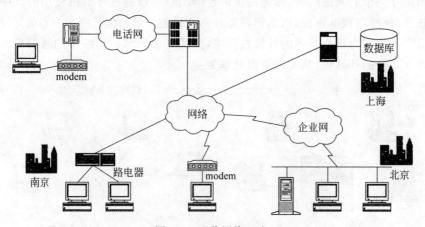

图 6.3 现代网络互连

3. 计算机网络的功能

① 数据通信。计算机网络使分散在不同部门、不同单位甚至不同省份、不同国家的

计算机与计算机之间可以进行通信,互相传送数据,方便地进行信息交换。如使用电子邮件进行通信、在网上召开视频会议等。

②　资源共享。这是计算机网络最有吸引力的功能。在网络范围内,用户可以共享软件、硬件、数据等资源,而不必考虑用户及资源所在的地理位置。资源共享必须经过授权才可进行。

③　提高计算机系统的可靠性和可用性。网络中的计算机可以互为后备,一旦某台计算机出现故障,它的任务可由网络中其他计算机取而代之。当网络中某些计算机负荷过重时,可将新任务分配给较空闲的计算机去完成,从而提高了每一台计算机的可用性能。

④　实现分布式的信息处理。由于有了计算机网络,因此许多大型信息处理问题可以借助于分散在网络中的多台计算机协同完成,解决单机无法完成的信息处理任务。特别是分布式数据库管理系统,它使分散存储在网络中不同系统中的数据在使用时就好像集中存储和集中管理那样方便。

6.1.2　计算机网络分类

计算机网络的分类方式有很多种,如按地理范围、拓扑结构、传输速率和传输介质等。按拓扑结构可以分为总线型、星型、环型、网状、树状;按传输速率可以分为宽带网和窄带网;按传输介质可以分为有线网和无线网。按网络传输技术可以分为广播式网络(broadcast networks)和点-点式网络(point-to-point networks)。通常我们都是按照地理范围划分,即分为局域网、城域网和广域网。

①　局域网。局域网地理范围一般几百米到 10 千米之内,属于小范围内的连网。如一个建筑物内、一个学校内、一个工厂的厂区内等。局域网的组建简单、灵活,使用方便。随着计算机应用的普及,局域网的地位和作用越来越重要,人们已经不满足计算机与计算机之间的资源共享,现在安装软件和视频图像处理等操作均可在局域网中进行。

②　城域网。城域网地理范围可从几十公里到上百公里,可覆盖一个城市或地区,是一种中等形式的网络。使用的技术与局域网相同,但分布范围要更广一些,它可以支持数据和语音及有线电视网络等。

③　广域网。广域网也称为远程网络,指作用范围通常为几十千米到几千千米的网络,属于大范围连网。广域网是将多个局域网连接起来的更大的网络。各个局域网之间可以通过高速电缆、光缆、微波卫星等远程通信方式连接,如几个城市,一个或几个国家,甚至全球。广域网是网络系统中的最大型的网络,能实现大范围的资源共享,如国际性的 Internet 网络。

6.1.3　计算机网络拓扑结构

拓扑结构是指将不同设备根据不同的工作方式进行连接的结构,是计算机网络上各节点(分布在不同地理位置上的计算机设备及其他设备)和通信链路所构成的几何形状。不同计算机网络系统的拓扑结构是不同的,而且不同拓扑结构的网络功能、可靠性、组网的难易及成本等方面也不同。常见的拓扑结构有 5 种:总线型、星型、环型、树型和网状,如图 6.4 所示。

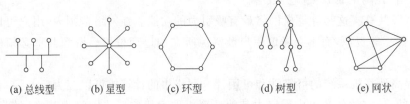

　　　(a) 总线型　　　(b) 星型　　　(c) 环型　　　(d) 树型　　　(e) 网状

图 6.4　网络拓扑结构示意图

1. 总线型结构

总线型拓扑结构如图 6.4(a)所示,其采用一条公共线作为数据传输介质,所有网络上的节点都连接在总线上,通过总线在网络上节点之间传输数据。由于各节点共用一条总线,所以在任一时刻只允许一个节点发送数据,因此传输数据易出现冲突现象。总线出现故障,将影响整个网络的运行。但总线型拓扑结构具有结构简单,易于扩展,建网成本低等优点,局域网中以太网就是典型的总线型拓扑结构。

2. 星型结构

星型结构如图 6.4(b)所示,网络上每个节点都由一条点到点的链路与中心节点相连,中心节点充当整个网络控制的主控计算机,具有数据处理和存储双重功能,也可以是程控交换机或集线器,仅起各节点的连通作用。各节点之间的数据通信必须通过中心节点,一旦中心节点出现故障,将导致整个网络系统彻底崩溃。

3. 环型结构

环型结构如图 6.4(c)所示,网络上各节点都连接在一个闭合环形通信链路上,信息的传输沿环的单方向传递,两节点之间仅有唯一的通道。网络上各节点之间没有主次关系,各节点负担均衡,但网络扩充及维护不太方便。如果网络上有一个节点或者是环路出现故障,将可能引起整个网络故障。

4. 树型结构

树型结构如图 6.4(d)所示,是星型结构的发展,在网络中各节点按一定的层次连接起来,形状像一棵倒置的树,所以称为树型结构。在树型结构中,顶端的节点称为根节点,它带有若干个分支节点,每个节点再带若干个子分支节点,信息的传输可以在每个分支链路上双向传递。网络扩充、故障隔离比较方便,适用于分级管理和控制系统,但如果根节点出现故障,将影响整个网络运行。

5. 网状结构

网状结构如图 6.4(e)所示,其网络上的节点连接是不规则的,每个节点都可以与任何节点相连,且每个节点可以有多个分支,信息可以在任何分支上进行传输,这样可以减少网络阻塞的现象,可靠性高、灵活性好、节点的独立处理能力强、信息传输容量大,但结构复杂,不易管理和维护、成本高。

以上介绍的是几种网络基本拓扑结构,但在实际组建网络时,可根据具体情况,选择某种拓扑结构或选择几种基本拓扑结构的组合方式来完成网络拓扑结构的设计。

6.1.4　数据通信技术

计算机网络是计算机技术与数据通信技术结合的产物。数据通信是一门独立的学科。在计算机网络中，通信系统负责信息的传递，计算机系统负责信息的处理工作。通信技术的任务是利用通信媒体传输信息，所研究的问题是：用什么媒体、什么技术来使信息数据化并能准确地传输信息。下面简单介绍数据通信的基础知识。

1. 模拟信号与数字信号

（1）模拟数据和数字数据

数据有数字数据和模拟数据之分。

① 模拟数据：状态是连续变化的不可数的，如强弱连续变化的语音、亮度连续变化的图像等。

② 数字数据：状态是离散的可数的，如符号、数字等。

（2）模拟信号与数字信号

数据在通信系统中需要变换为（通过编码实现）电信号的形式，从一点传输到另一点。信号是数据在传输过程中电磁波的表现形式。由于有两种不同的数据类型，信号相应也有两种形式。

① 模拟信号：模拟信号是一种连续变换的电信号，它的取值是无限多个，如普通电话机输出的信号就是模拟信号。

② 数字信号：数字信号是一种离散信号，它的取值是有限个数，如电传机输出的信号就是数字信号。

2. 信道的分类

信道是信号传输的通道，包括通信设备和传输媒体。这些媒体可以是有形媒体（如电缆、光纤）或无形媒体（如传输电磁波的空间）。

① 信道按传输媒体分为有线信道和无线信道。

② 信道按传输信号分为模拟信道和数字信道。

③ 信道按使用权分为专用信道和公用信道。

3. 通信方式种类

通信仅在点与点之间进行，按信号传送的方向与时间可分为 3 种。

① 单工通信：是指信号只能单方向进行传输的工作方式。如广播、遥控就是单工通信方式。一方只能发送，另一方只能接收信号。

② 半双工通信：是指通信双方都能接收、发送信号，但不能同时进行收和发的工作。要求双方都有收和发信号的功能。如无线电对讲机。

③ 全双工通信：是指通信双方可同时进行收和发的双向传输信号的工作方式。如普通电话就是一种最简单的全双工通信方式。

按数字信号在传输过程中的排列方式，通信方式可分为两种。

① 并行传输：指数据以成组的方式在多个并行信道上同时传输。并行传输的优点

是不存在字符同步问题,速度快;缺点是需要多个信道并行,这在传输远距离信道中是不允许的。因此,并行传输往往仅限于机内的或同一系统内的设备间的通信。如打印机一般都接在计算机的并行接口上。

② 串行传输:指信号在一条信道上一位接一位地传输。在这种传输方式中,收发双方保持位同步或字符间同步是必须解决的问题。串行传输比较节省设备,所以目前计算机网络中普遍采用这种传输方式。

4. 数据传输的速率

① 比特率是数字信号的传输速率。把一个二进制位所携带的信息称为 1 个比特(bit)的信息,并作为最小的信息单位,比特率是单位时间内传送的比特数(二进制位数),即 bit/s。

② 波特率也称为调制速率,是调制后的传输速率,指单位时间内模拟信号状态变化的次数,即单位时间内传输波形的个数。

③ 误码率是指码元在传输中出错的概率,它是衡量通信系统传输可靠性的一个指标。在数字通信中,数据传输的形式是代码,代码由码元组成,码元用波形表示。

5. 异步传输和同步传输

计算机网络中收发信息的双方用传输介质连接之后,发送方可以将数据发送出去,对方如何识别这些数据,并将其组合成字符形成有用的信息,这是用交换数据的设备之间的同步技术来实现的。常用的同步方式分为异步传输和同步传输两种。

① 异步传输:指以一个字符为单位进行数据传输,每个字符独立传输,起始时刻是任意的,字符与字符间隔也是任意的。传输字符之间是异步的,接收和发送端的时钟各自独立,并在传送的每个字符前加起始位、在每个字符后加终止位,以表示一个字符的开始和结束,实现了字符同步。这种方式效率低、速度慢,但技术简单、设备成本低,适用于低速通信场合。

② 同步传输:指以大的数据块为单位进行数据传输,在数据传输过程中接收和发送端时钟信号是同步、严格要求、一一对应的。在传输的数据块的前后分别加上一些特殊的字符作为同步信号。这种方式速度快,但需要时钟装置,设备价格相对高,适用于高速传输场合,如计算机之间的通信。

6.1.5 计算机网络体系结构

一个功能完备的计算机网络需要制定一整套复杂的协议集。对于结构复杂的网络协议来说,最好的组织方式是层次结构模型。计算机网络协议就是按照层次结构模型来组织的。计算机网络体系结构(Network Architecture)是将网络层次结构模型与各层协议集合的统一。由于计算机网络是一个非常复杂的系统,需要解决的问题很多并且性质各不相同,所以,在 ARPANET 设计时,就提出了"分层"的思想,即将庞大而复杂的问题分为若干较小的易于处理的局部问题。

1974 年美国 IBM 公司按照分层的方法制定了系统网络体系结构 SNA(System Network Architecture)。现在 SNA 已成为世界上较广泛使用的一种网络体系结构。一开始,各个公司都有自己的网络体系结构,就使得各公司自己生产的各种设备容易互联成网,有助于该公司垄断自己的产品。但是,随着社会的发展,不同网络体系结构的用户迫切要求能互相交换信息。为了使不同体系结构的计算机网络都能互联,国际标准化组织 ISO 于 1997 年成立专门机构研究这个问题。1978 年 ISO 提出了"异种机连网标准"的框架结构,这就是著名的开放系统互联参考模型 OSI。

OSI 得到了国际上的承认,成为其他各种计算机网络体系结构依照的标准,大大地推动了计算机网络的发展。20 世纪 70 年代末到 80 年代初,出现了利用人造通信卫星进行中继的国际通信网络。网络互联技术不断成熟和完善,局域网和网络互联开始商品化。

OSI 参考模型用物理层、数据链路层、网络层、传送层、对话层、表示层和应用层七个层次描述网络的结构,它的规范对所有的厂商是开放的,具有指导国际网络结构和开放系统走向的作用。它直接影响总线、接口和网络的性能。目前常见的网络体系结构有 FDDI、以太网、令牌环网和快速以太网等。从网络互连的角度看,网络体系结构的关键要素是协议和拓扑。

1. OSI 参考模型

计算机网络标准由国际上有两大组织制定:国际电报与电话咨询委员会(Consultative Committee on International Telegraph and Telephone,CCITT)和国际标准化组织 ISO。CCITT 主要是从通信角度考虑标准的制定,而 ISO 则侧重于信息的处理与网络体系结构。但随着计算机网络的发展通信与信息处理成为两大组织共同关注的领域。

1974 年,ISO 发布了著名的 ISO/IEC 7498 标准,它定义了网络互连的 7 层框架,即开放系统互连参考模型(Open System Internet work,OSI),并在 OSI 框架下,详细规定了每一层的功能,以实现开放系统环境中的互连性(interconnection)、互操作性(interoperation)与应用的可移植性(portability)。OSI 中的"开放"是指只要遵循 OSI 标准,一个系统就可以与位于世界任何地方、同样遵循同一标准的其他任何系统进行通信。OSI 参考模型的分层结构对不同的层次定义了不同的功能和提供不同的服务,每个层次都为网上的两台设备进行通信做数据准备,每一层都与相邻上下层进行通信和协调,为上层提供服务,将上层传来的数据和信息经过处理传递到下层,直到物理层,最后通过传输介质传到网上。OSI 中每两个层之间通过接口相连,每个层次与其相邻上下两层通信均需通过接口传输,每层都建立在下一层的标准上。分层结构的优点是每一层都有各自的功能,每层有明确的分工,当网络出现故障时可以便于分析、查错。如图 6.5 为两主机的 OSI 参考模型图。

OSI 参考模型各层功能如下。

① 物理层(Physical Layer):在 OSI 模型中,物理层是参考模型中的最低层,它是网络通信的数据传输介质,由连接不同节点的电缆和设备共同构成,它的任务是利用传输介质为数据链路层提供物理连接。物理层负责处理数据传输率并监控数据出错率,以实现数据流的透明传输。物理层在接收数据链路层的数据后,便将数据以二进制比特流(数据流)形式传输到网络传输介质上,其单位是比特。

② 数据链路层(Data Link Layer):在物理层提供的服务基础上,数据链路层负责在

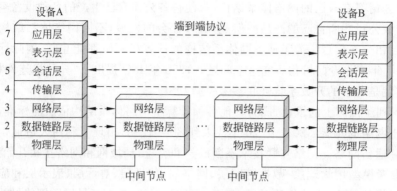

图 6.5　OSI 参考模型结构

两个通信实体间建立数据链路连接,传输以帧为单位的数据包,并采用无差错与流量控制方法,使有差错的物理线路变成无差错的数据链路。

③ 网络层(Network Layer):第 3 层,网络层主要为数据在节点之间传输创建逻辑链路,通过路由选择算法为分组通过通信子网选择最佳路径,以实现拥塞控制及网络互连。

④ 传输层(Transport Layer):传输层向用户提供可靠的端到端服务,处理数据包错误及次序等,传输层向高层屏蔽了下层数据通信的细节,它是体系结构中的关键层。

⑤ 会话层(Session Layer):会话层负责维护两个节点之间的传输链接,以便确保点到点传输不中断,以及管理数据交换等功能。

⑥ 表示层(Presentation Layer):表示层用来处理两个通信系统中交换信息的表示方式,主要包括数据格式变换、数据加密与解密、数据压缩及解压等。

⑦ 应用层(Application Layer):应用层的应用软件提供了很多服务,例如数据库、电子邮件等服务。

在 OSI 参考模型中,通常把上面的 7 个层次分为低层与高层。低层为 1～4 层,也叫数据传输层,其中物理层、数据链路层和网络层部分可以由硬件方式来实现,是面向通信的;高层为 5～7 层,也叫应用层,各层基本上是通过软件方式来实现的,是面向信息处理的。

2. TCP/IP 参考模型

TCP/IP 是一个工业标准的协议集,它最早应用于 ARPANET。运行 TCP/IP 的网络具有很好的兼容性,并可以使用铜缆、光纤、微波以及卫星等多种链路通信。Internet 上的 TCP/IP 协议之所以能够迅速发展,是因为它适应了世界范围内的数据通信的需要,TCP/IP 具有如下特点。

① TCP/IP 协议并不依赖于特定的网络传输硬件,所以 TCP/IP 协议能够集成各种各样的网络。用户能够使用以太网、令牌环网、拨号线路、X.25 网以及所有的网络传输硬件,可以运行在局域网、广域网,更适合于互联网中。

② TCP/IP 协议不依赖于任何特定的计算机硬件或操作系统,提供开放的协议标准,即使不考虑 Internet,TCP/IP 协议也获得了广泛的支持。所以 TCP/IP 协议成为一种联合各种硬件和软件的实用系统。

③ TCP/IP 工作站和网络使用统一的全球范围寻址系统,在世界范围内给每个 TCP/IP 网络指定唯一的地址。这样就使得无论用户的物理地址在哪儿,任何其他用户都能访问该用户。

④ 标准化的高层协议,可以提供多种可靠的用户服务。

TCP/IP 模型由应用层、传输层、网际层和网络接口层组成,大致对应于 OSI 参考模型的七层。OSI 将七层分成传输层和数据链路层两层,TCP/IP 也像 OSI 模型一样分为协议层和网络层两层,具体如图 6.6 所示。协议层具体定义了网络通信协议的类型,而网络层定义了网络的类型和设备之间的路径选择。

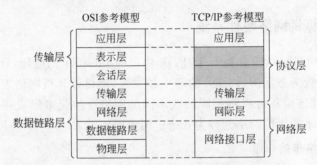

图 6.6　TCP/IP 参考模型与 OSI 参考模型对应图

① 网络接口层(Network Interface Layer):网络接口层是 TCP/IP 的最低层,对应 OSI 的数据链路层和物理层,网络接口层主要负责通过网络发送和接收 IP 数据报。TCP/IP 参考模型允许主机连入网络时使用其他协议,如局域网协议。

② 网际层(Internet Layer):网际层对应于 OSI 模型中网络层,负责将源主机的报文分组发送到目标主机,此时源、目标主机可在同一网络或不同网络中。

③ 传输层(Transport Layer):传输层对应于 OSI 模型中的传输层,负责在应用进程之间的端对端通信。该层定义了传输控制协议和用户数据报协议。

传输控制协议(TCP):TCP 提供的是可靠的面向连接的协议,它将一台主机传送的数据无差错的传送到目标主机。TCP 协议将应用层的字节流分成多个字节段,然后传输层将一个个字节段传送到网际层,向下传发送到目标主机。接收数据时,网际层会将接收到的字节段传送给传输层,传输层再将多个字节段还原成字节流传送到应用层。TCP 协议同时还要负责流量控制功能,协调收发双方的发送与接收速度,以达到正确传输的目的。

用户数据报协议(UDP):UDP 是 TCP/IP 中一个非常重要的协议,它只是对网际层的 IP 数据报在服务上增加了端口功能,以便于进行复用、分用及差错检测。UDP 为应用程序提供的是一种不可靠、面向非连接的报务,其报文可能出现丢失、重复等问题。正是由于它不提供服务的可靠性,所以它的开销很小,即 UDP 提供了一种在高效可靠的网络上传输数据而不用消耗必要的网络资源和处理时间的通信方式。

④ 应用层(Application Layer):应用层对应于 OSI 模型中的应用层。由于应用层是 TCP/IP 模型中的最高层,应用层之上没有其他层,所以应用层的任务不是为上层提供服务,而是为最终用户提供服务。该层包括了所有高层协议,每一个应用层的协议都对应一

个用户使用的应用程序,主要的协议有:

- 网络终端协议(Telnet):实现用户远程登录功能。
- 文件传输协议(File Transfer Protocol,FTP):实现交互式文件传输。
- 简单邮件传输协议(Simple Mail Transfer Protocol,SMTP):实现电子邮件的传送。
- 域名系统(Domain Name System,DNS):实现网络设备名字到 IP 地址映射的网络服务。
- 超文本传输协议(Hypertext Transfer Protocol,HTTP):用于 WWW 服务。

6.1.6　计算机网络硬件系统

20 世纪 80 年代以后,随着基于 TCP/IP 协议的 Internet 的应用,计算机网络发展更加迅速,宽带综合业务数字网(ISDN)的产生和发展,使得计算机网络发展到一个全新的阶段。利用网络互连设备可以将相同的或不同的网络连接起来形成一个范围更大的网络,或者将一个原本很大的网络划分为几个子网或网段。

1. 计算机网络传输介质

(1) 双绞线(Twisted Pair)

双绞线是由两条相互绝缘的导线按照一定的规格互相缠绕(一般以顺时针缠绕)在一起而制成的一种通用配线,属于信息通信网络传输介质。双绞线过去主要是用来传输模拟信号的,但现在同样适用于数字信号的传输。双绞线采用了一对互相绝缘的金属导线互相绞合的方式来抵御一部分外界电磁波干扰,更主要的是降低自身信号的对外干扰。把两根绝缘的铜导线按一定密度互相绞在一起,可以降低信号干扰的程度,每一根导线在传输中辐射的电波会被另一根线上发出的电波抵消。具体如图 6.7 所示。

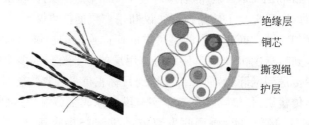

图 6.7　双绞线及超 5 类 4 对双绞线剖面图

双绞线在外界的干扰磁通中,每根导线均被感应出干扰电流,同一根导线在相邻两个环的两段上流过的感应电流大小相等,方向相反,因而被抵消,所以在导线并没有被感应干扰电流。如图所示,因此,双绞线对外界磁场干扰有很好的屏蔽作用。双绞线外加屏蔽可以克服双绞线易受静电感应的缺点,使信号线有很好的电磁屏蔽效果。双绞线分为屏蔽双绞线(Shielded Twisted Pair,STP)与非屏蔽双绞线(Unshielded Twisted Pair,UTP)。屏蔽双绞线在双绞线与外层绝缘封套之间有一个金属屏蔽层。屏蔽层可减少辐射,防止信息被窃听,也可阻止外部电磁干扰的进入,使屏蔽双绞线比同类的非屏蔽双绞线具有更高的传输速率。非屏蔽双绞线是一种数据传输线,由 4 对不同颜色的传输线所组成,广泛用于以太网路和电话线中。

双绞线常见的有 3 类线,5 类线和超 5 类线,以及最新的 6 类线。RJ-45 接头是每条双绞线两头通过安装 RJ-45 连接器(俗称水晶头)与网卡和集线器(或交换机)相连。

双绞线制作标准:①EIA/TIA 568A 标准:白绿/绿/白橙/蓝/白蓝/橙/白棕/棕(从左起)。②EIA/TIA 568B 标准:白橙/橙/白绿/蓝/白蓝/绿/白棕/棕(从左起)。

连接方法有两种:①直通线:双绞线两边都按照 EIA/TIA 568B 标准连接。②交叉线:双绞线一边是按照 EIA/TIA 568A 标准连接,另一边按照 EIA/TIA 568B 标准连接。如图 6.8 所示双绞线的直通线,用测线仪测试网线和水晶头连接正常。

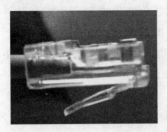

图 6.8　双绞线两头的 RJ-45 接头连接

(2) 同轴电缆

同轴电缆也是局域网中最常见的传输介质之一。它用来传递信息的一对导体位于外层的一根空心的圆柱网状铜导体和位于中心轴线位置的铜导线组成,铜导线、空心圆柱导体和外界之间用绝缘材料隔开,两个导体间用绝缘材料互相隔离,外层导体和中心轴铜线的圆心在同一个轴心上,所以叫做同轴电缆,如图 6.9 所示,同轴电缆之所以设计成这样,也是为了防止外部电磁波干扰异常信号的传递。

同轴电缆从用途上分可分为基带同轴电缆和宽带同轴电缆(即网络同轴电缆和视频同轴电缆)。目前,同轴电缆大量被光纤取

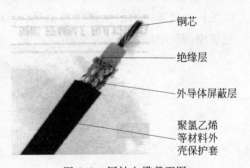

铜芯

绝缘层

外导体屏蔽层

聚氯乙烯等材料外壳保护套

图 6.9　同轴电缆截面图

代,但仍广泛应用于有线和无线电视以及某些局域网。

由于同轴电缆中铜导线的外面具有多层保护层,所以同轴电缆具有很好的抗干扰性,传输距离比双绞线远,但同轴电缆的安装比较复杂,维护也不方便。

(3) 光纤

光纤是光导纤维的简写,是一种细小、柔韧并能传输光信号的介质。它利用光在玻璃或塑料制成的纤维中的全反射原理而达成传输信号的目的。通常光纤与光缆两个名词会被混淆。多数光纤在使用前必须由几层保护结构包覆,包覆后的缆线即被称为光缆,即一根光缆中包含有多条光纤,如图 6.10 所示。光纤外层的保护结构可防止周围环境对光纤的伤害,如水、火、电击等。光纤具有频带宽、损耗低、重量轻、抗干扰能力强、保真度高、工

作性能可靠等优点。

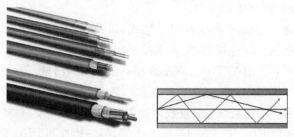

图 6.10　光纤和光纤原理

光缆传输时是利用发光二极管或激光二极管在通电后产生的光脉冲信号传输数据信息,光缆分多模和单模两种。

- 多模光缆是由发光二极管 LED 驱动,由于 LED 不能紧密地集中光速,所以其发光是散的,在传输时需要较宽的传输路径,频率较低,传输距离也会受到限制。
- 单模光缆使用注入型激光二极管 ILD,由于 ILD 激光射光,光的发散特性很弱,即不会发散,所以传输距离比较远。

(4) 地面微波通信

由于微波是以直线方式在大气中传播的,而地表面是曲面的,所以微波在地面上直接传输的距离不会大于 50 公里。为了使其传输信号距离更远,需要在通信的两个端点设置中继站,中继站的功能一是信号放大,二是信号失真恢复,三是信号转发,如图 6.11 所示,A 微波传输塔要向 B 传输塔传输信号,无法直接传播,可通过中间三个微波传输塔转播,在这里中间三个微波传输塔即中继站。

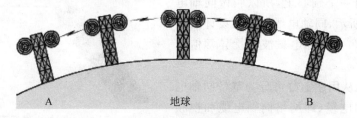

图 6.11　地面微波通信

(5) 卫星微波通信

卫星通信是利用人造地球卫星作为中继站,通过人造地球卫星转发微波信号,实现地面站之间的通信,如图 6.12 所示。卫星通信比地面微波通信传输容量和覆盖范围要广得多。

2. 工作站与服务器

① 工作站(Workstation)是一种以个人计算机和分布式网络计算为基础,主要面向专业应用领域,具备强大的数据运算与图形、图像处理能力,为满足工程设计、动画制作、科学研究、软件开发、金融管理、信息服务、模拟仿真等专业领域而设计开发的高性能计算

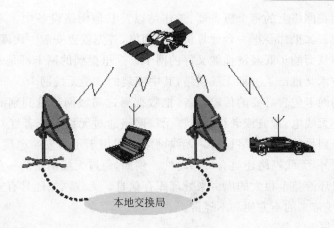

图 6.12 卫星通信

机。工作站是一种高档的微型计算机,通常配有高分辨率的大屏幕显示器及容量很大的内存储器和外部存储器,并且具有较强的信息处理功能和高性能的图形、图像处理功能以及联网功能。工作站可以访问文件服务器,共享网络资源,工作站通常分为 UNIX 工作站和 PC 工作站。

② 服务器(Server)通常分为文件服务器、数据库服务器和应用程序服务器。运行以上软件的计算机或计算机系统也被称为服务器。相对于普通 PC 来说,服务器在稳定性、安全性、性能等方面都要求更高,因此 CPU、芯片组、内存、磁盘系统、网络等硬件和普通 PC 有所不同。它是网络上一种为客户端计算机提供各种服务的高可用性计算机,它在网络操作系统的控制下,将与其相连的硬盘、磁带、打印机、Modem 及各种专用通讯设备提供给网络上的客户站点共享,也能为网络用户提供集中计算、信息发表及数据管理等服务。

3. 网络互联设备

(1) 网卡

网卡是计算机连接到网络的主要硬件。它把工作站计算机的数据通过网络送出,并且为工作站计算机收集进入的数据。台式机的网卡插在计算机主板的一个扩展槽中。笔记本电脑除内置板载网卡外,还可以配置一种 PCMCIA 接口的外置网卡,如图 6.13所示。

(a) 台式机网卡　　　　　　(b) 笔记本PCMCIA网卡

图 6.13 台式机网卡和笔记本 PCMCIA 网卡

网卡可应用在网络上的每个服务器、工作站以及其他网络设备中。不同的网络使用不同类型的网卡。如果你要把一台计算机连入网络，首先就要安装一块网卡，当然你需要知道网络的类型从而购买既经济性能又好的网卡。这里提到的网卡都是通过有线电缆连接的。最新的技术又推出了一种无线网络，其中安装的就是无线网卡。

无线网络的网卡包含必要的传输设备，把数据通过局域网传输到别的设备上。信号的发送可以通过无线电、微波或者红外线。无线网络通过无线电或者红外线把数据从一个网络设备传送到另外一个网络设备。无线网络一般用于不易安装电缆的环境，如历史建筑等。除此之外，无线网络还具有可移动性。例如，通过无线网络的一台笔记本电脑或者手持设备可以环游整个很大的库房来处理库存信息。无线网络还具有安装的临时性特点，避免穿洞布线带来的不方便和不经济。

（2）中继器与集线器

中继器（Repeater）是连接网络线路的一种装置，常用于两个网络节点之间物理信号的双向转发工作。中继器是最简单的网络互联设备，主要完成物理层的功能，负责在两个节点的物理层上按位传递信息，完成信号的复制、调整和放大功能，以此来延长网络的长度。由于存在损耗，在线路上传输的信号功率会逐渐衰减，衰减到一定程度时将造成信号失真，因此会导致接收错误。中继器就是为解决这一问题而设计的。它完成物理线路的连接，对衰减的信号进行放大，保持与原数据相同。

集线器（Hub），"Hub"是"中心"的意思，集线器的主要功能是对接收到的信号进行再生整形放大，以扩大网络的传输距离，同时把所有节点集中在以它为中心的节点上。它工作于 OSI 参考模型第 1 层即"物理层"。集线器与网卡、网线等传输介质一样，属于局域网中的基础设备，采用 CSMA/CD（一种检测协议）访问方式。中继器和集线器图如图 6.14 所示。

(a) 中继器   (b) 集成器

图 6.14　中继器和集线器

（3）网桥与交换机

网桥将两个相似的网络连接起来，并对网络数据的流通进行管理。它工作于数据链路层，不但能扩展网络的距离或范围，而且可提高网络的性能、可靠性和安全性。网络 1 和网络 2 通过网桥连接后，网桥接收网络 1 发送的数据包，检查数据包中的地址，如果地址属于网络 1，它就将其放弃，相反，如果是网络 2 的地址，它就继续发送给网络 2。这样可利用网桥隔离信息，将网络划分成多个网段，隔离出安全网段，防止其他网段内的用户非法访问。由于网络的分段，各网段相对独立，一个网段的故障不会影响到另一个网段的运行。

交换机是一种用于电信号转发的网络设备。它可以为接入交换机的任意两个网络节点提供独享的电信号通路。最常见的交换机是以太网交换机。其他常见的还有电话语音交换机、光纤交换机等。网桥和交换机图如图 6.15 所示。

(a) 网桥　　　　　　　　　　(b) 交换机

图 6.15　网桥和以太网交换机

（4）路由器和网关

路由器（Router）连接因特网中各局域网、广域网的设备，它会根据信道的情况自动选择和设定路由，以最佳路径，按前后顺序发送信号。目前路由器已经广泛应用于各行各业，各种不同档次的产品已经成为实现各种骨干网内部连接、骨干网间互联和骨干网与互联网互联互通业务的主力军。

网关（Gateway）又称网间连接器、协议转换器。网关在传输层上实现网络互连，是最复杂的网络互连设备，仅用于两个高层协议不同的网络互连。网关既可以用于广域网互连，也可以用于局域网互连。网关是一种充当转换重任的计算机系统或设备。在使用不同的通信协议、数据格式或语言，甚至体系结构完全不同的两种系统之间，网关是一个翻译器。与网桥只是简单地传达信息不同，网关对收到的信息要重新打包，以适应目的系统的需求。同时，网关也可以提供过滤和安全功能。大多数网关运行在 OSI 七层协议的顶层——应用层。路由器和网关图如图 6.16 所示。

图 6.16　路由器和串口网关

（5）调制解调器（Modem）

调制解调器实际是 Modulator（调制器）与 Demodulator（解调器）的简称，计算机用户亲昵地称之为“猫”。所谓调制，就是把数字信号转换成电话线上传输的模拟信号；解调，即把模拟信号转换成数字信号，合称调制解调器。

调制解调器是模拟信号和数字信号的“翻译员”。前面讲过电子信号分为模拟信号和数字信号两种。电话线路传输的是模拟信号，而 PC 机之间传输的是数字信号。所以当你想通过电话线把计算机连入 Internet 时，就必须使用调制解调器来“翻译”两种不同的信号。连入 Internet 后，当 PC 机向 Internet 发送信息时，由于电话线传输的是模拟信号，所以必须要用调制解调器来把数字信号"翻译"成模拟信号，才能传送到 Internet 上，这个过程叫做"调制"。当 PC 机从 Internet 获取信息时，由于通过电话线从 Internet 传来的信息都是模拟信号，所以 PC 机想要看懂它们，还必须借助调制解调器这个"翻译"，这个过程叫做"解调"。如图 6.17 所示为调制解调器。

图 6.17　调制解调器

6.1.7　网卡的功能

1. 判断网络故障的命令

① ping 命令是测试网络连接状况以及信息包发送和接收状况非常有用的工具，是网络测试最常用的命令。ping 向目标主机（地址）发送一个回送请求数据包，要求目标主机收到请求后给予答复，从而判断网络的响应时间和本机是否与目标主机（地址）联通。

如果执行 ping 不成功则可以预测故障出现三个方面：网线故障，网络适配器配置不正确，IP 地址不正确。如果执行 ping 成功而网络仍无法使用，那么问题很可能出在网络系统的软件配置方面。ping 成功只能保证本机与目标主机间存在一条连通的物理路径。

命令格式：

ping IP 地址或主机名 [-t] [-a] [-n count] [-l size]

参数含义：-t 不停地向目标主机发送数据；-a 以 IP 地址格式来显示目标主机的网络地址；-n count 指定要 ping 多少次，具体次数由 count 来指定；-l size 指定发送到目标主机的数据包的大小。如测试本机的网卡是否正确安装的常用命令是 ping127.0.0.1。

② Tracert 命令用来显示数据包到达目标主机所经过的路径，并显示到达每个节点的时间。命令功能同 ping 类似，但它所获得的信息要比 ping 命令详细得多，它把数据包所传输的全部路径、节点的 IP 以及花费的时间都显示出来。该命令比较适用于大型网络。

命令格式：

tracert IP 地址或主机名 [-d] [-h maximum-hops] [-j host_list] [-w timeout]

参数含义：-d 不解析目标主机的名字；-h maximum_hops 指定搜索到目标地址的最大跳跃数；-j host_list 按照主机列表中的地址释放源路由；-w timeout 指定超时时间间隔，程序默认的时间单位是毫秒。

③ Netstat 命令可以帮助网络管理员了解网络的整体使用情况。它可以显示当前正在活动的网络连接的详细信息，例如显示网络连接、路由表和网络接口信息，可以统计系统总共有哪些网络连接正在运行。

命令格式：

netstat [-r] [-s] [-n] [-a]

参数含义：-r 显示本机路由表的内容；-s 显示每个协议的使用状态（包括 TCP 协议、UDP 协议、IP 协议）；-n 以数字表格形式显示地址和端口；-a 显示所有主机的端口号。

④ Winipcfg 命令以窗口的形式显示 IP 协议的具体配置信息，命令可以显示网络适配器的物理地址、主机的 IP 地址、子网掩码以及默认网关等，还可以查看主机名、DNS 服务器、节点类型等相关信息。其中网络适配器的物理地址在检测网络错误时非常有用。

命令格式：

winipcfg [/?] [/all]

参数含义：/all 显示所有的有关 IP 地址的配置信息；/batch［file］将命令结果写入指定文件；/renew_ all 重试所有网络适配器；/release_all 释放所有网络适配器；/renew N 复位网络适配器 N；/release N 释放网络适配器 N。

2. 网卡远程唤醒功能

远程唤醒技术（Wake-On-LAN，WOL）是由网卡配合其他软硬件，可通过局域网实现远程开机的一种技术，无论被访问的计算机离用户有多远、处于什么位置，只要处于同一局域网内，就都能够被随时启动。这种技术非常适合具有远程网络管理要求的环境，如果有这种要求，在选购网卡时应注意是否具有此功能。可被远程唤醒的计算机对硬件有一定的要求，主要表现在网卡、主板和电源上。

① 网卡：能否实现远程唤醒，其中最主要的一个部件就是支持 WOL 的网卡。远端被唤醒计算机的网卡必须支持 WOL，而用于唤醒其他计算机的网卡则不必支持 WOL。另外当一台计算机中安装有多块网卡时，只将其中的一块设置为可远程唤醒。

② 主板：也必须支持远程唤醒，可通过查看 CMOS 的 Power Management Setup 菜单中是否拥有 Wake on LAN 项而确认。另外，支持远程唤醒的主板上通常都拥有一个专门的 3 芯插座，以给网卡供电（PCI 2.1 标准）。由于主板通常支持 PCI 2.2 标准，可以直接通过 PCI 插槽向网卡提供＋3.3V Standby 电源，即使不连接 WOL 电源线也一样能够实现远程唤醒，因此，可能不再提供 3 芯插座。

③ 电源：欲实现远程唤醒，计算机安装的必须是符合 ATX 2.01 标准的 ATX 电源，＋5V Standby 电流至少应在 600mA 以上。

6.2　因　特　网

因特网（Internet）作为当今世界上最大的计算机网络，正改变着人们的生活和工作方式，在这个完全信息化的时代，人们必须学会在网络环境下使用计算机，通过网络进行交流、获取信息。

6.2.1　Internet 概述

Internet 是全世界范围内的资源共享网络，它为每一个网上用户提供信息，通过Internet 世界范围内的人们可以互通信息，进行信息交流。它是由那些使用公用语言互相通信的计算机连接而成的全球网络。当连接到它的任何一个节点上,就意味着用户的计算机已经连入 Internet 网上。目前 Internet 的用户已经遍及全球,有超过几亿人在使用 Internet,并且它的用户数还在以等比级数上升。

英语中 inter 的含义是"交互的",net 是指"网络"。从词义讲因特网是一个计算机交互网络,又称"网络中的网络",它是一个全球性的巨大的计算机网络体系,Internet 是由成千上万不同类型、不同规模的计算机网络与成千上万台计算机组成的世界范围的计算机网络,称之为"国际互联网"或"因特网"。

6.2.2 Internet 起源与发展

Internet 最早来源于美国国防部高级研究计划局 DARPA(Defense Advanced Research Projects Agency)的前身 ARPA 建立的 ARPANET,该网于 1969 年投入使用。从 20 世纪 60 年代开始,ARPA 就开始向美国国内大学的计算机系和一些私人有限公司提供经费,以促进基于分组交换技术的计算机网络的研究。1968 年,ARPA 为 ARPANET 网络项目立项,这个项目基于这样一种主导思想:网络必须能够经受住故障的考验而维持正常工作,一旦发生战争,当网络的某一部分因遭受攻击而失去工作能力时,网络的其他部分应当能够维持正常通信。最初,ARPANET 主要用于军事研究目的。

1972 年,ARPANET 在首届计算机后台通信国际会议上首次与公众见面,并验证了分组交换技术的可行性,由此,ARPANET 成为现代计算机网络诞生的标志。ARPANET 在技术上的另一个重大贡献是 TCP/IP 协议簇的开发和使用。

1980 年,ARPA 投资把 TCP/IP 加进 UNIX(BSD4.1 版本)的内核中,在 BSD4.2 版本以后,TCP/IP 协议即成为 UNIX 操作系统的标准通信模块。

1982 年,Internet 由 ARPANET、MILNET 等几个计算机网络合并而成,作为 Internet 的早期骨干网,ARPANET 试验并奠定了 Internet 存在和发展的基础,较好地解决了异种机网络互联的一系列理论和技术问题。

1983 年,ARPANET 分裂为两部分:ARPANET 和纯军事用的 MILNET。该年 1 月,ARPA 把 TCP/IP 协议作为 ARPANET 的标准协议,其后,人们称呼这个以 ARPANET 为主干网的网际互联网为 Internet,TCP/IP 协议簇便在 Internet 中进行研究、试验,并改进成为使用方便、效率极好的协议簇。与此同时,局域网和其他广域网的产生和蓬勃发展对 Internet 的进一步发展起了重要的作用。其中,最为引人注目的就是美国国家科学基金会 NSF(National Science Foundation)建立的美国国家科学基金网 NSFNET。

1986 年,NSF 建立起了六大超级计算机中心,为了使全国的科学家、工程师能够共享这些超级计算机设施,NSF 建立了自己的基于 TCP/IP 协议簇的计算机网络 NSFNET。NSF 在全国建立了按地区划分的计算机广域网,并将这些地区网络和超级计算中心相连,最后将各超级计算中心互联起来。地区网的构成一般是由一批在地理上局限于某一地域,在管理上隶属于某一机构或在经济上有共同利益的用户的计算机互联而成,连接各地区网上主通信节点计算机的高速数据专线构成了 NSFNET 的主干网,这样,当一个用户的计算机与某一地区相连以后,它除了可以使用任一超级计算中心的设施,可以同网上任一用户通信,还可以获得网络提供的大量信息和数据。这一成功使得 NSFNET 于 1990 年 6 月彻底取代了 ARPANET 而成为 Internet 的主干网。

1995 年,NSF 被撤销,美国的商业财团接管了 Internet 的架构。

今天的 Internet 已不再是计算机人员和军事部门进行科研的领域,而是变成了一个开发和使用信息资源的覆盖全球的信息海洋。在 Internet 上,按从事的业务分类包括了广告公司、航空公司、农业生产公司、艺术、导航设备、书店、化工、通信、计算机、咨询、娱乐、财贸、各类商店、旅馆等 100 多类,覆盖了社会生活的各领域,构成了一个信息社会的缩影。

6.2.3　Internet 提供的资源与服务

建立因特网的目的是共享信息,不同的信息共享方式代表不同的网络信息服务,下面介绍因特网信息服务的部分典型应用。

1. 万维网(WWW,即 World、Wide、Web)

万维网也叫做"Web"、"WWW"、"W3",WWW 是一个由许多互相链接的超文本文档组成的系统,通过互联网访问,即 WWW 是使用链路方式从 Internet 上的一个站点访问另一个站点,从而获得所需信息资源。在这个系统中,每个有用的事物,称为一样"资源";并且由一个全域"统一资源定位符"(URL)标识;这些资源通过超文本传输协议传送给用户,而后者通过单击链接来获得资源。万维网常被当成互联网的同义词,这是一种误解,万维网是靠着互联网运行的一项服务。

WWW 工作原理:若进入万维网上一个网页,或者其他网络资源的时候,通常首先在浏览器上键入想访问网页的统一资源定位符 URL,或者通过超链接方式连接到那个网页或网络资源。这之后的工作首先是 URL 的服务器名部分,被命名为域名系统(DNS)的分布于全球的因特网数据库解析,并根据解析结果决定进入哪一个 IP 地址。接下来的步骤是为所要访问的网页,向在那个 IP 地址工作的服务器发送一个 HTTP 请求。在通常情况下,HTML 文本、图片和构成该网页的一切其他文件很快会被逐一请求并发送回用户。网络浏览器接下来的工作是把 HTML、CSS 和其他接受到的文件所描述的内容,加上图像、链接和其他必需的资源,显示给用户。这些就构成了你所看到的"网页"。

万维网的内核部分是由 3 个标准构成的:

① 统一资源定位符 URL:这是一个世界通用的负责给万维网上的资源定位的系统。URL 是 WWW 页的地址,它从左到右由下述部分组成:

- Internet 资源类型(scheme):指出 WWW 客户程序用来操作的工具。如"http://"表示 WWW 服务器,"ftp://"表示 FTP 服务器,"gopher://"表示 Gopher 服务器。
- 服务器地址(host):指出 WWW 页所在的服务器域名。
- 端口(port):有时(并非总是这样)对某些资源的访问,需给出相应的服务器提供端口号。
- 路径(path):指明服务器上某资源的位置(其格式与 DOS 系统中的格式一样,通常有目录/子目录/文件名这样结构组成)。与端口一样,路径并非总是需要的。

URL 地址格式排列为:scheme://host:port/path

例如 http://www.tsinghua.edu.cn/qhdwzy/index.jsp 就是一个典型的 URL 地址,是清华大学的主页,在 Internet 上是唯一的标识。

② 超文本传送协议 HTTP:它负责规定浏览器和服务器怎样互相交流。用户在网上能够看到图片、动画、音频等等,都是这个协议在起作用。

③ 超文本标记语言(HTML):它的作用是定义超文本文档的结构和格式。HTML能使众多、风格各异的 WWW 文档都能在 Internet 上的不同机器上显示出来,同时能告诉用户在哪里存在超链接。

2. 文件传输协议(FTP,即 File Transfer Protocol)

FTP 也称为"文传协议",用于 Internet 上的控制文件的双向传输。同时,它也是一个应用程序。用户可以通过它把自己的 PC 与世界各地所有运行 FTP 协议的服务器相连,访问服务器上的大量程序和信息。FTP 的主要作用,就是让用户连接上一个远程计算机(这些计算机上运行着 FTP 服务器程序),查看远程计算机有哪些文件,然后把文件从远程计算机上拷到本地计算机,或把本地计算机的文件送到远程计算机去。

3. 域名系统(DNS,即 Domain Name System)

DNS 系统用于命名组织到域层次结构中的计算机和网络服务。在 Internet 上域名与 IP 地址之间是一对一(或者多对一)的,域名虽然便于人们记忆,但机器之间只能互相认识 IP 地址,它们之间的转换工作称为域名解析,域名解析需要由专门的域名解析服务器来完成,DNS 就是进行域名解析的服务器。DNS 命名用于 Internet 等 TCP/IP 网络中,通过用户友好的名称查找计算机和服务。当用户在应用程序中输入 DNS 名称时,DNS 服务可以将此名称解析为与之相关的其他信息,如 IP 地址。因为用户在上网时输入的网址,是通过域名解析系统解析找到了相对应的 IP 地址,这样才能上网,其实域名的最终指向是 IP。

4. 电子邮件(E-mail,即 electronic mail)

电子邮件又称电子信箱、电子邮政,被大家昵称为"伊妹儿",它的标志是@,是一种用电子手段提供信息交换的通信方式。它是 Internet 应用最广的服务,通过网络的电子邮件系统,用户可以用非常低廉的价格(不管发送到哪里,都只需负担电话费和网费即可),以非常快速的方式(几秒钟之内可以发送到世界上任何指定的目的地),与世界上任何一个角落的网络用户联系,这些电子邮件可以是文字、图像、声音等各种方式。同时,用户可以得到大量免费的新闻、专题邮件,并实现轻松的信息搜索。

5. 电子公告板(BBS,即 Bulletin Board System)

在 BBS 中可以和陌生的朋友交流,可以和网友一起讨论各种感兴趣的问题,可以从热心人那里得到各种帮助,当然也可以为其他人提供信息,利用 Telnet 协议为用户提供了在本地计算机上完成远程主机工作的能力。在终端使用者的电脑上使用 Telnet 程序,用它连接到服务器。终端使用者可以在 Telnet 程序中输入命令,这些命令会在服务器上运行,就像直接在服务器的控制台上输入一样。可以在本地就能控制服务器。要开始一个 Telnet 会话,必须输入用户名和密码来登录服务器。Telnet 是常用的远程控制 Web 服务器的方法。例如,清华大学 BBS 用户可以使用 www(http://bbs.tsinghua.edu.cn/)或 telnet(telnet bbs.tsinghua.edu.cn)两种方式登录到清华大学的 BBS 网站。

6. 网上寻呼机(ICQ)

ICQ,即 I seek you,"我找你"的谐音,它可以即时传递文字信息、语音信息、聊天和发送文件等,是以色列 Mirabilis 公司 1996 年开发出的一种即时信息传输软件。它还具有很强的"一体化"的功能,可以将手机、电子邮件等多种通信方式集于一身。使用 ICQ 时先安装 ICQ 软件,申请注册一个 ICQ 号码,将知道的网友 ICQ 号建立好友名单,只要一上网,ICQ 自动运行,便可和 ICQ 网友联络。腾讯 QQ 是目前使用最广泛的中文 ICQ 软件,微软的 MSN 也有众多的用户。

7. 博客(Blog)

Blog,即 Webblog,中文意思是"网络日志"。Blogger 就是写 Blog 的人,这个名称最早由约翰·巴杰在 1997 年 12 月提出,中文译做"博客"。在网络上发表 Blog 的构想始于 1998 年,但到了 2000 年才真正开始流行。博客大致可以分成两种形态:一种是个人创作;另一种是将个人认为有趣的、有价值的内容推荐给读者。Blog 就是一个网页,它通常是由简短且经常更新的文章所构成,这些文章都按照年份和日期排列"博客"网站是网友们通过因特网发表各种思想的虚拟场所,目前 Blog 已成为家庭、团队、部门和公司之间越来越盛行的沟通工具。

8. 微型博客(MicroBlog,简称"微博")

微博是一种通过关注机制分享简短实时信息的广播式的社交网络平台。用户可以通过各种连接网络的平台,在任何时间、任何地点即时向自己的微博发布信息,其信息发布速度超过传统纸媒及网络媒体。微博发布的信息只能是只言片语,一般限定为 140 字左右,相比传统博客中的长篇大论,微博的字数限制恰恰使用户更易于成为一个多产的博客发布者。微博的影响力基于用户现有的被"关注"的数量,用户发布信息的吸引力、新闻性越强,对该用户感兴趣、关注该用户现有的人数也越多,影响力越大,此外微博平台要求实名认证及推荐更能增加被"关注"的数量。国际上最知名的微博网站是 Twitter。在国内新浪微博(http://weibo.com)具有较大的影响力。

6.2.4　Internet 协议

TCP/IP 是 Internet 采用的协议标准,Internet 包含了 100 多个协议,用来将各种计算机和数据通信设备组成计算机网络。TCP/IP 是 Internet 协议系列中的两个协议。由于它们是最基本、最重要的协议,所以通常用 TCP/IP 来代表整个 Internet 协议系列。

① TCP 即传输控制协议。TCP 是面向连接的可靠的通信协议,主要是用来解决数据的传输和通信的可靠性。TCP 负责将数据从发送方正确地传递到接收方,是端对端的数据流传送。由于 TCP 是面向连接的,因此在传送数据之前,先要建立连接。由于数据有可能在传输中丢失,TCP 能检测到数据的丢失,并且重发数据,直至数据被正确的接收为止。TCP 能保证数据可靠、按次序、完全、无重复地传递。TCP 还能控制流量超载、传

输拥塞等问题。

② 网际协议 IP 负责将数据单元从一个节点传送到另一个节点。IP 提供三个基本功能：第一是基本数据单元的传送，规定了通过 TCP/IP 网的数据格式；第二是 IP 软件执行路由功能，选择传递数据的路径；第三是确定主机和路由器发何处理分组的规则，以及产生差错报文后的处理方法。

③ IP 地址、子网掩码及分类。在 Internet 上连接的所有计算机，都是以独立的身份出现，我们称为主机。为了实现各主机间的通信，每台主机都必须有一个唯一的网络地址。就好像每一个住宅都有唯一的门牌地址一样，才不至于在传输资料时出现混乱。

Internet 的网络地址是指连入 Internet 网络的计算机的地址编号。所以，在 Internet 网络中，网络地址唯一地标识一台计算机，这个地址叫 IP 地址，即用 Internet 协议语言表示的地址。目前，在 Internet 里，IP 地址是一个 32 位的二进制地址，为了便于记忆，将它们分为 4 组，每组 8 位，由小数点分开，用四个字节来表示，而且，用点分开的每个字节的数值范围是 0～255，如 202.116.0.1，这种书写方法叫做点分十进制数表示法，如图 6.18 所示，是 IP 地址二进制、十进制和点分十进制表示法。

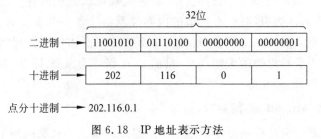

图 6.18　IP 地址表示方法

IP 地址可确认网络中的任何一个网络和计算机，而要识别其他网络或其中的计算机，则是根据这些 IP 地址的分类来确定的。一般将 IP 地址按节点计算机所在网络规模的大小分为 A、B、C、D 和 E 五类，其中前 3 类是被用做全球唯一的单播地址，后两位为组播和试验保留地址。默认的网络屏蔽是根据 IP 地址中的第一个字段确定的，如图 6.19 所示。

子网掩码(Subnet Mask)又叫网络掩码、地址掩码、子网络遮罩。子网掩码是一个 32 位地址，子网掩码不能单独存在，它必须结合 IP 地址一起使用，是将某个 IP 地址划分成网络地址和主机地址两部分。它的主要作用有两个：一是用于屏蔽 IP 地址的一部分以区别网络标识和主机标识，并说明该 IP 地址是在局域网上，还是在远程网上；二是用于将一个大的 IP 网络划分为若干小的子网络。

A 类网络：最高位为 0，主要是大型网络，默认的子网掩码为 255.0.0.0，它使用 IP 地址中第一个 8 位表示网络地址，其余三个 8 位表示主机地址。所以 A 类地址使网络的主机数非常多。由于最高位为 0，所以十进制点分在 0～127 范围内，但由于 127.x.x.x 和 0.x.x.x 分别作为回路测试和广播地址，所以 A 类地址可以有 126 个网络。由于后三个 8 位组用来表示主机地址，所以每个 A 类网络的主机数可以达到 224，但全 0 表示"本主机"，而全 1 表示"所有"，即该网络上所有主机，所以主机个数的运算方法是 2^N-2，其中 N 是主机地址位数，即 A 类地址拥有主机数最大数应为 $2^{24}-2=16\,777\,216-2=16\,777\,214$ 个主机。

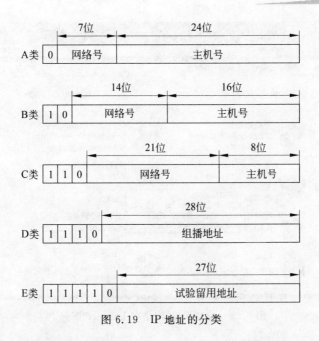

图 6.19　IP 地址的分类

B类网络：最高两位为 10，支持中大型网络，默认子网掩码为 255.255.0.0，它使用前 2 个 8 位表示网络地址，后两个 8 位表示主机地址，所以 B 类地址网络表示范围为 128.0.0.0～192.255.0.0 即网络数为 2^{14} 个，每个网络拥有的主机个数为 $2^{16}-2$ 个。

C类网络：最高三位为 110，支持大量小型网络，默认的子网掩码为 255.255.255.0，它使用前两个 8 位表示网络地址，最后一个 8 位表示主机地址，所示 C 类地址拥有的网络数目多 192.0.0.0～223.255.255.0，但每个网络拥有的主机数很少。C 类地址的网络数为 2^{21} 个，每个网络拥有的主机数是 2^8-2。

6.3　Windows 7 网络管理

Windows 7 在网络管理方面更加简单，便于普通家庭用户操作，本小节介绍常用的网络配置界面在 Windows 7 中的变化及设置和使用无线网络以及网络共享相关内容。

6.3.1　网络和共享中心

在 Windows XP 中与网络配置有关的界面分散于不同的界面，用户进行一个完整流程的设置操作就比较麻烦。在 Windows 7 中进行网络相关的配置，只需借助一个界面即可找到所有设置的入口，即"网络和共享中心"。打开"网络和共享中心"主界面的方法有 4 种。

- 在开始菜单搜索框中输入"网络和共享中心"并按 Enter 键。
- 单击任务栏通知区域中的网络图标，选择"网络和共享中心"项。
- 在控制面板默认的"查看"视图下单击"网络和 Internet"，如图 6.20 所示，单击选项下"网络和共享中心"。

图 6.20　控制面板"网络和 Internet"图标

- 在开始菜单右侧列表中的"网络"项上单击鼠标右键,选择菜单中的"属性"。

"网络和共享中心"的主界面如图 6.21 所示,左侧任务列表中可以执行常用的管理操作,如管理无线网络、更改网卡(适配器)设置以及管理高级共享,而界面右侧的主要区域则用于查看当前网络连接状态、设置网络连接、设置家庭组等操作。

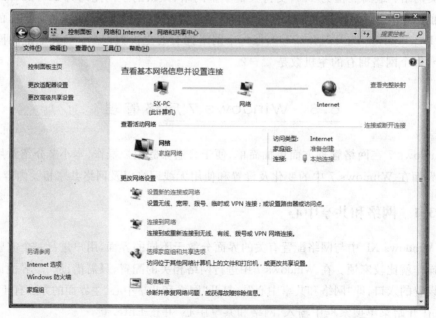

图 6.21　网络和共享中心

6.3.2 网络映射

在 Windows 7 中,可以借助网络映射特性以形象的示意图形式查看当前处于同一个子网内的网络结构,单击"网络和共享中心"界面右上角的"查看完整映射"即可打开如图 6.22 所示的"网络映射"界面。无论是有线网络还是无线网络,通过网络映射示意图用户可以轻松地了解当前处于同一子网中网络连接状态。网络映射能反映当前网络的示意图,如果将鼠标指针指向映射的某个节点图标,会显示计算机和设备的 IP 地址、MAC 地址。如果需要访问网络中某台计算机的共享目录,直接单击网络映射示意图中计算机图标即可。对于普通用户而言,为了安全考虑只有计算机网络类型处于"专用"网络时才能够查看该示意图。

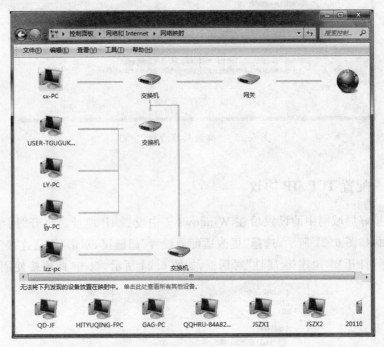

图 6.22 "网络映射"窗口

6.3.3 自定义网络

用户若经常使用笔记本电脑在机场或宾馆移动办公时,在 Windows 7 中当用户完成系统安装并连接到一个新的网络时,系统会弹出如图 6.23 所示的界面,让用户选择一种网络类型,常见的有两种类型,分别为专用网络和公用网络。

在图 6.23 所示的界面中"家庭网络"和"工作网络"都属于专用网络,只有确认所连接的网络环境是可信的,在家中应该选择"家庭网络"类型,在"专用网络"中 Windows 7 会自动打开"网络发现"功能,便于查看网络中其他计算机的共享目录、使用家庭组功能、Windows 流媒体功能,网络中的其他计算机也可以轻松访问此台计算机。

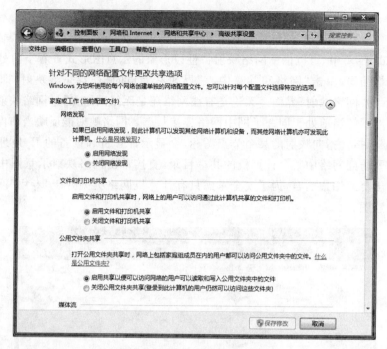

图 6.23　"高级共享设置"窗口

6.3.4　配置 TCP/IP 协议

用户连接好局域网中的设置后在 Windows 7 中设置 IP 地址。打开"网络和共享中心"的主界面,如图 6.21 所示,选择"更改适配器设置"超链接,双击"网络连接"窗口中"本地连接"图标,打开"本地连接 属性"对话框,如图 6.24 所示,双击"此连接使用下列项目"

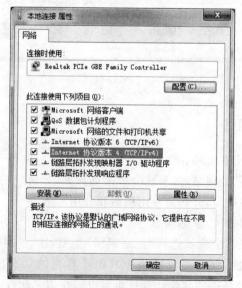

图 6.24　"本地连接 属性"对话框窗口

列表框中"Internet 协议版本 4(TCP/IPv4)"选项,选中"使用下面的 IP 地址"单选按钮,输入用户 IP 地址信息,如图 6.25 所示,依次单击"确定"按钮完成本地连接 TCP/IP 属性配置,连接到 Internet,如图 6.26 所示。

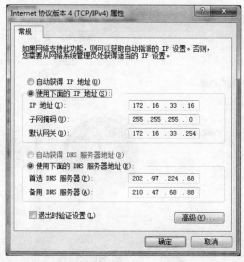

图 6.25　"Internet 协议版本 4(TCP/IPv4)属性"窗口

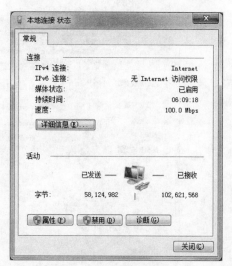

图 6.26　"本地连接 状态"窗口

6.3.5　路由器建立共享网络

将多个电脑通过路由器连接起来,组建一个小的局域网,实现多台电脑同时共享上网。局域网的组建不仅需要一定的硬件准备,还需要选择相应的组网方案,准备相应的硬件设施,根据实际的情况设计相应的组网方案。

1. 硬件准备

一般情况下组建局域网的硬件需求具体表现以下几个方面。

① 多台计算机。

② 网卡与网线。100Mb/s 的 PCI 网卡,采用 RJ-45 插头(水晶头)和超五类双绞线与交换机连接,保证网络的传输速率达到 100Mb/s。

③ HUB 和交换机都是 10/100M。

④ RJ-45 的水晶头。

2. 组网方案

局域网的组建是一个非常细致的工作,因为一点疏漏会导致整个局域网的工作处于瘫痪状态,从多方面考虑组网方案,一般情况下主干网络上放置一台主干交换机,各种服务器都直接连接到主干交换机上,同时由下一层交换机扩充网络交换端口,负责和所有工作站的连接,最后由路由器将整个网络连接到 Internet 上。

6.3.6　远程协助与远程桌面

Windows 7 提供的远程协助和远程桌面连接功能有效地解决了实际生活和工作中

遇到的电脑问题,用户只需在电脑前做简单的操作即可请求朋友帮忙解决比较棘手的问题。在"控制面板"中单击"系统"超链接,打开"系统"窗口后单击左侧的"远程设置"超链接,如图 6.27 所示。

图 6.27 "系统"窗口

打开"系统属性"对话框选中"允许远程协助连接这台计算机"复选框,依次单击"应用"→"确定"按钮开启远程协助并关闭对话框,单击"所有程序"→"维护"→"Windows 远程协助"命令,如图 6.28 所示,选择"邀请信任的人帮助您"选项,打开的界面中选择"使用

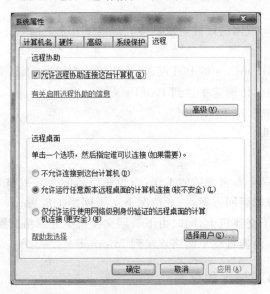

图 6.28 Windows 远程协助对话框

轻松连接"选项,应用程序开始连接网络,打开密码窗口单击"将该邀请另存为文件"连同密码框中的密码一并发给对方并等待对方的响应,单击"是"按钮同意控制,此时"远程协助"窗口显示"帮助者正在共享对计算机的控制"对话框,同时"停止共享"按钮呈深色可操作状态,如需结束单击"远程协助"窗口左侧的"停止共享"按钮结束帮助。

远程桌面连接组件是从 Windows 2000 Server 开始,由 Microsoft 公司开发并提供,远程桌面连接是通过网络在一台计算机上远程连接并登录另一台计算机,在 Windows 7 中要实现远程桌面连接,首先在目标计算机上开启远程桌面功能,打开"系统属性"对话框,选择"远程"选项卡,选中"远程桌面"栏中的"允许运行任意版本远程桌面的计算机连接"单选按钮,如图 6.28 所示,然后在本地计算机上选择"开始"→"所有程序"→"附件"→"远程桌面连接"命令,打开"远程桌面连接"对话框,如图 6.29 所示。

图 6.29 "远程桌面连接"对话框

在计算机文本框中输入远程电脑的 IP 地址或完整计算机名,单击"连接"按钮,系统开始连接远程电脑,连接完成后打开"Windows 安全"对话框,分别在两个文本框中输入远程电脑的账户名称和密码,单击"确定"按钮,系统开始登录远程桌面,密码验证通过后打开提示对话框,在提示对话框中单击"是"按钮,即可操作远程电脑。

6.3.7 家庭组共享

在家里、宿舍、学校或者办公室,如果多台计算机需要组网共享,或者联机游戏和办公,并且这几台计算机上安装的都是 Windows 7 系统,可以使用 Windows 7 中提供的一项名称为"家庭组"的家庭网络辅助功能实现。通过该功能可以轻松地实现计算机互联共享文档、照片、音乐等各种资源,还能直接进行局域网联机,也可以对打印机进行更方便的共享。在 Windows 7 系统中打开"控制面板",选择"网络和 Internet",单击其中的"家庭组"如图 6.30 所示,就可以在界面中看到家庭组的设置区域。如果当前使用的网络中没有其他人已经建立的家庭组存在的话,则会看到 Windows 7 提示你创建家庭组进行文件共享。此时单击"创建家庭组"按钮,就可以开始创建一个全新的家庭组网络即局域网。

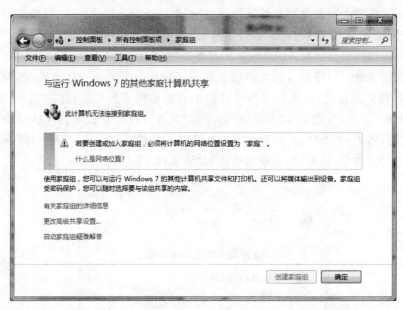

图 6.30 "家庭组"对话框

打开创建家庭网的向导,首先选择要与家庭网络共享的文件类型,默认共享的内容是图片、音乐、视频、文档和打印机 5 个选项,如图 6.31 所示。除了打印机以外,其他 4 个选项分别对应系统中默认存在的几个共享文件。单击"下一步"后,Windows 7 家庭组网络创建向导会自动生成一连串的密码,如图 6.32 所示,此时需要把该密码复制粘贴发给其

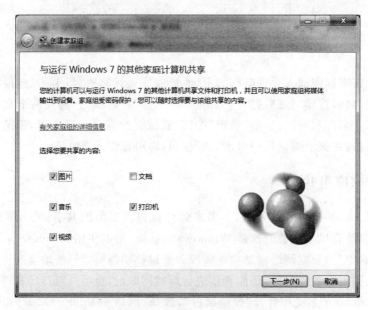

图 6.31 "家庭组"创建向导

他电脑用户,当其他计算机通过 Windows 7 家庭网连接进来时必须输入此密码串。虽然密码是自动生成的,但也可以在后面的设置中修改成用户熟悉密码。单击"完成"创建家庭网络成功,返回家庭网络中进行一系列相关设置,如图 6.33 所示。关闭 Windows 7 家庭网时,在家庭网络设置中退出已加入的家庭组,然后打开"控制面板"选择"管理工具"中"服务"项目,在这个列表中"找到 HomeGroup Listener"和 HomeGroup Provider 这个项目,右键单击"禁止"和"停用"这两个项目,完全关闭 Windows 7 家庭组网。

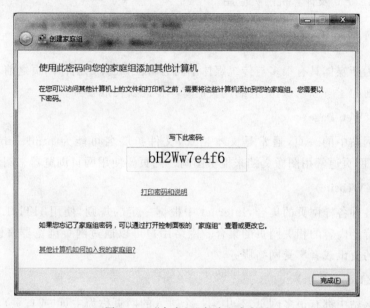

图 6.32 "家庭组"自动生成密码

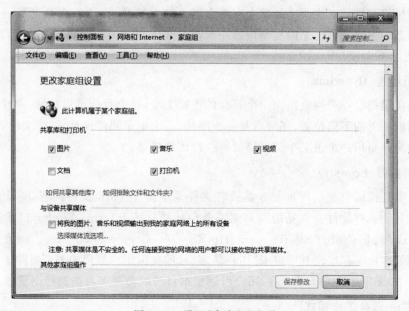

图 6.33 设置"家庭组"选项

6.4 网页设计及 Internet Explorer 9.0 应用

IE 浏览器是现在使用人数最多的浏览器，是微软新版本的 Windows 操作系统的一个组成部分。在 Windows 操作系统安装 Windows 7 以后系统将默认安装 IE 8.0。本小节主要介绍 IE 9.0 及计算机网页应用。

6.4.1 网页设计基础

网站作为新媒体具有很多与传统媒体不同的特征，在开始制作网页之前，需要对网站的设计有全面的了解和认识，先介绍网页的基本概念及构成要素。

1. 网页（Web Page）

网页是网站中的一页，通常是文本格式，文件扩展名可能为 html、htm、asp、aspx、php、jsp 等。网页通常用图像文档来提供图画。网页要使用网页浏览器来阅读。

2. 网站（Website）

网站是各种各样网页的集合，Internet 中根据一定的规则，使用 HTML 等工具制作的用于展示特定内容的相关网页的集合。网络用户可以通过网页浏览器来访问网站，获取自己需要的资讯或者享受网络服务。

3. 主页（Home Page）

每一个网站中都有很多网页，其中第一个进入的网页称为主页（或首页），主页是一个网站中最重要的网页，也是用户访问最频繁的网页。它是一个网站的标志，体现了整个网站的制作风格和性质。主页上通常会有整个网站的导航目录，所以主页也是一个网站的起点站或者说主目录。网站的更新内容一般都会在主页上突出显示。如图 6.34 所示是 IE 默认的主页 MSN 中国的首页。

4. 超链接（Hyperlink）

超链接是指从一个网页指向一个目标的连接关系，这个目标可以是另一个网页，也可以是相同网页上的不同位置，还可以是一个图片，一个电子邮件地址，一个文件，甚至是一个应用程序。当用户单击某个超链接后将执行该超链接。

5. 浏览器（Browser）

浏览器是指可以显示网页服务器或者文件系统的 HTML 文件内容，并让用户与这些文件交互的一种软件。常见的网页浏览器包括微软的 Internet Explorer（IE）、Mozilla 的 Firefox、Apple 公司的 Safari、Opera、HotBrowser、Google 的 Chrome。浏览器是最经常使用到的客户端程序。其中以 IE 用户最多，目前我国用户常用的浏览器除了 IE 外，还有国产的 Maxthon（傲游）、360 等，用户可以根据自己的需要和习惯选择浏览器。

6. 客户-服务工作模式

用户浏览网页采用的是传统的客户-服务器模式，服务器除了包括 HTML 文件以外，还有一个 HTTP 驻留程序,用于响应用户请求。用户客户机的浏览器是 HTTP 客户,向服务器发送请求。当用户在浏览器地址栏中输入了网页 URL 地址或单击了一个超链接时(如 http://www.tsinghua.edu.cn/),浏览器就向服务器发送 HTTP 请求,此请求被送往由 IP 地址指定的 URL。驻留程序接收到请求,在进行必要的操作后回送所要求的文件。客户机收到送回的响应即下载所需显示的网页。客户机与服务器间连接关闭。

图 6.34　IE 9.0 浏览器主页

6.4.2　Internet Explorer 9.0 浏览器

Internet Explorer 9.0 浏览器,简称 IE 9.0,是微软公司一款 IE 新浏览器,该款浏览器由微软公司 Windows 部门高级副总裁史蒂文·西诺夫斯基(Steven Sinofsky)在 2009 年 11 月 18 日于美国洛杉矶市举行的"专业开发者大会"(PDC)上宣布研发,2011 年 3 月 21 日微软在中国发布 IE 9.0 的正式版本,支持 Windows Vista、Windows 7 和 Windows Server 2008,但不支持 Windows XP。IE 9.0 浏览器支持 HTML5 多媒体功能,包括音频、视频、2D 图像功能,另外还将支持 Web Open Font Format 标准内嵌字体,使用 Google 开放代码的 WebM 视频编码器,并支持 H.264 视频编码标准。而且 IE 9.0 浏览器还将支持全新的 Chakra 脚本引擎,对提升硬件速度有明显的效果。

1. IE 9.0 的新增功能

从某种意义上来说,IE 9.0 浏览器可谓浏览器集大成者,它既吸收了其他浏览器的优点,又加入了自己独特的东西,IE 9.0 优点如下。

(1) 速度快

无论从哪种角度衡量,IE 9.0 浏览器都是微软推出的一款速度最快的浏览器,拥有更出色的 JavaScript 引擎,并利用硬件加速器加快了网页的载入速度。IE 9.0 浏览器的设计目标就是充分利用当今 PC 电脑的元件,包括 CPU 和 GPU,帮助用户更快地访问最喜爱的网站。

(2) 界面清新简洁

微软以前版本的浏览器都存在一个最大的毛病——它们的设计看起来都面目可憎。不是把用户的浏览体验放在首位,而是让用户忙于处理网页上过于凌乱的东西。IE 9.0 浏览器中,微软创造了一个清新、简洁的界面。

(3) 体验放在核心位置

微软的 IE 9.0 浏览器借鉴了谷歌浏览器的一些特点。浏览器的界面简洁、清爽;也有 One Box,可让用户在同一个地方输入网址或搜寻网络,可执行同样的功能。

(4) 固定网站功能富有特色

微软的与众不同之处就在于,设计支持浏览器运行的操作系统,它能把固定网站 (Pinned Sites)功能添加到 IE 9.0 浏览器上。这个功能可让用户将他们最喜爱的网站保存到 Windows 7 操作系统下的任务栏上,以供他们方便地访问。

(5) 安全性能更高

IE 9.0 浏览器中解决 3 个方面的安全威胁:利用浏览器或操作系统进行的攻击,利用网站漏洞进行的攻击以及"社交工程"(social engineering)攻击。其中一个重要的安全功能就是"SmartScreen 应用程序信誉度"(SmartScreen application reputation)智能过滤功能。该功能的设计意图就是减少恼人的警告提示,并自动对用户的下载文件进行分析,若发现该文件是恶意软件,就及时地提醒用户。

(6) 企业用户更满意

IE 9.0 浏览器为企业用户增添了许多新的功能,包括群组政策(Group Policy)设置功能。让企业 IT 部门的专业人员事先设置好 IE 9.0 浏览器的各个选项,然后将它发送给其他员工使用。

(7) 网络跟踪终结者

由于人们越来越依赖网络来处理自己的事务,网络跟踪问题就成了一个大问题。微软意识到了这是一个安全隐患,于是在 IE 9.0 浏览器中添加了跟踪保护(Tracking Protection)功能。这种功能可让用户采用"跟踪保护列表"来阻止那些可能被用来跟踪用户网络使用习惯的文件内容。此外,IE 9.0 浏览器还包含有"不允许跟踪用户偏好"选项,可让用户进一步提高反跟踪的力度。

(8) 不支持 Windows XP

微软 IE 9.0 浏览器支持 Windows Vista 和 Windows 7,放弃了 Windows XP。这对于仍然使用老版操作系统 Windows XP 的个人和企业用户来说可能是一个问题。因为 IE 9.0 浏览器可能会使用户放弃 Windows XP,适时转向 Windows 7。

2. IE 9.0 的使用

(1) IE 9.0 的启动与关闭

① 启动:在 Windows 7 桌面上有一个 IE 9.0 图标 ,双击此图标可以启动 IE 9.0 程序,或单击开始按钮找到 IE 9.0 图标,单击该按钮启动应用程序。

② 关闭：单击 IE 9.0 窗口右上角的关闭按钮或单击左上角图标中关闭命令。

（2）IE 9.0 窗口的组成

启动 IE 9.0 浏览器程序后，就看到了如图 6.35 所示外观。IE 9.0 安装后第一次启动，会自动打开官方网站，显示一些升级提示及功能介绍。IE 9.0 的界面比以前简洁了很多，导航栏、地址栏、标签栏、工具栏都整齐地排成了一排，节省出来的空间可以让更多的网页内容显示出来，这样的设计对于屏幕较小或分辨率较低的上网本来说是非常实用的。IE 9.0 的窗口组成介绍如下。

图 6.35　IE 9.0 浏览器窗口组成

① 窗口控制按钮。和其他窗口一样，IE 浏览器窗口右上角也有"最小化"按钮 ▭ 、"最大化/还原"按钮 ▢ 和"关闭"按钮 ✕ ，用于对网页窗口执行相应操作。

② 前进/后退按钮 ◐◑ 。通过前进/后退按钮可快速地在浏览过的网页之间切换，单击"后退"按钮 ◐ 可返回到前一个访问的网页中，单击"前进"按钮将返回到单击 ◐ 按钮之前的网页中，单击"前进"按钮后的 ▼ 按钮，可弹出下拉列表中快速选择某个浏览过的网页，但 ◐ 按钮需在浏览过两个以上网页时才为深色可操作状态，"前进"按钮则需单击 ◐ 按钮之后才为深色可操作状态，处于灰度状态时将不能进行操作。

③ 地址栏用于输入所要登录的 Internet 地址或网站的网址，打开网页时显示当前网页的网址。网页下载不全时单击其右侧的"刷新"按钮 ↻ 可重新载入当前的网页内容，可单击"停止"按钮停止当前网页内容的载入，单击地址栏右边的下拉按钮 ▼ 将弹出一个下拉列表，其中包括曾经输入过的网址，选择其中某个网址可快速打开相应的网页，省去重新输入的麻烦。Internet 地址称为 URL（Uniform Resource Locator），即"统一资源定位符"。通常包含协议名、站点的位置、负责维护该站点的组织的名称，以及标识组织类型的后缀。如地址 http://www.microsoft.com 提供了下列信息：

http：Web 服务器使用的超文本传输协议。

www：代表此主机提供 www 服务

microsoft：Web 服务器在 Microsoft Corporation。

com：是商业机构。

④ 搜索栏是 IE 7.0 之后的浏览器新增的项目，在其文本框中输入要搜索的内容，并按 Enter 键或单击 🔍 按钮可搜索相关内容，单击其后的 🔽 按钮，可在弹出的下拉列表中选择相应的搜索设置。

⑤ 选项卡显示当前网页的标题和名称，选项卡自动出现在地址栏右侧，也可将其移动到地址栏下面。

⑥ 工具栏 IE 9.0 具有回到主页的功能，无论你正在看哪个页面，只要单击 IE 右上角 🏠 按钮即到原始主页。只要按住 Alt 键就可以显示出菜单栏，方便用户使用。"收藏"按钮 ⭐ 和"工具"按钮 ⚙ 的功能分别为添加的收藏和浏览器选项设置。单击"工具"按钮 ⚙，可显示命令功能，如图 6.36 所示，右击"工具"按钮 ⚙ 可显示浏览器为用户提供的系列常用工具，通过工具选项将菜单栏、常用工具栏等锁定在地址栏下方，如图 6.37 所示。

图 6.36 "工具"命令

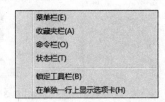

图 6.37 右击"工具"命令

⑦ 状态栏：窗口的左下角是状态栏，显示文件载入时的状态信息。鼠标指针放在某个链接上时状态栏上将显示与此链接相关联的地址。

(3) 保存网页信息

浏览网页时对很多有用的信息可以保存起来。保存网页信息的方法有两种：一种是保存网页的所有内容；另一种是保存网页的部分内容。

- 将当前网页保存在计算机上。在"文件"菜单中单击"另存为"命令，打开"保存网页"对话框，选择保存网页的文件夹，在"文件名"文本框中输入网页的名称，选择 4 种网页保存的类型，然后单击"保存"按钮。

- 将信息从网页复制到文档。选定要复制的信息，如果复制整页的内容可单击"编辑"菜单中的"全选"，然后在"编辑"菜单中单击"复制"，再单击需要编辑信息的程序（如 Word）打开应用程序，将光标移到需要复制信息的地方，单击"编辑"菜单中的"粘贴"命令。

- 可以直接搜索从网页上复制下来的文字，同样先将网页中要搜索的文字复制起来，在空白右击，并选择"使用复制的文本搜索"即可。

(4) 收藏网页

单击"收藏夹"按钮 ⭐，可在"收藏中心"显示收藏夹、源和历史记录。

（5）查看历史记录

使用 IE 9.0 浏览器浏览网页后，浏览器会自动记录最近一段时间内浏览过的网页地址，通过历史记录可以快速找到曾经浏览过的网页，单击"收藏夹"按钮★弹出的窗格中选择"历史记录"选项卡，可查看近期所浏览网页的详细记录，单击访问的网站即可快速打开该网页。

（6）隐藏搜索栏

新版 IE 9.0 为了方便用户使用首次将地址栏与搜索栏合二为一，用户只要将关键字输入地址栏，浏览器即会智能识别，启动搜索引擎执行搜索。这一设计比较符合一般的用户使用习惯，直接输入肯定会被浏览器自动识别为网址，于是 IE 9.0 提供了一个隐藏的"搜索栏"。在关键词前加上一个"？"，加入此前辍后，浏览器会强制通过搜索引擎搜索其后的关键字，这样一个隐藏的"搜索栏"便出现了。也可以通过 Ctrl＋E 键直接进入搜索栏模式。

（7）管理下载文件

旧版 IE 浏览器每下载一个文件就会开启一个新的窗口，现在 IE 9.0 整合了"下载管理员"，能较快找到并管理下载的文件。只要按下右上角的齿轮按钮，然后在选单中单击"工具"按钮单击"查看下载"即可。

（8）清除临时文件和历史记录

在访问网页时系统会自动保存相关信息供用户在需要时查询，但这些信息是以临时文件的形式存在，单击"工具"选择"Internet 选项"命令，打开"Internet 选项"对话框，在"常规"选项卡中单击"浏览历史记录"区域中"删除"按钮，系统会弹出确认对话框，单击"删除"按钮即可。

若只想清除部分记录，单击浏览器地址上的▼按钮，在地址历史记录中选中某一希望清除的地址或网页，单击右边的"关闭"按钮即可。

（9）分页标签显示

IE 9.0 的网址栏跟分页标签挤在同一行里面，用起来不习惯。其实这个问题很容易解决，只要在索引标签上方按下右键，单击"在单独一行上显示选项卡"即可。勾选之后就可以看到，开启的分页就会显示在网址列的下面一行，不会那么拥挤。直接跳到网页中没有加上超链接的网址。只要先将网址复制起来，然后在网页空白处右击，再单击"移至复制的网址"，IE 9.0 就会用新的分页开启该网址。

（10）设置浏览器主页

启动 IE 9.0 浏览器后首先会打开主页，若未设置主页则打开空白页。在浏览过程中通过单击浏览器上的🏠按钮也可快速打开设置的主页，启动浏览器，单击命令栏中的"工具"选择下拉菜单中选择"Internet 选项"，在打开的"Internet 选项"对话框中选择"常规"选项卡，在"主页"文本框中输入主页网址，依次单击"应用"→"确定"按钮完成主页的设置。

在打开的网站中可单击浏览器命令栏中的🏠按钮后的▼按钮，在弹出的下拉菜单中选择"添加或更改主页"命令将当前设置为主页。

6.4.3 电子邮件应用

电子邮件系统是一种新型的信息系统,是通信技术和计算机技术相结合的产物。电子邮件在 Internet 上发送和接收的原理可以很形象地用我们日常生活中邮寄包裹来形容:当我们要寄一个包裹的时候,我们首先要找到任何一个有这项业务的邮局,在填写完收件人姓名、地址等信息之后包裹就寄出到了收件人所在地的邮局,那么对方取包裹的时候就必须去这个邮局才能取出。同样的,当我们发送电子邮件的时候,这封邮件是由邮件发送服务器(任何一个都可以)发出,并根据收信人的邮件地址判断对方的邮件接收服务器而将这封信发送到该服务器上,收信人要收取邮件也只能访问这个服务器才能够完成。

1. 电子邮件地址的构成

电子邮件地址的格式是 USER@SERVER.COM,由 3 部分组成,第一部分 USER 代表用户信箱的账号,对于同一个邮件接收服务器来说,这个账号必须是唯一的,一般是用户在申请时自己命名的;第二部分@是分隔符;第三部分 SERVER.COM 是用户信箱的邮件接收服务器域名,用以标志其所在的位置。我国常用的免费邮箱有 163、126 等,如果经常和国外的客户联系,建议使用国外的电子邮箱,比如 Gmail、Hotmail、MSN mail、Yahoo mail 等。

2. 电子邮件的发送和接收原理

电子邮件的传输是通过电子邮件简单传输协议(Simple Mail Transfer Protocol,SMTP)这一系统软件来完成的,它是 Internet 下的一种电子邮件通信协议。电子邮件的基本原理是在通信网上设立电子信箱系统,它实际上是一个计算机系统。系统的硬件是一个高性能、大容量的计算机。硬盘作为信箱的存储介质,在硬盘上为用户分一定的存储空间作为用户的信箱,每位用户都有属于自己的一个电子信箱。并确定一个用户名和用户可以自己随意修改的口令。存储空间包含存放所收信件、编辑信件以及信件存档 3 部分空间,用户使用口令开启自己的信箱,并进行发信、读信、编辑、转发、存档等各种操作。系统功能主要由软件实现。

用户首先开启自己的信箱,然后通过输入命令的方式将需要发送的邮件发到对方的信箱中。邮件在信箱之间进行传递和交换,也可以与另一个邮件系统进行传递和交换。收方在取信时,使用特定账号从信箱提取。

电子邮件的工作过程遵循客户-服务器模式。每份电子邮件的发送都要涉及发送方与接收方,发送方式构成客户端,而接收方构成服务器,服务器含有众多用户的电子信箱。发送方通过邮件客户程序,将编辑好的电子邮件向邮局服务器(SMTP 服务器)发送。邮局服务器识别接收者的地址,并向管理该地址的邮件服务器(POP3 服务器)发送消息。邮件服务器将消息存放在接收者的电子信箱内,并告知接收者有新邮件到来。接收者通过邮件客户程序连接到服务器后,就会看到服务器的通知,进而打开自己的电子信箱来查收邮件。

3. 申请免费邮箱

网络用户要想与其他用户进行邮件传递必须具备如下条件：一是必须连接到Internet；二是必须有自己的邮箱地址；三是必须知道对方邮箱账号。以下以申请域名为163.com 的邮箱账号为例来申请自己的免费邮箱。

① 进入 163 网站，在其左上角可以看到"注册免费邮箱"的字样，单击该字样进入"注册新用户"页面。

② 在"注册新用户"页面需要进行创建账号、安全信息设置、注册验证、服务条款阅读确认 4 步骤。其中创建你的账号需要用户自己起用户名，用户名不是用户本身的姓名，而是打开邮箱所用的账户名，一般规定用户名必须为 6～18 个字符，包括字母、数字、下划线，并且以字母开头，不区分大小写。用户在输入完用户名后可以单击"检测"按钮进行检测是否有同名，已被别人注册的用户不能再用此名注册，如 peixunzhongxin 用户名在@126.com 已有人注册，如图 6.38 所示。如果所选 qiqiharpxzx 用户名在@163.com、@126.com、@yeah.com 以上3 个任何一款网易邮箱中可以使用，会出现界面需要选择要注册的邮箱域名。

③ 使用 qiqiharpxzx 用户名，在@126.com 注册后继续填写下面的密码信息，如图 6.39 所示。

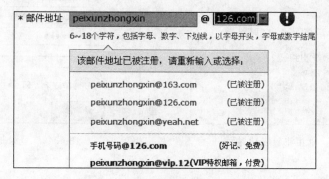

图 6.38　申请邮箱时用户名检测

图 6.39　输入密码

④ 填写申请人的个人资料，注意密码必须记住，选择密码保护问题，若是密码遗忘时，会有帮助信息提示找回密码，如图 6.40 所示。

⑤ 注册成功后，会出现"恭喜，您的网易邮箱注册成功！"的字样，要记住邮箱账号、密码及密码保护的问题及答案，以方便使用，如图 6.41 所示。

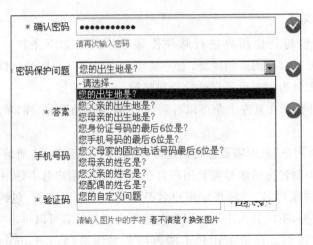

图 6.40 申请新邮箱界面

⑥ 进入指定邮箱登录网页,填写用户名和密码,单击"登录"按钮,如图 6.42 所示。

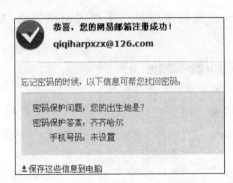

图 6.41 邮箱注册成功界面

图 6.42 登录邮箱

4. 发送邮件

进入邮箱后,可以接收和发送邮件,下面对发送邮件步骤进行介绍。

单击 收信 按钮可将接收到的信件放到"收件箱"中,用户可以选中邮件打开阅读,如图 6.43 所示;建立通讯录如图 6.44 所示;多元化的邮箱服务如图 6.45 所示;邮箱信息设置如图 6.46 所示。

图 6.43 收邮件和写信件

图 6.44　建立通讯录

图 6.45　多元化的邮箱服务

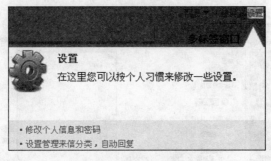

图 6.46　邮箱信息设置

　　发信件时一定要知道收件人的邮箱地址，主要进行收件人、抄送、主题、添附件、正文内容的设置和填写，最后单击"发送"按钮，如图 6.47 所示。

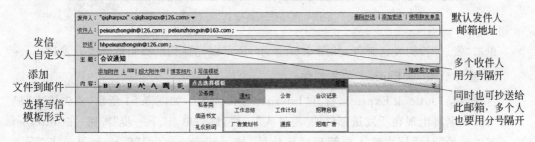

图 6.47　发送电子邮件

　　选择写信模板后，可按已创建好的格式替换信件内容，如图 6.48 所示。若邮件包括文档、图片、声音、动画等，只要邮箱的空间足够大就可以添加各类文件到附件，单击"添加附件"后打开如图 6.49 所示对话框选择要上载的文件路径。

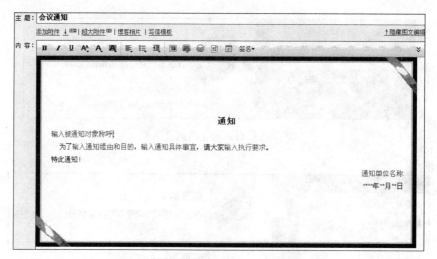

图 6.48　写信模板已创建的格式

图 6.49　"选择要上载文件"对话框

单击"发送"按钮发送邮件,如图 6.50 所示,还可以先存到草稿箱待修改后发送。

5. 使用 Outlook Express 收发邮件

首先启动 Outlook Express,打开"Internet 连接向导",如图 6.51 所示,首先输入"显示名",此姓名将出现在所发送邮件的"发件人"一栏,然后单击"下一步"按钮;在"Internet 电子邮件地址"对话框中输入要管理邮箱地址,如 qiqiharpxzx@126.com,再单击"下一步"按钮;在"接收邮件(POP3、IMAP 或 HTTP)服务器:"文本框中输入 pop.126.com。在"发送邮件服务器(SMTP):"文本框中输入 smtp.126.com(这两个服务器地址可以到邮件服务商网站的帮助信息中查找),然后单击"下一步"按钮,如图 6.52 所示。

在"账户名:"文本框中输入你的 126 免费邮用户名(仅输入@ 前面的部分)。在"密码:"文本框中输入邮箱密码,然后单击"下一步"按钮,单击"完成"按钮。在 Internet 账

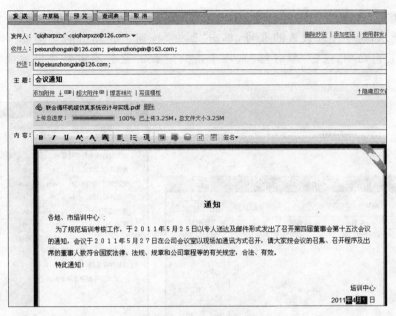

图 6.50 发送已完成的邮件

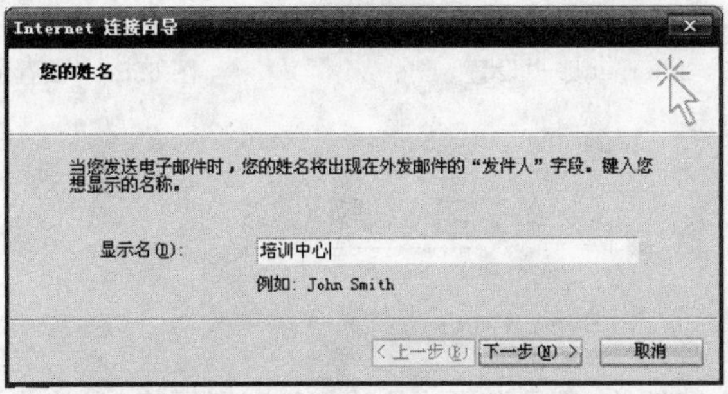

图 6.51 启动 Outlook Express "Internet 连接向导"

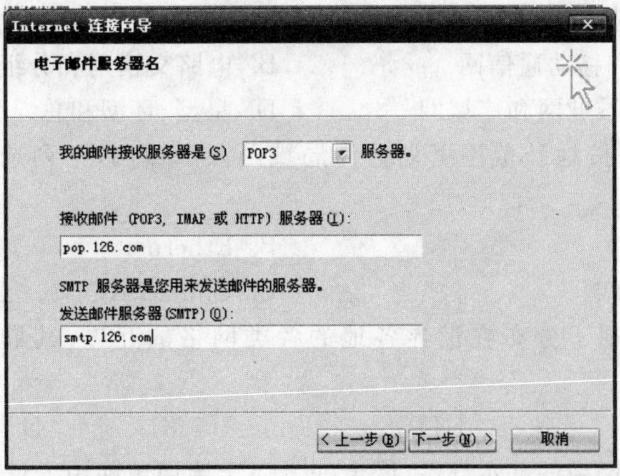

图 6.52 Internet 电子邮件服务器名

户中,选择"工具"选择"账户"命令,弹出"Internet 账户"对话框,选择"邮件"选项卡,如图 6.53 所示,选中刚才设置的账号,单击"属性"按钮。在弹出的如图 6.54 所示对话框属性设置窗口中,选择"服务器"选项卡,选择"我的服务器需要身份验证"复选框即可完成。

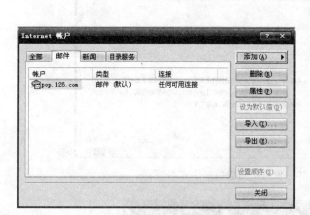

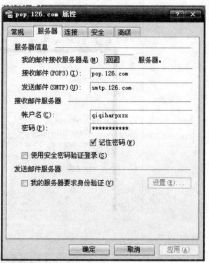

图 6.53　Internet 账户设置　　　　图 6.54　设置 pop3.126.com 属性

习　题　6

一、选择题

1. Internet 是全球性的、最具有影响的计算机互联网络,它的前身就是(　　)。
   A. Ethernet　　　　B. Novell　　　　C. ISDN　　　　D. ARPANET

2. 计算机网络按其覆盖的范围,可划分为(　　)。
   A. 以太网和移动通信网　　　　B. 电路交换网和分组交换网
   C. 局域网、城域网和广域网　　D. 星型、环型和总线型结构

3. 计算机网络按地址范围可划分为局域网和广域网,下列选项中(　　)属于局域网。
   A. PSDN　　　　　　　　　　B. Ethernet
   C. China DDN　　　　　　　　D. China PAC

4. Internet 实现了分布在世界各地的各类网络的互连,其最基础和核心的协议是(　　)。
   A. TCP/IP　　　B. FTP　　　C. HTML　　　D. HTTP

5. 网卡是构成网络的基本部件,网卡一方面连接局域网中的计算机,另一方面连接局域网中的(　　)。
   A. 服务器　　　B. 工作站　　　C. 传输介质　　　D. 主机板

6. 在 OSI 的 7 层参考模型中,主要功能是在通信子网中进行路由选择的层次是(   )。

    A. 数据链路层   B. 网络层   C. 传输层   D. 表示层

7. 在网络数据通信中,实现数字信号与模拟信号转换的网络设备被称为(   )。

    A. 网桥   B. 路由器

    C. 调制解调器   D. 编码解码器

8. 下列 4 项中不属于 Internet 基本功能的是(   )。

    A. 电子邮件   B. 文件传输   C. 远程登录   D. 实时监测控制

9. Internet 是一个全球范围内的互联网,它通过(   )将各个网络互连起来。

    A. 网桥   B. 路由器   C. 网关   D. 中继器

10. Internet 采用的数据传输方式是(   )。

    A. 报文交换   B. 存储/转发交换

    C. 分组交换   D. 线路交换

11. 统一资源定位器 URL 的格式是(   )。

    A. 协议://IP 地址或域名/路径/文件名

    B. 协议://路径/文件名

    C. TCP/IP 协议

    D. http 协议

12. 与广域网相比,有关局域网特点的描述不正确的是(   )。

    A. 覆盖范围在几千米之内   B. 较小的地理范围

    C. 较低的误码率   D. 较低的传输速率

13. 有关 IP 地址与域名的关系,下列描述正确的是(   )。

    A. IP 地址对应多个域名

    B. 域名对应多个 IP 地址

    C. IP 地址与主机的域名一一对应

    D. 地址表示的是物理地址,域名表示的是逻辑地址

14. 下列各项中非法 IP 地址的是(   )。

    A. 126.96.2.6   B. 203.226.1.68

    C. 190.256.38.8   D. 203.113.7.15

15. 下列域名中,表示教育机构的是(   )。

    A. ftp.bta.net.cn   B. www.ioa.ac.cn

    C. www.buaa.edu.cn   D. ftp.sst.net.cn

16. 浏览 Web 网站必须使用浏览器,目前常用的浏览器是(   )。

    A. Hotmail   B. Outlook Express

    C. Inter Exchange   D. Internet Explorer

17. Internet 采用的协议是(   )。

    A. FTP   B. HTTP   C. IPX/SPX   D. TCP/IP

二、实践题

1. 在考生计算机上完成如下操作。

启动 IE 浏览器,访问中文雅虎网站 http://www.yahoo.com.cn/,同时打开另一个搜索引擎窗口 http://www.google.com/。

2. 在考生计算机上完成如下操作。

(1) 启动 IE 浏览器,搜索关于介绍"计算机等级考试"的内容。

(2) 将搜索到的页面内容以文本文件的格式保存到考生文件夹下的 Web 子文件夹中(Web 子文件夹请自行建立),文件名为"计算机等级考试.txt"。

3. 在考生计算机上完成如下操作。

用自己申请的免费的邮箱配置 Outlook 账户,并使用 Outlook 发送一封邮件,要求如下。

收件人:Examination@163.com。

附件:任意一幅小于 50KB 的 JPG 格式的图像。

主题:使用 Outlook 收发电子邮件。

内容:简述配置 Outlook Express 账户的要点。

4. 在考生计算机上完成如下操作。

通过"网上邻居"将教师机上共享文件夹"考试资料"中的几个文件复制到考生磁盘文件夹"D:\共享资源"中。注:教师机的计算机名是 teacher,IP 地址为 192.168.0.2。

5. 在考生计算机上完成如下操作。

使用 IE 浏览网页 www.yahoo.com 主页,将该主页上的某个图片文件以 photo.bmp 命名另存到考生文件夹中。

第 7 章　信息检索及信息安全

人类迈入 21 世纪时,社会信息化已成为不可阻挡的时代潮流,信息已经成为最重要的战略资源之一。但随着现代科学技术尤其是计算机技术和网络技术的迅猛发展,社会信息量激增,信息呈现出爆炸式的增长趋势。然而在"信息的汪洋"之中,存在着大量虚假信息和无用信息,这使得获取有用的信息资源变得越来越困难。因此,信息检索能力已成为新时代人才的一项必备技能。本章详细阐述了网络信息资源的类型,以及网络信息检索的途径、方法和技巧,学习常用的数据库以及特种文献的检索,重点介绍信息安全及意识、黑客特点及其行为、计算机病毒以及如何安装防毒软件、防火墙和补丁程序等途径来提高计算机系统的安全性。

7.1　信息检索

信息检索的实质是一个匹配过程(Match),用户需求的主题概念或检索表达式与一定信息系统语言相匹配的过程,如果两者匹配,则所需信息被检中,否则检索失败。匹配有多种形式,既可以完全匹配,也可以部分匹配,主要取决于用户需要。信息的存储主要是对一定范围内的信息进行筛选、描述特征、加工使之有序化而形成信息集合,即建立数据库,这是检索的基础;信息的检索是指采用一定的方法与策略从数据库中查找出所需的信息,这是检索的目的,是存储的反过程。存储与检索是一个相辅相成的过程。为了快速、准确地检索,就必须了解存储的原理。通常人们所说的信息查询(Information Search 或 Information Seek)主要指后一过程,即从信息集合中找出所需要的信息的过程,也就是狭义的信息检索(Information Search)。

7.1.1　信息检索概述

信息检索(Information Retrieval)全称信息存储与检索(Information Storage and Retrieval),是指将杂乱无序的信息按一定的方式组织和存储起来,并根据信息用户的需要找出相关信息的过程和技术。

信息检索的实质是一个匹配过程(Match),也就是信息用户需求的主题概念或检索表达式同一定信息系统的系统语言相匹配的过程,如果两者匹配,则所需信息被检中,否则检索失败。匹配有多种形式,既可以完全匹配,也可以部分匹配,这主要取决于用户的需要。

信息检索包括 3 个主要环节：①信息内容分析与编码,产生信息记录及检索标识。②组织存储,将全部记录按文件、数据库等形式组成有序的信息集合。③用户提问处理和检索输出。

信息检索的一般流程如图 7.1 所示。第一步"确定检索需求"指的是要明确究竟要查找什么信息内容,信息的类型和格式是什么,尤其是要把相关的专业术语和技术都弄清楚;第二步"选择检索系统"指的是从众多的检索系统中挑选出与检索需求相适应的检索系统,注意选出的检索系统可能不只一个;第三步"制定检索方法"指的是根据检索需求预先研究制定检索的具体步骤和方法,确定检索词,编写检索表达式,也就是制定检索策略;第四步"具体实施检索"指的是在检索系统中按照预先制定的检索步骤进行检索;第五步"整理检索结果"指的是将检索的信息进行分析、列表、合并、排版以及加上必要的评述。

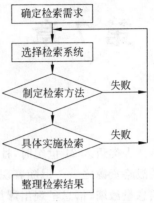

图 7.1   信息检索流程

这五步检索流程并非直线向下进行,有时根据结果需要更换检索系统或调整检索表达式,重新进行检索,有时可能要反复多次,直到检索结果满意为止。

7.1.2   信息检索系统

信息检索系统(Information Retrieval System)是指根据特定的信息需求而建立起来的一种有关信息搜集、加工、存储和检索的程序化系统,其主要目的是为人们提供信息服务。所以可以说任何具有信息存储与信息检索功能的系统都可以称为信息检索系统,信息检索系统可以理解为一种可以向用户提供信息检索服务的系统。

检索系统按照检索的功能划分,可以分为书目检索系统和事实数据检索系统。书目检索系统主要是对某一研究课题的相关文献进行检索,其结果是获得一批相关文献的线索,其检索作业的对象是检索工具。事实数据检索系统用于各种事实或数据的检索,如查找某一词的解释,某人、某时间、某地名、某企业及其产品情况等,其结果是获得直接的、可供参考的答案。进行事实数据检索时,使用各种参考工具,如字典、百科全书、年鉴、手册、名录或者相应的数据库。

检索系统按照检索的手段划分,可以分为手工检索系统和计算机检索系统。手工检索系统是以手工方式存储和检索信息的系统。检索时使用各种纸质工具,检索入口少、速度慢、效率低。计算机检索系统是用计算机进行信息存储和检索的系统。检索时使用各种数据库,检索灵活、检索入口多、速度快、效率高。由于计算机检索具有速度快、效率高、数据内容新、范围广、数量大、操作简便、检索时不受国家和地理位置的限制等特点,已成为人们获取信息的主要手段之一,因此,在这里主要介绍计算机检索系统。

计算机检索系统主要由计算机硬件、检索软件、数据库、通信网络等组成。硬件主要包括中心计算机、检索终端、数据输出设备等。检索软件是检索系统的灵魂,负责管理数据库和处理检索提问,它决定系统的检索能力。数据库是检索系统的信息源,是检索作业的对象。通信网络是信息传递的设施,其主要作用是在检索终端和中心计算机之间进行信息传递。

计算机检索系统又分为光盘检索系统、联机检索系统和网络检索系统。

光盘检索系统由计算机、光盘数据库、检索软件等组成,目前国内普遍采用的是光盘网络检索系统,它是由光盘服务器、计算机局域网、光盘库/磁盘阵列、检索软件等组成的。其特点是设备简单、费用低、检索技术容易掌握,但检索范围受光盘数据库的限制,更新不够及时。

联机检索系统由联机服务的中心计算机、检索终端、通信网络、联机数据库、检索软件等组成。其特点是检索范围广泛,检索速度快、检索功能强,及时性好,并可以联机订购原文,它拥有的数据库数量大且更新及时,但检索技术复杂,设备配置要求高、检索费用昂贵。

网络检索系统由计算机服务器、用户终端、通信网络、网络数据库等组成,其特点是检索方法较简单,检索较灵活、方便,及时性好,检索费用和速度均低于联机检索系统。

各检索系统特性的比较如表 7.1 所示。

表 7.1　检索系统特性比较

系统 特性	手工检索	计算机检索		
		光盘检索	联机检索	网络检索
组成	纸质书刊、资料	计算机硬件、检索软件、信息存储数据库、通信网络	中央服务器、检索终端、检索软件、联机数据库、通信网络	中央服务器、用户终端、通信网络、网络数据库
优点	直观、信息存储与检索费用低	设备简单、检索费用低、检索技术容易掌握	检索范围广泛、检索速度快、检索功能强、及时性好	检索方法较简单、检索较灵活、方便、及时性好,检索速度低、检索费用较低
缺点	检索入口少、速度慢、效率较低	更新不够及时	检索技术复杂、设备配置要求高、检索费用昂贵	返回信息量大,对特定用户有用的信息少

7.1.3　计算机检索的基本检索技术及方法

用户如果需要通过搜索引擎进行信息检索,首先必须通过合适的方式将自己的检索意愿表达出来,经常涉及的技术主要包括以下几种:布尔检索、词位检索、截词检索和限制检索等。其中布尔检索、词位检索使用较多,而截词检索与限制检索使用较少,而且已有的商品化检索系统并不支持所有的检索方法。

(1) 布尔检索

布尔逻辑运算符主要有 3 种:逻辑与(AND)、逻辑或(OR)、逻辑非(NOT)。

逻辑与是一种具有概念交叉或概念限定关系的组配,用"＊"或"AND"运算符表示。如果检索"课程建设规划"方面的有关信息,它包含了"课程建设"和"规划"两个主要的独立概念。检索词"课程建设"、"规划"可用逻辑"与"组配,即"课程建设 AND 规划"表示两个概念应同时包含在一条记录中。逻辑"与"组配的结果如图 7.2(a)所示,圆圈 A 代表所有包含检索词"课程建设"的记录,圆圈 C 代表所有包含检索词"规划"的记录,A、C 两圆覆盖的公共部分为检索命中记录。由此可知,使用逻辑"与"组配技术缩小了检索范围,增强了检索的专指性,可提高检索信息的查准率。

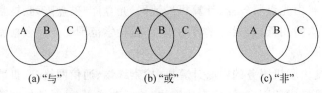

(a)"与"　　　　　(b)"或"　　　　　(c)"非"

图 7.2　3 种逻辑运算的示意图

逻辑"或"是一种具有概念并列关系的组配,用"+"或"OR"运算符表示。例如要检索"中央处理器"方面的信息,检索词"中央处理器"这个概念可用"CPU"和"中央处理器"两个同义词来表达,采用逻辑"或"组配,即"中央处理器 OR CPU",表示这两个并列的同义概念分别在一条记录中出现或同时在一条记录中出现。逻辑"或"组配的结果如图 7.2(b)所示,A、C 两圆覆盖的所有部分均为检索命中记录。由图 7.2 可知,使用逻辑"或"检索技术扩大了检索范围,能提高检索信息的查全率。

逻辑"非"是一种具有概念排除关系的组配,用"-"或"NOT"运算符表示。例如,检索"非液晶的显示器"方面的信息,其检索词"显示器"和"液晶"采用逻辑"非"组配,即"显示器 NOT 液晶",即从"显示器"检索出的记录中排除"液晶"的记录。逻辑"非"匹配结果如图 7.2(c)所示,A 代表检索"显示器"命中的记录,C 代表检索"液晶"命中的记录,A、C 两圈之差,即图中 A 删除 C 后剩余部分为命中记录。由图 7.2(c)可知,使用逻辑"非"可排除不需要的概念,能提高检索信息的查准率,但也容易将相关的信息删除,影响检索信息的查全率。因此,使用逻辑"非"检索技术时要慎重。

使用布尔逻辑运算符组配检索词所构成的检索表达式,逻辑运算符 AND、OR、NOT 的运算次序在不同的检索系统中有不同的规定,在有括号的情况下,括号内的逻辑运算先执行;在无括号的情况下,一般是:NOT 最高,其次是 AND,最后是 OR。也有的检索系统根据实际的需要将逻辑运算符的运算次序进行了调整。

用户在进行检索操作前,需要事先了解检索系统的规定,避免逻辑运算次序处理不当而造成错误的检索结果。对同一个布尔逻辑表达式来说,不同的运算次序可能会有不同的检索结果。

(2) 词位检索

词位检索是以数据库原始记录中的检索词之间的特定位置关系为对象的运算,又称全文检索。词位检索是一种可以直接使用自由词进行检索的技术。这种检索技术增强了选词的灵活性,采用具有限定检索词之间位置关系功能的位置逻辑符进行组配运算,可弥补布尔检索技术只是定性规定参加运算的检索词在检索中的出现规律满足检索逻辑即为命中结果,不考虑检索词与词间位置关系是否符合需求,从而容易造成误检。比如有两个词:"计算机"和"网络",可以形成"计算机网络"和"网络计算机",但这两个新组成的词语在计算机学科中是截然不同的两个概念。在不同的检索系统中,词位检索运算符的种类和表达形式在不同的检索系统中并不完全相同,但根本思路并没有什么大的区别,在使用时需要加以注意。

词位检索包括邻位检索、子字段检索与同字段检索,其中邻位检索使用得最多。在邻位检索中,常用的位置逻辑运算符有(W)与(nW)、(N)与(Nn)。

（3）截词检索

截词检索一般是指右截词,部分支持中间截词。截词检索能够帮助提高检索的查全率。

截词检索就是用截断的词的一个局部进行的检索,并认为凡满足这个词局部中的所有字符(串)的文献,都为命中的文献。按截断的位置来分,截词可有后截断、前截断、中截断 3 种类型。

不同的系统所用的截词符也不同,常用的有?、\$、* 等。分为有限截词(即一个截词符只代表一个字符)和无限截词(一个截词符可代表多个字符)。下面以无限截词举例说明:

- 后截断,前方一致。如：comput? 表示 computer,computers,computing 等。
- 前截断,后方一致。如：? computer 表示 minicomputer,microcomputers 等。
- 中截断,中间一致。如：? comput? 表示 minicomputer,microcomputers 等。

截词检索也是一种常用的检索技术,是防止漏检的有效工具,尤其在西文检索中,更是广泛应用。截断技术可以作为扩大检索范围的手段,具有方便用户、增强检索效果的特点,但一定要合理使用,否则会造成误检。

（4）限制检索

限制检索指对检索到的结果进行条件限制。有时候检索命中的结果数量非常大,需要进一步附加一些条件限制,以便筛选出更加适合检索需求的结果。条件限制的种类很多,比如时间限制可以是 20 世纪、80 年代、21 世纪以来等;文件类型限制可以是文本、mp3、图像、视频、网页、程序等;学科限制可以是计算机病毒、流感病毒、动物病毒、化学、医学等;地域限制可是陕西省、上海市、英国、日本等;职业限制可以是工人、军人、运动员、教师、农民等。综合运用上述条件限制无疑会缩小检索结果的数量。

从以上各例可知,使用截词检索具有隐含的布尔逻辑或(OR)运算的功能,可简化检索过程。在实际检索过程中,往往根据检索要求综合运用上述几种检索方法来完整、准确地表达检索意愿,提高检索质量。

7.1.4 网络搜索引擎的应用

Internet 是一个巨大的信息资源宝库,每天都有新的主机被连接到 Internet 上,每天都有新的信息资源被增加到 Internet 中,使 Internet 中的信息以惊人的速度增长。然而Internet 中的信息资源分散在无数台主机之中,如果用户想将所有主机中的信息都做一番详尽的考察,无异于大海捞针。那么用户如何在数百万个网站中快速有效地查找到想要得到的信息呢？这就要借助于 Internet 中的搜索引擎。搜索引擎是指搜索因特网信息的软件系统,它产生于 1994 年。搜索引擎的功能主要有两个：一是采集、标引、整合因特网中所有信息资源;二是为用户提供全局性检索机制。搜索引擎网站与普通网站不同的是提供索引数据库和分类目录。搜索引擎的整合资源方式有两种：一是人工方式，由图书馆或信息专业人员收集、标引、分类网络上新产生的信息，形成数据库合并到已有的数据库；二是自动方式，由巡视软件和网络机器人（如蜘蛛 Spider、爬虫 Crawler、机器人）来收集、标引、分类网络上新产生的信息。

一般搜索引擎包括的数据库规模大，至少有上亿页面，上百 GB 空间；其次是检索方法多样，支持简单检索和高级检索，并且检索结果形式多样。目前 Internet 上的搜索引擎种类很多，常用的网页搜索引擎及其网址如下。

- 谷歌：http://www.goole.cn。创建于 1998 年 9 月，创始人为 Larry Page 和 Sergey Brin，他们开发的搜索引擎屡获殊荣。Google 取自数学术语 googol，意思是一个 1 后面有 100 个 0。Google 目前被公认为全球最大的搜索引擎。
- 百度：http://www.baidu.com。百度搜索引擎拥有目前世界上最大的中文搜索引擎，总量超过 3 亿页以上，具有高准确性、高查全率、更新快以及服务稳定的特点。
- 搜狐：http://www.sogou.com。2004 年 8 月 3 日，搜狐正式推出全新独立域名专业搜索网站"搜狗"，成为全球首家第三代中文互动式搜索引擎服务提供商，提供全球网页、新闻、商品及分类网站等搜索服务。
- 新浪：http://cha.sina.com.cn。提供网站、网页、新闻、软件和游戏等查询服务，有 16 大类目录一万多个细目和数十万个网站，其网页搜索结果由中国搜索提供。

下面仅以百度搜索引擎为例进行简单介绍。

1. 百度搜索引擎简介

百度，全球最大的中文搜索引擎、最大的中文网站。2000 年 1 月创立于北京中关村。百度搜索引擎使用了高性能的"网络蜘蛛"程序自动地在互联网中搜索信息，可定制高扩展性的调度算法，使得搜索器能在极短的时间内收集到最大数量的互联网信息。

百度搜索引擎拥有目前世界上最大的中文信息库，总量达到 6000 万页以上，并且还在以每天几十万页的速度快速增长。百度在中文互联网拥有天然优势，支持搜索 1 亿 3 千万中文网页，是世界上最大的中文搜索引擎，百度在中国的搜索份额超过 70%。并且，百度对重要中文网页实现每天更新，以贴吧为主的社区搜索，针对各区域、行业所需的垂直搜索，mp3 搜索，以及门户频道、IM 等，全面覆盖了中文网络世界所有的搜索需求，百度在中国各地分布的服务器能直接从最近的服务器上把搜索到的信息返回给当地用户，使用户享受极快的搜索传输速度。百度深刻理解中文用户搜索习惯，开发出关键词自动提示，用户输入拼音就能获得中文关键词正确提示。

2. 百度搜索引擎的使用方法

输入 http://www.baidu.com 进入百度主页。其中文本框为用户输入检索关键字的地方，输入"雅安"，如图 7.3 所示，然后单击右侧的按钮"百度一下"即可。

7.1.5　常用数据库和特种文献的信息检索

计算机与互联网的广泛应用，电子数据库资源因其自身的众多优点而受到了读者的

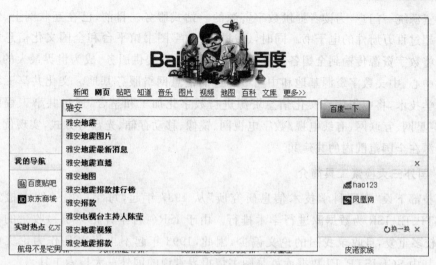

图 7.3　搜索"雅安"相关信息

青睐。主要表现在服务不受开放时间限制；支持大量用户同时访问；检索迅速；知识类聚；方便统计等方面。现详细介绍超星、万方及知网等电子期刊全文数据库。

1. 超星电子数据库的检索方法与技巧

超星数字图书馆作为国家 863 计划中国数字图书馆示范工程，是目前中国最大的网上数字图书馆，收集了国内各公共图书馆和大学图书馆以超星 pdg 技术制作的数字图书。现在，超星数字图书馆图书已达 35 万册以上，以工具类、文献类、资料类、学术类图书为主。访问网址 http://www.sslibrary.com。注册并登录后，可以查看免费图书馆内的图书，但只有充值的用户才可以查阅会员图书馆内的藏书，阅读时需要下载并安装阅览器。

2. 万方数据库的检索方法与技巧

"万方数据资源系统"是以中国科技信息所（万方数据集团公司）全部信息服务资源为依托建立起来的，是一个以科技信息为主，集经济、金融、社会、人文信息为一体，以 Internet 为网络平台的大型科技、商务信息服务系统。目前，万方数据资源系统提供学位论文全文、会议论文全文、数字化期刊、科技信息、商务信息等五大板块，并通过统一平台实现了跨库检索服务。

3. 中国知网数据库（CNKI）的检索方法与技巧

CNKI 即中国知识基础设施工程（China National Knowledge Infrastructure）。CNKI 工程是以实现全社会知识资源传播共享与增值利用为目标的信息化建设项目，由清华大学、清华同方发起，始建于 1999 年 6 月。包括农业、生物、环境资源等期刊全文、优秀硕博论文数据库、会议论文、重要报纸等数据库。进入 CNKI 检索界面后，若是第一次使用 CNKI 数据库，必须首先安装浏览器。

4. 中国国家图书馆检索方法与技巧

国家数字图书馆工程是国家"十五"期间以来重点文化设施建设项目。通过国家数字图书馆资源统一门户,为读者提供数字资源的一站式服务。目前,已在互联网上、馆域网上发布超过百万册件的电子书。同时,通过国家数字图书馆平台和全国文化信息资源共享平台将数字资源传输到全国各级基层图书馆,为公众提供服务,成为世界最大的中文文献收藏中心、中文数字资源基地和中国最先进的信息网络服务基地。文化共享工程应用现代科学技术,将中华优秀文化信息资源进行数字化加工和整合,通过共享工程网络体系,以卫星网、互联网、有线电视/数字电视网、镜像、移动存储、光盘等方式,实现优秀文化信息资源在全国范围内的共建共享。

5. 国外三大检索工具简介

科技部下设"中国科学技术信息研究所"从 1987 年起,每年以国外四大检索工具 SCI、ISTP、EI、ISR 为数据源进行学术排行。由于 ISR(《科学评论索引》)收录的论文与 SCI 有较多重复,且收录我国的论文偏少,因此,1993 年起不再将 ISR 作为论文的统计源。而其中 SCI、ISTP、EI 数据库就是图书情报界常说的国外三大检索工具。

SCI 即《科学引文索引》是自然科学领域基础理论学科方面的重要期刊文摘索引数据库。SCI 创建于 1961 年,创始人为美国科学情报研究所所长 Eugene Arfield。可以检索自 1945 年以来数学、物理学、化学、天文学、生物学、医学、农业科学以及计算机科学、材料科学等学科方面重要的学术成果信息。SCI 还被国内外学术界当做制定学科发展规划和进行学术排名的重要依据。

ISTP 即《科学技术会议录索引》由美国科学情报研究所编制,创刊于 1978 年,主要收录国际上著名的科技会议文献。它所收录的数据包括农业、环境科学、生物化学、分子生物学、生物技术、医学、工程、计算机科学、化学及物理学等学科。在 1990—2003 年间,ISTP 和 ISSHP 共收录了 6 万个会议的近 300 万篇论文的信息。

EI 即《工程索引》创刊于 1884 年,由 Elsevier Engineering Information Inc. 编辑出版。主要收录工程技术领域的论文(主要为科技期刊和会议录论文),数据覆盖了核技术、生物工程、交通运输、化学和工艺工程、照明和光学技术、农业工程和食品技术、计算机和数据处理、应用物理、电子和通信、控制工程、土木工程、机械工程、材料工程、石油、宇航及汽车工程等学科领域。

6. 与三大检索工具相关的其他数据库介绍

SSCI 即《社会科学引文索引》创刊于 1969 年,收录数据从 1956 年至今,是社会科学领域重要的期刊文摘索引数据库。数据覆盖了历史学、政治学、法学、语言学、哲学、心理学、图书情报学及公共卫生等社会科学领域。

A&HCI 即《艺术与人文科学引文索引》创刊于 1976 年,收录数据从 1975 年至今,是艺术与人文科学领域重要的期刊文摘索引数据库。数据覆盖了考古学、建筑学、艺术、文学、哲学、宗教及历史等社会科学领域。

ISSHP 即《社会科学和人文会议录索引》创刊于 1979 年,数据涵盖了社会科学、艺术与人文科学领域的会议文献数据,包括哲学、心理学、社会学、经济学、管理学、艺术、文学、历史学及公共卫生等学科领域。

7. 特种文献的检索

特种文献相对于图书和期刊而言,在出版、发行、公开程度、流通范围、文献形式、法律效力、管理方法等方面都具其独特之处。特种文献包括学位论文、专利文献、科技报告、会议文献、标准文献、政府出版物、产品样本、技术档案等类型。

① 学位论文检索。学位论文是高校学生获得学位前提交的学术研究论文,论文研究水平较高,在科学研究中有很好的参考价值。可检索到的学位论文的数据库有 6 种:中国优秀博硕士学位论文全文数据库(http://www.cnki.net)、万方数据库资源系统(http://www.wanfangdata.com.cn/)、CALIS 高校学位论文(文摘)库(http://etd.calis.edu.cn/ipvalidator.do)、国家科技图书文献中心的中外文学论文数据库(http://www.nstl.gov.cn/)、中国民商法律网(http://www.civillaw.com.cn/)。

② 专利文献检索。1985 年 4 月中国正式实施专利法,同年 9 月开始出版印刷型的专利说明书和专利报道以及检索工具——《专利公报》,而后《专利分类文摘》、《专利年度索引》等专利检索工具陆续出版。目前,网上专利数据检索系统是搜集、获取专利信息的一条重要途径。提供中国专利信息检索服务的网站主要有国家知识产权局专利检索系统(http://www.sipo.gov.cn/)、中国知识产权网(http://www.cnipr.com/)、中国专利信息网(http://www.patent.com.cn/)等网站。

③ 科技报告检索。科技报告按内容可以分为报告书(Report)、札记(Note)、论文(Paper)、备忘录(Memorandum)、通报(Bulletin)等;按发行密级可分为:秘密报告(Secret Report)、绝密报告(Top Secret Report)、非密限制发行报告(Restricted Report)、非密公开报告(Unclassified Report)、解密报告(Declassified Report)等。提供科技报告检索服务的数据库有两个:中国科技成果数据库和全国科技成果交易数据库。

④ 会议文献检索。会议文献可以分为会前文献(Pre-conference Literature)、会间文献(Literature Generated During the Conference)和会后文献(Post Conference Literature)。会前文献有两种:一种是会议情报文献,用来预报将要召开的学术会议,报道会议名称、地点、日期、发起机构和地址、会议内容、截稿日期及会议出版物情况预报等;另一种是会前印发的与会者的论文预论本、论文摘要等。会间文献是指会议期间发给与会者的文献。会后文献是指会议结束后由主办单位编辑出版发行的论文集,内容比会前文献更为准确、成熟。其中会后文献有多种名称,如会议录(Proceedings)、会议论文集(Symposium)、学术讨论论文集(Colloquium Papers)、会议论文汇编(Transaction)及会议记录(Records)等。

⑤ 标准文献检索。标准文献是指在有关方面的通力合作下,按照规定程序编制并经主管机关批准,以特定形式发布为在一定范围内获得最佳秩序,对活动或其结果规定的重复使用的规则、导则、定额或要求的文件。它是记录和传播标准化工作具体成果规定的重要载体,是一种非常重要的信息源。随着科学技术和经济的发展,各种标准也随之不断补充、修订和更新。

7.2 计算机病毒

计算机病毒在《中华人民共和国计算机信息系统安全保护条例》中明确定义为："编制或者在计算机程序中插入的破坏计算机功能或者破坏数据,影响计算机使用并且能够自我复制的一组计算机指令或程序代码。"

7.2.1 计算机病毒的起源

20 世纪 40 年代末期,计算机的先驱者冯·诺依曼在一篇论文中提出了计算机程序能够在内存中自我复制的观点,这种观点已把病毒程序的轮廓勾勒出来了。到 20 世纪70 年代,一位作家在一部科幻小说中构思出了世界上第一个"计算机病毒",一种能够自我复制,可以从一台计算机传染到另一台计算机,利用通信渠道进行传播的计算机程序。这实际上是计算机病毒的思想基础。

1987 年 10 月,世界上第一例计算机病毒(Brain)被发现,计算机病毒由幻想变成了现实。随后,其他病毒也相继出现,各种病毒开始大肆流行。

7.2.2 计算机病毒的特征

(1)非授权可执行性

用户通常调用执行一个程序时,把系统控制交给这个程序,并分配给它相应的系统资源,如内存,从而使之能够运行完成用户的需求。因此程序执行的过程对用户是透明的。而计算机病毒是非法程序,正常用户是不会明知是病毒程序而故意调用执行的。但由于计算机病毒具有正常程序的一切特性:可存储性、可执行性。它隐藏在合法的程序或数据中,当用户运行正常程序时,病毒伺机窃取到系统的控制权,得以抢先运行,然而此时用户还认为在执行正常程序。

(2)隐蔽性

计算机病毒是一种具有很高编程技巧、短小精悍的可执行程序。它通常黏附在正常程序之中或磁盘引导扇区中,或者磁盘上标为坏簇的扇区中,以及一些空闲概率较大的扇区中,这是它的非法可存储性。病毒想方设法隐藏自身,就是为了防止用户察觉。

(3)传染性

传染性是计算机病毒最重要的特征,是判断一段程序代码是否为计算机病毒的依据。病毒程序一旦侵入计算机系统就开始搜索可以传染的程序或者磁介质,然后通过自我复制迅速传播。由于目前计算机网络日益发达,计算机病毒可以在极短的时间内,通过像Internet 这样的网络传遍世界。

(4)潜伏性

计算机病毒具有依附于其他媒体而寄生的能力,这种媒体我们称之为计算机病毒的宿主。依靠病毒的寄生能力,病毒传染合法的程序和系统后,不立即发作,而是悄悄隐藏起来,然后在用户不察觉的情况下进行传染。这样,病毒的潜伏性越好,它在系统中存在的时间也就越长,病毒传染的范围也越广,其危害性也越大。

（5）表现性或破坏性

无论何种病毒程序一旦侵入系统都会对操作系统的运行造成不同程度的影响。即使不直接产生破坏作用的病毒程序也要占用系统资源(如占用内存空间,占用磁盘存储空间以及系统运行时间等)。而绝大多数病毒程序要显示一些文字或图像,影响系统的正常运行,还有一些病毒程序删除文件,加密磁盘中的数据,甚至摧毁整个系统和数据,使之无法恢复,造成无可挽回的损失。因此,病毒程序的副作用轻者降低系统工作效率,重者导致系统崩溃、数据丢失。病毒程序的表现性或破坏性体现了病毒设计者的真正意图。

（6）可触发性

计算机病毒一般都有一个或者几个触发条件,满足其触发条件会激活病毒的传染机制,使之进行传染;或者激活病毒的表现部分或破坏部分。触发的实质是一种条件的控制,病毒程序可以依据设计者的要求在一定条件下实施攻击。这个条件可以是敲入特定字符、使用特定文件、某个特定日期或特定时刻或者是病毒内置的计数器达到一定次数等。

7.2.3　计算机病毒的分类

依据科学的、系统的、严密的方法,计算机病毒分类为如下。

① 按病毒的破坏性可分为良性计算机病毒和恶性计算机病毒。

良性计算机病毒一般只表现自己而不进行破坏,如在屏幕上出现一句问候语或一段动画等,病毒消除后系统能够恢复;恶性计算机病毒破坏系统和数据,或删除、修改文件,所造成的破坏是较难恢复的。

② 按病毒的寄生方式可分为系统型病毒、文件型病毒和混合型病毒三种。

系统型病毒常驻于系统的引导区中,也可称为引导型病毒,系统一旦启动,病毒就进入内存,伺机进行破坏。文件型病毒是指专门感染可执行文件的计算机病毒,一旦运行了被感染的文件,病毒开始发作、传播,这是较为常见的病毒传染方式。混合型病毒是指既感染引导区又感染可执行文件的计算机病毒,因此危害性更大。

③ 按病毒的入侵方式可分为源码型病毒、嵌入型病毒、外壳型病毒和操作系统型病毒。

源码型病毒攻击高级语言编写的程序,该病毒在程序编译前插入到源程序中,经编译后成为合法程序的一部分,完成这一工作的病毒程序一般是在语言处理程序或连接程序中。嵌入型病毒侵入到主程序中,并替代主程序中部分不常用到的功能模块或堆栈区,这种病毒一般是针对某些特定程序而编写的。外壳型病毒常驻留在主程序的首尾,对源程序不作更改,这种病毒较常见,易于编写也易于发现,一般通过测试可执行程序大小即可发现。操作系统型病毒用自己的程序代码加入或取代操作系统进行工作,具有很强的破坏力,可以导致整个系统瘫痪。

④ 按病毒的激活时间可分为定时的和随机的。

定时病毒仅在某一特定时间才发作,而随机病毒一般不是由时钟来激活的。

⑤ 按病毒的传播媒介可分为单机病毒和网络病毒。

单机病毒的载体是磁盘或优盘,常见的是病毒从优盘传入硬盘,感染系统,然后再传染其他优盘,优盘又传染其他系统。网络病毒的传播媒介不再是移动式载体,而是网络通道,这种病毒的传染能力更强,破坏力更大。

7.2.4 计算机流行病毒简介

Windows 7 系统相对 Windows XP 安全些,而且系统还自带恶意程序扫描软件。病毒的表现一般是计算机突然变慢,程序无法打开,鼠标不正常,无法联网,个人信息被盗等,无法操作,严重的会自动重启甚至蓝屏等。建议安装一个杀毒软件。现在国产的瑞星是可以免费使用的。检查计算机有无病毒主要有两种途径:一种是利用反病毒软件进行检测,一种是观察计算机出现的异常现象。下列现象可作为检查病毒的参考:

① 屏幕出现一些无意义的显示画面或异常的提示信息。

② 屏幕出现异常滚动而与行为无关。

③ 计算机系统出现异常死机和重启动现象。

④ 系统不承认硬盘或硬盘不能引导系统。

⑤ 机器喇叭自动产生鸣叫。

⑥ 系统引导或程序装入时速度明显减慢,或异常要求用户输入口令。

⑦ 文件或数据无故地丢失,或文件长度自动发生了变化。

⑧ 磁盘出现坏簇或可用空间变小,或不识别磁盘设备。

⑨ 编辑文本文件时,频繁地自动存盘。

及早发现计算机病毒,是有效控制病毒危害的关键。

若发现计算机病毒应立即清除,将病毒危害减少到最低限度,以下介绍几种计算机流行病毒及其特点。

(1) 宏病毒和脚本病毒

宏病毒寄生于文档或模板中,一旦打开这样的文档,宏病毒就会被激活。脚本病毒是用脚本语言(如 VB Script)编写的病毒,目前网络上流行的许多病毒都属于脚本病毒。

(2) 冲击波病毒

冲击波病毒属于蠕虫类病毒。2003 年 8 月 12 日冲击波病毒在全球爆发。病毒发作时会不停地利用 IP 地址扫描技术寻找网络上操作系统为 Windows 2000 或 Windows XP 的计算机,找到后就利用系统漏洞攻击该计算机,一旦攻击成功,就会造成计算机运行异常缓慢,网络不流畅,反复重启系统。病毒会对微软的一个升级网站进行拒绝服务攻击,导致该网站堵塞,使用户无法通过该网站升级系统。被攻击的系统会丧失更新漏洞补丁的能力,没有补丁的计算机容易感染该病毒,因此,预防冲击波病毒的最好办法就是安装系统补丁。

(3) 灰鸽子病毒

这是一段未经授权远程访问用户计算机的后门程序,该后门程序把自己复制到系统目录下,修改注册表,实现开机自启,侦听黑客指令,记录键击,盗取并发送机密信息给黑客,下载并执行特定文件等。

（4）熊猫烧香病毒

这是一种集文件型病毒、蠕虫病毒、病毒下载器于一身的复合型病毒,受感染系统中的可执行文件的图标全部被改成一只手捧三炷香的熊猫🐼的新图标,同时会出现蓝屏、频繁重启以及数据文件被破坏等现象,该病毒还会自动关闭大部分反病毒软件和防火墙软件。

（5）磁碟机病毒

磁碟机病毒是近几年发现的病毒技术含量最高、破坏性最强的病毒,其破坏能力、自我保护和反杀毒软件能力均 10 倍于"熊猫烧香",磁碟机病毒又名 dummycom 病毒（又名"千足虫"）,是近来传播最迅速,变种最快,破坏力最强的病毒。据 360 安全中心统计每日感染磁碟机病毒人数已逾 100,1000 用户！这个病毒主要通过优盘和局域网 ARP 攻击传播,病毒在每个磁盘下生成 pagefile.exe 和 Autorun.inf 文件,并每隔几秒检测文件是否存在,修改注册表键值,破坏"显示系统文件"功能。"磁碟机"现已经出现 100 余个变种,目前病毒感染和传播范围正在呈现蔓延之势。

（6）AV 终结者病毒

AV 终结者病毒即"帕虫",是一系列反击杀毒软件,破坏系统安全模式、植入木马下载器的病毒,它指的是一批具备如下破坏性的病毒、木马和蠕虫。"AV 终结者"名称中的"AV"即为英文"反病毒"Anti-Virus 的缩写。它能破坏大量的杀毒软件和个人防火墙的正常监控和保护功能,导致用户电脑的安全性能下降,容易受到病毒的侵袭。同时它会下载并运行其他盗号病毒和恶意程序,严重威胁到用户的网络个人财产。此外,它还会造成电脑无法进入安全模式,并可通过可移动磁盘传播。目前该病毒已经衍生多个新变种,有可能在互联网上大范围传播。"AV 终结者"设计中最恶毒的一点是,用户即使重装操作系统也无法解决问题,格式化系统盘重装后很容易被再次感染。用户格式化后,只要双击其他盘符,病毒将再次运行。"AV 终结者"会使用户电脑的安全防御体系被彻底摧毁,安全性几乎为零。它还自动连接到某网站,下载数百种木马病毒及各类盗号木马、广告木马、风险程序,在用户电脑毫无抵抗力的情况下,鱼贯而来,用户的网银、网游、QQ 账号密码以及机密文件都处于极度危险之中。

（7）机器狗病毒

因最初的版本采用电子狗的照片做图标而被网民命名为"机器狗",该病毒变种繁多,多表现为杀毒软件无法正常运行。该病毒的主要危害是充当病毒木马下载器,与 AV 终结者病毒相似,病毒通过修改注册表,让大多数流行的安全软件失效,然后疯狂下载各种盗号工具或黑客工具,给用户电脑带来严重的威胁。机器狗病毒直接操作磁盘以绕过系统文件完整性的检验,通过感染系统文件（比如 explorer.exe,userinit.exe,winhlp32.exe 等）达到隐蔽启动;通过底层技术穿透冰点,影子等还原系统软件导致大量网吧用户感染病毒,无法通过还原来保证系统的安全;通过修复 SSDT（就是恢复安全软件对系统关键 API 的 HOOK）,映像挟持,进程操作等方法使得大量的安全软件失去作用;联网下载大量的盗号木马给广大网民的网络虚拟财产造成巨大威胁,部分机器狗变种还会下载 ARP 恶意攻击程序对所在局域网（或者服务器）进行 ARP 欺骗影响网络安全。

（8）网游大盗

网游大盗是一个盗取网络游戏账号的木马程序,会在被感染计算机系统的后台秘密监视用户运行的所有应用程序窗口标题,然后利用键盘钩子、内存截取或封包截取等技术盗取网络游戏玩家的游戏账号、游戏密码、所在区服、角色等级、金钱数量、仓库密码等信息资料,并在后台将盗取的所有玩家信息资料发送到指定的远程服务器站点上,致使网络游戏玩家的游戏账号、装备物品、金钱等丢失,会给游戏玩家造成不同程度的损失。"网游大盗"会通过在被感染计算机系统注册表中添加启动项的方式,来实现木马开机自启动。

(9) PHP 恶意木马

国家计算机病毒应急处理中心通过对互联网的监测发现,近期出现新型后门程序Backdoor_Undef.CDR。该后门程序利用一些常用的应用软件信息,诱骗计算机用户单击下载运行。一旦点击运行,恶意攻击者就会通过该后门远程控制计算机用户的操作系统,下载其他病毒或是恶意木马程序,进而盗取用户的个人私密数据信息,甚至控制监控摄像头等。PHP.Brobot 是一个 PHP 木马,远程攻击者利用一台受感染的计算机上托管的 Web 服务器,发动 DDoS 攻击。木马执行时,它可能会删除如 f1.pl、indx.php、rp.php、run.pl、srcurl.php 等 *.php 文件(PHP 是英文超文本预处理语言 Hypertext Preprocessor 的缩写。PHP 是一种 HTML 内嵌式的语言,是一种在服务器端执行的嵌入 HTML 文档的脚本语言)然后该木马在受感染计算机上打开一个后门。如果这台受感染的计算机上有托管的服务器,远程攻击者可以发送命令来启用它,执行 DDoS 攻击。会在受感染的操作系统中释放一个伪装成图片的动态链接库 DLL 文件,之后将其添加成系统服务,实现后门程序随操作系统开机而自动启动运行。

(10) 红色十月

Backdoor.Rocra 是一个木马在受感染的计算机上打开一个后门。该木马也被称为红色十月。当木马会利用下列漏洞,执行一些有针对性的攻击如:

```
MicrosoftOfficeRTFFileStackBufferOverflowVulnerability(CVE-2010-3333)
MicrosoftWindowsCommonControlsActiveXControlRemoteCodeExecutionVulnerability
(CVE-2012-0158)
OracleJavaSERhinoScriptEngineRemoteCodeExecutionVulnerability(CVE-2011-3544)
```

该木马可能会执行以下文件:

```
Bloodhound.Exploit.306、Bloodhound.Exploit.366、
Bloodhound.Exploit.457、Trojan.Maljava
Trojan.Maljava!gen27
```

木马接着创建下列文件:

```
%ProgramFiles%\WINDOWSNT\msc.bat
%ProgramFiles%\WINDOWSNT\[RANDOMCHARACTERSFILENAME].lt
%ProgramFiles%\WINDOWSNT\Svchost.exe
```

该木马从受感染的计算机上搜集信息,并发送到如 csrss-check-new.com 等远程地址。

另外,该后门程序一旦开启后门功能,就会收集操作系统中用户的个人私密数据信息,并且远程接受并执行恶意攻击者的代码指令。如果恶意攻击者远程控制了操作系统,

那么用户的计算机名与 IP 地址就会被窃取。随后,操作系统会主动访问恶意攻击者指定的 Web 网址,同时下载其他病毒或是恶意木马程序,更改计算机用户操作系统中的注册表、截获键盘鼠标的操作、对屏幕进行截图等恶意攻击行为,给计算机用户的隐私和其操作系统的安全带来了较大的威害。

7.2.5　计算机病毒的防治

做好计算机病毒的预防,是防治病毒的关键。对于病毒的防治,应该首先确立"预防胜于治疗"的思想,要以预防为主,防患于未然。防治工作应该从管理和技术两方面入手,注意做好以下几个方面的工作。

① 对计算机有严格的使用权限。

② 不安装使用盗版软件和游戏,定期进行数据备份,给系统打补丁。

③ 使用正版杀毒软件,及时升级杀毒软件,定期查毒,安装病毒防火墙。

④ 从网络上下载文件要慎重,不轻易打开来历不明的电子邮件。

⑤ 拷贝文件前先查毒,若发现立即清除,以防扩散。

⑥ 将硬盘引导区和主引导扇区备份下来,并经常对重要数据进行备份。

7.2.6　计算机杀毒软件

经过多年与计算机病毒的较量,许多杀毒软件在功能上已趋于相同,都可有效清除绝大部分已知病毒,在病毒处理速度、病毒清除能力、病毒误报率和资源占用率等主要技术指标上都有新的突破,但各个杀毒软件又都有自己的特色。下面介绍几种流行的杀毒软件。

(1) avast! 杀毒软件

avast! 来自捷克的已有数十年的历史,在国外市场一直处于领先地位。avast! 分为家庭版、专业版、家庭网络特别版和服务器版以及专为 Linux 和 Mac 设计的版本等众多版本。avast! 的实时监控功能十分强大,免费版的 avast! antivirus home edITion 拥有七大防护模块:网络防护、标准防护、网页防护、即时消息防护、互联网邮件防护、P2P 防护、网络防护。免费版的需要每年注册一次,注册是免费的。收费的 avast! antivirus professional 还有脚本拦截、PUSH 更新、命令行扫描器、增大用户界面等 4 项家庭版没有的功能,其工作主界面如图 7.4 所示。

(2) 卡巴斯基反病毒软件

卡巴斯基 2012(Kaspersky Anti-Virus)新版本安全软件套装提供 30 天免费试用,卡巴斯基在启动过程中能提供强有力的保护,Rootkit 等隐藏程序不能再肆意对系统造成破坏,恶意软件阻止反病毒引擎启动的现象也得到了遏制。用户界面添加了新的设计元素,变得更简单,操作更有效。用户可直接启动安全状态监视器,查看实时安全情况。卡巴斯基 2012 安全套装确保用户可以从桌面直接启动多个常用任务,并针对触控式操作进行了优化。卡巴斯基 2012 版本继承了旧版的许多优点,比如加强垃圾邮件过滤器和家长控制

图 7.4 avast! 杀毒软件工作主界面

功能,智能防火墙在发出警告的同时把对正常使用的影响降到最小,有虚拟键盘、沙盒机制、漏洞扫描、隐私选项、系统救急工具等功能,其工作主界面如图 7.5 所示。

图 7.5 卡巴斯基 2012 工作主界面

(3) 金山毒霸 2012 猎豹

金山毒霸 2012 是金山公司具有革命性的一款产品,采用革命性杀毒体系,秒杀全新病毒,轻巧快速,是高智能反病毒软件,ZOL 特供金山毒霸官方免费下载。配置在云端的设计体系,查杀引擎查杀能力优于传统杀毒软件十倍速度。云安全引擎以及专业病毒分析,占用 10M 左右内存,不到 10M 软件大小,安装不到 10 秒,每一个文件都经受过 30 核云引擎高强度鉴定,其工作主界面如图 7.6 所示。

图 7.6 金山毒霸 2012 猎豹工作主界面

(4) 小红伞防毒软件

德国第一防毒软件,全球超过一亿用户—快扫描,高侦测,低耗费资源。Avira AntiVir Personal 个人免费版提供基本病毒防护。保护计算机免遭危险的病毒、蠕虫、特洛伊木马、Rootkit、钓鱼、广告软件和间谍软件的危害。产品多次经过全球顶尖评测机构的测试,如 VB100,AV Comparison 等并屡获殊荣,其工作主界面如图 7.7 所示。

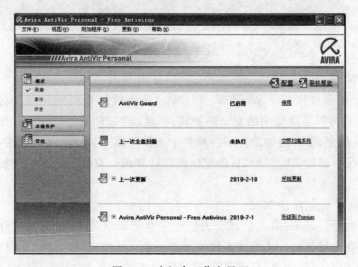

图 7.7 小红伞工作主界面

(5) 瑞星杀毒软件

瑞星杀毒软件 2011 永久免费版基于"智能云安全"系统设计,保证较高病毒查杀率,2011 瑞星杀毒免费版是瑞星公司个人安全软件产品,借助瑞星官方全新研发的虚拟化引擎,能够在查杀速度提升 3 倍的基础上,保证较高病毒查杀率,同时瑞星杀毒软件查杀资源下降 80%,保证游戏状态下零打扰。瑞星杀毒软件 2011 永久免费版通过对基础架构和核心引擎进行重整,支持更多、更精密的查杀操作,对复杂病毒的查杀能力、对大硬盘的查杀速度、对恶性病毒的快速反应自动处理速度都有极大提升。它采用木马强杀、病毒DNA 识别、恶意行为检测等核心技术,可有效查杀各种加壳、混合型及家族式木马病毒。其工作主界面如设备的保护,包括 Palm 操作系统、手提电脑和智能手机,其工作主界面如图 7.8 所示。

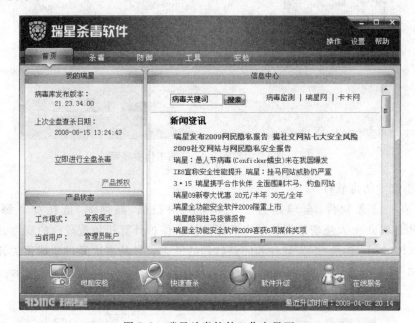

图 7.8　瑞星杀毒软件工作主界面

(6) 微软 MSE 杀毒软件

微软 MSE 杀毒软件(for Windows 7 32bit)是由微软推出的一款通过正版验证的Windows 计算机可以免费使用的安全防护软件,微软 MSE 杀毒软件可直接从微软 MSE官网下载,安装简便,没有复杂的注册过程和个人信息填写,运行于后台,在不打扰计算机正常使用的情况下提供实时保护,自动更新则让计算机一直处于最新安全技术的保护,其工作主界面如图 7.9 所示。

(7) 诺顿网络安全特警 2012

诺顿杀毒软件是 Symantec 公司个人信息安全产品之一,该公司成立于 1982 年,总部位于美国加利福尼亚州。诺顿杀毒软件亦是一个广泛被应用的反病毒程序。该项产品发展至今,除了原有的防毒外,还有防间谍等网络安全风险的功能。诺顿反病毒产品包括:诺顿网络安全特警(Norton Internet Security)、诺顿反病毒(Norton Antivirus)、诺

图 7.9　微软 MSE 杀毒软件工作主界面

顿 360（Norton ALL-IN-ONE Security）、诺顿计算机大师（Norton SystemWorks）等产品。

（8）360 杀毒软件

国内用户量大的杀毒软件 360 杀毒发布 V4.0 正式版，除原有的国际反病毒引擎和云查杀引擎外，该正式版又加入了主动防御引擎以及 360 独创的 QVM 人工智能引擎。360 杀毒开创了杀毒软件免费杀毒的先河，快速轻巧不占资源；免费杀毒不中招、查杀木马防盗号，其工作主界面如图 7.10 所示。

图 7.10　360 杀毒软件工作主界面

（9）江民杀毒软件

江民杀毒软件由北京江民新科技有限公司研发,该公司成立于 1996 年,是我国老牌的安全软件厂商。它采用全新动态启发式杀毒引擎,融入指纹加速功能,杀毒功能更强、速度更快。2013 版完美兼容微软 Windows 7 操作系统,颠覆了传统的防杀毒模式,在智能主动防御、"沙盒技术"、内核级自我保护、虚拟机脱壳、云安全防毒系统、启发式扫描等领先的核心杀毒技术基础上,创新"前置威胁预控"安全模式,在防杀病毒前预先对系统进行全方位安全检测和防护,检测三大类 29 项可能存在的安全潜在威胁,提供安全加固和解决方案,其工作主界面如图 7.11 所示。

图 7.11　江民杀毒软件工作主界面

7.3　信 息 安 全

信息安全本身包括的范围很大。大到国家军事政治等机密安全,小到如防范商业企业机密泄露、防范青少年对不良信息的浏览、个人信息的泄露等。网络环境下的信息安全体系是保证信息安全的关键,包括计算机安全操作系统、各种安全协议、安全机制(数字签名、信息认证、数据加密等)直至安全系统,其中任何一个安全漏洞便可以威胁全局安全。

7.3.1　信息安全的概念

随着信息技术的发展与应用,信息安全的内涵在不断地延伸,从最初的信息保密性发展到信息的完整性、可用性、可控性和不可否认性,进而又发展为"攻(攻击)、防(防范)、测(检测)、控(控制)、管(管理)、评(评估)"等多方面的基础理论和实施技术。信息安全是一个交叉学科,它利用数学、物理、通信和计算机诸多学科的长期知识积累和最新发展成果,进行自主创新研究,加强顶层设计,并提出系统的、完整的解决方案。与其他学科相比,信息安全的研究更强调自主性和创新性,避免"陷门",抵抗各种攻击,适应技术发展的需求。

国际标准化组织 ISO 定义信息安全为"数据处理系统建立和采取的技术和管理的安全保护,保护计算机硬件、软件和数据不因偶然和恶意的原因而遭到破坏、更改和显露"。

信息安全包含三层含义:一是系统安全(实体安全),即系统运行安全;二是系统中的信息安全,即通过对用户权限的控制、数据加密等手段确保信息不被非授权者获取和篡改;三是管理安全,即通过综合手段对信息资源和系统安全运行进行有效管理。不论采用哪种安全机制解决信息安全问题,本质上都是为了保证信息的各项安全属性,使信息的获得者对所获取的信息充分信任。信息安全的基本属性有真实性、保密性、完整性、可用性、不可抵赖性、可控制性和可审查性。

- 真实性:对信息的来源进行判断,能对伪造来源的信息予以鉴别。
- 保密性:保证机密信息不被窃听,或窃听者不能了解信息的真实含义。
- 完整性:保证数据的一致性,防止数据被非法用户篡改。
- 可用性:保证合法用户对信息和资源的使用不会被不正当地拒绝。
- 不可抵赖性:建立有效的责任机制,防止用户否认其行为,这一点在电子商务中是极其重要的。
- 可控制性:对信息的传播及内容具有控制能力。
- 可审查性:对出现的网络安全问题提供调查的依据和手段。

7.3.2　信息安全技术

目前信息网络常用的基础性安全技术包括以下几方面的内容。

身份认证技术:用来确定用户或者设备身份的合法性,典型的手段有用户名口令、身份识别、PKI 证书和生物认证等。

加解密技术:在传输过程或存储过程中进行信息数据的加解密,典型的加密体制可采用对称加密和非对称加密。

边界防护技术:防止外部网络用户以非法手段进入内部网络,访问内部资源,保护内部网络操作环境的特殊网络互连设备,典型的设备有防火墙和入侵检测设备。

访问控制技术:保证网络资源不被非法使用和访问。访问控制是网络安全防范和保护的主要核心策略,规定了主体对客体访问的限制,并在身份识别的基础上,根据身份对提出资源访问的请求加以权限控制。

主机加固技术:操作系统或者数据库的实现会不可避免地出现某些漏洞,从而使信息网络系统遭受严重的威胁。主机加固技术对操作系统、数据库等进行漏洞加固和保护,提高系统的抗攻击能力。

安全审计技术:包含日志审计和行为审计,通过日志审计协助管理员在受到攻击后察看网络日志,从而评估网络配置的合理性、安全策略的有效性,追溯分析安全攻击轨迹,并能为实时防御提供手段。通过对员工或用户的网络行为审计,确认行为的合规性,确保管理的安全。

检测监控技术:对信息网络中的流量或应用内容进行二至七层的检测并适度监管和控制,避免网络流量的滥用、垃圾信息和有害信息的传播。

7.3.3 网络安全产品

目前,在市场上比较流行,而又能够代表未来发展方向的安全产品大致有以下几类。

① 用户身份认证:是安全的第一道大门,是各种安全措施可以发挥作用的前提,身份认证技术包括静态密码、动态密码(短信密码、动态口令牌、手机令牌)、USB KEY、IC卡、数字证书、指纹虹膜等。

② 防火墙:防火墙在某种意义上可以说是一种访问控制产品。它在内部网络与不安全的外部网络之间设置障碍,阻止外界对内部资源的非法访问,防止内部对外部的不安全访问。主要技术有:包过滤技术,应用网关技术,代理服务技术。防火墙能够较为有效地防止黑客利用不安全的服务对内部网络的攻击,并且能够实现数据流的监控、过滤、记录和报告功能,较好地隔断内部网络与外部网络的连接。但其本身可能存在安全问题,也可能会是一个潜在的瓶颈。

③ 网络安全隔离:网络隔离有两种方式,一种是采用隔离卡来实现的,一种是采用网络安全隔离网闸实现的。隔离卡主要用于对单台机器的隔离,网闸主要用于对于整个网络的隔离。

④ 安全路由器:由于 WAN 连接需要专用的路由器设备,因而可通过路由器来控制网络传输。通常采用访问控制列表技术来控制网络信息流。

⑤ 虚拟专用网(VPN):虚拟专用网(VPN)是在公共数据网络上,通过采用数据加密技术和访问控制技术,实现两个或多个可信内部网之间的互联。VPN 的构筑通常都要求采用具有加密功能的路由器或防火墙,以实现数据在公共信道上的可信传递。

⑥ 安全服务器:安全服务器主要针对一个局域网内部信息存储、传输的安全保密问题,其实现功能包括对局域网资源的管理和控制,对局域网内用户的管理,以及局域网中所有安全相关事件的审计和跟踪。

⑦ 电子签证机构 CA 和 PKI 产品:电子签证机构(CA)作为通信的第三方,为各种服务提供可信任的认证服务。CA 可向用户发行电子签证证书,为用户提供成员身份验证和密钥管理等功能。PKI 产品可以提供更多的功能和更好的服务,将成为所有应用的计算基础结构的核心部件。

⑧ 安全管理中心:由于网上的安全产品较多,且分布在不同的位置,这就需要建立一套集中管理的机制和设备,即安全管理中心。它用来给各网络安全设备分发密钥,监控网络安全设备的运行状态,负责收集网络安全设备的审计信息等。

⑨ 入侵检测系统(IDS):入侵检测,作为传统保护机制(比如访问控制,身份识别等)的有效补充,形成了信息系统中不可或缺的反馈链。

⑩ 入侵防御系统(IPS):入侵防御,入侵防御系统作为 IDS 很好的补充,是信息安全发展过程中占据重要位置的计算机网络硬件。

⑪ 安全数据库:由于大量的信息存储在计算机数据库内,有些信息是有价值的,也是敏感的,需要保护。安全数据库可以确保数据库的完整性、可靠性、有效性、机密性、可审计性及存取控制与用户身份识别等。

⑫ 安全操作系统:给系统中的关键服务器提供安全运行平台,构成安全 WWW 服

务,安全 FTP 服务,安全 SMTP 服务等,并作为各类网络安全产品的坚实底座,确保这些安全产品的自身安全。

⑬ DG 图文档加密:能够智能识别计算机所运行的涉密数据,并自动强制对所有涉密数据进行加密操作,而不需要人的参与。体现了安全面前人人平等。从根源解决信息泄密。

7.3.4　信息安全的道德与法规

信息社会的浪潮把我们带进了崭新的 21 世纪。现代信息技术造就了丰富变幻、五彩缤纷的信息世界,可以满足各种用户的不同需求,在社会生活中产生积极作用,有着广泛的影响,也加速了人类社会的发展。

信息的快捷多样化和迅猛膨胀自然就产生了各式各样的信息文化,其中不乏有一些是消极的和反动的。作为有文化的时代青年必须要用健康的心理去看待信息世界衍生的各种文化,特别要以正确的人生观、世界观来看待世界,提高自己的鉴别能力,汲取信息文化的营养,摒除糟粕,特别是要抵制网络中传输的虚假信息、反动信息、色情、恐怖等有害信息,还要拒绝盗版。个人上网时一定要遵守文明公约,在学校机房或社会网吧上网要遵守机房或网吧的管理制度,爱惜公共设备。不要沉溺于游戏,严禁传播、制作病毒或色情、反动等非法信息。总之要严格要求自己,避免不道德行为和犯罪行为。

计算机职业道德是指在计算机行业及其应用领域所形成的社会意识形态下,调整人与人之间、人与计算机之间、人与社会之间关系的行为规范总和。计算机职业道德规范中一个重要的方面是网络道德,随着计算机应用的日益发展,Internet 更大程度的普及,网络文化逐渐兴起并融入社会生活中,它的负面影响已经越来越引起社会学者的关注。当前计算机网络犯罪和违背计算机职业道德规范的行为十分普遍,已经发展成为社会问题。为了保障计算机网络的良好秩序、计算机信息的安全性,减少网络陷阱对社会的危害,有必要加强计算机职业道德教育,增强计算机道德规范意识,这样才有利于计算机信息系统的安全,也符合社会整体利益。

计算机网络犯罪具有技术型、年轻化的特点和趋势,发达国家已经在学校开设网络道德教育课程。美国计算机伦理协会根据计算机犯罪种种案例,归纳、总结了 10 条计算机职业道德规范:

① 不可使用计算机去伤害他人。

② 不可干扰他人在计算机上的工作。

③ 不可偷窥他人的文件。

④ 不可利用计算机偷窃。

⑤ 不可使用计算机造假。

⑥ 不可拷贝或使用未付费的软件。

⑦ 未经授权,不可使用他人的计算机资源。

⑧ 不可侵占他人的智慧成果。

⑨ 设计程序或系统之前,先衡量其对社会的影响。

⑩ 使用计算机时必须表现出对他人的尊重与体谅。

习 题 7

一、选择题

1. 下列( )不是信息检索流程中包含的。

    A. 制定检索方法   B. 确定检索需求

    C. 实施具体检索   D. 确定检索规模

2. 计算机病毒的传播途径有( )。

    A. 磁盘   B. 空气   C. 内存   D. 患病的试用者

3. 计算机病毒是( )。

    A. 一段计算机程序或一段代码   B. 细菌

    C. 害虫   D. 计算机炸弹

4. 计算机病毒是一种( )。

    A. 机器部件   B. 计算机文件

    C. 微生物"病源体"   D. 程序

5. 计算机病毒是指( )。

    A. 编制有错误的计算机程序

    B. 设计不完善的计算机程序

    C. 已被破坏的计算机程序

    D. 以危害系统为目的的特殊计算机程序

6. 文件型病毒传染的对象主要是( )类文件。

    A. .dbf   B. .doc   C. .com 和 .exe   D. .exe 和 .doc

7. 文件型病毒是文件传染者,也被称为寄生病毒.它运作在计算机的( )里。

    A. 网络   B. 显示器   C. 打印机   D. 存储器

8. 计算机网络是地理上分散的多台( )遵循约定的通信协议,通过软硬件互联的系统。

    A. 计算机   B. 主从计算机   C. 自主计算机   D. 数字设备

9. 网络安全最终是一个折中的方案,即安全强度和安全操作代价的折中,除增加安全设施投资外,还应考虑( )。

    A. 用户的方便性

    B. 管理的复杂性

    C. 对现有系统的影响及对不同平台的支持

    D. 上面三项都是

10. 信息安全的基本属性是( )

    A. 机密性   B. 可用性   C. 完整性   D. 上面三项都是

11. 网络安全是在分布网络环境中对( )提供安全保护。

    A. 信息载体   B. 信息的处理、传输

C. 信息的存储、访问　　　　　　D. 上面三项都是

12. 下面病毒出现的时间最晚的类型是（　　）。
    A. 携带特洛伊术马的病毒　　　　B. 以网络钓鱼为目的的病毒
    C. 通过网络传播的蠕虫病毒　　　D. Office 文档携带的宏病毒

13. 不能防止计算机感染病毒的措施是（　　）。
    A. 定时备份重要文件
    B. 经常更新操作系统
    C. 除非确切知道附件内容，否则不要打开电子邮件附件
    D. 重要部门的计算机尽量专机专用与外界隔绝

14. 广义的信息检索包含两个过程（　　）。
    A. 检索与利用　　　　　　　　　B. 存储与检索
    C. 存储与利用　　　　　　　　　D. 检索与报道

15. 以下检索出文献最少的检索式是（　　）
    A. a and b　　　　　　　　　　 B. a and b or c
    C. a and b and c　　　　　　　　D. （a or b）and c

16. 具有相近含义的同义词或同族词在构成检索策略时应该使用（　　）运算符予以组配。
    A. 逻辑与　　　 B. 逻辑或　　　 C. 逻辑非　　　 D. 位置

17. 若想排除某概念，以缩小检索范围，可使用（　　）运算符。
    A. 逻辑与　　　 B. 逻辑非　　　 C. 逻辑或　　　 D. 位置

18. 右截词的含义是检索所有含有与检索词（　　）的记录。
    A. 前方一致　　　　　　　　　　B. 中间一致
    C. 后方一致　　　　　　　　　　D. 与输入的检索词完全一致

19. 针对不同时间要求的文献应使用不同的文献类型，就最新的文献信息而言，例如近一两个月的文献信息，应该使用（　　）。
    A. 图书　　　　　　　　　　　　B. 例会记录
    C. 专利　　　　　　　　　　　　D. 期刊报纸或互联网

20. Windows 系统的用户账号有两种基本类型，分别是全局账号和（　　）。
    A. 本地账号　　　 B. 域账号　　　 C. 来宾账号　　　 D. 局部账号

二、判断题

1. 计算机病毒产生的原因是计算机系统硬件有故障。　　　　　　　　（　　）
2. 只要购买最新的杀毒软件，以后就不会被病毒侵害。　　　　　　　（　　）
3. 计算机病毒主要以存储介质和计算机网络为媒介进行传播。　　　　（　　）
4. CIH 病毒既可以破坏计算机硬件，也会破坏计算机的系统软件。　　（　　）
5. 发现计算机病毒后，比较彻底的清除方式是格式化磁盘。　　　　　（　　）
6. 感染过计算机病毒的计算机具有对该病毒的免疫性。　　　　　　　（　　）
7. 计算机病毒是一种微生物感染的结果。　　　　　　　　　　　　　（　　）
8. 计算机病毒只能通过软盘与网络传播，光盘中不可能存在病毒。　　（　　）

9. 使用病毒防火墙软件后,计算机仍可能感染病毒。（　　）

10. 光盘检索的特点是信息存储与检索的费用较高,但数据更新比较及时。（　　）

11. 信息网络的物理安全要从环境安全和设备安全两个角度来考虑。（　　）

12. Windows 防火墙能帮助阻止计算机病毒和蠕虫进入用户的计算机,但该防火墙不能检测或清除已经感染计算机的病毒和蠕虫。（　　）

13. 数据库系统是一种封闭的系统,其中的数据无法由多个用户共享。（　　）

14. 数据库安全只依靠技术即可保障。（　　）

15. 防火墙是设置在内部网络与外部网络(如互联网)之间,实施访问控制策略的一个或一组系统。（　　）

16. 软件防火墙就是指个人防火墙。（　　）

17. 有很高使用价值或很高机密程度的重要数据应采用加密等方法进行保护。（　　）

18. 通过网络扫描,可以判断目标主机的操作系统类型。（　　）

19. 在安全模式下木马程序不能启动。（　　）

20. 大部分恶意网站所携带的病毒就是脚本病毒,利用互联网传播已经成为了计算机病毒传播的一个发展趋势。（　　）

三、问答与讨论题

1. 运用本章所学习信息检索方法了解"信息、知识、文献"三者的概念,并简述三者之间的关系。

2. 在数据库检索中,当检出的文献数量较少时,分析其可能原因以及采用何种对应措施,才能增大文献信息的检出量?(至少列举 5 种情况)

3. 如何快速查看所使用的计算机是否中了木马程序? 如何利用进程标识符查杀木马?

第8章　多媒体技术及应用

多媒体技术最早起源于 20 世纪 80 年代中期，1984 年美国 Apple 公司在研制 Macintosh 计算机时，为了增加图形处理功能，改善人机交互界面，创造性地使用了位映射（bitmap）、窗口（window）、图符（icon）等技术，这一系列改进所带来的图形用户界面（GUI）深受用户的欢迎。同时鼠标（mouse）作为交互设备的引入，配合 GUI 使用，大大地方便了用户的操作。

8.1　多媒体技术概述

多媒体（Multimedia），不同领域的人们对此的理解不同，所以"多媒体"一词到目前为止还没有很准确和具体的定义。从字面上理解，"多媒体"一词译自英文 Multimedia，而该词又是 Multiple 和 Media 复合而成，核心词是媒体。媒体在计算机领域有两种含义：一是指存储信息的实体，如磁盘、光盘、磁带、半导体存储器等，中文常译为媒质；二是指传递信息的载体，如数字、文字、声音、图形和图像等，中文常译为媒介。人们常说的多媒体技术中的媒体是指后者，国际电报电话咨询委员会（CCITT）把媒体分为以下 5 类。

① 感觉媒体是指直接作用于人的感觉器官，使人产生直接感觉的媒体。如：语言、音乐、自然界的各种声音、各种图像、动画、文本等。感觉媒体帮助人类通过感觉器官，如视觉、听觉、触觉、嗅觉和味觉等来感知环境。

② 表示媒体是为了表示、存储、传送感觉媒体而人为研究出来的定义信息特性的数据类型，用信息的计算机内部编码表示。借助于这种媒体，能更有效地存储感觉媒体或将感觉媒体从一个地方传送到另一个地方。如语言编码、电报码、条形码、文本 ASCII 编码和乐谱等。

③ 显示媒体是用于通信中，是表示媒体和感觉媒体之间进行转换而使用的媒体，是人们再现信息或获取信息的物理工具和设备。如显示器、打印机、扬声器等输出类显示媒体，键盘、鼠标、扫描仪等输入类显示媒体。

④ 存储媒体是指用于存放表示媒体的媒体。如纸张、磁带、磁盘、光盘等。

⑤ 传输媒体是指用于传输表示媒体的媒体。如双绞线、同轴电缆、光纤、无线电链路等。

人们普遍认为，"多媒体"是指能够同时获取、处理、存储和展示两个以上不同类型信息媒体的技术,这些信息媒体包括文字、声音、图形、图像、动画与视频等。从这种意义上看,"多媒体"最终被归结为一种"技术",即多媒体技术。事实上,也正是由于计算机技术和数字信息处理技术的实质性进展,才使我们今天拥有了处理多媒体信息的能力。所以,"多媒体"常常不是指多种媒体本身,而主要是指处理和应用多种媒体的一整套技术。

8.1.1 多媒体技术特性

多媒体技术是一门基于计算机技术的综合技术,它包括数字信号处理、音频和视频技术、计算机硬件和软件技术、人工智能和模式识别技术、通信和图像处理技术等,多媒体技术是正处在发展过程中的一门跨学科的综合性高新技术。多媒体具有如下特性。

① 多样性。是指文本、声音、图形、图像、动画和视频等信息媒体的多种形式。多样化信息媒体的调动,使得计算机具有拟人化的特征,使其更容易操作和控制,更具有亲和力。

② 集成性。一方面是指媒体信息即文本、声音、图形、图像、动画和视频等的集成,各种媒体信息有机地组织在一起,形成完整的多媒体信息。另一方面是指存储、处理媒体信息的设备的集成,各种媒体设备合为一体,主要为多媒体信息提供快速的 CPU、大容量的内存、一体化的多媒体操作系统、多媒体创作工具等硬件和软件资源。

③ 交互性。是指人与计算机之间能"对话",以便进行人工干预控制。多媒体处理过程中的交互性使用户可以更加有效地控制和使用信息,同时交互性还可以增加用户对信息的注意和理解,延长信息的保留时间。

④ 实时性。由于在多种信息媒体中,声音、视频等媒体和时间密切相关,这就决定了多媒体技术必须支持实时处理,意味着多媒体系统在处理信息时要有严格的时序要求和速度要求。

8.1.2 多媒体信息的表示

文字是计算机与人进行信息交流的主要媒体,由于计算机中的数据只能使用二进制编码方式,所以在计算机中用不同的二进制规则编码来表示不同类型的文字。我们通常所说的文字主要是西文 ASCII 字符和汉字。

1. 西文字符编码

计算机中的西文字符编码即美国标准信息交换 ASCII(American Standard Code for Information Interchange),ASCII 用 7 位二进制编码($2^7 = 128$)表示,共有 128 个字符,包含大小写英文字母、阿拉伯数字、数学符号、标点符号、控制字符等。

2. 汉字编码

由于计算机键盘主要是使用英文字母输入的,所以汉字在计算机中使用时要经过汉字输入码、汉字内码和汉字字模码三个阶段。

(1)汉字输入码

利用键盘输入汉字必须为汉字设计相应的输入编码,目前输入编码有采用按汉字发音编码输入的拼音输入法(微软拼音,智能 ABC、搜狗拼音输入法、谷歌拼音、QQ 拼音等利用汉语拼音输入方式)和按汉字字型编码输入的五笔字型码(五笔字型 86 版输入法、五笔字型 98 版输入法、万能五笔输入法、极品五笔等按汉字偏旁部首输入)。

(2) 汉字内码

汉字内码是汉字在计算机内进行存储、交换、检索等操作的机内码,无论利用何种输入码输入到计算机内的汉字都使用二进制。汉字最普遍使用的是二字节码(用两个 7 位二进制编码表示一个汉字),即国家标准信息交换汉字编码 GB2312-80。中华人民共和国国家标准总局于 2000 年推出强制性的 GB 18030-2000 标准是目前我国采用的标准的信息交换码,但较旧的计算机仍使用 GB2312-80 标准。

(3) 汉字字模码

汉字字模码是用点阵方式来表示汉字的字形,它是汉字在终端输出的形式。由于汉字输出的细腻要求不同,有简易汉字点阵 16×16 点阵、提高汉字点阵 24×24、32×32,点阵的数值越大占存储空间越大,每个点占一个比特位,一行 16 个比特位(2 字节),那么整个 16×16 点阵占 16×2＝32 字节。

随着计算机技术的发展,可通过手写输入设备直接向计算机内输入文字,也可以利用语音进行文字的输入,让计算机能听懂人类的语言,并将其转换成计算机的机内码,反过来计算机可以根据文字进行发音,实现"人机对话"这是多媒体要实现的问题。

3. 数字音频

音频数据包括音乐、歌曲演唱、乐器演奏、演讲旁白等,也可以包括观众掌声、喝彩声、敲击声、碰撞声等几乎各种声音。音频数据的获取是为音频的编辑进行素材的积累和准备,音频数据采集最常用的方法是利用音频录制设备录制音源,然后再进行数字化处理并存入到计算机中。数字音频文件可以从 CD 等存储介质上转录,也可以从网络上下载,或者自己录制等。

(1) 音频

音频(Audio)也叫声音或音频信号,其频率为 20Hz～20kHz。声音是人类表达思想感情的主要媒体,所以声音是多媒体信息的重要部分。

声音主要包括波形声音、语音和音乐。

① 波形声音是一种振动波,波形声音是声音最基本的形态,它包含了所有形式的声音。

② 语音是说话时发出的声音,它包含了丰富的语言内涵,它是声音中的一种特殊的媒体。

③ 音乐是形式更规范的符号化了的声音。

(2) 数字音频

数字音频是一种利用数字化手段对声音进行录制、存放、编辑、压缩或播放的技术,它是随着数字信号处理技术、计算机技术、多媒体技术的发展而形成的一种全新的声音处理手段。

数字音频的主要应用领域是音乐后期制作和录音。

计算机数据的存储是以 0、1 的形式存取的,那么数字音频就是首先将音频文件转化成电平信号,接着再将这些电平信号转化成二进制数据保存,播放的时候就把这些数据转换为模拟的电平信号再送到喇叭播出。数字声音和一般磁带、广播、电视中的声音就存储播放方式而言有着本质区别。相比而言,它具有存储方便、存储成本低廉、存储和传输的过程中没有声音的失真、编辑和处理非常方便等特点。

(3) 数字音频标准 MIDI

MIDI(Musical Instrument Digital Interface)叫乐器数字接口,它是数字音频的标准是一种技术规范。MIDI 是一段音乐指令,记录着音长、音量及音高等信息,可以通过音乐合成器进行播放,产生一段相应的音乐。

(4) 音频文件格式

① CD 格式。当今世界上音质最好的音频格式是 CD。在大多数播放软件的"打开文件类型"中,都可以看到 *.cda 格式,这就是 CD 音轨了。标准 CD 格式也就是 44.1K/s 的采样频率,速率 88K/s,16 位量化位数,因为 CD 音轨可以说是近似无损的,因此它的声音基本上是忠于原声的。CD 光盘可以在 CD 唱机中播放,也能用电脑里的各种播放软件来重放。一个 CD 音频文件是一个" *.cda"文件,这只是一个索引信息,并不是真正的包含声音信息,所以不论 CD 音乐的长短,在电脑上看到的" *.cda 文件"都是 44 字节长。注意:不能直接的复制 CD 格式的" *.cda"文件到硬盘上播放,需要使用专业音轨软件如 Cool Edit 把 CD 格式的文件转换成 WAV。

② WAV 波形格式。WAV 是微软公司开发的一种声音文件格式,支持多种音频位数、采样频率和声道,标准格式的 WAV 文件和 CD 格式一样,也是 44.1K/s 的采样频率,速率 88K/s,16 位量化位数,几乎所有的音频编辑软件都能识别播放 WAV 格式文件。

③ MP3 格式文件。MP3 格式诞生于 20 世纪 80 年代的德国,所谓的 MP3 也就是指的是 MPEG 标准中的音频部分,也就是 MPEG 音频的第 3 层。MPEG 音频文件的压缩是一种有损压缩,MPEG3 音频编码具有 10∶1～12∶1 的高压缩率,同时基本保持低音频部分不失真,但是牺牲了声音文件中 12kHz 到 16kHz 高音频这部分的质量来换取文件的尺寸,相同长度的音乐文件,用 *.mp3 格式来储存,一般只有 *.wav 文件的 1/10,而音质要次于 CD 格式或 WAV 格式的声音文件。由于其文件尺寸小,音质好,所以 MP3 一直是音乐爱好者喜爱的格式文件。

④ MIDI 格式文件。前面介绍的 MIDI 是乐器数字接口,所生成的 *.mid 文件并一段记录声音的信息,它可以告诉声卡如何再现音乐的一组指令。MID 文件主要用于原始乐器作品,流行歌曲的业余表演,游戏音轨以及电子贺卡等。 *.mid 文件重放的效果完全依赖声卡的档次。 *.mid 格式的最大用处是在电脑作曲领域。 *.mid 文件可以用作曲软件写出,也可以通过声卡的 MIDI 口把外接音序器演奏的乐曲输入电脑里,制成 *.mid 文件。

⑤ WMA 格式文件。WMA 格式是由微软开发的,音质要强于 MP3 格式,是以减少数据流量但保持音质的方法来达到比 MP3 压缩率更高的目的,WMA 的压缩率一般都可以达到 1∶18 左右,另外 WMA 还支持音频流(Stream)技术,适合在网络上在线播放。

4. 图形与图像

图像是人眼所感受到的媒体信息,具有生动、直观和形象的特点。在计算机中,图是以数字方式来存储的。图像文件有不同的存储格式。不同的图像文件格式用不同的方式存储图像信息。计算机中的图可分为图形和图像两种。图形和图像这两个概念是有区别的。

（1）图形

图形也称矢量图,矢量图是用一组计算机指令集合来表示的。这些指令用来描述构成一幅图所包含的几何图形的形状、位置、颜色等参数。在显示矢量图时,需要相应的软件读取和解释这些指令,才能将图形在输出终端显示出形状和颜色。常用的图形编辑软件有 CorelDRAW 等。

（2）图像

图像也称位图,位图是指由输入设备捕捉的实际场景画面或以数字化形式存储的任意画面,是由一些矩阵排列的像素点组成的。矩阵的每个元素代表空间的一个点,称为像素(Pixel),每个像素都被分配给一个特定的颜色和亮度,这些颜色和亮度是由二进制数表示的,是表示图像的重要参数。常用的图像编辑软件是 Photoshop。

（3）图像文件与图形文件区别

① 图像与分辨率有关,它是由固定数量的像素来表示图像的数据的,而图形与分辨率无关,是由一组指令来表示图形的几何数据的。也就是说将图像文件放大到一定程度时会出现锯齿边缘,且会遗漏细节和清晰度,而图形文件则不会遗漏细节和清晰度。

② 图像文件色彩和颜色变化比较丰富,而图形文件重在勾勒线条,颜色单一,所以说图形文件绘制的图像没有图像文件逼真。

③ 图像文件存储时所占磁盘空间比较大,图形文件占的空间比较小。

④ 图像文件很容易在不同的软件间交换、编辑,而图形文件只能在图形文件编辑软件中编辑。

5. 数字视频

视频是多媒体技术中的一种重要媒体,视频就是先用摄像机之类的视频捕捉设备,将外界影像的颜色和亮度信息转变为电信号,再记录到存储介质(如录像带、硬盘等)。播放时,视频信号被转变为帧信息,并以每秒约 30 帧的速度投影到显示器上。我们通常所看的电视传播的信号多是模拟信号而不是数字信号。数字视频是利用多媒体计算机和网络的数字化、大容量、交互性特点以及快速处理能力,对视频信号进行采集、处理、传播和存储,将模拟信号转换成数字信号在计算机或数字电视中播放出,即数字化视频是以数字化方式记录连续变化的图像和声音信息的系统。数字视频包括运动图像(visual)和伴音(audio)两部分。常用的视频编辑软件有 Premiere、会声会影等。

6. 计算机动画

计算机动画与视频类似,都是由一帧一帧静止的画面按照一定顺序排列而成,每一帧与相邻的帧略有不同,当帧以一定的速度连续播放时,人眼的视觉暂留造成了人看到连续动画的效果。但计算机动画与数字视频的来源不同,计算机动画是用计算机图形绘制技术绘制出的连续画面,而数字视频是将模拟信号源经过数字化后的图像和伴音的集合体。常用的计算机动画编辑软件有 Flash 等,常用的 GIF 动画编辑软件有 Adobe ImageReady 等。

8.1.3　多媒体计算机系统

多媒体系统可以从狭义和广义上分类。

从狭义上分,多媒体系统就是拥有多媒体功能的计算机系统。

从广义上分,多媒体系统就是集电话、电视、媒体、计算机网络等于一体的能够处理多种媒体的信息综合化系统。

多媒体系统由多媒体硬件系统和多媒体软件系统组成。系统的层次结构图如图 8.1 所示。多媒体硬件系统除了要求有计算机基本的硬件系统(输入输出设备、存储设备、主机等)外,还要有多媒体硬件设备(音频处理设备、视频处理设备等)。多媒体硬件设备能够实时地综合处理文、图、声、像等信息,实现全动态视像和立体声处理,并对多媒体信息进行实时的压缩与解压。多媒体软件系统中有多媒体核心系统软件,主要是操作系统和相关的硬件驱动程序,用于对多媒体计算机的硬件、软件进行控制与管理。硬件驱动程序除了与硬件设备进行设置,还要提供 I/O 接口程序;多媒体制作工具、编辑软件是设计者对多媒体信息进行开发创作的主要媒介。设计者可以利用开发工具和编辑系统来创作各种教育、娱乐、商业等应用的多媒体文件。

图 8.1　多媒体系统的层次结构图

1. 多媒体计算机硬件系统

多媒体硬件系统的核心是一台高性能的计算机系统,包括计算机主机和外部设备(基本的输入输出设备、存储设备、音频设备、视频设备等多媒体配套设备)。

(1) 音频处理设备

音频处理设备主要包括声卡、音箱、麦克风等。

(2) 视频处理设备

视频处理设备有视频采集卡、视频压缩卡、数码摄像机等。

① 视频采集卡。视频采集卡(Video Capture Card)也叫视频卡,是将模拟摄像机、录像机、LD 视盘机、电视机输出的视频数据或者视频音频的混合数据输入电脑,并转换成数字数据,存储在电脑中,成为可编辑处理的视频数据文件,如图 8.2 所示。普通家庭用的摄像机设备已经可以通过 USB、1394 等接口直接连接到计算机上,同时使用视

图 8.2　视频采集卡

频编辑类软件把摄像机中的视频采集到计算机中，不必配备专门的视频采集卡。

② 视频压缩卡。视频压缩卡的功能是把模拟信号或是数字信号通过解码/编码按一定算法把信号采集并压缩到硬盘里或是直接刻录成光盘，因为经过压缩所以容量较小。

（3）存储设备

由于多媒体信息数据量巨大，所以多媒体计算机系统必须拥有较大的存储设备。

① 硬盘。硬盘是一种磁性载体，大容量的硬盘可以作为处理信息时的临时交换空间，也可以作为网络在线点播系统的存储空间，是最主要的存储设备，其特点是价格低廉、容量大。

② 光盘。即高密度光盘（Compact Disc）是近代发展起来的不同于磁性载体的光学存储介质，用聚焦的氢离子激光束处理记录介质的方法存储和再生信息，又称做激光光盘，具有容量大、耐用、易保存等优点，所以被广泛作为计算机软件、多媒体出版等发行量较大的出版物的存储介质。国际 ISO 组织对光盘的物理尺寸、转速、存储容量、数据传输率、误码率等多项技术都作了详细的规定。光盘按信息编码可分为：CD、MP3、VCD、SVCD、CD-ROM、DVD-ROM 等，其中 DVD 被称为数字视频光盘（Digital Video Disc），是目前使用最普遍光盘存储介质。DVD 是采用波长更短的红色激光、更有效的调制方式和更强的纠错方法实现的双面双层存储结构。存储容量相当于普通 CD 的 8～25 倍。DVD 对于视频和音频信息的存储都有很好的技术。

- DVD 按结构可分为以下 4 种通用形式：DVD5 为单面单层读取信息；DVD9 为单面双层读取信息；DVD10 为双面单层读取信息；DVD18 为双面双层读取信息。
- 一张 CD 光盘的信息储存量约为 650MB，相当于是 450 张 3.5 寸软盘储存量的总和。一张 DVD5 光盘的信息储存量约为 4.7GB，相当于 7 张 CD 光盘储存量的总和。一张 DVD9 光盘的信息储存量约为 8.5GB，相当于 11 张 CD 光盘储存量的总和。

2. 多媒体计算机软件系统

多媒体计算机软件系统包括多媒体操作系统、多媒体驱动软件、多媒体处理软件、多媒体创作工具和多媒体应用软件。

（1）多媒体操作系统

多媒体操作系统要求具有多媒体设备、信息和软件管理能力，它能实现多媒体环境下的多任务的调度，能对视频、音频等处理及控制，能提供多媒体信息处理的基本操作和管理。现在流行的操作系统 Windows XP、Windows 7 等都具备多媒体功能。

（2）多媒体驱动软件

多媒体驱动软件是相关硬件的驱动程序，用来保证多媒体设备的正常使用，如扫描仪、数码相机、数字摄像机、调制解调器等硬件在计算机上的使用。

（3）多媒体处理软件

多媒体处理软件可以对不同的多媒体信息进行加工，如音频处理软件（Cool Edit、Sound Forge、GoldWave），视频处理软件（Adobe Premiere、Director），图像处理软件（Photoshop、CorelDraw），动画制作软件（Flash、Adobe ImageReady）。

8.1.4　多媒体计算机关键技术

多媒体应用涉及许多相关的技术,主要包括:多媒体数据压缩/解压缩技术、多媒体专用芯片技术、多媒体数据存储技术、多媒体输入输出技术、多媒体数据库技术、多媒体网络与通信技术以及虚拟现实技术等。

1. 多媒体数据压缩/解压缩技术

多媒体计算机系统要求具有实时地综合处理声、文、图信息的能力,系统所涉及的图像、音频、视频等媒体的数据量非常庞大,同时还要求快速的数据传输、处理速度。由于目前的微机无法满足以上的要求,因此需要对多媒体数据进行压缩和解压缩。目前比较流行的多媒体压缩编码的国际标准主要有静止图像信息压缩标准 JPEG 和运动图像信息压缩标准 MPEG 等。

JPEG 是一种广泛使用的图像压缩标准,提供有损压缩,支持多种压缩级别,压缩比率通常为 10∶1～40∶1。JPEG 格式是目前网络上最流行的图像格式,是可以将文件压缩到最小的格式。JPEG2000 作为 JPEG 的升级版,同时支持有损和无损压缩,其压缩率比 JPEG 高约 30%左右。

MPEG 是数字化的音、视频压缩标准,主要包括 MPEG-1、MPEG-2、MPEG-4、MPEG-7 及 MPEG-21 等,其中 MPEG-1、MPEG-2 和 MPEG-4 已被广泛使用。MPEG-1 是为工业级标准而设计的,可适用于不同带宽的设备,如 CD-ROM、VCD 等;MPEG-2 提供更高级工业标准的图像质量以及更高的传输率,DVD 盘片采用的是 MPEG-2 标准;MPEG-4 能够以最少的数据获得最佳的图像质量,主要应用于视频电话、视频电子邮件、电子新闻、网络实时影像播放等。MPEG-1 和 MPEG-2 的压缩率通常为 20∶1～30∶1,MPEG-4 的压缩率可以高达 200∶1。

2. 多媒体专用芯片技术

为了实现多媒体庞大数据的快速压缩、解压缩和播放处理,需要大量的快速计算,因此需要有高速的 CPU、大容量的内存以及多媒体专用的数据采集和还原电路等,这些都有赖于专用芯片技术的发展和支持。多媒体计算机使用的芯片主要有两种类型,一种是固定功能的芯片,另一种是可编程的数字信号处理器(DSP)芯片。具有固定功能的芯片主要用于图像数据的压缩处理,而可编程的 DSP 芯片除了用于压缩处理外,还用来完成图像的特技效果和音频数据处理等。

3. 多媒体数据存储技术

数字化的音频、视频、图像等多媒体信息虽然经过压缩处理,但仍需占用相当大的存储空间。目前外部存储介质主要以磁盘为主,多媒体计算机系统的常用存储设备主要有硬盘、光盘、闪存等。硬盘存储容量较大,但通常不便于携带和交换;光盘被越来越广泛地用于多媒体信息的存储,常用的 CD-ROM 光盘的容量为 650MB,采用双片粘贴结构的 DVD 光盘的容量最高可达 17GB;闪存的存储容量也比较大,而且便于携带,价格便宜。此外,网络存储系统的不断升级也为多媒体数据的存储提供了一定的便利。

4. 多媒体输入输出技术

多媒体输入输出技术包括媒体变换技术、媒体识别技术、媒体理解技术和媒体综合技术。目前,媒体变换技术和媒体识别技术已得到较广泛的应用,而媒体理解技术和媒体综合技术只在某些特定的场合有所应用。

① 媒体变换技术。媒体变换技术是指与媒体的表现形式相关的技术,音频卡、视频卡等都属于媒体变换设备。

② 媒体识别技术。媒体识别技术是用来实现对信息进行一对一映像所采用的相关技术,如语音识别技术和触摸屏技术等就属于媒体识别技术。

③ 媒体理解技术。媒体理解技术用来对信息进行更进一步的理解、分析和处理,如自然语言理解技术、图像理解技术、模式识别技术等都属于媒体理解技术。

④ 媒体综合技术。媒体综合技术用于将低维信息表示映像成高维的模式空间,如语音合成器就可以将语音的内部表示综合为声音输出。

5. 多媒体数据库技术

多媒体计算机系统需要从多媒体数据模型、媒体数据压缩/解压缩的模式、多媒体数据管理和存取方法以及用户界面 4 个方面来研究数据库。多媒体数据库管理系统(MDBMS)的主要目标是实现媒体的混合、媒体的扩充和媒体的变换,并且对多媒体数据进行有效地组织、管理和存取。随着多媒体计算机技术、面向对象数据库技术和人工智能技术的发展,多媒体数据库管理系统将会对多媒体数据进行越来越有效的管理。

6. 多媒体网络与通信技术

目前,在 Internet 上广泛应用以文本、图像、音频、视频等多媒体信息为主的网络通信,如文件传输、电子邮件、视频电话、电子商务、远程教育、多媒体网络会议等,实现了多媒体通信和多媒体信息资源的共享。多媒体技术与网络技术、通信技术紧密联系,相辅相成。多媒体技术要求网络、通信技术能够保证传输速度和传输质量。此外,相关数据类型的同步、可变视频数据流的处理、信道分配以及网络传输过程中的高性能、可靠性等也是多媒体技术对网络、通信技术提出的要求。

7. 虚拟现实技术

虚拟现实(Virtual Reality,VR)是利用计算机技术模拟生成一个逼真的视觉、听觉、触觉及嗅觉等的感官世界,用户可以用人的自然技能对这个生成的虚拟实体进行交互,并产生与真实世界中相同的反馈信息,使用户从中获得与真实世界里一样的感受。虚拟现实技术集成了计算机图形学、仿真技术、多媒体技术、人工智能技术、计算机网络技术、并行处理技术和多传感器技术等的最新发展成果,是一种由计算机技术辅助生成的高技术模拟系统。目前,虚拟现实技术已被推广到科技开发、军事、医疗、教育、商业、娱乐等不同的领域中,得到了广泛的应用。

8.2　多媒体技术制作

常用的专业数字声音处理软件有 Cool Edit Pro、Audio Editor、SoundForge 等。其中 Cool Edit Pro(简称 CE Pro)是美国 Syntrillium 公司 1997 年推出的一个集录音、混音、编辑于一体的多轨数字音频编辑软件,它不仅适合于专业人员,也适合普通的音乐爱好者。

用户可以在 Windows 操作系统下高质量地完成录音、编辑、合成等音频制作。

8.2.1 数字音频编辑制作软件 Cool Edit Pro

Cool Edit Pro 除了具有 Windows 窗口的标题栏、菜单栏外,还有其特殊的工具栏和音轨选项面板、各音轨的波形显示区、声音播放控制面板、缩放工具时间显示、VU 电平监控和状态栏等,如图 8.3 所示。

图 8.3　Cool Edit Pro 2.1 中文版操作界面

① Cool Edit Pro 的工具栏为最常用的命令提供了快捷方式,工具栏中最左侧的 ![]按钮可以实现多轨模式和单轨模式的转换。![]为"切换为单轨模式界面",![] 为"切换为多轨模式界面"。当用户将模式切换为多轨模式后,音轨波形显示区会出现多个音轨道,并且左侧出现"多轨音轨控制面板"。在音轨控制面板上有一组控制按钮,"R" 在录音时必须选中,"S"表示独奏,"M"表示静音。

② 示范围条。黑框表示声音波形的时间总长,绿条表示当前显示在波形显示区的滤形在整个声音波形中所占的位置和长度。将鼠标移动绿条上,鼠标会变成小手的形状,拖动绿条,显示在波形显示区的波形也将跟着移动,如图 8.4 所示。该操作可以对声音波形进行选中。

③ 音轨波形显示区。该区是工作窗口的主体部分,它显示了声音文件的波形。在单轨模式下,双击鼠标可选定整个波形;在多轨模式下双击某一波形可选中该波形所在的音轨。如果是双声道波形会在波

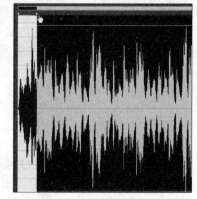

图 8.4　选中部分声音波形

形显示区中显示两个波形,"R"表示右声道,"L"表示左声道。

8.2.2　数字图像处理技术

1. 数字图像

数字图像可以看成一个矩阵,或一个二维数组,这是在计算机上表示的方式。形象地说一幅数字图像就像纵横交错的棋盘,棋盘行和列的数目就表示图像的大小。如图像大小是 640×640,实际上就表示图像有 640 行和 640 列。棋盘的格子就是图像的基本元素,称为像素。每个像素都是一个取值范围在 $0 \sim 255$ 之间的整数,代表了这个格子的亮度。取值越大,则越亮,反之,则越暗。正是或明或暗、密密麻麻的格子形成了在计算机上所看见的图像、人像和其他各种黑白图像。

2. 图像分辨率

图像分辨率以每英寸的像素数(Pixels Per Inch,PPI)来衡量。图像分辨率为 500PPI,就是每英寸有 500 个像素。分辨率越高,我们在每英寸上看见得细节就越清楚,图像越精细,质量越好,数据量也越大,反之亦然。所以,图像分辨率和图像尺寸决定了图像质量和文件大小。我们可以通过软件和算法来改变图像的分辨率,使之变得清晰或模糊。

3. 设备分辨率

设备分辨率是各类设备成像时每英寸上可产生的点数,如显示器、喷墨打印机、激光打印机、活体指纹滚动采集仪、数码相机的分辨率。这种分辨率通过每英寸上可产生的点数(Dots Per Inch,DPI)来衡量。如 PC 显示器的设备分辨率为 $60 \sim 120$DPI,打印设备的分辨率为 $360 \sim 1440$DPI。活体指纹滚动采集仪的分辨率为 500DPI,就是每英寸采集 500 个像素。一般而言包括光学分辨率和软件分辨率。购买显示器时,指标一般包括大小和点距:如 17 英寸(指荧光屏对角线长度为 17 英寸),点距 0.25mm。那么该显示器分辨率约为 100DPI: $25.3995(\text{mm/inch})/0.25(\text{mm/Dot}) \approx 100(\text{Dot/inch})(1\text{inch} = 25.3995\text{mm})$。显示器的水平方向和垂直方向的显示比例一般为 4∶3,由显示器的有效显示范围和分辨率可以计算其最高显示模式。假设显示器的有效显示范围为 80%,则水平方向为 $80\% \times 100 \times 17 \times 4/5 = 1088$,垂直方向为 $80\% \times 100 \times 17 \times 3/5 = 816$,因此你可以选择 1024×768 的显示模式。数码相机的分辨率一般用像素来衡量,像素越多,分辨率越高,相机档次越高,相应的图像数据量也越大。

8.2.3　数字图像素材获取方法

数字图像素材的获取有以下方法。

1. 捕捉屏幕图像

(1) 利用 Windows 抓图快捷键捕捉图像

在 Windows 操作系统中,用户可以按 Print Screen 键或者 Alt+Print Screen 键捕捉当前整个屏幕或者当前窗口的图像。Windows 7 操作系统自带截图工具。

（2）利用抓图软件捕捉图像

常见的抓图软件有 HyperSnap-DX、UltraSnap Pro v2.1、SnagIt 等。

HyperSnap-DX 不仅能抓取标准桌面程序界面，还能对使用 DirectX、3Dfx Glide 技术的游戏画面及视频截图。

UltraSnap Pro v2.1 是一个强大的屏幕捕捉工具，提供多种截取方式及自定义快捷键功能。可以对捕捉到的截图进行强大的修饰，包括裁剪、更改大小、加边框、加阴影、改变亮度等功能，还可以自由添加文字及鼠标指标。

SnagIt 软件是一个屏幕、文本、视频捕获与转换程序。可以捕获 Windows 屏幕、DOS 屏幕；RM 电影、游戏画面；菜单、窗口、客户区窗口、最后一个激活的窗口或用鼠标定义的区域。图像可被存为 BMP、PCX、TIF、GIF 或 JPEG 格式，也可以存为系列动画。使用 JPEG 格式时可以指定所需的压缩等级（从 1% 到 99%）。可以添加光标、水印。另外还具有自动缩放、颜色减少、单色转换、抖动以及转换为灰度级。此外，保存屏幕捕获的图像前，可以使用其自带的编辑器编辑；可以选择自动将其送至 SnagIt 打印机或 Windows 剪贴板中，也可以直接用 E-mail 发送。SnagIt 具有将显示在 Windows 桌面上的图像文本块转换为机器可读文本的独特能力，甚至无需剪切和粘贴。新版软件还能嵌入 Word、PowerPoint 和 IE 浏览器中。

2. 使用扫描仪扫入图像

扫描仪是最常用的多媒体设备，它可将已有的图片扫描到计算机中，形成数字图像文件。

3. 使用摄像机捕捉图像

通过摄像机的帧捕捉卡，实现单帧捕捉，并存储成图像文件。

4. 使用数字照相机拍摄

数字照相机是一种用数字图像形式存储照片的照相机，它可以将所拍的图像以数字化文件的形式存储。

5. 从素材光盘和网络素材库中获取图像

用户可以从网络下载或购买图像素材光盘方法获取图像。

6. 利用绘图软件创建图像

用户可以利用 Windows 画图软件，Photoshop、CorelDraw 绘图，然后保存成图像文件。

通过以上各种数字图像获取方法得到的图像，可以通过相关的专业图像编辑软件进行进一步的编辑和修改，得到满意的图像。

8.2.4 数字图像处理软件 Photoshop

Photoshop 是美国 Adobe 公司开发的平面图像处理软件，是集图像创作、扫描、编辑、合成及高品质分色输出功能于一体的软件。Photoshop 提供的强大功能足以让创作者充分表达设计创意，进行艺术创作。Photoshop 的版本不断升级，Photoshop 7.0 之后的新版本被命名为 Photoshop CS,常用版本是 Photoshop CS5。利用 Photoshop 所处理的图像文件,其扩展名为.psd。

1. 有关图像处理的几个名词

色调:是指图像中色彩的总体倾向,是大的色彩效果。通常可以从色相、明度、冷暖、纯度 4 个方面来定义图像的色调。

色相:是指能够比较确切地表示某种颜色色别的名称,如红、橙、黄、绿、蓝、紫等,黑、白以及各种灰色属于无色系。

饱和度:是指颜色的强度或纯度,饱和度的值越大,颜色越鲜艳。

亮度:是指图像的明亮程度。

对比度:是指图像中明暗区域最亮的白与最暗的黑之间不同亮度层级的测量,即指图像灰度反差的大小。

模糊:是指通过减少相邻像素之间的对比度来平滑图像。

锐化:是指通过增加相邻像素之间的对比度来突出图像。

2. Photoshop CS5 主界面

启动 Photoshop CS5 以后,屏幕显示其主界面,如图 8.5 所示。Photoshop CS5 主界面包括菜单栏、工具选项栏、工具箱、图像处理窗口和控制面板等。

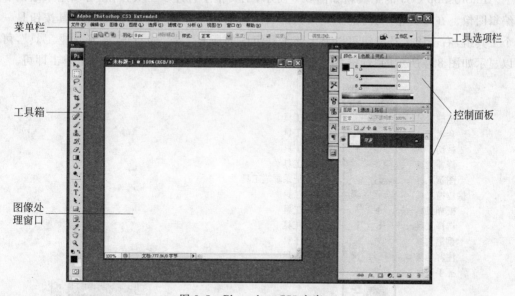

图 8.5 Photoshop CS5 主窗口

(1) 菜单栏

Photoshop CS5 的菜单栏包括"文件"、"编辑"、"图像"、"图层"、"选择"、"滤镜"、"分析"、"视图"、"窗口"和"帮助"10 个菜单。

"文件"菜单:主要用于文件的新建、打开、保存和打印等操作。

"编辑"菜单:主要用于对图像的选定区域进行剪切、复制、粘贴、清除、填充、描边、自由变换和变换等操作。

"图像"菜单：利用该菜单，可以选择图像的颜色模式，调整图像的色阶、对比度和色彩变化，改变画布和图像的大小等操作。

"图层"菜单：以图层为操作对象，主要用于新建、复制和删除图层，设置图层的样式，添加、删除图层蒙版以及合并图层等操作。

"选择"菜单：主要用于设置选区，可以对选区进行多种变换。

"滤镜"菜单：提供了风格化、画笔描边、模糊、锐化、视频、扭曲、素描、纹理、像素化、渲染、艺术效果、杂色等滤镜效果。

"视图"菜单：主要用于对文件的视图进行放大、缩小等切换，显示或隐藏标尺、网格，新建、锁定和清除参考线等操作。

"窗口"菜单：利用该菜单可以将窗口层叠或平铺，显示或隐藏工具箱以及各种控制面板等。

"帮助"菜单：提供关于 Photoshop CS5 使用方法的各种帮助信息。

（2）工具选项栏

在工具箱中选择了某个工具以后，该工具的选项就在工具选项栏中显示出来，利用工具选项栏可以对选中的工具进行参数设置。

（3）工具箱

Photoshop CS5 的工具箱如图 8.6 所示，工具箱中有许多工具按钮，可以用来绘制和编辑图像。在工具箱中，有的工具按钮的右下角有一个小三角 ◢，表示该工具按钮是一个工具组，右击该工具按钮可以显示该工具组内的所有工具，如右击"矩形选框工具"，可以显示如图 8.7 所示的"选框"工具组。如果想要使用某个工具，在该工具上单击即可。

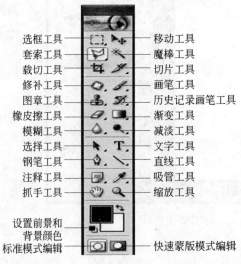

图 8.6　Photoshop CS5 工具箱

图 8.7　"选框"工具组

（4）图像处理窗口

图像处理窗口是所有工作的核心区域，用于显示打开的图像文件，并在该窗口中对图像进行编辑处理。图像处理窗口包括标题栏和图像处理区两部分，其中图像处理区的画布大小可以通过"图像"→"画布大小"命令来设置。

（5）控制面板

控制面板又叫浮动调板或调板，用于图像及其应用工具的属性显示与参数设置等，具有随着调整即可看到相应的设置效果的特点。Photoshop CS5 中提供了 3D、导航器、调整、历史记录、图层、通道、蒙版、路径、颜色、信息、样式、字符等 24 个控制面板，每个控制面板都可以通过"窗口"菜单中相应的命令进行显示或隐藏。默认情况下，控制面板以面板组的形式显示，用户可以根据需要将某个面板从原面板组中分离出去，也可以将某个面板移动到另一个面板组中。此外，用户还可以通过拖动面板的标题栏，将面板放置在屏幕的任意位置。

3．图像编辑

（1）选取图像区域

图像的选取操作可以利用"选框"工具组中的工具、"套索"工具组中的工具、"魔棒"工具和"快速选择"工具等，还可以利用"选择"菜单中的命令。

"选框"工具组中的工具用于选取矩形、圆形、单像素行和单像素列这些规则的选择区域；"套索"工具组中的工具包括"自由套索"工具、"多边形套索"工具和"磁性套索"工具，通常用于选取形状不规则的选择区域；"魔棒"工具则常用于选取颜色相同或相近的选择区域；"快速选择"工具是 Photoshop CS3 及以后的版本中所具有的工具，可以快速、高效地选择所需区域。

除了使用选取工具外，还可以利用"选择"菜单中的"全选"、"反选"命令来对图像进行相应的选取操作。此外，利用"选择"菜单中的"选取相似"、"扩大选取"、"羽化"、"修改"、"变换选区"等命令还可以对选取进行相应的编辑操作。

（2）移动图像

利用移动工具可以对图像中所选取的区域进行移动。

（3）复制图像

在利用移动工具移动图像选定区域的同时，按住 Alt 键不放，即可实现选定区域图像的复制。

（4）裁剪图像

图像的裁剪操作可以利用"裁剪"工具，也可以在选定区域后选择"图像"→"裁剪"命令。

（5）擦除图像

"橡皮擦"工具组中包括"橡皮擦"工具、"背景橡皮擦"工具和"魔术橡皮擦"工具，利用这些工具可以擦除图像中不需要的部分。另外，还可以在选定区域后选择"编辑"→"清除"命令或直接按 Delete 键，从而清除所选区域的图像。

（6）图像的变形

选定需要操作的图像区域后，利用"编辑"菜单中的"自由变换"或"变换"命令，可以对图像进行缩放、旋转、斜切、扭曲、透视、变形等操作。

（7）图像的色彩调整

利用"图像"菜单中的"调整"命令，可以调整整个图像或图像中选定区域的色彩。对图像色彩的调整主要包括图像的色相、亮度、对比度和饱和度等内容。

（8）改变图像大小

利用"图像"菜单中的"图像大小"命令，可以改变图像的大小。

4. 图层、通道与蒙版

（1）图层

Photoshop 处理的图像文件中可以包含一个或多个图层。图层可以看成是一张张透明的胶片，当多个图层叠加在一起时，可以看到各图层图像叠加的效果。由于各个图层之间是相互独立的，因此在某个图层中进行编辑操作时并不会影响到其他图层。图层的操作主要包括：新建、复制、删除、合并、调整图层之间的顺序以及设置图层的样式等。这些操作可以在如图 8.8 所示的"图层"控制面板中完成，也可以通过选择"图层"菜单中相应的命令来完成。

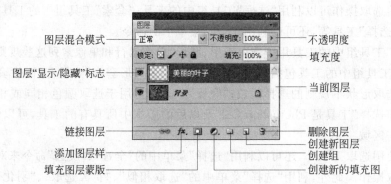

图 8.8　图层控制面板

① 新建图层：在"图层"菜单选择"新建"→"图层"命令，或者在"图层"控制面板中单击"创建新图层"按钮 。此外，利用"图层"菜单中的"新建填充图层"或"新建调整图层"命令，可以相应地创建填充图层或调整图层。

② 改变图层属性：首先选定所要操作的图层，然后选择"图层"中"图层属性"命令；或者在"图层"控制面板中右击所要操作的图层，然后在弹出的快捷菜单中选择"图层属性"命令。

③ 复制图层：先选定图层，然后选择"图层"→"复制图像"命令；或者在"图层"控制面板中右击所要操作的图层，在弹出的快捷菜单中选择"复制图像"命令。

④ 显示与隐藏图层：若某个图层前有"指示图层可见性"图标 ，则表示该图层处于显示状态，在该图标上单击，可以在图层的显示与隐藏两种状态间切换。

⑤ 删除图层：先选定图层，然后选择"图层"→"删除"→"图层"命令，或者在"图层"控制面板中单击"删除图层"按钮 。

⑥ 调整图层顺序：首先选定所要操作的图层，然后单击"图层"选择"排列"命令中的"置为顶层"、"前移一层"、"置为底层"、"后移一层"或"反向"命令；或者在"图层"控制面板中先选定需要移动的图层，然后按住鼠标左键向上或向下拖动图层，将图层拖动到合适位置后松开鼠标左键即可。

⑦ 改变图层透明度：选定要操作的图层，在"图层"控制面板中的"不透明度"位置处单击▶按钮，然后通过拖动滑块来改变图层的透明度，也可以直接在输入框中输入百分比值。

⑧ 设置图层样式：根据需要选择"图层"中的"样式"命令，或者在"图层"控制面板中单击"添加图层样式"按钮。

⑨ 链接图层：选定需要链接的多个图层，然后单击"图层"控制面板中的"链接图层"按钮 ∞，就可以对多个图层建立起链接，建立了链接的多个图层可以一起进行某种图层操作。

⑩ 合并图层：根据需要选择"图层"菜单中的"向下合并"、"合并可见图层"或"拼合图层"命令，也可以在"图层"控制面板中右击某图层，在弹出的快捷菜单中选择这3个命令。

（2）通道

通道用于存储色彩信息、选区和蒙版，有颜色通道和 Alpha 通道两种类型。颜色通道主要有 RGB 通道、CMYK 通道、Lab 通道和灰色通道等。颜色通道数取决于图像的颜色模式，如 RGB 模式的图像文件有 R、G、B 3 个颜色通道，而 CMYK 模式的图像文件则有 C、M、Y、K 4 个颜色通道。另外，还有一种比较特殊的颜色通道叫专色通道，常用于制作高质量的印刷品。Alpha 通道用于存储选区和蒙版，其中白色对应选区内的区域，黑色对应选区外的区域。

通道的操作主要包括：新建、复制、删除、显示与隐藏、将通道转换为选区、存储选区、载入选区等，这些操作可以在"通道"控制面板中完成，"通道"控制面板如图 8.9 所示。

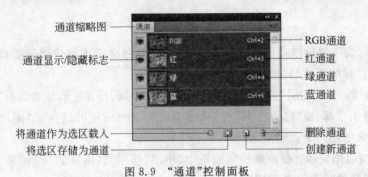

图 8.9　"通道"控制面板

① 新建 Alpha 通道：在图像中有选区的情况下，单击"通道"控制面板中的"将选区存储为通道"按钮 ◎，或者单击"选择"→"存储选区"命令，也可以直接在"通道"控制面板单击"创建新通道"按钮 ◙。

② 显示与隐藏通道：在某个通道前的"指示通道可见性"图标 ◉ 上单击，可以在通道的显示与隐藏两种状态间切换。

③ 复制通道：在"通道"控制面板中右击需要复制的通道，在弹出的快捷菜单中选择"复制通道"命令，然后在弹出的"复制通道"对话框中设置复制而成的通道名称。可以将通道复制到原图像文件中，也可以复制到一个新的图像文件中，最后单击"确定"按钮即可。

④ 删除通道：在"通道"控制面板中右击需要删除的通道，在弹出的快捷菜单中选择"删除通道"命令；或者先选定通道，然后在"图层"控制面板中单击"删除图层"按钮▇。

⑤ 将通道转换为选区：先选定需要操作的通道，然后单击"通道"控制面板中的"将通道作为选区载入"按钮 ▇ 。

（3）蒙版

蒙版也叫图层蒙版，用来保护图像的部分区域，使用户只能对该区域外的图像进行操作，此外，蒙版还可用于遮盖图层，来控制图层各部分区域的显示程度。快速蒙版与蒙版的功能基本相同，但快速蒙版是一种临时的蒙版，而蒙版则可以永久保留。蒙版的操作主要包括：切换至快速蒙版模式、新建、停用与启用、删除、设置蒙版的颜色、设置蒙版的不透明度、根据蒙版创建选区等，主要通过蒙版控制面板来完成这些操作。蒙版控制面板如图 8.10 所示。

图 8.10　"蒙版"控制面板

① 切换至快速蒙版模式：单击工具箱中的"切换标准模式与快速蒙版模式"按钮，可将编辑状态由"标准模式"转换为"快速蒙版模式"。

② 新建蒙版：在"图层"控制面板中，单击"添加蒙版"按钮▇；或者选择"图层"中"图层蒙版"的"显示全部"或"隐藏全部"或"从透明选取"命令；还可以选择"图层"中"创建剪贴蒙版"命令来创建一个剪贴蒙版。

③ 停用与启用蒙版：在蒙版控制面板中，单击"停用/启用蒙版"图标▇，可以在蒙版的停用与启用两种状态间进行切换。

④ 删除蒙版：在"图层"控制面板中，选定要删除的蒙版所在的图层，然后将鼠标指针指向蒙版图层的缩略图并右击，在弹出的快捷菜单中选择"删除蒙版"命令；或者在"蒙版"控制面板中直接单击"删除蒙版"按钮▇。

⑤ 设置蒙版的颜色和不透明度：在蒙版图层的缩略图处右击，从弹出的快捷菜单中选择"蒙版选项"命令，然后在弹出的对话框中设置颜色和不透明度。

⑥ 设置蒙版的浓度和羽化程度：在"蒙版"控制面板中，拖动浓度或羽化位置处的滑块，可以设置蒙版的浓度和羽化程度。

⑦ 调整蒙版：在蒙版图层的缩略图处右击，在弹出的快捷菜单中选择"调整蒙版"命令；或者在"蒙版"控制面板中单击"蒙版边缘"、"颜色范围"或"反相"按钮。

⑧ 根据蒙版创建选区：在"蒙版"控制面板中，单击"从蒙版中载入选区"按钮 ⊙
即可。

5. 滤镜

滤镜是应人们艺术欣赏水平的不断提高和需要处理具有复杂特效的图像而产生的。
滤镜可以对图像进行多种特殊效果的处理，这些特殊效果是通过计算机的运算来模拟摄
影时使用的偏光镜、柔焦镜、曝光等技术，并加入了美学艺术创作的效果。Photoshop 中
的滤镜分为内置滤镜和外置滤镜两种，内置滤镜是 Photoshop 自带的，外置滤镜需要进行
额外安装。另外，Photoshop 中还提供了浏览联机滤镜的功能。Photoshop 中的内置滤
镜有 13 组，包括风格化、画笔描边、模糊、锐化、视频、扭曲、素描、纹理、像素化、渲染、艺术
效果、杂色和其他，每一组中又包含了多种类型。

8.3 计算机动画制作

传统动画的制作过程是：设计故事情节→设计具体场景和演员动作→设计语音踪
迹→设计关键动画帧→中间画制作→复制到色片上→涂色、检查和编辑。传统动画主要
应用于电视电影制作，作为政府管理部门的通讯交流工具，作为科研和教育的手段，作为
工业部门的培训工具等。

8.3.1 计算机动画

计算机动画首先在辅助传统动画制作方面发挥了作用，大大提高了制作效率和降低
成本。例如：可采用数字化输入或交互编辑生成关键动画帧，也可以采用编程方式生成
复杂图形来辅助画面生成；可采用计算机插值或控制产生中间画面，利用计算机涂色系统
生成色彩变化画面，模拟摄像功能投放动画帧等来辅助运动生成；在后期制作中进行辅助
编辑和加进伴音效果。

计算机可以把动画制作技巧上升到传统动画所无法达到的高度。即使是最高明的动
画师也难于再现三维物体的真实运动。借助于计算机则可以轻易地实现。随着现代计算
机造型技术和显示技术的发展，利用计算机生成的三维真实感模型运动比二维动画具有
无法比拟的优越性。

计算机动画系统帮助人们制作了更多更好的动画片，遗憾的是，也同时制作了许多质
量差的动画片。问题在于计算机动画师对几十年积累起来的手工动画的经验和技巧缺乏
了解。因此，理解并掌握传统动画原理对制作动画片是十分必要的。借助于传统动画的
一些常用手法，利用计算机的先进工具，找到两者之间的对应，进而发展为更加生动的
技术。

目前，计算机动画仅仅是辅助动画，是一个训练有素的动画师利用计算机作为辅助工
具，使一系列二维或三维物体组成的图像帧连续动态变化起来。完全由计算机产生的动
画只存于命令文件式或算法控制的动画中。尽管计算机产生动画的技术愈来愈先进，但
动画师还不能被程序代替，就像作家不能被文字处理器代替一样。灵活生动的动画技巧

仍旧是产生优秀艺术动画的必备条件,宽广深厚的科学理论基础仍旧是产生模拟动画的根基。只有当动画的运动控制完全自动化和智能化,人工干预完全消失时,计算机动画才是真正自动生成的动画。传统动画的原理和一些常用手法,在计算机动画中,尤其是三维物体动画中可以找到。

8.3.2　计算机动画种类

1. 关键帧动画

关键帧动画通过一组关键帧或关键参数值而得到中间的动画帧序列,可以是插值关键图像帧本身而获得中间动画帧,或是插值物体模型的关键参数值来获得中间动画帧,分别称之为形状插值和关键位插值。

早期制作动画采用二维插值的关键帧方法。两幅形状变化很大的二维关键帧不宜采用参数插值法,解决的办法是对两幅拓扑结构相差很大的画面进行预处理,将它们变换为相同的拓扑结构再进行插值。对于线图形即使用变换成相同数目的手段,每段具有相同的变换点,再对这些点进行线性插值或移动点控制插值。关键参数值插值常采用样条曲线进行拟合,分别实现运动位置和运动速率的样条控制。对运动位置的控制常采用三次样条计算,用累积弦长作为逼近控制点参数,再求得中间帧位置;也可以采用 Bezeir 样条等其他 B 样条方法。对运动速度控制常采用速率—时间曲线函数,也有的用曲率—时间函数方法。两条曲线的有机结合用来控制物体的动画运动。

2. 算法动画

算法动画是采用算法实现对物体的运动控制或模拟摄像机的运动控制,一般适用于三维动画情形。根据不同算法可分为以下几种。

① 运动学算法:由运动学方程确定物体的运动轨迹和速率。

② 动力学算法:从运动的动因出发,由力学方程确定物体的运动形式。

③ 反向运动学算法:已知链接物末端的位置和状态,反求运动方程以确定运动形式。

④ 反向动力学算法:已知链接物末端的位置和状态,反求动力学方程以确定运动形式。

⑤ 随机运动算法:在某些场合下加进运动控制的随机因素。

算法对物体的运动控制是指按照物理或化学等自然规律对运动控制的方法。针对不同类型物体的运动方式,从简单的质点运动到复杂的涡流、有机分子碰撞等。一般按物体运动的复杂程度分为:质点、刚体、可变软组织、链接物、变化物等类型,也可以按解析式定义物体。

用算法控制运动的过程包括:给定环境描述、环境中的物体造型、运动规律、计算机通过算法生成动画帧。目前针对刚体和链接物已开发了不少较成熟的算法,对软组织和群体运动控制方面也做了不少工作。

模拟摄影机实际上是按照观察系统的变化来控制运动,从运动学的相对性原理来看是等价方式,但也有其独特的控制方式,例如可在二维平面定义摄影机运动,然后增设纵向运动控制。还可以模拟摄影机变焦,其镜头方向由观察坐标系中的视点和观察点确定,镜头绕此轴线旋转,用来模拟上下游动、缩放效果。对计算机动画的运动控制方法已经作了较深入的研究,技术也日渐成熟,然而使运动控制自动化的探索仍在继续。对复杂物体设计三维运动需要确定的状态信息量太大,例如对一个六个自由度物体设计一分钟动画的信息量为 $60 \times 30 = 1800$ 个。加上考虑环境变化,物体间的相互作用等因素,就会使得确定状态信息变得十分困难。因此探求一种简便的运动控制途径,力图使用户界面友好,提高系统的层次就显得十分迫切。

高层次界面采用更接近于自然语言的方式描述运动,并按计算机内部解释方式控制运动,虽然用户描述运动变得自然和简捷,但对运动描述的准确性却带来了不利因素,甚至可能出现模糊性、二义性问题。解决这个问题的途径是借鉴机器人学、人工智能中发展成熟的反向运动学、路径设计和碰撞避免等理论方法。在高度智能化的系统中物体能响应环境的变化,甚至可以从经验中学习。

常用的运动控制人机界面有交互式和命令文件式两种。交互式界面主要适用于关键帧方法,复杂运动控制一般采用命令文件方式。在命令文件方式中文件命令可用动画专用语言编制,文件由动画系统准确地加以解释和实现。在机器解释系统中采用如下几种技术。

① 参数法:设定那些定义运动对象及其运动规律的参数值,对参数赋以适当值即可产生各种动作。

② 有限状态法:将有限状态运动加以存储,根据需要随时调用。

③ 命令库:提供逐条命令的解释库,按命令文件的编程解释执行。

④ 层次化方法:分层次地解释高级命令。

此外,对一些不规则运动,如树生长、山形成、弹爆炸、火燃烧等自然景象,常引进一些随机控制机制使动画更自然生动。

8.3.3　计算机动画制作软件分类

1. 二维动画

二维动画,即平面动画,常用于影视制作、教学演示、互联网。主要的软件有 Animator Studio 动画制作软件,Flash 矢量图形、动画制作软件及在网页上应用比较多的 GIF 动画软件。

2. 三维动画

三维动画属于造型动画,可以模拟真实的三维空间。通过计算机构造三维几何造型,并给表面赋予颜色、纹理,然后设计三维形体的运动、变形、光照度等,最后生成一系列可供动态实时播放的连续图像。三维动画制作软件有 3 类。

- 小型三维设计软件以 TureSPace、Animation Master 为代表。
- 中型三维设计软件以 LightSpace、LightWave 为代表。
- 三型三维设计软件以 3D Studio Max、AutoCAD 为代表。

习　题　8

一、选择题

1. 下列各项中,不属于多媒体硬件的是(　　)。

    A. 光盘驱动器　　　　B. 视频卡　　　　C. 音频卡　　　　D. 加密卡

2. 输入输出设备必须通过 I/O 接口电路才能和(　　)相连接。

    A. 地址总线　　　　B. 数据总线　　　　C. 控制总线　　　　D. 系统总线

3. 控制器主要由指令寄存器、时序节拍发生器和(　　)组成。

    A. 运算器　　　　　　　　　　　　B. 程序计数器

    C. 存储部件　　　　　　　　　　　D. 操作控制部件

4. 下列有关多媒体计算机概念描述正确的是(　　)。

    A. 多媒体技术可以处理文字、图像和声音,但不能处理动画和影像

    B. 多媒体计算机系统主要包括 4 个部分:多媒体硬件系统、多媒体操作系统、图
形用户界面及多媒体数据开发的应用工具软件

    C. 传输媒体主要包括键盘、显示器、鼠标、声卡及视频卡等

    D. 多媒体技术具有同步性、集成性、交互性和综合性的特征

5. 在微型计算机的硬件设备中,既可以做输出设备又可以做输入设备的是(　　)。

    A. 绘图仪　　　　B. 扫描仪　　　　C. 手写笔　　　　D. 磁盘驱动器

6. 数字音频的主要技术指标是(　　)。

    (1) 采样频率　　　(2) 量化位数　　　(3) 频带宽度　　(4) 声道数

    A. (1)(2)(3)　　　B. (2)(3)(4)　　　C. (1)(2)(4)　　　D. (1)(2)(3)(4)

7. 下列关于 BMP 文件的说法中(　　)是不正确的。

    A. 该文件以 .bmp 为后缀

    B. 一般不采用压缩,因此占用存储空间很大

    C. 该文件采用位映射存储格式

    D. 是一种与硬件设备相关的位图格式文件

8. 二维动画和三维动画的区别在于(　　)。

    (1) 生成的方式不同　　　　　　　(2) 空间的视觉不同

    (3) 对象的移动不同　　　　　　　(4) 运动的控制不同

    A. (1)(3)　　　B. (2)(4)　　　C. (1)(2)　　　D. (1)(2)(3)(4)

9. 在 Photoshop 中,Alpha 通道的主要功能是(　　)。

    A. 合成不同通道的图像　　　　　　B. 选择图像的区域

    C. 修改通道图像的颜色　　　　　　D. 存储图像的选区

10. 下列关于 JPEG 文件的说法中不正确的是(　　)。

    A. 以 .jpe 或 .jpg 为后缀　　　　　B. 具有较高的图像保真度和压缩比

    C. 该格式支持 24 位真彩色　　　　D. 该格式支持透明色系

11. 下列关于 AVI 文件的说法中(　　)是不正确的。

　　A. 以.avi 为后缀的数字视频文件

　　B. 该格式以交叉方式存储视频和音频

　　C. 读取信息流畅但不易于再编辑和处理

　　D. 独立于硬件设备

12. 下列中(　　)不属于数字视频的技术标准。

　　A. 采样频率　　　　　B. 分辨率　　　　C. 数据量　　　　D. 传输率

13. 在 Photoshop 中,图层的作用是(　　)。

　　(1) 编辑当前图层的图像　　　　　(2) 保存图像的某一选区

　　(3) 合成多个图层的图像　　　　　(4) 显示或隐藏某个图层

　　A. (1)(2)(3)　　　　B. (1)(2)(4)　　　C. (1)(3)(4)　　　D. (1)(2)(3)(4)

14. 色彩的基本要素是(　　)。

　　A. 亮度、灰度、饱和度　　　　　　B. 亮度、色度、饱和度

　　C. 明度、色度、饱和度　　　　　　D. 明度、色相、饱和度

15. 多媒体技术的基本特征是(　　)。

　　A. 使用光盘驱动器作为主要工具　　B. 有处理文字、声音、图像的能力

　　C. 有处理文稿的能力　　　　　　　D. 使用显示器作为主要工具

二、实践题

1. 一幅真彩色图像汽车照片。利用 Photoshop 软件将照片中汽车外壳着色处理为红色,其余部分(车窗、车灯、车轮及车牌)保持原色。最后以原文件名按最佳品质存盘。请叙述具体操作过程。

2. 一张灰度人像照片。运用 Photoshop 将照片中人像的衣服、头发和鞋子分别进行着色,再将处理好的人像移植到白色背景中。请叙述具体操作过程。

第9章 计算机程序设计及数据库基础

现在社会信息时代,数据管理的巨大需求使数据库系统的应用得到了广泛的发展,计算机程序设计开发软件应用于多个方面,如工业、农业、银行、航空及政府部门等。这些应用促进了经济和社会的发展,使得人们的工作更加高效,同时提高了生活质量。而数据库系统的基础则是数据库技术。数据库技术是在 20 世纪 60 年代末兴起的一种数据管理技术,随着数据管理的深入发展,数据库技术已经成为计算机科学的重要分支。软件工具最初是零散的、不系统、不配套,后来根据不同类型软件项目的要求建立了各种软件工具箱,支持软件开发的全过程。本章主要介绍计算机程序设计及数据库技术的相关基础知识。

9.1 软 件 工 程

软件工程(Software Engineering)是一门研究工程化方法构建和维护有效的、实用的和高质量软件的学科。它涉及到程序设计语言、数据库、软件开发工具、系统平台、标准及设计模式等方面。典型的软件有电子邮件、嵌入式系统、人机界面、办公套件、操作系统、编译器、数据库及游戏等。

软件工程由方法、工具和过程三部分组成。软件工程方法是完成软件工程项目的技术手段。它支持项目计划的估算、系统和软件需求分析、软件设计、编码、测试和维护。软件工程使用的软件工具是人类在开发软件的活动中智力和体力的延伸,它自动或半自动地支持软件的开发和管理,支持各种软件文档的生成。

9.1.1 软件的概念和特征

软件是一系列按照特定顺序组织的计算机数据和指令的集合。通常软件被划分为系统软件、应用软件和介于这两者之间的中间件。其中系统软件为计算机使用提供最基本的功能,但是并不针对某一特定应用领域。而应用软件则恰好相反,不同的应用软件根据用户和所服务的领域提供不同的功能。

软件具有以下 6 个特征。

① 软件是一种逻辑产品,与物质产品有很大的区别。

② 软件产品的生产主要是研制,生产成本主要在开发和研制,开发研制完成后,通过复制产生了大量软件产品。

③ 软件产品不会用坏,不存在磨损、消耗。但软件是有生存周期的。

④ 生产主要是脑力劳动,目前还未摆脱手工开发方式。

⑤ 开发软件的费用不断增加,致使生产成本相当昂贵。

⑥ 软件还必须具备可维护性、独立性、效率性和可用性4个属性。

9.1.2　软件工程的原则

软件工程的原则是指围绕工程设计、工程支持以及工程管理在软件开发过程中必须遵循的原则,软件工程的原则有以下4项。

(1) 选取适宜开发范型

该原则与系统设计有关,在系统设计中,软件需求、硬件需求以及其他因素之间是相互制约、相互影响的,经常需要权衡。因此,必须认识需求定义的易变性,采用适宜的开发范型予以控制,以保证软件产品满足用户的要求。

(2) 采用合适的设计方法

在软件设计中,通常要考虑软件的模块化、抽象与信息隐蔽、局部化、一致性以及适应性等特征。合适的设计方法有助于这些特征的实现,以达到软件工程的目标。

(3) 提供高质量的工程支持

"工欲善其事,必先利其器"。在软件工程中,软件工具与环境对软件过程的支持颇为重要。软件工程项目的质量与开销直接取决于对软件工程所提供的支撑质量和效用。

(4) 重视开发过程的管理

软件工程的管理,直接影响可用资源的有效利用,生产满足目标的软件产品,提高软件组织的生产能力等问题。因此,仅当软件过程得以有效管理时,才能实现有效的软件工程。

根据软件工程这一框架,软件工程学科的研究内容主要包括:软件开发范型、软件开发方法、软件过程、软件工具、软件开发环境、计算机辅助软件工程(CASE)及软件经济学等。软件工程的目标是可用性、正确性和合算性。实施一个软件工程要选取适宜的开发范型,要采用合适的设计方法,要提供高质量的工程支撑,要实行开发过程的有效管理。软件工程活动主要包括需求、设计、实现、确认和支持等活动,每一活动可根据特定的软件工程,采用合适的开发范型、设计方法、支持过程以及过程管理。

9.1.3　软件工程的目标

软件工程的目标是在给定成本、进度的前提下,开发出具有可修改性、有效性、可靠性、可理解性、可维护性、可重用性、可适应性、可移植性、可追踪性和可互操作性并且满足用户需求的软件产品。追求这些目标有助于提高软件产品的质量和开发效率,减少维护的困难,下面分别介绍这些概念。

（1）可修改性（modifiablity）

允许对系统进行修改而不增加原系统的复杂性，它支持软件的调试与维护，是一个难以达到的目标。

（2）有效性（efficiency）

软件系统能最有效地利用计算机的时间资源和空间资源，各种计算机软件无不将系统时/空开销作为衡量软件质量的一项重要技术指标。很多场合，在追求时间有效性和空间有效性方面会发生矛盾，这时不得不牺牲时间效率换取空间有效性或牺牲空间效率换取时间有效性。时/空折中是经常出现的，有经验的软件设计人员会巧妙地利用折中概念，在具体的物理环境中实现用户的需求和自己的设计。

（3）可靠性（reliability）

能防止因概念、设计和结构等方面的不完善造成的软件系统失效，具有挽回因操作不当造成软件系统失效的能力。对于实时嵌入式计算机系统，可靠性是一个非常重要的目标。因为软件要实时地控制一个物理过程，如宇宙飞船的导航、核电站的运行等。如果可靠性得不到保证，一旦出现问题可能是灾难性的，后果将不堪设想。因此在软件开发、编码和测试过程中，必须将可靠性放在重要地位。

（4）可理解性（understandability）

系统具有清晰的结构，能直接反映问题的需求。可理解性有助于控制软件系统的复杂性，并支持软件的维护、移植或重用。

（5）可维护性（maintainability）

软件产品交付用户使用后，能够对它进行修改，以便改正潜伏的错误，改进性能和其他属性，使软件产品适应环境的变化等。由于软件是逻辑产品，只要用户需要，它可以无限期地使用下去，为此软件维护是不可避免的。软件维护费用在软件开发费用中占有很大的比重。可维护性是软件工程中一项十分重要的目标。软件的可理解性和可修改性有利于软件的可维护性。

（6）可重用性（reusebility）

概念或功能相对独立的一个或一组相关模块定义为一个软部件。软部件可以在多种场合应用的程度称为部件的可重用性。可重用的软部件有的可以不加修改直接使用，有的需要修改后再用。可重用软部件应具有清晰的结构和注解，应具有正确的编码和较低的时/空开销。各种可重用软部件还可以按照某种规则存放在软部件库中，供软件工程师选用。可重用性有助于提高软件产品的质量和开发效率、有助于降低软件的开发和维护费用。从更广泛的意义上理解，软件工程的可重用性还应该包括应用项目的重用、规格说明（也称为规约）的重用、设计的重用、概念和方法的重用等。一般来说，重用的层次越高，带来的效益也就越大。

（7）可适应性（adaptability）

软件在不同的系统约束条件下，使用户需求得到满足的难易程度。适应性强的软件应采用广为流行的程序设计语言编码，在广为流行的操作系统环境中运行，采用标准的术语和格式书写文档。适应性强的软件较容易推广使用。

（8）可移植性（portability）

软件从一个计算机系统或环境搬到另一个计算机系统或环境的难易程度。为了获得比较高的可移植性，在软件设计过程中通常采用通用的程序设计语言和运行环境支撑。对依赖于计算机系统的低级（物理）特征部分，如编译系统的目标代码生成，应相对独立、集中。这样与处理机无关的部分就可以移植到其他系统上使用，可移植性支持软件的可重用性和可适应性。

（9）可追踪性（tracebility）

根据软件需求对软件设计、程序进行正向追踪或逆向追踪。软件可追踪性依赖于软件开发各个阶段文档和程序的完整性、一致性和可理解性。降低系统的复杂性会提高软件的可追踪性。软件在测试、维护过程中，或程序在执行期间出现问题时，应记录程序事件或有关模块中的全部或部分指令现场，以便分析、追踪产生问题的因果关系。

（10）可互操作性（interoperability）

多个软件元素相互通信并协同完成任务的能力。为了实现可互操作性，软件开发通常要遵循某种标准，支持折中标准的环境将为软件元素之间的可互操作提供便利，可互操作性在分布计算环境下尤为重要。

软件工程活动是生产一个最终满足需求且达到工程目标的软件产品所需要的步骤，主要包括需求、设计、实现、确认以及支持等活动。需求活动包括问题分析和需求分析。问题分析获取需求定义，又称软件需求规约；需求分析生成功能规约。设计活动一般包括概要设计和详细设计。概要设计建立整个软件体系结构，包括子系统、模块以及相关层次的说明、每一模块接口定义；详细设计产生程序员可用的模块说明，包括每一模块中数据结构说明及加工描述。实现活动把设计结果转换为可执行的程序代码。确认活动贯穿于整个开发过程，实现完成后的确认，保证最终产品满足用户的要求。支持活动包括修改和完善。伴随以上活动，还有管理过程、支持过程、培训过程等。

9.1.4　软件及其生存周期

软件产品从形成概念开始，经过开发、使用和维护，直到最后退役的全过程称为软件生存周期（software life cycle）。软件生存周期根据软件所处的状态、特征以及软件开发活动的目的、任务可以划分为若干个阶段。目前各阶段的划分尚不统一，但无论采用哪种划分方式，软件生存周期包括软件定义、软件开发、软件使用与维护 3 个部分。本节介绍的软件生存周期可分为软件系统的可行性研究、需求分析、概要设计、详细设计、实现、组装测试、确认测试、使用、维护和退役 10 个阶段，如图 9.1 所示。

1. 软件定义

软件定义的基本任务是确定软件系统的工程需求。软件定

图 9.1　软件生存周期

义可分为软件系统的可行性研究和需求分析两个阶段。

(1) 软件系统的可行性研究

可行性研究的任务是了解用户的要求及现实环境,从技术、经济和社会等几个方面研究并论证软件系统的可行性。参与软件系统开发的分析人员应在用户配合下对用户要求及现实环境作深入细致的调查,并在调查研究的基础上撰写调研报告,根据调研报告及其他有关资料进行可行性论证。可行性论证包括技术可行性、操作可行性和经济可行性三个部分。技术可行性指使用目前可用的开发方法和工具能否支持需求的实现;操作可行性指用户能否在某一特定的软件运行环境中使用这个软件;经济可行性指实现和使用软件系统的成本能否被用户接受。在对软件系统进行调研和可行性论证的基础上还要制定初步的项目开发计划,包括选用资源、定义任务、风险分析、成本估算、成本效益分析以及进度安排等。项目计划应有明确的、可供检查的时间表和检查规范。

(2) 需求分析

① 任务。确定待开发软件的功能需求、性能需求和运行环境约束,编制软件需求规格说明、软件系统的确认测试准则和用户手册概要。软件的功能需求应指明软件必须完成的功能;软件的性能需求包括软件的安全性、可靠性、可维护性、精度、错误处理、适应性、用户培训等。软件系统在运行环境方面的约束指待开发的软件系统必须满足的运行环境方面的要求。

② 重要性与困难。软件需求不仅是软件开发的依据,而且也是软件验收的标准。因此,确定软件需求是大型软件开发的关键和难点。首先用户、系统分析人员和软件开发人员关心软件需求的角度是不同的。用户关心软件的功能和性能、运行环境和软件的成本/效益等。系统分析员、项目管理员除关心以上问题外,更关心开发软件的可行性、风险、成本和进度。软件开发人员则关心软件需求分析的结果——软件需求规格说明,它是软件设计的依据。其次由于软件是复杂的逻辑产品,用户很难说清楚他所需要的软件系统到底要"做什么",希望能不断完善,修改软件需求,以便得到一个满意的软件系统。事实表明,所谓"满意"是一个在需求分析阶段很难精确描述的一项指标。有时甚至会出现在确认测试阶段用户还要求修改软件需求的情况。这一点对系统分析员、项目管理员和软件开发人员都是难以接受的。最后用户、系统分析员和软件开发人员对软件需求的描述方式也有各自的意见。一般的用户希望用自然语言描述软件的需求,以便于阅读和理解;软件开发人员希望尽量用形式化的需求规格说明语言或其他工具,如数据流图、状态图等,这样不仅可以避免自然语言容易出现的二义性和不精确性,而且还能为软件系统的设计创造有利条件。总之在需求分析阶段完成需求分析任务是一项十分艰巨的任务。

③ 需求分析过程。确定需求就是确定待开发的软件系统"做什么"。系统需求一般由用户提出。由于用户往往缺乏软件开发的知识和经验,系统分析员和软件开发人员不得不与用户反复讨论、协商,使用户需求逐步精确化、一致化、完整化。为了使开发者与用户对待开发的软件系统达成一致的理解,必须建立软件需求文档,有时还要对大型、复杂的软件系统的主要功能、接口、人机界面等进行模拟或建造原型,以便向客户、开发者和系统分析员展示待开发系统的主要特征。确定软件需求的过程有时反复多次才能得到用户和开发人员的确认。

④ 软件需求规格说明。需求分析的一项重要任务是建立面向开发者的软件需求规格说明。软件需求规格说明应该指明软件系统的功能需求、性能需求、接口需求、设计需求、基本结构以及开发标准和验收原则等。软件需求规格说明是软件开发的基础,建立软件需求规格说明是软件开发成败的关键。

2. 软件开发

在软件生存周期模型中,软件开发由概要设计、详细设计、实现、组装测试和确认测试5个阶段组成。其中概要设计和详细设计统称为设计,实现也称为编码,组装测试和确认测试统称为测试。软件开发是按照需求规格说明的要求,由抽象到具体,逐步生成软件的过程。软件在开发过程中通常有多种方案供人们选择,人们往往在成本、进度、功能、性能、系统复杂性、时/空开销、风险等方面进行折中,以便用较小的代价实现客户对软件总体目标的需求。

（1）概要设计

根据软件需求规格说明建立软件系统的总体结构和模块间的关系,定义各功能模块的接口,设计全局数据库或数据结构,规定设计约束,制定组装测试计划。对于大型软件系统,应对软件需求进行分解,将其划分为若干个子系统,对每个子系统定义功能模块和各功能模块间的关系。概要设计阶段应提供每个功能模块的功能描述、全局数据定义和外部文件定义等。概要设计应力争做到功能模块之间有比较低的耦合度,而功能模块内部有较高的内聚度。设计的软件系统应具有良好的总体结构并尽量降低模块接口的复杂性。通常软件系统的设计采用层次结构并用结构图表示。结构图中的节点代表功能模块。结构图中的上层模块可用一个或若干个下层模块表示,体现了自顶向下、逐步求精的设计思想。概要设计应提供概要设计说明书、组装测试计划等文件。

（2）详细设计

对概要设计产生的功能模块逐步细化,形成若干个可编程的程序模块,用某种过程语言设计程序模块的内部细节,包括算法、数据结构和各程序模块之间的详细接口信息,为编写源代码提供必要的说明;建立"模块开发卷宗";拟定模块测试方案。目前使用比较多的程序设计语言有结构化语言、伪代码和 Ada 语言等。

软件设计应该遵循的原则是设计要与软件需求保持一致,设计的软件结构应支持模块化、信息隐藏等。软件设计可以选用的方法和工具是比较多的,如结构化的设计方法、面向对象的设计方法等。软件开发人员可以根据实际情况选用适当的方法。

（3）实现

实现的主要任务是根据详细设计文档将详细设计转化为所要求的编程语言或数据库语言的程序,并对这些程序进行调试和程序单元测试,验证程序模块接口与详细设计文档的一致性。

根据"模块开发卷宗"将模块的详细设计转化为某种编程语言源程序的过程就是编程和调试的过程。值得指出的是系统分析方法、系统设计方法、编程方法及选用的程序设计语言应该尽可能匹配。例如采用结构化的分析方法就应该选用结构化的设计方法和结构化的编程语言,选用支持结构化编程的 Pascal 语言、C 语言、Ada 语言等;若采用面向对象的分析方法、面向对象的设计方法就应该选用面向对象的编程技术和支持面向对象的编程语言,如 Java、C++ 等。在编程的过程中,不仅要注意程序的正确性和与详细设计文档保持一致,还要使程序具有良好的风格,以利于程序的调试、理解和维护。为了保证模块测试的质量,测试之前应制定测试方案并产生相应的测试数据。不仅要对合法输入数据进行测试,而且还要对非法输入数据进行测试,既要对正常处理路径进行测试,又要对异常或出错处理路径进行测试。程序模块测试方案、用例、预期的测试结果是软件文档的重要组成部分,必须及时整理并存档。

(4) 组装调试

根据概要设计中各功能模块的说明及制定的组装测试计划,将经过单元测试的模块逐步进行组装和测试。组装测试应对系统各模块间的连接正确性进行测试;测试软件系统或子系统的输入输出处理是否达到设计要求;测试软件系统或子系统正确处理能力和承受错误的能力等。通过组装测试的软件应生成满足概要设计要求、可运行的系统源程序清单和组装测试报告。

(5) 确认测试

根据软件需求规格说明定义的全部功能和性能要求及软件确认测试计划对软件系统进行测试,测试系统是否达到了系统需求。确认测试应有客户参加,确认测试阶段应向用户提交最终的用户手册、操作手册、源程序清单及其他软件文档。确认测试结束时应生成确认测试报告和项目开发总结报告。为了验证软件产品是否满足软件需求规格说明的要求,必须按照测试计划的要求编制大量的测试用例,采用多种方法和工具,组织专门的测试队伍并严格组织实施。只有经过严格测试的软件才能保证开发软件的质量。由专家、客户、软件开发人员组成的软件评审小组在对软件确认报告、测试结果和软件进行评审通过后,软件产品正式得到确认,可以交付用户使用。

3. 软件的使用、维护和退役

(1) 软件的使用

将软件安装在用户确定的运行环境中,测试通过后移交用户使用。软件的使用是软件发挥社会和经济效益的重要阶段。由于软件是逻辑产品,软件发行的份数越多,软件的社会和经济效益越显著。因此,应大力推广软件的使用。在软件的使用过程中,客户或维护人员认真搜集被发现的软件错误,定期或阶段性地撰写"软件问题报告"和"软件修改报告"。

(2) 软件的维护

软件的维护是对软件产品进行修改或对软件需求变化做出响应的过程。当发现软件产品中的潜伏错误,或用户提出要对软件需求进行修改,或软件运行环境发生变化时,都需要对软件进行维护。软件维护不仅针对程序代码,而且还针对软件定义、开发的各个过程生成的文档。

(3) 软件的退役

软件的退役是软件生存周期的最后一个阶段,终止对软件产品的支持,软件停止使用。

软件开发的各个阶段与软件测试的各个阶段之间存在着如图 9.2 所示的对应关系,这种对应关系有利于软件开发过程的管理和软件质量的控制。

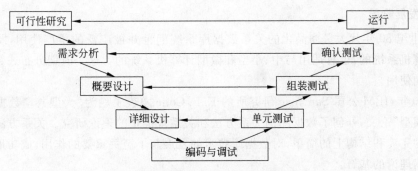

图 9.2　软件开发与测试的对应关系

9.2　数据库的基础知识

生活中每个人都有很多亲戚、朋友和同学，常常将他们的姓名、地址、电话等信息都记录下来以保持联系，方便查找电话或地址。这种创建"通讯录"的思想就是一个最简单的"数据库"，每个人的姓名、地址、电话等信息就是这个数据库中的"数据"。"数据库"中添加新朋友的个人信息，也可以由于某个朋友的电话变动而修改电话号码这个"数据"。这个"数据库"还是为了能随时查到某位亲戚或朋友的地址、邮编或电话号码这些"数据"。

9.2.1　数据库系统的产生与发展

数据模型是数据库系统的核心和基础。因此，对数据库技术发展阶段的划分应该以数据模型的发展演变作为主要依据和标志。总体说来，数据库技术从开始到现在一共经历了三个发展阶段：第一代是网状、层次数据库系统，第二代是关系数据库系统，第三代是以面向对象数据模型为主要特征的数据库系统。

1. 初级阶段

首先使用"DataBase"一词的是美国系统发展公司，在为美国海军基地在 20 世纪 60 年代研制数据中引用。

1963 年，C. W. Bachman 设计开发的 IDS(Integrate Data Store)系统开始投入运行，它可以为多个 COBOL 程序共享数据库。

1968 年，网状数据库系统 TOTAL 等开始出现。

1969 年，IBM 公司 Mc Gee 等人开发的层次式数据库系统的 IMS 系统发表，它可以让多个程序共享数据库。

1969 年 10 月，CODASYL 数据库研制者提出了网络模型数据库系统规范报告 DBTG，使数据库系统开始走向规范化和标准化。为此，许多专家认为数据库技术起源于 20 世纪 60 年代末。数据库技术的产生来源于社会的实际需要，而数据技术的实现必须有理论作为指导，系统的开发和应用又不断地促进数据库理论的发展和完善。

2. 发展阶段

20 世纪 80 年代大量商品化的关系数据库系统问世并被广泛的推广使用,既有适应大型计算机系统的,也有适用与中、小型和微型计算机系统的。这一时期分布式数据库系统也走向使用。

1970 年,IBM 公司 San Jose 研究所的 E. F. Code 发表了题为"大型共享数据库的数据关系模型"论文,开创了数据库的关系方法和关系规范化的理论研究。关系方法由于其理论上的完美和结构上的简单,对数据库技术的发展起了至关重要的作用,成功地奠定了关系数据理论的基石。

1971 年,美国数据系统语言协会在正式发表的 DBTG 报告中,提出了三级抽象模式,即对应用程序所需的那部分数据结构描述的外模式,对整个客体系统数据结构描述的概念模式,对数据存储结构描述的内模式,解决了数据独立性的问题。

1974 年,IBM 公司 San Jose 研究所研制成功了关系数据库管理系统 System R,并且投放到软件市场。

1976 年,美籍华人陈平山提出了数据库逻辑设计的实体联系方法。

1978 年,新奥尔良发表了 DBDWD 报告,他把数据库系统的设计过程划分为四个阶段:需求分析、信息分析与定义、逻辑设计和物理设计。

1980 年,J. D. Ulman 所著的《数据库系统原理》一书正式出版。

1981 年,E. F. Code 获得了计算机科学的最高奖 ACM 图灵奖。

1984 年,David Marer 所著的《关系数据库理论》一书出版,标志着数据库在理论上的成熟。

3. 成熟阶段

从 20 世纪 90 年代初开始,数据库理论和应用进入成熟发展时期,陆续出现了一些商品化的面向对象数据库管理系统,如 Object Store、O2、ONTOS 等,并在非传统应用领域中发挥了重大作用。

近年来,在计算机领域出现了许多新技术,例如分布式处理技术、并行处理技术、人工智能、计算机视觉与听觉、多媒体处理技术、模糊技术和面向对象技术等。随着数据库系统与其他学科技术的不断融合,数据库技术的应用范围越来越广,出现了一些适合特定领域的新型数据库技术,例如工程数据库、模糊数据库、统计数据库、时态数据库和演绎数据库等。从发展上也出现了一些令人瞩目的趋势,其主要趋势包括分布式数据库、面向对象数据库、多媒体数据库和并行数据库等。

9.2.2 数据库相关概念

数据(Data)是载荷或记录的信息按一定规则排列组合的物理符号。随着计算机技术的发展,数据已不仅仅是数值,如文字、图形、图像、声音等都是数据,即凡是能被计算机加工处理的对象都是数据,它们可以经过数字化后存入计算机。

信息(Information)是现实世界各种事物的存在特征、运动形态以及不同事物间的相互联系等因素在人脑中的抽象反映而形成的概念。

数据处理(Data Processing)是数据的收集、整理、组织、存储、查询、维护和传送等各种操作,这些是数据处理的基本环节,是任何数据处理任务必有的共性部分。

数据库(DataBase,DB)是存放数据的仓库。只不过这个仓库是在计算机存储设备上,而且数据是按一定的格式存放的。数据库是长期存储在计算机内的、有组织的、可共享的数据集合。数据库中的数据按一定的数据模型组织、描述和存储,具有较小的冗余度、较高的数据独立性和易扩展性。

数据库管理系统(DataBase Management System,DBMS)是位于用户与操作系统之间的一层数据管理软件。它的主要功能包括以下几个方面。

(1) 数据定义功能

DBMS 提供数据定义语言(Data Definition Language,DDL),用户通过它可以方便地对数据库中数据对象进行定义。

(2) 数据操纵功能

DBMS 还提供数据操纵语言(Data Manipulation Language,DML),用户使用 DML 操纵数据实现对数据库的基本操作,如查询、插入、删除和修改等。

(3) 数据库的运行管理

数据库在建立、运用和维护时由数据库管理系统统一管理、统一控制,以保证数据的安全性、完整性,多用户对数据的并发使用及发生故障后的系统恢复。

(4) 数据库的建立和维护功能

它包括数据库初始数据的输入、转换功能,数据库的转储、恢复功能,数据库的重组织功能和性能监视、分析功能等。

Microsoft Access 就是一个关系型数据库管理系统,它提供一个软件环境,用户可以利用它方便快捷地建立数据库,并对数据库中的数据实现查询、编辑、打印等操作。

数据库系统(DataBase System,DBS)是指在计算机系统中引入数据库后的系统,一般由数据库、数据库管理系统(及其开发工具)、应用系统、数据库管理员和用户构成。通常在不引起混淆的情况下把数据库系统简称为数据库。

9.2.3 数据模型

模型是现实世界特征的模拟和抽象。数据模型(Data Model)也是一种模型,它是现实世界数据特征的抽象。数据库是现实世界中某些数据的综合,它不仅要反映数据本身的内容,而且要反映数据之间的联系。由于计算机不可能直接处理现实世界中的具体事物,所以人们必须事先把具体事物转换成计算机能够处理的数据。在数据库中用数据模型这个工具来抽象、表示和处理现实世界中的数据和信息。

数据模型是面向数据库全局逻辑结构的描述,它包括三方面的内容:数据结构、数据操作和数据约束条件。数据结构用于描述系统的静态特性,研究的对象包括两类:一类是与数据类型、内容和性质有关的对象;另一类是与数据之间的联系有关的对象。数据操作是指对数据库中各种对象(型)的实例(值)允许执行的所有操作,即操作的集合,包括操作及有关的操作规则。数据库主要有检索和更新两类操作。完整性规则是给定的数据模型中数据及其联系所具有的制约和依存规则,用以限制数据库的状态和状态的变化,以保证数据的正确、有效和相容。

DBMS 支持四种数据模型,分别是层次模型(Hierarchical Model)、网状模型(Network Model)、关系模型(Relational Model)和面向对象模型(Object Oriented Model)。下面在具体介绍这四种数据模型之前,先了解一下构成模型元素的实体的有关概念。

数据模型中的基本元素是实体,其相关概念如下。

(1) 实体(Entity)

客观存在并且可以区别的事物称为实体。实体可以是具体的客观事物,如一名学生、一台电脑等都可以看成实体。

(2) 属性(Attribute)

实体所具有的某一特性称为属性。一个实体可以由若干个属性来刻画。例如,学生实体可以具有学号、姓名、性别、所属学院等属性。

(3) 码(Key)

唯一标识实体的属性集称为码。如图书编号是图书实体的码,学号是学生实体的码。

(4) 域(Domain)

属性取值范围称为该属性的域。如图书编号的域为 0000001～9999999 之间。

(5) 实体型(Entity Type)

具有相同属性的实体必然具有共同的特性和性质。用实体名及其属性名集合来抽象和刻画同类实体,称为实体型。如学生(学号,姓名,性别,院系代码)就是一个实体型。

(6) 实体集(Entity Set)

同型实体的集合称为实体集。如一个完整的学生信息表就是一个学生信息的实体集。

(7) 关联(Relationship)

实体之间的对应关系称为关联,它反映现实世界事物之间的相互联系。两个实体间的联系可以归纳为 3 种类型。

① 一对一联系(one-to-one relationship)。如果对于实体集 A 中的每一个实体,实体集 B 中至多有一个(也可以没有)实体与之联系,反之,对于实体集 B 中的每一个实体,实体集 A 中也至多有一个(也可以没有)实体与之联系,则称实体集 A 与实体集 B 具有一对一联系,记为 1:1。例如,在学校里,每个学院只有一个负责人,而学院负责人也只能负责一个学院,则学院和学院负责人之间就是一对一联系。

② 一对多联系(one-to-many relationship)。如果对于实体集 A 中的每一个实体,实体集 B 中有 $n(n \geqslant 0)$ 个实体与之联系,反之,对于实体集 B 中的每一个实体,实体集 A 中至多有一个实体与之联系,则称实体集 A 与实体集 B 有一对多联系,记为 1:n。例如,一个学院有若干名教师,而每个教师只能属于一个学院,学院与教师之间具有一对多联系。

③ 多对多联系(many-to-many relationship)。如果实体集 A 中的每个实体可以与 B 中的多个实体有联系,反之,B 中的每个实体也可以与 A 中的多个实体有联系,则称 A 对

B 或 B 对 A 是 $m:n$ 联系。例如,一门课程可以有多个学生选修,而每个学生又可以选修多门课程,则课程与学生之间就是多对多联系。其实,一对一联系是一对多联系的特例,而一对多联系又是多对多联系的特例。

目前,最常用的数据模型有层次模型(Hierarchical Model)、网状模型(Network Model)、关系模型(Relational Model)和面向对象模型(Object Oriented Model)。

(1) 层次数据模型

层次数据模型是数据库系统中最早采用的数据模型,它是用树形结构表示实体及其之间联系的模型。在层次模型中每个节点表示一个实体型,节点之间的连线表示实体型间的联系,这种联系是"父子"节点之间的"一对多"的联系。这种模型的实际存储数据由链接指针来体现联系。

(2) 网状数据模型

网状数据模型是层次模型的扩展,它表示多个从属关系的层次结构,呈现一种交叉关系的网络结构,网状模型是有向"图"结构。在网状模型中,每一个节点表示一个实体型,节点之间的连线表示实体型间的联系,从一个节点到另一个节点用有向线段表示,箭头指向"一对多"的联系的"多"方。

(3) 关系数据模型

关系数据模型中实体与实体间的联系是通过二维表结构来表示的。关系模型就是用二维表格结构来表示实体及实体间联系的模型。二维表结构简单、直观,如表 9.1 所示学生基本信息表。

表 9.1　学生基本信息表

学号	姓名	性别	出生年月	班级
20120001	唐珠	女	1992-10-20	数学 121
20120002	孙晨	男	1990-09-29	英语 121
20120003	冯天亮	女	1991-08-17	财管 122

在关系模型中涉及以下概念。

① 关系(Relation):一个关系就是一个二维表,每个关系有一个关系名,如表 9.1 关系名为学生基本信息表。

② 元组(Tuple):在一个二维表(一个具体关系)中,水平方向的行称为元组,对应表中的一个具体记录,如表 9.1 其中包含 3 个元组。

③ 属性(Attribute):二维表中垂直方向的列称为属性,每一列有一个属性名,与前面讲的实体属性相同,如表 9.1 中的学号、姓名等为属性名。

④ 域(Domain):属性的取值范围。如表 9.1 中性别值域是{男,女}。

⑤ 主关键字(Primary Key):表中能够唯一地标识一个元组的属性或元组属性的组合。如表 9.1 中的学号属性可以唯一标识一个元组,所以,学号可以成为主关键字。

⑥ 外部关键字(Foreign Key):如果表中的一个属性不是本表的主关键字,而是另外一个表的主关键字,这个属性称为外部关键字。

关系模型建立在严格的数学理论的基础上,数据结构简单清晰,易懂易用,使用关系可以描述实体与实体间的联系,具有更高的数据独立性、更好的安全保密性,同时,也简化了数据库建立、开发和维护工作。

（4）面向对象数据模型

传统的关系数据库系统数据模型简单,无法满足新的计算机应用特别是非事务处理领域对数据库支撑要求的需要。面向对象模型借鉴了面向对象的基本思想,并具有构造复杂数据结构与模式（如嵌套、递归、抽象、分类、组装、分解等）、构造抽象数据类型、拥有多种操作以及对数据模型进行扩充演化等能力。在面向对象模型中,对象是指客观的某一事物,对象的描述具有整体性和完整性,对象不仅包含描述它的数据,而且还包含对其操作的方法,同时,对象将外部特征与行为封装在一起,并利用消息进行协调。

9.2.4 关系数据库系统

关系数据库系统（Relational DataBase System,RDBS）是支持关系模型的数据库系统。它采用数学方法来处理数据库中的数据。关系数据库是目前效率最高的一种数据库系统,Access 就是基于关系模型的数据库系统。

关系模型主要由关系数据结构、关系操作和关系完整性约束三部分组成。

1. 关系数据结构

关系模型中关系数据结构是指二维表。这种数据结构虽然简单,却能够描述现实世界的实体以及实体间的各种联系。如学生成绩的相关信息可以被存放到一个数据库中,并在数据库中建立多个表,用来分别存储学生基本信息、课程基本信息、成绩信息等数据。

2. 关系操作

关系操作采用集合操作方式,即操作的对象和结果都是集合。关系模型中常用的关系操作包括两类。

① 查询操作：选择（Select）、投影（Project）、连接（Join）、除（Divide）、并（Union）、交（Intersection）、差（Difference）等。

② 其他操作：增加（Insert）、删除（Delete）、修改（Update）操作。

3. 关系完整性约束

关系完整性约束是指对要建立关联关系的两个关系的主关键字和外部关键字设置的约束条件以及用户对关系中属性取值的自定义限制条件,并以此确保数据库中数据的正确性和一致性。关系数据模型的操作必须满足关系的完整性约束条件。关系的完整性约束条件包括用户自定义的完整性、实体完整性和参照完整性 3 种。

（1）用户自定义完整性

用户自定义完整性是针对某一具体关系数据库的约束。它反映某一具体应用所涉及的数据必须满足一定的语义要求。例如某个属性必须取唯一值、某个属性不能取空值（Null）、某个属性的取值范围在 0～100 之间等。其中 Null 为"空值",即表示未知的值是不确定的。关系模型应提供定义和检测这类完整性的机制。

（2）实体完整性

实体完整性是对关系中元组的唯一性约束,也就是对主关键字的约束,即关系（表）的主关键字不能是空值(Null)且不能有重复值。设置实体完整性约束后,当主关键字值为Null(空)时,关系中的元组无法确定。例如在读者档案关系中,"读者卡号"是主码,由它来唯一识别每位读者,如果它的值取空值,将不能区分具体人员,这在实际的数据库应用系统中是无意义的;当不同元组的主关键字值相同时,关系中就自然会有重复元组出现,这就违背了关系模型的原则,因此这种情况是不允许的。在关系数据库管理系统中,一个关系只能有一个主关键字,系统会自动进行实体完整性检查。

(3) 参照完整性

参照完整性是对关系数据库中关系之间数据参照引用的约束,也就是对外部关键字的约束。具体来说,一个关系中的外部关键字的取值必须是与之匹配的另一个关系的主关键字的值或者是 Null。

关系完整性约束是关系设计的一个重要内容,关系完整性约束要求数据之间必须遵循一定的制约及依存关系,以保证数据的正确性、有效性和相容性。其中,实体完整性约束和参照完整性约束是关系模型必须满足的完整性约束条件。关系数据库管理系统为用户提供了完备的实体完整性自动检查功能,也为用户提供了设置参照完整性约束、用户自定义完整性约束的环境和手段。

9.2.5　关系的规范化

在数据库设计中,如何把现实世界表示成合理的数据库模式是一个非常重要的问题。关系数据库的规范化理论就是进行数据库设计时的有力工具。

关系数据库中的关系(表)要满足一定要求,满足不同程度要求的为不同范式。目前遵循的主要范式包括第一范式(1NF)、第二范式(2NF)、第三范式(3NF)和第四范式(4NF)等。规范化设计的过程就是按不同的范式,将一个二维表不断地分解成多个二维表并建立表间的关联,最终达到一个表只描述一个实体或者实体间的一种联系的目标。其目的是减少数据冗余,提供有效的数据检索方法,避免不合理的插入、删除、修改等操作,保持数据一致,增强数据的稳定性、伸缩性和适应性。

1. 第一范式

在关系中每一个数据项不可再分,满足这个条件的关系就符合第一范式的要求。如表 9.1 所示,其中每个数据项不能再分,所以符合第一范式。

2. 第二范式

在满足第一范式的基础上,如果所有非主属性都完全依赖于主码,则称这个关系满足第二范式。即在满足第二范式的关系中,主码可以唯一决定每一个非主属性,但主码中的任何一个真子集属性不能决定每一个非主属性,如表 9.2 所示。关系中主码为属性组学号和课程代码,其中无论学号还是课程代码都不能唯一决定非主属性综合成绩,所以此关系符合第二范式的要求。如果一个关系不满足第二范式,则会产生插入异常、删除异常、修改复杂等问题。

表 9.2 课程成绩表

学号	课程代码	综合成绩
20120001	Computer01	95
20120002	English09	92

3. 第三范式

对于满足第二范式的关系,如果每一个非主属性都不传递依赖于主码,则称这个关系满足第三范式。即消除第二范式中的传递依赖后,关系便符合第三范式的要求。

9.2.6 关系数据库设计

数据库设计是建立数据库及其应用系统的技术,是信息系统开发和建设的核心技术,具体地说,数据库设计是指对于一个给定的应用环境,构造最优的数据库模式,建立数据库及其应用系统,使之能够有效地存储数据,满足各种用户的应用需求。

关系数据库设计就是对数据进行组织化和结构化的过程,主要的问题是关系模型的设计。关系模型的完整性规则是对关系的某种约束条件,是指数据库中数据的正确性和一致性。现实世界的实际存在决定了关系必须满足一定的完整性约束条件,这些约束表现在对属性取值范围的限制上。完整性规则就是防止用户使用数据库时,向数据库加入不符合语义的数据。在关系数据库设计中,数据库中的关系要满足一定的条件,也就是数据库规范化设计。

关系数据库设计的步骤一般分为以下内容。

1. 需求分析

需求分析阶段是数据库设计的第一步,也是最基础的阶段。它的主要任务是对数据库应用系统的任务进行全面分析,收集数据库需要存储和处理的各类基础数据以及需求分析的任务和需求分析的方法。

需求分析阶段的任务主要是通过调查,获取用户对数据库的要求。即与用户充分交流获得数据库需要保存的相关信息、数据库系统应具有的处理功能、信息的安全保密要求以及数据应满足的约束条件。

需求分析的方法较为灵活,可以在调查数据库应用系统的使用环境以及各部门的业务活动的基础上,进行信息处理流程分析并帮助用户明确对新系统的各种要求,包括信息要求、处理要求、安全性和完整性要求以及明确系统功能范围。

2. 数据库设计

在需求分析的基础上,首先明确需要存储哪些数据,并考虑以下内容。

① 需要建立关系的个数,每个关系具有的属性。

② 考虑每个关系中哪个属性可以作为主码,同时需要考虑实体完整性约束。

③ 确定关系之间具有的联系,即明确数据表间的关联,并确定数据表中的外码,同时考虑参照完整性要求。

④ 考虑所建关系是否符合规范化设计的要求,如果不符合,则需要进一步分解使之

符合数据库规范化要求。

3. 功能设计

根据需求分析与数据库设计构建数据库模型,并设计应用系统的每个功能模块。例如,图书馆管理系统可以具有资料管理、借阅管理、信息查询、统计分析、报表管理、系统管理和系统帮助等功能模块。

4. 性能分析

系统初步完成后,需要进行性能分析,根据具体的性能要求对数据库进行进一步的优化,直到应用系统的设计满足用户的使用要求为止。

5. 发布和维护

系统经过调试后可以进行发布,但在使用过程中可能还会存在某些问题,因此,在系统运行期间需要不断地进行调整与维护。

9.2.7 关系运算

关系的基本运算有两种,一种是传统的集合运算(并、差、交等),另一种是专门的关系运算(选择、投影、连接等)。在使用过程中,一些查询工作通常需要组合几个基本运算,并经过若干步骤才能完成。

1. 集合运算

进行并、差、交集合运算的关系必须具有相同的关系模式,假设两个关系 R 和 S 具有相同的结构。

(1)并运算

关系 R 和 S 的并是由属于 R 或属于 S 的元组组成的集合,即并运算的结果是把关系 R 与关系 S 合并到一起,去掉重复元组。运算符为"∪",记为 R∪S。

(2)差运算

关系 R 与 S 的差是由属于 R 但不属于 S 的元组组成的集合,即差运算的结果是从 R 中去掉 S 中也有的元组。运算符为"−",记为 R−S。

(3)交运算

关系 R 和 S 的交是由既属于 R 又属于 S 的元组组成的集合,即运算结果是 R 和 S 的共同元组。运算符为"∩",记为 R∩S。

(4)笛卡儿积运算

关系 R 和 S 的笛卡儿积是由 R 中每个元组与 S 中每个元组组合生成的新关系,即新关系的每个元组左侧是关系 R 的元组,右侧是关系 S 的元组。运算符为"×",记为R×S。

2. 专门的关系运算

专门的关系运算包括投影、选择和连接运算。这类运算将关系看做是元组的集合,其运算不仅涉及关系的水平方向(表中的行),而且也涉及关系的垂直方向(表中的列)。

(1)选择运算

选择运算是从关系 R 中找出满足给定条件的元组组成新的关系。选择的条件以逻辑表达式给出,使逻辑表达式的值为真的元组将被选取。记为 $\delta_F(R)$。其中 F 是选择条件,是一个逻辑表达式,它由逻辑运算符($\wedge$ 或 $\vee$)和比较运算符($>$, $>=$, $<$, $<=$, $<>$)组成。

选择运算是一元关系运算,选择运算的结果一般比原来关系元组个数少,它是原关系的一个子集,但关系模式不变。

（2）投影运算

投影运算是选择关系 R 中的若干属性组成新的关系,并去掉重复元组,是对关系的属性进行筛选,记为 $\Pi_A(R)$。其中 A 为关系的属性列表,各属性间用逗号分隔。

投影运算是一元关系运算,相当于对关系进行垂直分解。其结果一般关系属性个数比原来关系少,或者属性的排列顺序不同。投影的运算结果不仅取消了原来关系中的某些列,而且还可能取消某些元组(去掉重复元组)。

（3）连接运算

连接运算是依据给定的条件,从两个已知关系 R 和 S 的笛卡儿积中选取满足连接条件(属性之间)的若干元组组成新的关系。记为 $(R)\overset{\bowtie}{F}(S)$ 。

连接运算是由笛卡儿积导出的,相当于把两个关系 R 和 S 的笛卡儿积作一次选择运算,从笛卡儿积全部元组中选择满足条件的元组。

连接运算与笛卡儿积的区别是:笛卡儿积是关系 R 和 S 所有元组的组合,而连接只是满足条件的元组的组合。连接运算的结果,一般比两个关系元组、属性总数少,比其中任意一个关系的元组、属性个数多。

连接运算分为条件连接、相等连接、自然连接、外连接等。

① 条件连接。条件连接是从两个关系的笛卡儿积中选取属性间满足一定条件的元组。

② 等值连接。从关系 R 与 S 的笛卡儿积中选取满足等值条件的元组。

③ 自然连接。自然连接也是等值连接,从两个关系的笛卡儿积中,选取公共属性满足等值条件的元组,但新关系不包含重复的属性。

④ 外连接。外连接分为左外连接和右外连接。关系 R 与 S 的左外连接方法是:先将 R 中的所有元组都保留在新关系中,包括公共属性不满足等值条件的元组,新关系中与 S 相对应的非公共属性的值均为空。关系 R 与 S 的右外连接方法是:先将 S 中所有元组都保留在新的关系中,包括公共属性不满足等值条件的元组,新关系中与 R 相对应的非公共属性的值均为空。

9.3　计算机程序设计方法

程序(Program)就是整治细节最好的工具,是为进行某种活动或过程所规定的途径。"一切按程序办事,一切按数据说话"。程序是管理方式,是能够发挥出协调高效作用的工具。

9.3.1　程序和程序设计

计算机程序是指为了得到某种结果而可以由计算机等具有信息处理能力的装置执行

的代码化指令序列，或者可被自动转换成代码化指令序列的符号化指令序列或者符号化语句序列。

计算机程序一般分为系统程序和应用程序两大类。由于现在的计算机还不能理解人类的自然语言，所以还不能用自然语言编写计算机程序。用汇编语言、高级语言等开发编制出来的可以运行的文件，在计算机中称可执行文件。游戏一般都是应用程序，Flash 影片类的小程序也比较流行。

通常，计算机程序要经过编译和链接而成为一种人们不易理解而计算机能够理解的格式，然后运行。未经编译就可运行的程序通常称之为脚本程序。一个计算机程序是指一个单独的可执行的映射，而不是当前在这个计算机上运行的全部程序。

程序设计(Programming)是指设计、编制、调试程序的方法和过程，其内容涉及到有关的程序基本概念、编程工具、方法以及方法学等，它是目标明确的智力活动。由于程序是软件的本体，软件的质量主要是通过程序的质量来体现的，在软件研发中，程序设计的工作非常重要。

程序设计语言(Programming Language)是用于编写计算机程序的语言。语言的基础是一组记号和一组规则。根据规则由记号构成的记号串的总体就是语言。在程序设计语言中，这些记号串就是程序。程序设计语言包含三个方面，即语法、语义和语用。语法表示程序的结构或形式，亦即表示构成程序的各个记号之间的组合规则，但不涉及这些记号的特定含义，也不涉及使用者。语义表示程序的含义，亦即表示按照各种方法所表示的各个记号的特定含义，但也不涉及使用者。语用表示程序与使用的关系。

程序设计语言的基本成分有数据成分、运算成分、控制成分和传输成分。数据成分用于描述程序所涉及的数据；运算成分用以描述程序中所包含的运算；控制成分用以描述程序中所包含的控制；传输成分用以表达程序中数据的传输。

按照语言级别可以分为低级语言和高级语言。低级语言有机器语言和汇编语言。低级语言与机器有关，功效高，但使用复杂、繁琐、费时、易出差错。机器语言是表示成数码形式的机器基本指令集，或者是操作码经过符号化的基本指令集。汇编语言是机器语言中地址部分符号化的结果，或进一步包括宏构造。高级语言的表示方法要比低级语言更接近于待解问题的表示方法，其特点是在一定程度上与具体机器无关，易学、易用、易维护。程序设计语言是软件的重要方面，其发展趋势是模块化、形式化、并行化和可视化。

9.3.2 程序设计的基本方法

早期的程序设计语言是面向数值计算的，程序规模通常较小。随着计算机硬件技术的发展，其速度和存储容量不断提高，成本急剧下降。但要解决的问题却越来越复杂，程序规模也越来越大，这样的程序必须由多个程序员密切合作才能完成。由于旧的程序设计方法很少考虑程序员间相互合作的需要，因此编写程序的错误随着软件规模的增加而迅速增加，造成调试时间和成本迅速上升，甚至使得某些软件产品因调试成本过高而报废，产生了通常所说的"软件危机"。结构化程序设计的方法就是在这种背景下产生的。

遵循一定的方法和思路并正确的列出各个求解步骤，同时，计算机在解决某个问题时更要遵循一定的方法和步骤，这种严格方法或求解步骤叫做算法，通常还需辅以某种程度上的运行性能分析。

　　美国著名计算机科学家克努特教授(D. E. Knuth)提出了"计算机科学就是研究算法的科学"的著名论断。在规定的条件下完成一定的操作序列,即计算机算法。算法可以是纯理论的,也可以由一个计算机程序实现,理论算法通常根据复杂性分为不同类别,实现的算法通常经过剖析以测试其性能。

　　流程图是用一组几何图形表示各种操作类型,在图形上用简明扼要的文字和符号表示具体的操作,并用带有箭头的流线表示操作的先后次序。流程图中图形符号的含义如表 9.3 所示。

表 9.3　流程图中图形符号的含义

图形符号	名称	含　义
	起止框	表示算法的开始或结束
	输入输出框	表示输入输出操作
	处理框	表示处理或运算的功能
	判断框	用来根据给定的条件是否满足决定执行两条路径中的某一路径
	流线	表示程序执行的路径,箭头代表方向
	连接符	表示算法流向的出口连接点或入口连接点,同一对出口与入口的连接符内必须标以相同的数字或字母

1. 结构化程序设计

　　结构化程序设计的基本观点是随着计算机硬件性能的提高,程序设计的目标不应再集中于如何充分发挥硬件的效率方面。新的程序设计方法应以结构清晰、可读性强、易于分工合作编制和调试程序为基本目标。结构化程序设计思想认为好的程序应具有层次化的结构,应该采用"逐步求精"的方法,只使用顺序、分支和循环等基本程序结构通过组合、嵌套来编写。

　　(1) 程序控制结构

　　程序一般由若干子程序构成,而子程序又是由语句构成的。对于程序员来说,程序设计工作的一个主要内容,就是如何将解决问题的算法,用某种语言按照一定的结构编写成语句和子程序来完成。

　　结构化设计方法是以模块化为中心,将待开发的软件系统划分为若干个相互独立的模块,完成每一个模块的工作变得单纯而明确,为设计一些较大的软件打下了良好的基础。由于模块间相互独立,所以在设计一个模块时,不会受到其他模块的干扰,因而可将一个复杂的大问题分解为若干个简单的小问题来处理,即编写一系列简单的小模块。模块的独立性还为扩充已有的系统,建立新系统带来了不少方便。按照结构化程序设计方法设计出的程序具有结构清晰、可读性好、易于修改、易于扩充和容易调试的优点。结构化程序设计包括以下三种结构:顺序结构、选择结构和循环结构。

　　顺序结构如图 9.3 所示,是最自然的一种结构,由前到后,一条语句接着一条语句地执行。先执行"程序模块 1"再执行"程序模块 2"。从逻辑上看,模块 1 和模块 2 可以合并成一个模块。但无论怎样合并,新程序模块也只能从模块入口进入,一条语句接着一条语句去执行。当执行完所有的语句后,再从新模块出口退出模块去执行其他的程序模块。

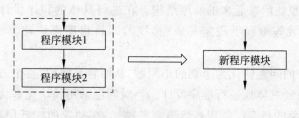

图 9.3　顺序结构

　　在处理一个实际问题时,往往需要根据不同的条件去进行不同的处理,还有时要对某些条件重复地进行某些操作,编程也是这样。因此,在程序中引入选择结构和循环结构。

　　选择结构如图 9.4 所示,从图中可以看出,根据逻辑条件成立与否,分别选择执行模块 1 或模块 2,虽然选择结构比顺序结构稍微复杂了一些,但是仍可以看成一个只有一个入口和一个出口的新程序模块。

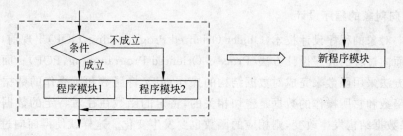

图 9.4　选择结构

　　循环结构如图 9.5 所示,在进入循环结构时,首先判断条件是否成立,如果条件成立,则执行程序模块,执行后,再判断循环条件,如果为真再去执行程序模块,如此循环往复,直到条件不成立时退出。在编写循环结构的程序时,要注意以下两点。

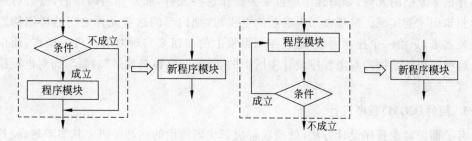

图 9.5　循环结构

　　① 必须使首次判断的条件为真,保证能够进入循环体。至少要使循环体执行一次,否则编写的循环程序就没有意义了。

　　② 在循环体中必须有修改循环条件的语句,保证循环在执行有限次后能够退出,不

会出现死循环。

（2）结构化程序设计的特点

结构化程序设计的基本思想是采用"自顶向下、逐步求精"的程序设计方法和"单入单出"的控制结构。具有结构化特点的程序，实际上是由一些具有相对独立功能、结构清晰、容易理解的小程序模块串联起来的顺序结构。在进行具体的程序设计时，将相对独立的小程序用过程和函数等编程手段定义成"模块"，即将程序模块化。程序模块化的优点在于：

① 便于将复杂的问题转化为个别的小问题，从而容易实现"各个击破"。

② 便于从抽象到具体地进行程序设计。当对问题采用模块化解法时，可以提出许多抽象的层次。在抽象的最高层使用自然语言来描述；在抽象的较低层则采用比较具体化的方法来描述；最后，在抽象的最低层可以用直接实现的方式来叙述。

③ 便于测试和维护。采用模块化原则设计程序时，为了得到一组最佳模块，应当遵循信息隐蔽的原则分解软件。即某个模块所包含的信息（过程和数据）其他模块不需要知道，即不能访问，以体现模块的独立性。

④ 便于理解分析程序。在对模块化程序进行分析时，由于每个模块功能明确，彼此独立，所以可以采用自底向上的分析方法，首先确定每个模块的功能，进而完成整个程序。

2. 面向对象的程序设计

在面向对象的程序设计技术（Object-Oriented Programming，OOP）出现前，程序员们一般采用面向过程的程序设计方法（Process-Oriented Programming，POP）。面向过程的程序设计方法采用函数来完成对数据结构的操作，但又将函数和所操作的数据结构分离开来。但函数和它所操作的数据是密切相关的，特定的函数往往对特定的数据结构进行操作；如果数据结构发生改变，则相应的函数也要发生变化。这样就使得面向过程的程序设计方法编写出来的大程序不但难于编写，而且也难于调试、修改和维护。

面向对象的程序设计方法是对面向过程的程序设计方法的继承和发展，它汲取了面向过程的程序设计方法的优点，同时又考虑到现实世界与计算机世界的对应关系，现实世界中的实体就是面向对象程序设计方法中的对象。如电视机内部有显像管、高压包、集成电路等很多复杂的元件，如果让用户直接去操作这些元件，那是相当困难的，需要有一定的专业知识才能实现。呈现在用户面前的电视机，把内部的这些元件之间的详细构造全部封装起来，只给一个控制面板，通过控制面板上的按钮来实现对电视机的操作，简单方便。这种思想就是面向对象程序设计中所谓的"封装"，电视机就是"对象"，而对电视机的操作就是"方法"。

3. 组件（COM）程序设计

有了面向对象程序设计方法，就彻底解决了代码重用的问题了吗？其实不然，硬件越来越快，越来越小了，软件的规模却越来越大了，集体合作越来越重要，代码重用又出现了新的问题。面向对象的程序设计的思想——只能在源程序级别重用，不能在二进制级别（可执行代码级）重用。如用 C++ 写的类，不能被 BASIC 重用——不能跨语言。

再比如找到了程序中的一个 BUG，已经修改完成，而且是只改动了一个字节。接下来需要重新向用户分发新的版本,如果用户有 10 万个,维护也比较麻烦。COM 程序设计方法就是解决以上问题的一个方式,解决了代码重用的问题,可以做到甲中有乙,乙中有甲。

9.3.3 程序设计的基本过程

程序设计的基本过程主要包括需求分析、结构化设计、软件测试、程序调试。软件设计是软件工程的重要阶段,是一个把软件需求转换为软件表示的过程。软件设计包括软件结构设计、数据设计、接口设计、过程设计。

1. 需求分析

(1) 结构化分析定义

结构化分析方法是结构化程序设计理论在软件需求分析阶段的运用,目的是帮助弄清用户对软件的需求。

(2) 结构化分析常用的工具

① 数据流图(Data Flow Diagram,DFD)是描述数据处理过程的工具,是需求理解的逻辑模型的图形表示,它直接支持系统的功能建模。数据流图的图形元素见表 9.4。

表 9.4 数据流图的图形元素

图形元素	图形元素的含义
⬭	加工(转换):数据经加工变换产生输出
→	数据流:沿箭头方向传送数据的通道,一般在旁边标注数据流名
═══	存储文件:表示处理过程中存放各种文件
▭	源:表示系统和环境的接口,属系统之外的实体

② 数据字典(Data Dictionary,DD)结构化分析方法的核心。数据字典是对所有与系统相关的数据元素的一个有组织的列表,以及精确的、严格的定义,使得用户和系统分析员对于输入、输出、存储成分和中间计算结果有共同的理解。数据字典的作用是对数据流图中出现的被命名的图形元素的准确解释。通常数据字典中应包含:名称、别名、何处使用/如何使用、内容描述、补充信息等。

③ 判定树是从问题定义的文字描述中找出判定条件和判定结论,并找出判定条件之间的从属关系、并列关系、选择关系,根据它们构造判定树。

④ 判定表是以列表的形式描述数据流图的加工逻辑,结构简单、易于理解。

(3) 软件需求规格说明书

① 软件需求规格说明书的作用是需求分析阶段的最后成果,是软件开发中的重要文档之一。

② 软件需求规格说明书的内容包括:概述、数据描述、功能描述、性能描述、参考文献目录和附录。

③ 软件需求规格说明书的特点要求正确性、无歧义性、完整性、可验证性、一致性、可理解性、可修改性和可追踪性。

2. 结构化设计

（1）软件设计的步骤

① 概要设计：软件需求转化为软件体系结构、确定系统级接口、全局数据结构或数据库模式。

② 详细设计：确立每个模块的实现算法和局部数据结构，用适当的方法表示算法和数据结构的细节。

（2）软件设计的基本原理

① 抽象。

② 模块化。

③ 信息隐蔽。

④ 模块独立性。

（3）结构化设计方法

结构化设计方法与结构化需求分析方法相对应，其基本思想就是将软件设计成由相对独立、功能单一的模块组成的结构。

（4）概要设计

概要设计也称总体设计，任务是设计软件的系统结构、数据结构及数据库设计，编写概要设计文档和概要设计文档评审。

习 题 9

一、选择题

1. 计算机数据管理经历了 3 个阶段，下列选项中（　　）不属于 3 个阶段。

    A. 人工阶段　　　　B. 文件系统　　　　C. 软件工具　　　　D. 数据库系统

2. 用二维表来表示实体及实体之间联系的数据模型是（　　）。

    A. 实体-联系模型　　B. 层次模型　　　　C. 网状模型　　　　D. 关系模型

3. 二维关系表中的每一行称为一个（　　）。

    A. 元组　　　　　　B. 字段　　　　　　C. 属性　　　　　　D. 码

4. 下面（　　）都是系统软件。

    A. DOS 和 MIS　　　　　　　　　　　B. WPS 和 UNIX

    C. DOS 和 UNIX　　　　　　　　　　D. UNIX 和 Word

5. 计算机能够直接执行的计算机语言是（　　）。

    A. 汇编语言　　　　B. 机器语言　　　　C. 高级语言　　　　D. 自然语言

6. 专门为学习目的而设计的软件是（　　）。

    A. 工具软件　　　　B. 应用软件　　　　C. 系统软件　　　　D. 目标程序

7. 一种计算机能识别并能运行的全部指令的集合称为该计算机的（　　）。

　　A. 程序　　　　　　　　B. 二进制代码　　　C. 软件　　　　　　D. 指令系统

8. 在程序设计中可使用各种语言编制源程序,但唯有(　　)在执行转换过程中不产生目标程序。

　　A. 编译程序　　　　　　　　　　　　B. 解释程序

　　C. 汇编程序　　　　　　　　　　　　D. 数据库管理系统

9. 计算机的软件系统可分为(　　)。

　　A. 程序和数据　　　　　　　　　　　B. 操作系统和语言处理系统

　　C. 程序、数据和文档　　　　　　　　D. 系统软件和应用软件

10. 微型计算机的内存储器是(　　)。

　　A. 按二进制位编址　　　　　　　　　B. 按字节编址

　　C. 按字长编址　　　　　　　　　　　D. 按十进制位编址

二、简答题

1. 分析软件危机产生的主要原因有哪些。

2. 说明结构化程序设计的主要思想是什么。

3. 软件测试包括哪些步骤? 说明这些步骤的测试对象是什么。

4. 需求分析与软件设计两个阶段任务的主要区别是什么?

5. 简述文档在软件工程中的作用。

三、应用题

某培训中心要研制一个计算机管理系统。它的业务是:将学员发来的信件收集分类后,按几种不同的情况处理。

(1) 如果是报名的,则将报名数据送给负责报名事务的职员,他们将查阅课程文件,检查该课程是否额满,然后在学生文件、课程文件上登记,并开出报告单交财务部门,财务人员开出发票给学生。

(2) 如果是想注销原来已选修的课程,则由注销人员在课程文件、学生文件和帐目文件上做相应的修改,并给学生注销单。

(3) 如果是付款的,则由财务人员在帐目文件上登记,也给学生一张收费收据。

要求:对以上问题画出数据流程图和该培训管理的软件结构图的主图。

附录 A Win 键组合功能

按　键	说　明
Win	打开或关闭开始菜单
Win+D	显示桌面
Win+E	打开我的电脑
Win+F	搜索文件或文件夹
Ctrl+Win+F	搜索计算机(如果您在网络上)
Win+G	循环切换侧边栏的小工具
Win+L	锁定计算机或切换用户
Win+R	打开运行对话框
Win+M	最小化所有窗口
Win+Shift+M	还原最小化窗口到桌面上
Win+P	快速切换投影模式
Win+T	显示任务栏窗口微缩图并回车切换
Win+U	打开轻松访问中心
Win+X	打开 Windows 移动中心
Win+TAB	循环切换任务栏上的程序并使用的 Aero 三维效果
Win+1~9	快速开启软件,能轻松开启工作列上相对应的软件
Win+空格	闪现桌面,效果与鼠标停留在任务栏最右端相同,松开 Win 键即恢复窗口
Win+Home	快速清理活动窗口,将所有使用中窗口以外的窗口最小化
Win+Pause	打开系统属性
Win+↑	最大化窗口
Win+↓	最小化窗口
Win+←	最大化到窗口左侧的屏幕上
Win+→	最大化窗口到右侧的屏幕上
Win+ SHIFT+↑	拉伸窗口的到屏幕的顶部和底部
Win+ SHIFT+→/←	移动一个窗口,从一个显示器到另一个

附录 B　Word 2010 中的组合快捷键

按　键	说　明
Ctrl＋Shift＋Space	创建不间断空格
Ctrl＋－(连字符)	创建不间断连字符
Ctrl＋B	使字符变为粗体
Ctrl＋C	复制所选文本或对象
Ctrl＋D	改变字符格式("格式"菜单中的"字体"命令)
Ctrl＋E	段落居中
Ctrl＋F	查找文字、格式和特殊项
Ctrl＋G	定位至页、书签、脚注、表格、注释、图形或其他位置
Ctrl＋H	替换文字、特殊格式和特殊项
Ctrl＋I	使字符变为斜体
Ctrl＋J	两端对齐
Ctrl＋L	左对齐
Ctrl＋R	右对齐
Ctrl＋M	左侧段落缩进
Ctrl＋N	创建与当前或最近使用过的文档类型相同的新文档
Ctrl＋Q	打开文档
Ctrl＋P	打印文档
Ctrl＋S	保存文档
Ctrl＋T	创建悬挂缩进
Ctrl＋U	为字符添加下划线
Ctrl＋V	粘贴文本或对象
Ctrl＋W	关闭文档
Ctrl＋X	剪切所选文本或对象
Ctrl＋Y	重复上一操作
Ctrl＋Z	撤销上一操作
Ctrl＋Shift＋	缩小字号
Ctrl＋Shift＋＞	增大字号
Ctrl＋Shift＋A	将所选字母设为大写

按　键	说　明
Ctrl＋Shift＋C	复制格式
Ctrl＋Shift＋D	分散对齐
Ctrl＋Shift＋F	改变字体
Ctrl＋Shift＋H	应用隐藏文字格式
Ctrl＋Shift＋K	将字母变为小型大写字母
Ctrl＋Shift＋P	改变字号
Ctrl＋Shift＋V	粘贴格式
Ctrl＋Shift＋W	只给字、词加下划线,不给空格加下划线
Ctrl＋Shift＋Z	取消人工设置的字符格式
Ctrl＋0	在段前添加一行间距
Ctrl＋1	单倍行距
Ctrl＋2	双倍行距
Ctrl＋5	1.5 倍行距
Ctrl＋]	逐磅增大字号
Ctrl＋[	逐磅减小字号
Ctrl＋＝(等号)	应用下标格式(自动间距)
Ctrl＋Shift＋＋(加号)	应用上标格式(自动间距)
Ctrl＋Space	删除字符格式
Alt＋Ctrl＋O	切换到大纲视图
Alt＋Ctrl＋P	切换到页面视图
Alt＋Ctrl＋M	插入批注
Alt＋Ctrl＋N	切换到普通视图
Shift＋F3	切换字母大小写

附录 C　Excel 2010 中 Ctrl 组合快捷键

按　　键	说　　明
Ctrl＋Shift＋(	取消隐藏选定范围内所有隐藏的行
Ctrl＋Shift＋&	将外框应用于选定单元格
Ctrl＋Shift_	从选定单元格删除外框
Ctrl＋Shift＋~	应用"常规"数字格式
Ctrl＋Shift＋$	应用带有两位小数的"货币"格式(负数放在括号中)
Ctrl＋Shift＋%	应用不带小数位的"百分比"格式
Ctrl＋Shift＋^	应用带有两位小数的科学计数格式
Ctrl＋Shift＋#	应用带有日、月和年的"日期"格式
Ctrl＋Shift＋@	应用带有小时和分钟以及 AM 或 PM 的"时间"格式
Ctrl＋Shift＋!	应用带有两位小数、千位分隔符和减号(—)(用于负值)的"数值"格式
Ctrl＋Shift＋*	选择环绕活动单元格的当前区域(由空白行和空白列围起的数据区域)
Ctrl＋Shift＋:	输入当前时间
Ctrl＋Shift＋"	将值从活动单元格上方的单元格复制到单元格或编辑栏中
Ctrl＋Shift＋加号(＋)	显示用于插入空白单元格的"插入"对话框
Ctrl＋减号(—)	显示用于删除选定单元格的"删除"对话框
Ctrl＋;	输入当前日期
Ctrl＋`	在工作表中切换显示单元格值和公式
Ctrl＋'	将公式从活动单元格上方的单元格复制到单元格或编辑栏中
Ctrl＋1	显示"单元格格式"对话框
Ctrl＋2	应用或取消加粗格式设置
Ctrl＋3	应用或取消倾斜格式设置

续表

按　　键	说　　明
Ctrl+4	应用或取消下划线
Ctrl+5	应用或取消删除线
Ctrl+6	在隐藏对象和显示对象之间切换
Ctrl+8	显示或隐藏大纲符号
Ctrl+9	隐藏选定的行
Ctrl+0	隐藏选定的列
Ctrl+A	选择整个工作表
	如果工作表包含数据,则按 Ctrl+A 将选择当前区域。再次按 Ctrl+A 将选择整个工作表
	当插入点位于公式中某个函数名称的右边时,则会显示"函数参数"对话框
	当插入点位于公式中某个函数名称的右边时,按 Ctrl+Shift+A 将会插入参数名称和括号
Ctrl+B	应用或取消加粗格式设置
Ctrl+C	复制选定的单元格
Ctrl+D	使用"向下填充"命令将选定范围内最顶层单元格的内容和格式复制到下面的单元格中
Ctrl+F	显示"查找和替换"对话框,其中的"查找"选项卡处于选中状态
	按 Shift+F5 也会显示此选项卡,而按 Shift+F4 则会重复上一次"查找"操作
	按 Ctrl+Shift+F 将打开"设置单元格格式"对话框,其中的"字体"选项卡处于选中状态
Ctrl+G	显示"定位"对话框
	按 F5 键也会显示此对话框
Ctrl+H	显示"查找和替换"对话框,其中的"替换"选项卡处于选中状态
Ctrl+I	应用或取消倾斜格式设置
Ctrl+K	为新的超链接显示"插入超链接"对话框,或为选定的现有超链接显示"编辑超链接"对话框
Ctrl+L	显示"创建表"对话框
Ctrl+N	创建一个新的空白工作簿
Ctrl+O	显示"打开"对话框以打开或查找文件
Ctrl+Shift+O	可选择所有包含批注的单元格
Ctrl+P	在 Microsoft Office Backstage 视图 中显示"打印"选项卡
	按 Ctrl+Shift+P 将打开"设置单元格格式"对话框,其中的"字体"选项卡处于选中状态

续表

按 键	说 明
Ctrl+R	使用"向右填充"命令将选定范围最左边单元格的内容和格式复制到右边的单元格中
Ctrl+S	使用其当前文件名、位置和文件格式保存活动文件
Ctrl+T	显示"创建表"对话框
Ctrl+U	应用或取消下划线
Ctrl+Shift+U	按 Ctrl+Shift+U 将在展开和折叠编辑栏之间切换
Ctrl+V	在插入点处插入剪贴板的内容,并替换任何所选内容。只有在剪切或复制了对象、文本或单元格内容之后,才能使用此快捷键
Ctrl+Alt+V	按 Ctrl+Alt+V 可显示"选择性粘贴"对话框。只有在剪切或复制了工作表或其他程序中的对象、文本或单元格内容后此快捷键才可用
Ctrl+W	关闭选定的工作簿窗口
Ctrl+X	剪切选定的单元格
Ctrl+Y	重复上一个命令或操作(如有可能)
Ctrl+Z	使用"撤销"命令来撤销上一个命令或删除最后键入的内容

提示：Ctrl 组合键 Ctrl+E、Ctrl+J、Ctrl+M 和 Ctrl+Q 目前都属于未分配的快捷方式。

附录 D Excel 2010 中的功能键

按　键	说　明
F1	显示"Excel 帮助"任务窗格
	按 Ctrl＋F1 将显示或隐藏功能区
	按 Alt＋F1 可创建当前区域中数据的嵌入图表
	按 Alt＋Shift＋F1 可插入新的工作表
F2	编辑活动单元格并将插入点放在单元格内容的结尾。如果禁止在单元格中进行编辑，它也会将插入点移到编辑栏中
	按 Shift＋F2 可添加或编辑单元格批注
	在 Backstage 视图中，按 Ctrl＋F2 可显示"打印"选项卡上的打印预览区域
F3	显示"粘贴名称"对话框。仅当工作簿中存在名称时才可用
	按 Shift＋F3 将显示"插入函数"对话框
F4	重复上一个命令或操作(如有可能)
	按 Ctrl＋F4 可关闭选定的工作簿窗口
	按 Alt＋F4 可关闭 Excel
F5	显示"定位"对话框
	按 Ctrl＋F5 可恢复选定工作簿窗口的窗口大小
F6	在工作表、功能区、任务窗格和缩放控件之间切换。在已拆分(通过依次单击"视图"菜单、"管理此窗口"、"冻结窗格"、"拆分窗口"命令来进行拆分)的工作表中，在窗格和功能区区域之间切换时，按 F6 可包括已拆分的窗格
	按 Shift＋F6 可以在工作表、缩放控件、任务窗格和功能区之间切换
	如果打开了多个工作簿窗口，则按 Ctrl＋F6 可切换到下一个工作簿窗口
F7	显示"拼写检查"对话框，以检查活动工作表或选定范围中的拼写
	如果工作簿窗口未最大化，则按 Ctrl＋F7 可对该窗口执行"移动"命令。使用箭头键移动窗口，并在完成时按 Enter，或按 Esc 取消

续表

按　键	说　明
F8	打开或关闭扩展模式。在扩展模式中，"扩展选定区域"将出现在状态行中，并且按箭头键可扩展选定范围
	通过按 Shift＋F8，可以使用箭头键将非邻近单元格或区域添加到单元格的选定范围中
	当工作簿未最大化时，按 Ctrl＋F8 可执行"大小"命令（在工作簿窗口的"控制"菜单上）
	按 Alt＋F8 可显示用于创建、运行、编辑或删除宏的"宏"对话框
F9	计算所有打开的工作簿中的所有工作表
	按 Shift＋F9 可计算活动工作表
	按 Ctrl＋Alt＋F9 可计算所有打开的工作簿中的所有工作表，不管它们自上次计算以来是否已更改
	如果按 Ctrl＋Alt＋Shift＋F9，则会重新检查相关公式，然后计算所有打开的工作簿中的所有单元格，其中包括未标记为需要计算的单元格
	按 Ctrl＋F9 可将工作簿窗口最小化为图标
F10	打开或关闭按键提示（按 Alt 也能实现同样目的）
	按 Shift＋F10 可显示选定项目的快捷菜单
	按 Alt＋Shift＋F10 可显示用于"错误检查"按钮的菜单或消息
	按 Ctrl＋F10 可最大化或还原选定的工作簿窗口
F11	在单独的图表工作表中创建当前范围内数据的图表
	按 Shift＋F11 可插入一个新工作表
	按 Alt＋F11 可打开 Microsoft Visual Basic For Applications 编辑器，可以在该编辑器中通过 Visual Basic for Applications（VBA）来创建宏
F12	显示"另存为"对话框
箭头键	在工作表中上移、下移、左移或右移一个单元格
	按 Ctrl＋箭头键可移动到工作表中当前数据区域的边缘
	按 Shift＋箭头键可将单元格的选定范围扩大一个单元格
	按 Ctrl＋Shift＋箭头键可将单元格的选定范围扩展到活动单元格所在列或行中的最后一个非空单元格，或者如果下一个单元格为空，则将选定范围扩展到下一个非空单元格
	当功能区处于选中状态时，按向左键或向右键可选择左边或右边的选项卡。当子菜单处于打开或选中状态时，按这些箭头键可在主菜单和子菜单之间切换。当功能区选项卡处于选中状态时，按这些键可导航选项卡按钮
	当菜单或子菜单处于打开状态时，按向下键或向上键可选择下一个或上一个命令。当功能区选项卡处于选中状态时，按这些键可向上或向下导航选项卡组
	在对话框中，按箭头键可在打开的下拉列表中的各个选项之间移动，或在一组选项的各个选项之间移动
	按向下键或 Alt＋向下键可打开选定的下拉列表

续表

按　　键	说　　明
Backspace	在编辑栏中删除左边的一个字符
	也可清除活动单元格的内容
	在单元格编辑模式下,按该键将会删除插入点左边的字符
Delete	从选定单元格中删除单元格内容(数据和公式),而不会影响单元格格式或批注
	在单元格编辑模式下,按该键将会删除插入点右边的字符
End	按 End 可启用结束模式。在结束模式中,可以按某个箭头键来移至下一个非空白单元格(与活动单元格位于同一列或同一行)。如果单元格为空,按 End 之后按箭头键来移至该行或该列的最后一个单元格
	当菜单或子菜单处于可见状态时,End 也可选择菜单上的最后一个命令
	按 Ctrl+End 可移至工作表上的最后一个单元格,即所使用的最下面一行与所使用的最右边一列的交汇单元格。如果光标位于编辑栏中,则按 Ctrl+End 会将光标移至文本的末尾
	按 Ctrl+Shift+End 可将单元格选定区域扩展到工作表上所使用的最后一个单元格(位于右下角)。如果光标位于编辑栏中,则按 Ctrl+Shift+End 可选择编辑栏中从光标所在位置到末尾处的所有文本,这不会影响编辑栏的高度
Enter	从单元格或编辑栏中完成单元格输入,并(默认)选择下面的单元格
	在数据表单中,按该键可移动到下一条记录中的第一个字段
	打开选定的菜单(按 F10 激活菜单栏),或执行选定命令的操作
	在对话框中,按该键可执行对话框中默认命令按钮(带有突出轮廓的按钮,通常为"确定"按钮)的操作
	按 Alt+Enter 可在同一单元格中另起一个新行
	按 Ctrl+Enter 可使用当前条目填充选定的单元格区域
	按 Shift+Enter 可完成单元格输入并选择上面的单元格
Esc	取消单元格或编辑栏中的输入
	关闭打开的菜单或子菜单、对话框或消息窗口
	在应用全屏模式时,按该键还可以关闭此模式,返回到普通屏幕模式,再次显示功能区和状态栏
Home	移到工作表中某一行的开头
	当 Scroll Lock 处于开启状态时,移到窗口左上角的单元格
	当菜单或子菜单处于可见状态时,选择菜单上的第一个命令
	按 Ctrl+Home 可移到工作表的开头
	按 Ctrl+Shift+Home 可将单元格的选定范围扩展到工作表的开头

按　　键	说　　明
Page Down	在工作表中下移一个屏幕
	按 Alt＋Page Down 可在工作表中向右移动一个屏幕
	按 Ctrl＋Page Down 可移到工作簿中的下一个工作表
	按 Ctrl＋Shift＋Page Down 可选择工作簿中的当前和下一个工作表
Page Up	在工作表中上移一个屏幕
	按 Alt＋Page Up 可在工作表中向左移动一个屏幕
	按 Ctrl＋Page Up 可移到工作簿中的上一个工作表
	按 Ctrl＋Shift＋Page Up 可选择工作簿中的当前和上一个工作表
空格键	在对话框中，执行选定按钮的操作，或者选中或清除复选框
	按 Ctrl＋空格键可选择工作表中的整列
	按 Shift＋空格键可选择工作表中的整行
	按 Ctrl＋Shift＋空格键可选择整个工作表
	如果工作表中包含数据，则按 Ctrl＋Shift＋空格键将选择当前区域，再按一次 Ctrl＋Shift＋空格键将选择当前区域及其汇总行，第三次按 Ctrl＋Shift＋空格键将选择整个工作表
	当某个对象处于选定状态时，按 Ctrl＋Shift＋空格键可选择工作表上的所有对象
	按 Alt＋空格键可显示 Excel 窗口的"控制"菜单
Tab	在工作表中向右移动一个单元格
	在受保护的工作表中，可在未锁定的单元格之间移动
	在对话框中，移到下一个选项或选项组
	按 Shift＋Tab 可移到前一个单元格（在工作表中）或前一个选项（在对话框中）
	在对话框中，按 Ctrl＋Tab 可切换到下一个选项卡
	在对话框中，按 Ctrl＋Shift＋Tab 可切换到前一个选项卡